内 容 简 介

　　本教材按照绿色农产品产地环境监测的工作岗位设计学习项目，按照工作种类设计学习任务，每个任务由知识学习、技能训练和课程思政 3 部分构成。教材由农产品生产环境监测岗位分析、灌溉水水质监测、土壤质量监测、农产品产地空气监测和环境监测质量控制 5 个项目组成，每个项目设 3～4 个学习任务。学习任务以 1～3 个技能实训项目为核心确定知识点和思政内容。

　　本教材可作为高职专科绿色食品生产技术、作物生产与经营、环境监测技术、生态保护技术、生态环境修复技术等专业的教材，亦可作为职业本科作物生产与品质改良、生态环境工程技术等专业的教学用书。

高等职业教育农业农村部"十三五"规划教材

农产品生产环境监测

王　虎　主编

中国农业出版社

北　京

图书在版编目（CIP）数据

农产品生产环境检测/王虎主编 . —北京：中国
农业出版社，2023.7
ISBN 978-7-109-30817-6

Ⅰ.①农… Ⅱ.①王… Ⅲ.①农产品－农业生产－环
境监测－高等职业教育－教材 Ⅳ.①X322

中国国家版本馆 CIP 数据核字（2023）第 114863 号

中国农业出版社出版
地址：北京市朝阳区麦子店街 18 号楼
邮编：100125
责任编辑：彭振雪 文字编辑：徐志平
版式设计：杨 婧 责任校对：刘丽香
印刷：中农印务有限公司
版次：2023 年 7 月第 1 版
印次：2023 年 7 月北京第 1 次印刷
发行：新华书店北京发行所
开本：787mm×1092mm 1/16
印张：19
字数：462 千字
定价：48.00 元

编 审 人 员

主　编　王　虎（杨凌职业技术学院）

副主编　王喜枝（河南农业职业学院）

参　编　白　鸥（辽宁职业学院）

　　　　佘　波（山西林业职业技术学院）

　　　　杨　杰（广西农业职业技术大学）

审　稿　王旭东（西北农林科技大学）

　　　　马文哲（杨凌职业技术学院）

　　　　周　健（陕西环保产业集团监测技术服务咨询有限公司）

前言

民以食为天、食以安为先，发展绿色农业是我国农业供给侧结构性改革和乡村振兴的必然选择。生产绿色食品、有机农产品的绿色农业强调从农田到餐桌（生产—加工—管理—储运—包装—销售）全过程严格按标准操作，强调优质农产品出自良好生态环境。生产"高端"农产品不仅依赖产地合格的空气、灌水和土壤，更需要及时、定量地监控农作物生长过程各环境因子状况。可见，加强农产品生产环境监测工作是发展绿色农业的必然选择。

农产品生产环境监测是高职绿色食品生产技术、环境监测技术、生态保护技术等专业，职业本科作物生产与品质改良、生态环境工程技术等专业的核心课程，旨在帮助学生获得农产品生产环境（水、土壤、空气）质量监测与农田环境污染风险管控等方面的知识、技能和素质。本教材是陕西省教育厅高等职业院校专业综合改革试点项目"农产品质量检测专业综合改革"（陕教高〔2015〕19号）和陕西省职业教育学会课题"传道于授业解惑过程的环境化学课程思政教学探索与实践"（2020SZJSZ-117）、"融合工匠精神的《水环境监测》课程教学资源建设研究"（2023SZX178）的研究成果，是杨凌职业技术学院等多所国家级"双高"院校探索实践"立德树人、就业导向，以工作任务（实训项目）为载体的理（论）—实（践）—思（政）—体化教学"的经验整理。

本教材的编写分工如下：项目一任务一和任务三，项目三任务二至任务四，项目五任务一、任务三和任务四以及全书课程思政部分由杨凌职业技术学院王虎编写；项目一任务二、项目三任务一、项目五任务二由辽宁职业学院白鸥编写；项目二由河南农业职业学院王喜枝编写；项目四任务一由广西农业职业技术大学杨杰编写；项目四任务二至任务四由山西林业职业技术学院佘波编写。全书由王虎担任主编并负责统稿，西北农林科技大学资源环境学院王旭东教授、杨凌职业技术学院马文哲教授和陕西环保产业集团监测技术服务咨询有限公司周健高级工程师担任主审，在此向他们一并表示衷心的感谢和崇高的敬意！

限于编者水平有限，书中不妥之处在所难免。恭请各位专家、同仁及读者批评指正！

编　者

2023 年 3 月

目 录

项目一

农产品生产环境监测岗位分析

　　绿色食品（农产品）和有机农产品生产对产地环境（空气、水和土壤）有什么特殊要求？自己经营的种植园适合申报哪一等级的农产品产地认证？甲、乙二人分别应聘到某有机农场（种植园）化验室和第三方检测公司环境检测实验室，二人的工作有什么区别？他们各需要掌握哪些专业知识、具备哪些专业技能？本项目将引导学习者认识环境监测工作和农产品生产环境监测岗位；了解我国对不同等级农产品产地的环境质量要求；熟悉环境监测实验室管理，掌握实验室用水、实验试剂的纯度判定及选择方法；训练环境标准有效信息获取技能和实验用水纯度等级快速判定技能。引导学习者熟悉《全国环境监测系统职业道德规范》和习近平"两山"理论内容，感悟中国共产党立法为公、执法为民的初心使命。

任务一　认识农产品生产环境监测

📚 学习目标

　　1. 能力目标　能完成绿色食品（农产品）和有机农产品产地认证的材料整理工作。

　　2. 知识目标　能简述绿色食品、有机食品、环境监测、农产品生产环境监测的含义和农产品产地环境检（监）测工作程序。

　　3. 思政目标　学习《全国环境监测系统职业道德规范》，认识、感悟环境检（监）测从业人员职业精神。

📖 知识学习

一、产地环境对农产品安全的影响

　　环境是围绕着主体的空间及其中影响主体生存发展的各种因素的总和。有害物质进入环境，当其数量超过环境承载力并危及主体安全时，就形成环境污染。"三废"乱排、化学品滥用等不合理的生产、生活活动，引发农产品产地水体、空气和土壤的污染，甚至导致农业生态系统被破坏。产地环境污染影响农作物生长发育，或引发产量锐减甚至绝收。

　　（一）产地大气环境污染对农产品安全的影响

　　植物对大气污染有很强的抵抗能力，植物体蓄积大气污染物在一定浓度范围内不会显

著影响其生长发育，但如果污染物含量超过了限度（植物生理忍耐程度），就会干扰细胞酶活性，引发生理病变，甚至造成植物死亡。大气污染物可通过气孔、皮孔和细胞间隙等进入植物体内，在植物组织中积累蓄积，影响农产品的产量或质量，农产品甚至绝收或丧失使用价值。高浓度污染的大气常引发农作物可见伤害，农作物会出现叶片发黄、萎蔫等症状，可采取措施减少损失。低浓度污染大气常导致农作物发生不可见性伤害，虽然叶片等机体外观未出现明显的受害症状，但其生理活动已改变，产量降低、品质变劣，甚至使原有食用价值丧失。

（二）产地水环境污染对农产品安全的影响

产地水环境污染会从诸多途径对农作物生长产生影响，进而影响农产品的产量和品质，威胁农产品安全。受污染的灌水、地表径流、大气降水等进入农田，溶于水中的有毒物质通过根系进入农作物体内，引发其生理代谢失调、毒素累积，进而导致农产品品质恶化、产量下降，甚至绝收。受污染的水也可通过污染农田土壤而间接影响农作物的产量和品质。未经处理或处理不彻底的工业废水、医院污水和化工废水进入农田，会或多或少地将"一类污染物"（见 GB 8978）带入农田，将引发恶性污染事件，造成不可挽回的损失。

（三）产地土壤污染对农产品安全的影响

土壤中的许多污染物质，能在农作物体内积累和富集，达到较高浓度，导致农产品丧失食用价值。1955—1972 年日本富山县神通川流域"骨痛病"事件，让全世界深刻认识了"镉大米"及其危害性。2010 年 11 月，中国地质调查局对全国主要土壤的调查显示，湖南省株洲市攸县许多监测点镉超标 5 倍以上。2013 年 5 月 16 日，广东省广州市食品药品监督管理局公布的食品抽检数据显示，产自湖南省攸县的大米及大米制品镉含量超标严重。2014 年 4 月 17 日，环境保护部和国土资源部联合公布的《全国土壤污染状况调查公报》显示，全国土壤总的污染点位超标率为 16.1%，重金属污染耕地面积（1.8 亿亩*）占耕地总面积的 10%～15%。2016 年 12 月 18 日，江南大学、中国食品安全报社等单位发布的《2016 年中国食品安全状况研究报告》指出，土壤污染和过量施用农药等化学投入品是导致食用农产品质量安全风险的最主要因素。

二、农产品生产环境监测

（一）环境监测

环境监测是指通过对影响环境质量因素代表值的测定，确定环境质量（或污染程度）及其变化趋势的过程。环境监测工作，为环境管理、污染源控制和环境规划提供科学依据，工作对象包括水、空气、土壤等自然介质和污染环境的各种物质或因子。环境监测工作过程一般为：现场调查→监测方案制订→优化布点→样品采集→运输保存→分析测试→数据处理→综合评价。环境监测是环境科学与工程领域的重要分支，是一门应用广泛的实用技术。

（二）农业环境监测

农业环境是指以人类农业生产活动为中心的一切自然因素（水、空气、土壤和生物等）和社会因素（生产关系、生产力、农业政策和农业经营管理方式）的总和。农业环境

---

* 亩为非法定计量单位，1 亩≈667m²。

监测就是借用环境监测的理论、方法和技术,通过对影响农业生产环境质量代表值的测定,确定农业环境质量及其变化趋势的工作。农业环境监测的工作范围是对进入农业环境中的污染物进行经常性监测,调查农业生态环境发展变化情况,对农业环境质量现状及发展趋势做出评价,为农牧渔业部门开展环境管理及保护、改善农业环境质量提供准确、可靠的监测数据和评价资料。

(三)农产品生产环境监测

农产品生产环境是对农作物赖以生存的水、空气、土壤,以及影响农作物初加工品品质的自然因素的统称。《中华人民共和国食品安全法》推行"从农田到餐桌"的食品安全全程控制,就是要求保障食品安全应从农产品生产环境安全控制入手。农产品生产环境监测就是通过对影响农产品品质的产地(或加工)环境质量因子代表值的测定,确定农产品生产环境质量优劣、达标与否及变化趋势的过程。农产品生产环境监测是实施农产品质量安全工程的基础。开展农产品产地环境监测,建立并完善全国农产品产地环境监测体系,提升监测预警能力和水平,是强化农产品产地环境监管的有效手段,对保障农产品质量安全具有重要意义。

农产品生产环境监测的工作对象主要是农产品产地的土壤、空气和农业用水3个方面,有时还需要将当地的农家肥和主流农作物纳入。产地土壤环境监测对象,主要包括用来种植各种粮食作物、蔬菜、水果、纤维作物、糖料作物和油料作物的大田土壤,以及农区、森林、花卉、药材、草料等种植区的土壤。产地空气监测对象,主要包括农田大气和农产品初级加工的环境空气。农业用水监测对象,主要是农田灌溉用水,有时还包括家畜、家禽和水产养殖用水。产地农作物监测对象,主要是粮食作物(如水稻、小麦、玉米等)和经济作物(如水果、蔬菜、茶叶等)。

三、农产品生产环境监测职能部门

(一)环境监测职能部门

1. 中国环境监测总站 中国环境监测总站是生态环境部直属事业单位,主要承担国家环境监测任务,为国家环境管理与决策提供监测信息、报告及技术支持,对全国环境监测工作进行技术指导。中国环境监测总站是国家环境监测的网络中心、技术中心、质控中心、数据(信息)中心和培训中心,承担涵盖空气、水、生态、土壤、近岸海域、噪声、污染源等多领域多要素的国家环境监测网络管理与运行工作。截至2020年,国家环境监测网,包括2 100余个空气质量监测站点、2 767个地表水监测断面、300个水质自动站和4万余个土壤监测点位,由中国环境监测总站直接管理,并委托地方或社会环境监测机构承担部分站点运维或监测工作,实现了"国家考核、国家监测"。

2. 省(自治区、直辖市)环境监测站 隶属省(自治区、直辖市)生态环境厅,主要职责:组织拟订全省环境监测工作计划和规划,实施全省环境监测工作计划的技术指导;负责重点流域、重点断面水质监测,负责水、气、声、环境质量及污染源监测;负责环境污染监测、污染事故应急监测、重大建设项目竣工验收监测;负责全省环境监测数据管理;对市、县两级环境监测站进行业务、技术指导,组织省内环境监测技术交流和对环境技术人员的技术培训、业务考核;负责全省环境监测质量控制;负责生态监测与遥感解译及评价工作;承担全省污染源普查及环境统计工作;负责水质自动监测站、大气自动监测站运行管理工作，承担重点污染源在线监测仪器的验收校核工作；负责全省研究性监测，承担监测分析方法的研究、验证工作。

3. 市（直辖市下设区）环境监测站 隶属市（直辖市下设区）生态环境局，负责对辖区的气、水、声、放射性污染物、污染治理工程验收、污染事故、建设环评等领域的监测工作及功能区划分编制；负责所辖区域的建设项目环评，负责新技术验证和环保产品研发等工作。

4. 县级环境监测站 隶属县生态环境局，负责制订辖区内年度监测计划、完成常规监测工作、定期上报监测数据和编制辖区环境质量报告；负责辖区污染源的监测和数据档案，为排污费征收、污染事故纠纷调查与处理提供依据；参与环境影响评价，组织评价监测和进行环保技术咨询服务。

（二）农业环境监测职能部门

1971年，根据周恩来总理召见农林部、卫生部和总参二部负责同志谈"公害"问题时的指示，我国建立了农业科学院生物所环境保护研究室（河南洛阳），开始农业环境污染调查与研究工作。1979年，该环境保护研究室扩建为农牧渔业部环境保护科研监测所（天津），所下设立专业监测室；1984年，监测室扩建为全国农业环境监测中心站，各省开始建立农业环境监测站；1990年5月29日，农业环境监测中心站改名为农业部环境监测总站，部分地县建立农业环境监测站。此时，全国700多个各级农业环境监测站、5 000多人员，组成了全国农业环境监测网络。该网络是全国环境监测网的二级专业监测网络，每年获取大气、水质、土壤和生物等监测数据10万多个，是国家环境状况公报的重要信息来源。我国农业环境监测网设置三级监测站，分别是农业部农业环境监测总站、省（自治区、直辖市）农业环境监测站和重点市（县）农业环境监测站，各级监测站业务上同时受上级农业环境监测机构和同级环境保护行政主管部门监测机构指导。2012年10月18日，农业部农业生态与资源保护总站在北京成立，现名农业农村部农业生态与资源保护总站。

（1）农业农村部农业生态与资源保护总站的职责是研究农业面源污染治理政策和技术，开展基本农田污染监测和评价工作；承担农村可再生能源、农业和农村节能减排的技术示范推广工作；承担生态农业、循环农业技术研究与示范推广工作；开展农业野生植物资源调查、收集、保护工作；开展外来入侵生物调查、监测预警和防治技术方案研究工作。受农业农村部委托，承担国际和多边国际交流项目。

（2）省级农业环境监测职能部门主要归属农业农村厅的农业生态与资源保护总站、耕地质量与农业环境保护站或农业环保与农村能源总站，有的省该业务由农业农村部设于该省（自治区及直辖市）的农业环境质量监督检验测试中心或生态环境厅某机构承担。市、县两级农业环境监测职能部门归属更为复杂。

（三）农产品生产环境监测职能部门

农产品生产环境监测工作，目前主要是绿色食品和有机农产品的产地环境检测，以及水产品、畜产品的生产环境检测。职能机构，主要是农业农村部的中国绿色食品发展中心，各省（自治区及直辖市）农业农村厅的绿色食品发展中心和农产品质量安全检验检测中心，以及各市（或直辖市的区）农业农村局的绿色食品发展中心和农产品质量安全检验检测中心。

1. 中国绿色食品发展中心 于1992年成立，隶属农业农村部，现与农业农村部绿色食品管理办公室合署办公，是负责全国绿色食品开发和管理工作的专门机构。该中心网站数据显示，截至 2017 年 12 月，全国共有绿色食品（包括有机食品）地方工作机构 36 家，截至 2020 年 1 月达到 93 家。该中心的职能包括参与绿色食品、有机产品和地理标志农产品（以下简称"三品"）发展的政策规划、质量标准和技术规范的拟订及组织实施，负责"三品"地理标志的登记审查、授权管理和产品质量跟踪检查，组织实施"三品"地理标志登记的相关检验检测和功能评价鉴定，协调指导地方认证相关工作等。

2. 省级绿色食品发展中心和农产品质量安全检验检测中心　归属省、自治区或直辖市的农业农村厅。前者主要承担辖区地理标志农产品、绿色食品和有机食品（以下称为"三品"）的产业政策研究、产品质量安全监督管理和技术开发推广等工作。后者主要负责对辖区农产品安全性和农区土壤、水、大气的环境质量进行检验、检测和检定，承担农产品及其加工品的省级质量标准研究和辖区农业生态环境质量的检验检测等工作。

3. 市级绿色食品发展中心和农产品质量安全检验检测中心　归属市、直辖市所属区农业农村局。前者承担辖区"三品"的产业政策研究、产品质量安全监督检查、登记申报、包装标识监督检查和技术开发推广等工作。后者负责建设辖区农产品质量安全检验检测体系，组织或参与相关标准的制定、修订；承担辖区农产品质量、产地环境和投入品安全的监测评价工作；承担下级检测机构的技术指导和人员培训，指导下级机构开展农产品产地环境监测评价工作。

四、环境监测的分类

环境监测，按照监测介质对象不同，分为水质监测、空气监测、土壤监测、生态环境监测、固体废物监测、生物监测和卫生（病原体、病毒和寄生虫等）监测等；按照监测目的不同，分为监视性监测、特定目的监测和研究性监测。

（一）监视性监测

监视性监测又称为常规监测或例行监测，是环境监测部门的日常工作，是对指定项目进行定期的、长时间的监测，以确定环境质量和污染源状况，评价污染控制措施效果，衡量环境标准实施情况和环境保护工作进展。

（二）特定目的监测

特定目的监测，也称为特例监测或应急监测，根据其目的不同可对其进行分类。

1. 污染事故监测　在发生污染事故时，特别是在发生突发性环境污染事故时，进行应急监测，以尽快确定污染物的扩散方向、速度和可能波及的范围，为污染的有效控制提供依据。常采用流动监测车、低空航测、遥感等手段。

2. 仲裁监测　在发生环境污染事故纠纷或在环境执法过程中发生矛盾时，为执法部门、司法部门提供具有法律效力的数据的监测。一般只能由国家指定的权威部门实施。

3. 考核验证监测　包括人员考核、方法验证和污染治理项目竣工验收监测。人员考核主要是对环境监测技术人员的业务考核和上岗培训考核。

4. 咨询服务监测　为政府部门、生产部门和科研部门等所提供的咨询服务性监测。例如对新建企业进行环境影响评价时所进行的监测，为了解某区域环境质量现状是否满足欲建项目要求而聘请第三方机构进行的咨询性检测。

（三）研究性监测

研究性监测又称为科研监测，是针对特定目的的科学研究而进行的监测。例如探寻污染物在环境中的迁移转化规律、调查区域环境背景值、确定污染物对各种受体的危害程度、研制监测环境标准物质等。这类监测工作一般比较复杂，需要多学科技术人员合作完成。

五、环境监测特点

（一）环境污染的特点

1. 时间分布性　污染物的排放量和污染因素的强度随时间而变化。例如，工厂排放污染物的种类和浓度往往随时间而变化。河流的潮汐和丰水期、枯水期的交替，都会使污染物浓度随时间而变化。气象条件的改变会造成同一污染物在同一地点的污染浓度相差数十倍。

2. 空间分布性　污染物和污染因素进入环境后，随着水和空气的流动而被稀释扩散。不同污染物的稳定性和扩散速度与其污染性质有关，因而不同空间位置上污染物的浓度和强度分布不同。

3. 存在阈值　有害物质引起毒害的量与其无害的自然本底值之间存在一个界限，即污染因素对环境的危害存在阈值。通过试验确定阈值，是判断环境污染及污染强度的重要依据，也是制定环境标准的科学依据。

4. 污染因素综合效应　环境是一个复杂体系，多种污染物同时存在时必须考虑各种因素的综合效应。

（1）独立作用。是指机体中某些器官只是由于混合物中某一组分发生危害，没有因其他污染物的共同作用而加深危害的现象。例如当两种化学物质的作用部位和机理不同时，将其联合作用于生物机体，则其作用彼此互无影响。

（2）相加作用。混合污染物各组分对机体的同一器官的毒害作用彼此相似，且偏向同一方向，这种作用等于各污染物毒害作用的总和。例如低浓度存在于大气中二氧化硫和硫酸气溶胶之间、氯和氯化氢之间。

（3）相乘作用。混合污染物各组分对机体的毒害作用超过个别毒害作用的总和。如二氧化硫和颗粒物之间、氮氧化物和一氧化碳之间。

（4）拮抗作用。两种或两种以上污染物对机体的毒害作用彼此抵消一部分或大部分。例如含 $30mg/kg$ 甲基汞的食物，若其同时含硒 $12.5mg/kg$，则甲基汞毒性显著降低。

5. 环境污染及其效应的社会评价　环境污染及其效应的社会评价，与社会制度、文明程度、民俗习惯、法律制度和技术经济发展水平等因素有关。同一类污染事件，其对公众生活的影响，或者说公众对其忍耐程度，在不同社会背景、不同经济发展水平下是不一样的。

（二）环境监测的特点

1. 综合性

（1）监测手段的综合性。要综合运用化学、物理、生物、物理化学及生物化学等一切可以监测环境因子的方法。

（2）监测对象的综合性。只有对水、大气、土壤、固体废物和生物等进行综合分析，才能确切描述环境质量状况。

（3）数据处理综合性。对监测数据进行统计分析时，必须综合考虑监测地区的自然条件、社会发展状况等因素，才能正确阐明数据的内涵。

2. 连续性　只有坚持长期测定，才能从大量的数据中揭示污染因子的分布和变化规律，进而预测其变化趋势。数据越多，连续性越好，预测的准确度越高，所以一定要科学选择监测点，且其代表性确认后须长期监测。

3. 追溯性　环境监测是一个复杂而又有联系的系统，包括监测项目确定、样品采集运输、样品交接保存、实验室测定和数据处理等程序，任何一步失误都可能导致监测结果丧失价值。特别是区域性的大型监测项目，由于参与人员众多、实验室和仪器不同，必然存在技术和管理水平不同。为使监测结果具有一定的可比性、代表性和完整性，需要有一个量值追踪体系予以监督。为此，建立环境监测质量保证体系十分必要。

4. 方法标准化　污染物进入环境后，经过水、大气的稀释，其浓度往往是微量级（10^{-6}），甚至是痕量级（10^{-9}），这就不仅要求监测方法的灵敏度好、检测限低，而且要对环境样品进行分离或富集处理。因此，环境监测的分析法需严格按照环境监测方法标准实施。

六、国家土壤环境监测网与农产品产地土壤环境监测

（一）国家土壤环境监测网

为贯彻落实《中华人民共和国土壤污染防治法》和《土壤污染防治行动计划》（国发〔2016〕31号），按照《生态环境监测网络建设方案》（国办发〔2015〕56号）、《关于深化环境监测改革提高环境监测数据质量的意见》（厅字〔2017〕35号）和《农用地土壤环境管理办法》（环境保护部、农业部部令第46号），生态环境部会同农业农村部等部门，建立了国家土壤环境监测网，统一规划国家土壤环境监测站（点）的设置，实现数据共享。按照互补不重复、科学经济、动态调整的原则，生态环境部整合优化相关行业土壤环境监测点位，统一规划布局、统一制度规范、统一组织领导、统一数据管理和统一信息发布，构建和运行国家土壤环境监测网，负责解释全国土壤环境状况的变化趋势。

根据农业农村部和生态环境部发布的《国家土壤环境监测网农产品产地土壤环境监测工作方案》（农办科〔2018〕19号），国家土壤环境监测网由背景点位、基础点位和风险监控点位组成，包含生态环境部的38 880个监测点位、农业农村部的40 061个监测点位和自然资源部的1 000个监测点位。农业农村部门基于农产品质量安全，布设农产品产地风险点位，开展农产品产地土壤与农产品协同监测工作；生态环境部门负责背景点位、基础点位和风险监控点位的监测工作。生态环境部统一搭建全国土壤环境信息化管理平台，并会同农业农村部等部门，统一发布农用地土壤环境状况信息。

（二）农产品产地土壤环境监测

开展农产品产地土壤环境监测，健全全国农产品产地土壤环境监测体系，提升监测预警能力和水平，是强化农产品产地土壤环境监管的有效手段，对保障农产品质量安全具有重要意义。在国家土壤环境监测网中，包含了农业农村部负责运营的40 061个监测点位，这些监测点大多用于农产品产地土壤环境监测。农业农村部门基于农产品质量安全，布设农产品产地风险点位，开展农产品产地土壤与农产品协同监测工作。按照国家土壤环境监

测网的统一部署和相关技术文件要求，农业农村部负责组织各级农业农村部门，每年监测1次土壤样品及农产品样品。省级农业农村部门每年12月31日前向农业农村部报送年度监测数据和专题报告。农业农村部汇总审核分析各地监测数据，形成全国农产品产地土壤环境年度专题报告，并于次年3月1日前，将年度监测数据和专题报告提交国家土壤环境监测网，并上传到生态环境部统一搭建的全国土壤环境信息化管理平台。生态环境部会同农业农村部等部门，统一发布农用地土壤环境状况信息。

 **技能训练**

实训　绿色食品与有机产品认证比较

一、实训目的

1. 能简述绿色食品和有机产品的定义和认证程序。
2. 训练提高学习者的农产品认证材料整理和申报方案编制能力。
3. 培养学习者团结协作和科学严谨的工作习惯。

二、实训原理

绿色食品是指遵循可持续发展原则，按照特定生产方式，经专门机构认定、许可使用绿色食品标志商标的无污染、无公害、安全、优质、营养类食品。有机产品是指来自有机农业生产体系，根据《有机产品　生产、加工、标识与管理体系要求》（GB/T 19630—2019）生产加工，并通过独立的有机产品认证机构认证的一切农副产品，包括粮食、蔬菜、水果、乳制品、畜禽产品、蜂蜜、水产品、调料等。绿色食品和有机产品的商品标识见图1-1。产品定位、认证程序和申报材料不同，熟悉其共性和差异对打算从事该领域工作的学习者具有重要的现实意义。

图1-1　绿色食品和有机产品的商品标识

三、实训准备

（1）绿色食品认证指南。

（2）有机产品认证指南。

（3）计算机，能上互联网查阅下载资料，装有 EXCEL 等软件。

四、实训步骤

（一）比较两种品质农产品的定义、产品范围和产品标识

（1）查阅资料，整理绿色食品和有机产品的定义、产品范围、产品标识等信息。

（2）将信息比较、整理后填入表1-1。

表1-1　两种品质农产品的定义、产品范围和产品标识比较

农产品类型	定义	产品范围	产品标识
绿色食品			
有机产品			

（二）比较两种品质农产品的认证机构、认证标准和证书有效期

（1）查阅资料，整理绿色食品和有机产品的认证机构、认证标准和证书有效期等信息。

（2）将信息比较整理后，填入表1-2。

表1-2　两种品质农产品的认证机构、认证标准和证书有效期比较

农产品类型	认证机构	认证标准	证书有效期
绿色食品			
有机产品			

（三）比较两种品质农产品的认证方法及程序

（1）绿色食品认证方法及程序。查阅资料，整理绿色食品认证方法，用框图或流程图示意认证程序。

（2）有机产品认证方法及程序。查阅资料，整理有机产品认证方法，用框图或流程图示意认证程序。

（四）绿色食品和有机产品的认证申报材料比较

（1）整理绿色食品认证申报材料目录。

（2）整理有机产品认证申报材料目录。

五、实训成果

撰写绿色食品和有机产品认证比较分析报告。

全国环境监测系统职业道德规范

　　为了加强环境监测系统队伍建设，进一步提高监测人员的职业道德水平，促进监测系统行风建设，中国环境监测总站根据《公民道德建设实施纲要》（中共中央2001年9月20日印发实施）和生态环境部的要求，制定了《全国环境监测系统职业道德规范》，于《中国环境监测》期刊2002年第18卷第6期全文刊载。该规范现已成为中国环境保护产业协会"社会化环境检测机构从业人员实操技能培训班"的培训内容之一，全文如下：

　　1.爱岗敬业，尽职尽责。忠诚环保，热爱监测，兢兢业业，勤奋工作；业务精通，技能熟练，求真务实，优质高效。

　　2.科学监测，诚实守信。科学严谨，数据准确，排除干扰，杜绝虚假；规范程序，质量保证，履行承诺，接受监督。

3. 遵纪守法，廉洁自律。遵守法制，执行规章，纪律严明，工作有序；秉公办事，不徇私情，清正廉洁，不谋私利。

4. 团结协作，互助友爱。团结友爱，相互尊重，以诚相待，和睦谦让；互助协作，顾全大局，淡泊名利，甘于奉献。

5. 勤俭节约，艰苦奋斗。爱护公物，珍惜资源，精打细算，厉行节约；吃苦耐劳，顽强拼搏，励精图治，艰苦创业。

6. 与时俱进，开拓创新。刻苦学习，潜心钻研，勇于探索，锐意进取；崇尚科学，爱护人才，与时俱进，开拓创新。

思与练

一、知识技能

(1) 简述环境监测、农业环境监测与农产品生产环境监测的区别。

(2) 按照目的不同，环境监测工作可分为哪些类型？各类监测的特点是什么？

(3) 在某县建设住宅小区前对建设用地土壤环境进行监测和在某县建设绿色食品生产基地前对大田土壤环境进行监测，请问这两个监测任务的实施及主管单位有什么异同？

二、思政

(1) 简述《全国环境监测系统职业道德规范》主要内容。

(2) 就《全国环境监测系统职业道德规范》某方面内容写一篇学习心得。

任务二　农产品生产环境质量标准分析

学习目标

1. 能力目标　能根据实际需要正确选择农产品产地环境标准，会快速查阅标准获取关键信息，以确定不同品质农产品生产产地环境因子控制参数。

2. 知识目标　能简述绿色食品和有机食品生产对产地土壤、灌水和空气的环境质量要求。

3. 思政目标　在熟悉《土壤污染防治行动计划》（"土十条"）出台背景的过程中感悟中国共产党立法为公、执政为民的伟大。

知识学习

一、绿色食品生产产地环境质量标准

《绿色食品　产地环境质量》（NY/T 391—2021）对绿色食品产地的生态环境规定了基本要求。绿色食品生产应选择环境良好、无污染的地区，远离工矿区、公路铁路干线和生活区，避开污染源。产地应距离公路、铁路、生活区 50m 以上，距离工矿企业 1km 以上；远离污染源，配备切断有毒有害物质进入产地的措施；产地不应受外来污染源威胁，其上风向和灌溉水上游不应有排放有毒有害物质的工矿企业，灌溉水源应是灌溉深井或水库等清洁水源，不应使用污水或塘水等被污染的地表水；园地土壤不应是施用过含有毒有害物质的工业废渣改良过的土壤；建立生物栖息地，保护基因多样性、物种多样性和生态

系统多样性，以维持生态平衡；保证基地具有可持续生产能力，不对环境或周边其他生物产生污染。

此外，应在绿色食品和常规生产区域设置有效的缓冲带或物理屏障；绿色食品产地应与常规生产区保持一定距离，或在二者之间设置物理屏障，或利用地表水、山岭分割等方法，且二者交界处应有明显可识别的界标；绿色食品种植产地应与常规生产区农田间建立缓冲隔离带，可在绿色食品种植区边缘 5～10m 处种植树木作为双重篱墙，隔离宽度 8m 左右，隔离带种植缓冲作物。应通过合理施用投入品和环境保护措施，保持产地环境指标在同等水平或逐步递减。

（一）绿色食品生产对空气质量要求

NY/T 391—2021 规定，绿色食品产地空气质量应符合表 1-3 的要求。

表 1-3　绿色食品生产农产品产地空气质量要求（标准状态）

项目	指标		检测方法
	日平均[a]	1h[b]	
总悬浮颗粒物/（mg/m³）	≤0.30	—	重量法；GB/T 15432
二氧化硫/（mg/m³）	≤0.15	≤0.50	甲醛吸收-副玫瑰苯胺分光光度法；HJ 482
二氧化氮/（mg/m³）	≤0.08	≤0.20	盐酸萘乙二胺分光光度法；HJ 479
氟化物/（μg/m³）	≤7	≤20	滤膜采样氟离子选择电极法；HJ 955

注：a. 日平均指任何一日的平均指标；b. 1h 指任何 1h 的指标。

（二）绿色食品生产对灌溉水质量要求

NY/T 391—2021 规定，进行绿色食品生产的农产品产地农田灌溉用水，包括用于农田灌溉的地表水、地下水，以及水培蔬菜、水生植物、食用菌生产用水等，应符合表 1-4 要求。

表 1-4　绿色食品生产农田灌溉水质要求

项目	指标	检测方法
pH	5.5～8.5	玻璃电极法；HJ 1147
总汞/（mg/L）	≤0.001	原子荧光法；HJ 694
总镉/（mg/L）	≤0.005	电感耦合等离子体质谱法；HJ 700
总砷/（mg/L）	≤0.05	原子荧光法；HJ 694
总铅/（mg/L）	≤0.1	电感耦合等离子体质谱法；HJ 700
六价铬/mg/L	≤0.1	二苯碳酰二肼分光光度法；GB/T 7467
氟化物/mg/L	≤2.0	离子选择电极法；GB/T 7484
化学需氧量（COD$_{Cr}$）/（mg/L）	≤60	重铬酸盐法；HJ 828
石油类/（mg/L）	≤1.0	紫外分光光度法；HJ 970
粪大肠菌群[a]/（MPN/L）	≤10 000	多管发酵法；SL 355

注：a. 仅适用于灌溉蔬菜、瓜类和草本水果的地表水。

（三）绿色食品生产对土壤质量要求

NY/T 391—2021规定，土壤按耕作方式的不同分为旱田和水田两大类，每类又根据土壤pH的高低分为三种情况，即pH<6.5、6.5≤pH≤7.5和pH>7.5。绿色食品生产农产品产地土壤环境质量要求见表1-5；土壤肥力质量应维持在同一等级或不断提升，土壤肥力分级参考指标见表1-6。

表1-5 绿色食品生产农产品产地土壤环境质量要求

项目	旱田			水田			检测方法
	pH<6.5	6.5≤pH≤7.5	pH>7.5	pH<6.5	6.5≤pH≤7.5	pH>7.5	NY/T 1377
总镉/（mg/kg）	≤0.30	≤0.30	≤0.40	≤0.30	≤0.30	≤0.40	GB/T 17141
总汞/（mg/kg）	≤0.25	≤0.30	≤0.35	≤0.30	≤0.40	≤0.40	GB/T 22105.1
总砷/（mg/kg）	≤25	≤20	≤30	≤20	≤20	≤15	GB/T 22105.2
总铅/（mg/kg）	≤50	≤50	≤50	≤50	≤50	≤50	GB/T 17141
总铬/（mg/kg）	≤120	≤120	≤120	≤120	≤120	≤120	HJ 491
总铜/（mg/kg）	≤50	≤60	≤60	≤50	≤60	≤60	HJ 491

注：①果园土壤中铜限量值为旱田中铜限量值的2倍。
②水旱轮作的标准值取严不取宽。
③底泥按照水田标准执行。

表1-6 土壤肥力分级参考指标

项目	级别	旱地	水田	菜地	园地	牧地	检测方法
有机质/（g/kg）	I	>15	>25	>30	>20	>20	外加热重铬酸盐氧化法；NY/T 1121.6
	II	10~15	20~25	20~30	15~20	15~20	
	III	<10	<20	<20	<15	<15	
全氮/（g/kg）	I	>1.0	>1.2	>1.2	>1.0	—	凯氏法；HJ 717
	II	0.8~1.0	1.0~1.2	1.0~1.2	0.8~1.0	—	
	III	<0.8	<1.0	<1.0	<0.8	—	
有效磷/（mg/kg）	I	>10	>15	>40	>10	>10	浸提-钼酸盐分光光度法；LY/T 1232
	II	5~10	10~15	20~40	5~10	5~10	
	III	<5	<10	<20	<5	<5	
速效钾/（mg/kg）	I	>120	>100	>150	>100	—	浸提-火焰光度法/AAS/ICP；LY/T 1234
	II	80~120	50~100	100~150	50~100	—	
	III	<80	<50	<100	<50	—	

注：底泥、食用菌栽培基质不做土壤肥力检测。

二、有机食品生产基地环境标准

有机农业是指遵照特定的农业生产原则，在生产中不采用基因工程获得的生物及其产物，不使用化学合成的农药、化肥、生长调节剂、饲料添加剂等物质，遵循自然规律和生态学原理，协调种植业和养殖业的平衡，保持生产体系稳定的一种农业生产方式。有机产品是按照国家标准生产、加工、销售的供人类消费、动物食用的产品，包括食品及棉、麻、竹、服装、化妆品、饲料等"非食品"。目前，我国有机食品，主要包括粮食、蔬菜、水果、乳制品、畜禽产品、水产品及调料等，其生产基地应符合《国家有机食品生产基地考核管理规定》（环发〔2013〕135号）和《有机产品　生产、加工、标识与管理体系要求》（GB/T 19630—2019）的要求。

（一）有机食品（农产品）生产对环境空气质量要求

有机食品（农产品）生产基地环境空气质量不低于《环境空气质量标准》（GB 3095—2012）二级标准，即不低于居民区、商业交通居民混合区、文化区、工业区和农村地区等二类环境空气质量功能区标准。有机食品生产环境空气污染物基本项目及浓度限值见表1-7，有机食品生产环境空气污染物其他项目浓度限值见表1-8。各省级人民政府可根据当地的环境污染特点和环境保护需要，对GB 3095—2012未规定的污染物项目制定并实施地方环境空气质量标准，有机食品生产环境空气镉、汞、砷、六价铬和氟化物浓度限值见表1-9。

表1-7　有机食品生产环境空气污染物基本项目及浓度限值

序号	污染物项目	平均时间	浓度限值/（$\mu g/m^3$）
1	二氧化硫（SO_2）	年平均	60
		24h平均	150
		1h平均	500
2	二氧化氮（NO_2）	年平均	40
		24h平均	80
		1h平均	200
3	一氧化氮（CO）	24h平均	4×10^3
		1h平均	10×10^3
4	臭氧（O_3）	日最大8h平均	160
		1h平均	200
5	颗粒物（粒径≤10μm）	年平均	70
		24h平均	150
6	颗粒物（粒径≤2.5μm）	年平均	35
		24h平均	75

表1-8　有机食品生产环境空气污染物其他项目浓度限值

序号	污染物项目	平均时间	浓度限值/（$\mu g/m^3$）
1	总悬浮颗粒物（TSP）	年平均	200
		24h平均	300
2	氮氧化合物（NO_x）	年平均	50
		24h平均	100
		1h平均	250
3	铅（Pb）	年平均	0.5
		季平均	1
4	苯并[a]芘	年平均	0.001
		24h平均	0.002 5

表1-9 有机食品生产环境空气镉、汞、砷、六价铬和氟化物浓度限值

序号	污染物项目	平均时间	浓度（通量）限值
1	镉（Cd）/（μg/m³）	年平均	0.005
2	汞（Hg）/（μg/m³）	年平均	0.05
3	砷（As）/（μg/m³）	年平均	0.006
4	六价铬 [Cr(Ⅵ)]/（μg/m³）	年平均	0.000 025
5	氟化物（F）/[μg/（dm²·d）]	月平均	3.0
		植物生长季平均	3.0

（二）有机食品（农产品）生产对农田灌溉水水质要求

我国有机食品（农产品）生产基地认证时，要求产地农田灌溉用水水质不低于《农田灌溉水质标准》（GB 5084—2021）要求。GB 5084—2021规定：农田灌溉用水水质基本控制项目（必测）及限值见表1-10，农田灌溉用水水质选择性控制项目及限值见表1-11。

表1-10 农田灌溉用水水质基本控制项目（必测）及限值

序号	项目类别		作物种类		
			水田作物	旱地作物	蔬菜
1	pH		5.5～8.5		
2	水温/℃	≤	35		
3	悬浮物/（mg/L）	≤	80	100	60ᵃ，15ᵇ
4	五日生化需氧量/（mg/L）	≤	60	100	40ᵃ，15ᵇ
5	化学需氧量（COD_{Cr}）/（mg/L）	≤	150	200	100ᵃ，60ᵇ
6	阴离子表面活性剂/（mg/L）	≤	5	8	5
7	氯化物（以 Cl⁻ 计）/（mg/L）	≤	350		
8	硫化物（以 S²⁻ 计）/（mg/L）	≤	1		
9	全盐量/（mg/L）	≤	1 000（非盐碱土地区），2 000（盐碱土地区）		
10	总铅/（mg/L）	≤	0.2		
11	总镉/（mg/L）	≤	0.01		
12	六价铬/（mg/L）	≤	0.1		
13	总汞/（mg/L）	≤	0.001		
14	总砷/（mg/L）	≤	0.05	0.1	0.05
15	粪大肠菌群数/（MPN/L）	≤	4 000	4 000	2 000ᵃ，1 000ᵇ
16	蛔虫卵数/（个/10L）	≤	20		20ᵃ，10ᵇ

注：a. 加工、烹调及去皮蔬菜。

b. 生食类蔬菜、瓜类和草本水果。

表 1-11 农田灌溉用水水质选择控制项目及限值

序号	项目类别		作物种类		
			水田作物	旱地作物	蔬菜
1	氰化物（以 CN⁻计）/（mg/L）	≤	0.5		
2	氟化物（以 F⁻计）/（mg/L）	≤	2（一般地区），3（高氟区）		
3	石油类/（mg/L）	≤	5	10	1
4	挥发酚/（mg/L）	≤	1		
5	总铜/（mg/L）	≤	0.5	1	
6	总锌/（mg/L）	≤	2		
7	总镍/（mg/L）	≤	0.2		
8	硒/（mg/L）	≤	0.02		
9	硼/（mg/L）	≤	1[a]，2[b]，3[c]		
10	苯/（mg/L）	≤	2.5		
11	甲苯/（mg/L）	≤	0.7		
12	二甲苯/（mg/L）	≤	0.5		
13	异丙苯/（mg/L）	≤	0.25		
14	苯胺/（mg/L）	≤	0.5		
15	三氯乙醛/（mg/L）	≤	1	0.5	
16	丙烯醛/（mg/L）	≤	0.5		
17	氯苯/（mg/L）	≤	0.3		
18	1,2-二氯苯/（mg/L）	≤	1.0		
19	1,4-二氯苯/（mg/L）	≤	0.4		
20	硝基苯/（mg/L）	≤	2.0		

注：a. 对硼敏感作物，如黄瓜、豆类、马铃薯、笋瓜、韭菜、洋葱、柑橘等。

　　b. 对硼耐受性较强的作物，如小麦、玉米、青椒、小白菜、葱等。

　　c. 对硼耐受性强的作物，如水稻、萝卜、油菜、甘蓝等。

（三）有机食品（农产品）生产对土壤环境质量要求

我国有机食品（农产品）生产基地认证时，产地土壤环境质量不低于《土壤环境质量 农用地土壤污染风险管控标准（试行）》（GB 15618—2018）相关要求。

农用地土壤污染风险筛选值分为基本项目筛选值和其他项目筛选值，农用地土壤污染风险基本项目筛选值见表 1-12，农用地土壤污染风险其他项目筛选值见表 1-13。农用地土壤污染风险筛选值的基本项目为必测项目；其他项目为选测项目，地方环境保护主管部门可根据本地区土壤污染特点和环境管理需要进行选择。

表 1-12 农用地土壤污染风险基本项目筛选值

序号	污染物项目[ab]		风险筛选值/（mg/kg）			
			pH≤5.5	5.5<pH≤6.5	6.5<pH≤7.5	pH>7.5
1	镉	水田	0.3	0.4	0.6	0.8
		其他	0.3	0.3	0.3	0.6

（续）

序号	污染物项目ab		风险筛选值/（mg/kg）			
			pH≤5.5	5.5<pH≤6.5	6.5<pH≤7.5	pH>7.5
2	汞	水田	0.5	0.5	0.6	1.0
		其他	1.3	1.8	2.4	3.4
3	砷	水田	30	30	25	20
		其他	40	40	30	25
4	铅	水田	80	100	140	240
		其他	70	90	120	170
5	铬	水田	250	250	300	350
		其他	150	150	200	250
6	铜	水田	150	150	200	200
		其他	50	50	100	100
7	镍		60	70	100	190
8	锌		200	200	250	300

注：a. 重金属和类金属砷均按元素总量计。

　　b. 对于水旱轮作地，采用其中较严格的风险筛选值。

表 1-13　农用地土壤污染风险其他项目筛选值

序号	污染物项目	风险筛选值/（mg/kg）
1	六六六总量a	0.10
2	滴滴涕总量b	0.10
3	苯并［a］芘	0.55

注：a. 六六六总量为 α-六六六、β-六六六、γ-六六六、δ-六六六 4 种异构体的含量总和。

　　b. 滴滴涕总量为 p,p'-滴滴伊、p,p'-滴滴滴、o,p'-滴滴涕、p,p'-滴滴涕 4 种衍生物的含量总和。

三、农用污泥污染物控制标准

　　《农用污泥污染物控制标准》（GB 4284—2018）规定了城镇污水处理厂农用污泥产物的泥质指标及限值、取样、检测和监测等，适用于污泥产物农用时的肥力学和污染物控制。

（一）理化指标

　　城镇生活污水处理厂污泥农用时，其理化指标及限值应满足表 1-14 的要求。

表 1-14　农用污泥产物理化指标及限值

序号	项目	限值
1	含水率/%	≤60
2	pH	5.5～8.5
3	粒径/mm	≤10

（二）养分指标

农用污泥产物养分指标及限值见表 1-15。

表 1-15　农用污泥产物养分指标及限值

序号	项目	限值
1	有机质（以干基计）/%	≥20
2	氮磷钾养分（N+P_2O_5+K_2O）（以干基计）/%	≥3

（三）卫生学指标

农用污泥产物卫生学指标及限值见表 1-16。

表 1-16　农用污泥产物卫生学指标及限值

序号	控制项目	限值
1	蛔虫卵死亡率/%	≥95
2	粪大肠菌群菌值	≥0.01

（四）污染物指标

污泥产物农用时，根据施用场所不同，其污泥产物中污染物的浓度限值不同，如表 1-17 所示。A 级污泥产物允许在耕地、园地和牧草地施用，B 级允许在园地、牧草地和不种植食用农作物的耕地施用。

表 1-17　农用污泥产物污染物的浓度限值

序号	控制项目	限值	
		A 级污泥产物	B 级污泥产物
1	总镉/（mg/kg）	<3	<15
2	总汞/（mg/kg）	<3	<15
3	总铅/（mg/kg）	<300	<1 000
4	总铬/（mg/kg）	<500	<1 000
5	总砷/（mg/kg）	<30	<75
6	总镍/（mg/kg）	<100	<200
7	总锌/（mg/kg）	<1 200	<3 000
8	总铜/（mg/kg）	<500	<3 000
9	矿物油/（mg/kg）	<500	<3
10	苯并［a］芘/（mg/kg）	<2	<2
11	多环芳烃（PAHs）/（mg/kg）	<5	<6

（五）种子发芽指数和其他要求

1. 种子发芽指数　污泥产物农用时，种子发芽指数应大于 70%。

2. 其他要求　农田年施用污泥量累计不应超过 7.5t/hm^2，农田连续施用不应超过 5 年。

技能训练

实训　××农区高品质农产品生产的环境条件预判

一、实训目的

（1）能简述绿色食品和有机农产品生产环境标准对产地土壤、灌溉水和空气的要求。

（2）训练提升学习者能根据工作实际需要，正确选择产地环境标准，快速查阅标准和确定不同品质农产品产地环境因子相关数据。

（3）训练根据××农区环境质量检测报告和农产品生产环境质量标准，预判该农区发展高品质农产品生产的可能性的能力。

二、实训原理

生产不同品质农产品的经济效应大不相同，品质越高的农产品，生产经济效应越好，但从事越高品质农产品生产，对产地环境质量的要求就越严格。熟悉不同品质农产品生产的产地环境标准，是因地制宜选择当地农产品生产品质定位的前提，因而，会分析不同品质农产品生产产地环境要求极具现实意义。分析《绿色食品　产地环境质量》（NY/T 391—2021）和《有机产品　生产、加工、标识与管理体系要求》（GB/T 19630—2019）的共同点和差异点，是根据当地农业资源环境条件科学选择发展方向的基础。

三、实训准备

（1）《绿色食品　产地环境质量》（NY/T 391—2021）。

（2）《有机产品　生产、加工、标识与管理体系要求》（GB/T 19630—2019）。

（3）××地区农田土壤、空气、灌溉水的环境质量检测报告。

（4）计算机（能上互联网查阅下载资料，装有 OFFICE 或 WPS 等软件）。

四、实训步骤

（一）分析已有标准内容，补充下载资料

分析《绿色食品　产地环境质量》（NY/T 391—2021）和《有机产品　生产、加工、标识与管理体系要求》（GB/T 19630—2019）两种农产品产地环境质量标准，特别是查看国标寻找具体的环境指标限量时会发现：绿色食品（农产品）生产需要在适宜的环境条件下进行，生产基地应远离城区、工矿区、交通主干线、工业污染源、生活垃圾场等。

有机农产品产地的环境质量应符合以下 3 个要求：①土壤环境质量符合《土壤环境质量　农用地土壤污染风险管控标准（试行）》（GB 15618—2018）；②农田灌溉用水水质符合《农田灌溉水质标准》（GB 5084—2021）；③环境空气质量符合《环境空气质量标准》（GB 3095—2012）中二级标准。因此，为了能够看到标准限值，还需要下载《土壤环境质量　农用地土壤污染风险管控标准（试行）》（GB 15618—2018）、《农田灌溉水质标准》（GB 5084—2021）和《环境空气质量标准》（GB 3095—2012）3 个标准查看产地环境的要求。请归纳总结需要下载的标准个数及名称，并从百度等搜索页面按名称搜索，进入相应网站进行下载。

（二）两种农产品对产地空气质量要求的差异分析

（1）检测项目的比较。将比较结果参考表 1-18 式样进行整理。

表 1-18 农产品产地空气环境检测项目

控制项目	绿色食品	有机农产品
二氧化硫（SO_2）	√	√（基本项目）
二氧化氮（NO_2）		
一氧化氮（CO）		
臭氧（O_3）		
颗粒物（PM_{10}）		
颗粒物（$PM_{2.5}$）		
总悬浮颗粒物（TSP）		
氮氧化合物（NO_x）		
铅（Pb）		
苯并[a]芘（BaP）		
镉（Cd）	—	√（补充项目）
汞（Hg）		
砷（As）		
六价铬[Cr(Ⅵ)]		
氟化物（F）		
镉（Cd）		

注：在具有的检测项目后用"√"表示，无时用"—"表示。

（2）检测指标限值的比较。将比较结果参考表 1-19 式样进行整理，总结其反映的信息和结论。

表 1-19 农产品产地空气环境检测项目限值比较

分类	项目	绿色食品产地		有机农产品产地			
		日平均	1h平均	年平均	日平均	1h平均	季平均
通常情况	二氧化硫/（mg/m^3）	0.15	0.50	0.06	0.15	0.50	—
	总悬浮颗粒物/（mg/m^3）						
	氮氧化合物/（mg/m^3）						
	氟化物/[$\mu g/（dm^2 \cdot d）$]						
根据敏感性分类的保护作物	氟化物（敏感）/[$\mu g/（dm^2 \cdot d）$]	—	—	—	5		1
	氟化物（中等敏感）/[$\mu g/（dm^2 \cdot d）$]						
	氟化物（抗性）/[$\mu g/（dm^2 \cdot d）$]						
	二氧化硫（SO_2）（敏感）/（mg/m^3）						
	二氧化硫（SO_2）（中等敏感）/（mg/m^3）						
	二氧化硫（SO_2）（抗性）/（mg/m^3）						

（三）两种农产品生产对灌溉水水质要求的差异分析

（1）检测项目的比较。将分析比较结果参考表 1-20 式样进行整理。

表 1-20　农产品生产灌溉水水质控制项目数比较

农产品类别	绿色食品	有机农产品	
		基本控制项目	选择性控制项目
控制项目个数			

（2）检测指标限值的比较。将比较结果参考表 1-21 式样进行整理。

表 1-21　农产品生产灌溉水水质指标限值比较

项目	绿色食品	有机农产品		
		水作	旱作	蔬菜
pH				
总汞/（mg/L）				
总镉/（mg/L）				
总砷/（mg/L）				
总铅/（mg/L）				
六价铬/（mg/L）				
氰化物（mg/L）				
COD_{Cr}/（mg/L）				
挥发酚/（mg/L）				
石油类/（mg/L）				
全盐量/（mg/L）				
粪大肠菌群数/（10^4MPN/L）				
氟化物/（mg/L）				
BOD_5/（mg/L）				40[a]，15[b]
悬浮物/（mg/L）				60[a]，15[b]
阴离子表面活性剂/（mg/L）				
水温/℃				
氯化物/（mg/L）				
硫化物/（mg/L）				
蛔虫卵数/（个/10L）				20[a]，10[b]
铜/（mg/L）				
锌/（mg/L）				
硒/（mg/L）				
苯/（mg/L）				

（续）

项目	绿色食品	有机农产品		
		水作	旱作	蔬菜
三氯乙醛/（mg/L）				
丙烯醛/（mg/L）				
硼/（mg/L）		1^c；2^d；3^e		

注：a. 加工、烹调及去皮蔬菜。

　　b. 生食类蔬菜、瓜类和草本水果。

　　c. 对硼敏感作物，如黄瓜、豆类、马铃薯、笋瓜、韭菜、洋葱、柑橘等。

　　d. 对硼耐受性较强的作物，如小麦、玉米、青椒、小白菜、葱等。

　　e. 对硼耐受性强的作物，如水稻、萝卜、油菜、甘蓝等。

（3）小结。请根据表 1-20 和表 1-21 的对比分析，简述你得到的结论。

（四）两种农产品对产地土壤要求的差异分析

（1）检测项目的比较。将比较结果参考表 1-22 式样进行整理。

表 1-22　农产品产地土壤的控制项目比较

农产品类别	绿色食品	有机食品	
		必检项目	选测项目
项目个数			

（2）检测项目指标限值的比较。将比较结果参考表 1-23 式样进行整理。

表 1-23　农产品产地土壤控制项目限值比较

项目	农田类型	绿色食品			有机农产品			
		pH＜6.5	pH6.5～7.5	pH＞7.5	pH≤5.5	pH 5.5～6.5	pH 6.5～7.5	pH＞7.5
镉/ （mg/L）	水田	0.3	0.3	0.4				
	其他	0.3	0.3	0.4				
汞/ （mg/L）	水田	0.25	0.3	0.35				
	其他	0.3	0.4	0.4				
砷/ （mg/L）	水田	25	20	30				
	其他	20	20	15				
铅/ （mg/L）	水田	50	50	50				
	其他	50	50	50				
铬/ （mg/L）	水田	120	120	120				
	其他	120	120	120				
铜/ （mg/L）	水田	50	60	60				
	其他	50	60	60				
镍/ （mg/L）								
锌/ （mg/L）								

（续）

项目	农田类型	绿色食品			有机农产品			
		pH<6.5	pH6.5～7.5	pH>7.5	pH≤5.5	pH 5.5～6.5	pH 6.5～7.5	pH>7.5
六六六总量/ （mg/L）								
滴滴涕总量/ （mg/L）								
苯并[a]芘/ （mg/L）								

（3）小结。请根据表1-22和表1-23的对比分析，简述你得到的结论。

（五）预判××农区发展高品质农产品生产的可能性

分析××农区环境监测报告，预判该农区如果发展高品质农产品生产，应如何定位？请预判该地区的环境条件是否适宜发展绿色食品（农产品）生产，还是适宜发展有机农产品生产？

五、实训成果

（1）绿色食品和有机农产品生产产地空气质量要求差异分析表。

（2）绿色食品和有机农产品生产产地灌溉水质量要求差异分析表。

（3）绿色食品和有机农产品生产产地土壤质量要求差异分析表。

（4）《××农业种植区发展高品质农产品生产的环境条件分析报告》。

 课程思政

土壤污染防治行动计划

1. 背景 土壤环境状况堪忧，部分地区污染严重，已成为影响我国全面建成小康社会的短板。习近平总书记、李克强总理多次做出重要指示，要求切实加强土壤污染防治工作。按照党中央、国务院决策部署，环境保护部会同发展改革委、科技部、工业和信息化部、财政部、国土资源部、住房城乡建设部、水利部、农业部、质检总局、国家林业局、国务院法制办等部门和单位，编制了《土壤污染防治行动计划》（简称《行动计划》或"土十条"）。2016年5月19日中央政治局常务委员会会议审议并原则通过，2016年5月31日国务院正式印发，即日起，"土十条"成为当前和今后一段时期我国土壤污染防治工作的行动纲领。

2. 目标

（1）到2020年，全国土壤污染加重趋势得到初步遏制，土壤环境质量总体保持稳定，农用地和建设用地土壤环境安全得到基本保障，土壤环境风险得到基本管控。

（2）到2030年，全国土壤环境质量稳中向好，农用地和建设用地土壤环境安全得到有效保障，土壤环境风险得到全面管控。

（3）到21世纪中叶，土壤环境质量全面改善，生态系统实现良性循环。

3. 内容

（1）开展土壤污染调查，掌握土壤环境质量状况。

（2）推进土壤污染防治立法，建立健全法规标准体系。

（3）实施农用地分类管理，保障农业生产环境安全。

（4）实施建设用地准入管理，防范人居环境风险。

（5）强化未污染土壤保护，严控新增土壤污染。

（6）加强污染源监管，做好土壤污染预防工作。

（7）开展污染治理与修复，改善区域土壤环境质量。

（8）加大科技研发力度，推动环境保护产业发展。

（9）发挥政府主导作用，构建土壤环境治理体系。

（10）加强目标考核，严格责任追究。

思与练

一、知识技能

（1）绿色食品产地环境监测项目有哪些？

（2）有机食品产地环境监测项目有哪些？

二、思政

（1）简述《土壤污染防治行动计划》出台如何体现中国共产党立法为公理念。

（2）简述"土十条"的核心内容及其如何体现中国社会主义制度的优越性。

任务三　环境监测实验室管理

学习目标

1. 能力目标　能根据实验需要选择适宜纯度的试剂、试液和纯水，能利用电导率仪快速判定实验用水纯度等级。

2. 知识目标　能简述实验室计量认证和审查认可制度，能简述环境监测实验室技术要求、环境要求和安全制度。

3. 思政目标　认识体会习近平总书记"两山"理论和中国共产党全心全意为人民谋幸福的初心与使命，培育中华民族共同体意识。

知识学习

一、实验用水的质量要求与检验

水是环境监测实验室最常用的溶剂，实验用水质量优劣对检测分析质量有着广泛而显著的影响，检测实验不同环节应选用不同质量的水。负责实验用水制备的工作人员，每月至少进行1次纯水的质量检测，并及时填写检查检测报告单。购买的商品纯水，在使用前应对其进行检测分析，并填写验收报告。水本身是一种无色、无味的透明液体，而天然水因含有泥沙、无机盐和气体等杂质常偏离其本性。通常把未经纯化的水称为原水，把经过去杂纯化处理的水称为纯水。原水和适度纯化水（如市政自来水）只能用作冷却水或玻璃器皿洗涤水。只有达到一定纯度等级的纯水，才能用于检测分析实验的试剂配制、水样稀释等环节。

（一）实验室用水规格及质量要求

一般化学分析和无机痕量分析的实验用水必须满足《分析实验室用水国家标准》（GB

6682—2008）要求，该标准规定了分析实验室用水的级别、规格、取样、贮存和试验方法等内容。检测实验室用水分为一级纯水、二级纯水和三级纯水。分析检测类实验室不同级别（规格）水的质量指标要求见表1-24。不同级别纯水的制备和贮存方法见表1-25。

表1-24　分析检测类实验室不同级别（规格）水的质量指示要求

指标名称	一级纯水	二级纯水	三级纯水
pH（25℃）	—	—	5.0～7.5
电导率（25℃）/（μS/m）	≤0.1	≤1.0	≤5.0
可氧化物质含量（以O计）/（mg/L）	—	<0.08	<0.40
吸光度（254nm，1cm光程）	≤0.001	≤0.01	—
蒸发残渣［（105±2）℃］/（mg/L）	—	≤1.0	≤2.0
可溶性硅（以SiO_2计）/（mg/L）	≤0.01	≤0.02	—

注：①一级纯水、二级纯水难于测定其真实的pH，因而对pH范围不做规定。
②一级纯水、二级纯水的电导率需用新制备的水"在线"测定。
③测定一级纯水的可氧化物质含量和蒸发残渣非常困难，因而对其限量不做规定，可用其他条件和制备方法来保证一级水的质量。

表1-25　不同级别纯水的制备与贮存方法

纯水级别	制备	贮存方法	注意事项
一级	将二级纯水用石英蒸馏器蒸馏或用混合床离子交换柱处理	不可贮存，临使用前制备	①各级水均应使用密闭、专用的聚乙烯容器盛装，三级纯水也可用密闭的专用玻璃容器盛装
二级	将三级纯水经过双级复合床离子交换柱处理	用专用、密闭的聚乙烯容器适时贮存	②新容器在使用前需先用20%的盐酸浸泡2～3d，再用化验用水反复冲洗数
三级	将市政自来水通过单级复合床离子交换柱处理，或用金属蒸馏器（或玻璃蒸馏器）蒸馏	用专用、密闭聚乙烯容器或玻璃容器贮存	次，最后注满待贮存水浸泡6h以上

1. 一级纯水　用于有严格要求的分析试验，包括对颗粒有要求的试验，如高效液相色谱分析用水和超痕量级分析试液配制用水。一级纯水可用二级纯水经过石英设备蒸馏或离子交换混合床处理后，再经0.2μm微孔滤膜过滤来制取。

2. 二级纯水　用于无机痕量分析、病毒免疫等试验，如原子吸收光谱分析用水和痕量级分析试液配制用水。二级水可用多次蒸馏或离子交换等方法制取。

3. 三级纯水　用于一般化学分析试验，如配制分析级（≥10^{-6}）物质试液和五日生化需氧量（BOD_5）、化学需氧量（COD）等有机污染指标测定试液。三级纯水可用蒸馏或离子交换等方法制取。

（二）实验室常用纯水

1. 蒸馏水　是用蒸馏法制得的纯水，常含有少量的可溶性气体和挥发性物质，其质量等级明显受蒸馏器材质及结构的影响。蒸馏器分为以下几种：①金属蒸馏器。内壁材料多为纯铜、黄铜、青铜或镀锡材质。用其制得的蒸馏水会含有微量金属杂质（如含Cu^{2+}10～200mg/L），电导率大于10.0μS/cm（25℃），只适用于清洗容器和配制一般试液。②玻璃蒸馏器。内壁材料是含80%二氧化硅的低碱高硅硼酸盐硬质玻璃。用其制得的蒸馏水一般含有痕量金属（如含 $5\mu g/L$ 的 Cu^{2+}）和微量玻璃溶出物（B、As 等），其电导率约为 $2.0\mu S/cm$（$25℃$），适用于配制一般定量分析试液，不宜用于配制分析重金属或痕量非金属试液。③石英蒸馏器。其二氧化硅含量在 99.9% 以上。用其制得的蒸馏水仅含有痕量金属杂质，电导率为 $0.5\sim0.3\mu S/cm$（$25℃$），适用于配制进行痕量非金属分析的试液。④亚沸蒸馏器。是由石英制成的自动补液蒸馏装置，其热源功率小，水在沸点以下缓慢蒸发，不存在雾滴污染问题。用其制得的蒸馏水几乎不含金属杂质，适用于配制除可溶性气体和挥发性物质以外的各种物质的痕量分析用试液。

2. 去离子水 是用离子交换、反渗透或超滤等装置处理制得纯水的统称。离子交换纯水制备装置是由阳离子交换树脂和阴离子交换树脂以一定形式组合而成，用其制得的去离子水，一般含金属杂质极少，电导率低于 $2.0\mu S/cm$（$25℃$），适于配制痕量金属分析用的试液，但可能含有微量树脂浸出物和树脂崩解微粒，因而不适于配制有机分析试液。电渗析纯水设备和超滤纯水设备现已有商品化产品出售，可根据进水水质、出水纯度要求和用水量等因素选择购买。电渗析纯水设备，虽一次性设备投资较大，但具有出水量大、水质控范围广、不用酸碱、材料无须再生等优点。

3. 特殊要求纯水 在进行某些指标的痕量分析时，分析方法会对实验用水中的一些特定物质（一般是待测物质）含量有最高限量规定。例如测定水中的氯要用无氯水，测氨氮用无氨水，测总有机碳（TOC）用无二氧化碳水，测痕量铅用无铅水，测挥发酚用无酚水等，这些常用的特殊要求纯水的制备方法如下。

（1）无氯水制备。向原水（三级纯水，下同）中加入亚硫酸钠等还原剂将水中余氯还原为氯离子，以 N-二乙基对苯二胺（DPD）检查不显黄色；可用附有缓冲球的全玻璃蒸馏器（以下各项的蒸馏同此）蒸馏制得。

（2）无氨水制备。向原水中加入硫酸至 pH$<$2，使水中各种形态的氨（或胺）均转变为不挥发的盐类，蒸馏收集馏出液即得。注意避免实验室空气中氨对纯水的污染。

（3）无二氧化碳水制备。将去离子水煮沸 10min 以上，使水量蒸发量超过 10%，加盖，冷却至室温即得（煮沸法）；或者将惰性气体通入去离子水中至饱和后即得（曝气法）。制备好的无二氧化碳水应贮于带有碱石灰管的可密封玻璃瓶中。

（4）无铅（重金属）水制备。用"H"型强酸性阳离子交换树脂处理原水即得。贮水器使用前要先用 6mol/L 硝酸溶液浸泡过夜，再用无铅水洗净。

（5）无有机物纯水制备。向原水中加入少量高锰酸钾碱性溶液，使水呈紫红色，进行蒸馏即得。若蒸馏过程中红色褪去，应补加高锰酸钾。

（6）无酚水制备。向原水中加入氢氧化钠至 pH$>$11，使水中的酚生成不挥发的酚钠后，加入少量高锰酸钾溶液使水呈紫红色，蒸馏收集馏出液即得。

（三）实验室用水的质量检验

无论是自制纯水，还是购买的商品纯水，均应按《分析实验室用水规格和试验方法》（GB/T 6682—2008）规定的试验方法检验合格后方能使用。分析实验室用纯水的标准检验方法，虽然要求严格，但很费时，因而一般生产企业可通过测定电导率值来判定纯水的质量，或用化学方法检验水中的阳离子、氯离子，同时用指示剂测定 pH，也可大致判定纯水是否合格。电导率测定仪器精密度好、准确度高、操作简单、便携好用，因而实验室经常通过测定纯水的电导率值来判断水的纯度等级。

1. pH 检验 量取 10.0mL 水样，加入甲基红 pH 指示剂 2 滴，以不显红色为合格。另取 10.0mL 水样，加入溴百里酚蓝 5 滴，以不显蓝色为合格。也可以用精密 pH 试纸检查，或用 pH 计测定其 pH。

2. 电导率测定

（1）用于一级纯水、二级纯水测定的电导仪，应配备电极常数为 $0.01 \sim 0.1 \mathrm{cm}^{-2}$ 的 "在线" 电导池，并要求其具有温度自动补偿功能。若电导仪不具有温度自动补偿功能，可装 "在线" 热交换器，使测量时水温控制在 $(25 \pm 1)^{\circ}C$，或记录水温度，换算成 $(25 \pm 1)^{\circ}C$ 下的电导率值。

（2）用于三级纯水测定的电导仪，应配备电极常数为 $0.01 \sim 1 \mathrm{cm}^{-2}$ 的电导池，并要求其具有温度自动补偿功能。若电导仪不具有温度补偿功能，可装恒温水浴槽，使待测量水样温度控制在 $(25 \pm 1)^{\circ}C$；或记录水温度，换算成 $(25 \pm 1)^{\circ}C$ 下的电导率值。

3. 可氧化物质限量试验

（1）二级纯水。量取 1 000mL 水样注入烧杯中，加入 5.0mL 硫酸溶液（$\rho = 200g/L$），混匀；加入 1.00mL 高锰酸钾标准溶液 $[c \, (1/5KMnO_4) = 0.01mol/L]$，混匀，盖上表面皿，加热至沸腾并保持 5min，溶液的粉红色不得完全消失。

（2）三级纯水。量取 200mL 水样置于烧杯中，加入 1.0mL 硫酸溶液（$\rho = 200g/L$），混匀。加入 1.00mL 高锰酸钾标准滴定溶液 $[c \, (1/5KMnO_4) = 0.01mol/L]$，混匀，盖上表面皿，加热至沸并保持 5min，若溶液的粉红色不完全消失，则可判断水的可氧化物质含量合格。

4. 吸光度测定 将水样分别注入 1cm 和 2cm 的石英吸收池中，在紫外-可见分光光度计上于波长 254nm 处，以 1cm 吸收池中水样为参比，测定 2cm 吸收池中水样的吸光度。

二、试剂选择与试液配制

试剂是为实现化学反应而使用的化学药品，试液是按照规定要求配制的溶液。试剂和试液是检测分析实验中不可或缺的实验材料，其规格对检测结果影响显著。因此，熟悉不同规格试剂的取用、保管方法，掌握常用试液配制及注意事项，是从事实验室管理及检测分析工作的基础。

（一）试剂的规格与用途

1. 化学试剂的国标规格与用途 化学试剂的国标规格与用途见表 1-26。

表 1-26　化学试剂的国标规格与用途

级别	名称	代号	标签颜色	用途
一级	优级纯	GR	绿	精密分析研究和痕量分析
二级	分析纯	AR	红	一般科学研究和定量分析
三级	化学纯	CP	蓝	工业品检验和化学定性实验

2. 化学试剂的其他规格与用途 除了国标规格外，化学试剂根据使用要求不同，还可分为高纯试剂、基准试剂、pH 基准试剂、色谱纯试剂等。

（1）高纯试剂。高纯试剂是为了满足特殊需要而采用特殊工艺制备的杂质含量比保证试剂低 2~4 个数量级的特殊试剂。质量高于优级纯的高纯、特纯和超纯试剂，目前国际上也无统一的规格，常以"9"的数目表示产品的纯度，在规格栏中标以 4 个 9、5 个 9……4 个 9 表示纯度为 99.99%，杂质总含量不大于 (1×10^{-2})%；5 个 9 表示纯度为 99.999%，杂质总含量不大于 (1×10^{-3})%；依此类推。

（2）基准试剂。用于滴定分析中的基准物质，其杂质含量小于 0.05%，可直接用来配制标准溶液。

（3）pH 基准试剂。用于配制 pH 标准缓冲液。

（4）色谱纯试剂。用作色谱分析的标准物质。

（二）试剂选用

应根据检验分析工作的实际需要，选用不同纯度和不同包装的试剂。一般情况下，配制痕量分析用试液应选用优级纯试剂，以降低空白值，避免杂质干扰；标准滴定溶液浓度标定用试液应选用基准试剂，要求其纯度达到 (100 ± 0.05)%。仲裁分析应选用优级纯和分析纯试剂；一般分析可选用分析纯或化学纯试剂。也可根据分析方法选用试剂。配制配合滴定用试液，常选用分析纯试剂，以避免试剂中所含杂质金属离子对指示剂的封闭作用。原子吸收光谱分析等高精度定量分析，应选纯度较高的优级纯或光谱纯试剂以降低试剂空白值。

（三）试液配制

试液分为一般试（溶）液和标准试（溶）液。一般试（溶）液是指非标准溶液，常用于溶解样品、调节 pH、分离或掩蔽离子、显色试液等。标准试（溶）液是指已确定其主体物质浓度或其他特性量值的溶液，分为滴定分析用标准溶液和标准缓冲液两类。滴定分析用标准溶液（也称为容量分析用标准溶液或标准滴定溶液），主要用于测定试样的主体成分或常量成分。标准缓冲液是由 pH 基准试剂配制而成的具有准确的 pH 数值的标准溶液，多用于 pH 计的校准（定位）。标准溶液制备应符合《化学试剂 标准溶液的制备》（GB/T 601—2016）要求。

1. 一般试液配制 精度要求不高，只需保持 1～2 位有效数字。试剂质量用 0.01g 感量天平称量，试剂体积用量筒量取。配好的试液需按规定要求妥善保存，注意空气、温度、光、杂质等影响。

2. 标准缓冲溶液配制 以 pH 标准缓冲溶液配制为例。首先根据欲配制试液的 pH 和体积大致计算出所需的酸和对应的盐的质量，然后用天平称量出相应的盐的质量，用量筒量取相应量的酸，再将酸和盐混合至烧杯，用玻璃棒搅拌均匀，转移入容量瓶中，用蒸馏水定容，混匀，静置，最后转移至试剂瓶中，写好标签并贴于试剂瓶瓶身上。

3. 滴定分析用标准试液的配制 浓度要求准确到 4 位有效数字，常用物质的量浓度表示。该类标准溶液的配制方法，分为直接配制法和间接配制法两种：前者用于配制基准试剂溶液，如锌标准溶液；后者用于配制非基准试剂溶液，如浓盐酸（极易挥发）、固体氢氧化钠（易吸收空气中的水分和 CO_2）、高锰酸钾（不易提纯而易分解）等。

（1）直接配制法。首先在分析天平上准确称取一定量的已干燥的基准物（基准试剂），再将其溶于纯水后转入已校正的容量瓶中，最后用纯水稀释至刻度，摇匀即可。

（2）间接配制法。又称标定配制法，分为直接标定配制法和间接标定配制法。标定就是用已知浓度的基准试剂测定未知浓度溶液准确浓度的过程。直接标定配制法：首先配成近似所需浓度的溶液，再准确称取一定量的基准物溶于纯水，用待标定溶液滴定至反应终点，最后根据所消耗被标定溶液的体积和基准物的质量，计算被标定溶液的准确浓度。例如用基准物无水碳酸钠标定盐酸溶液，用基准邻苯二甲酸氢钾标定氢氧化钾 乙醇溶液等。如果欲配制的标准溶液没有合适的标定用基准试剂，则只能采用间接标定法，即用另一已知浓度的标准溶液来标定，例如用氢氧化钠标准溶液标定乙酸溶液。

4. 注意事项 一般浓溶液稳定性好，稀溶液稳定性差。通常，较稳定的试剂，其 10^{-3} mol/L 溶液可贮存一个月，10^{-4} mol/L 溶液能贮存一周，而 10^{-5} mol/L 溶液需当日配制。因此许多试液常配成浓的贮备液，临用时稀释成所需浓度（使用液）。配制好的溶液均需注明配制日期和配制人员，以备查核追溯。

三、环境监测实验室环境要求

实验室空气中如含有固体、液体的气溶胶和污染气体，对痕量分析和超痕量分析会导致较大误差。例如，在一般通风橱中蒸发 200g 溶剂，可得 6mg 残留物，若在清洁空气中蒸发则残留物可降至 0.08mg。因此痕量和超痕量分析及某些高灵敏度的仪器，应在超净实验室中进行或使用。超净实验室中空气清洁度常采用 100 号，这种清洁度是根据悬浮固体颗粒的大小和数量多少分类的。实验室室内空气清洁度分类见表 1-27。

表 1-27 实验室室内空气清洁度分类

清洁度分类/号	工作面上最大污染颗粒数/（粒/m²)	颗粒直径/μm
100	100	≥0.5
	0	≥5.0
10 000	10 000	≥0.5
	65	≥5.0
100 000	100 000	≥0.5
	700	≥5.0

室内空气清洁度要达到 100 号标准，即要求工作面上粒径大于等于 0.5μm 的颗粒物数不超过 100 粒/m²、粒径大于等于 5.0μm 的颗粒物不得检出。因而其室内空气进口必须安装高效过滤器，过滤器效率为 85%～95%；对直径为 0.5～5.0μm 颗粒的过滤效率不低于 85%，对直径大于 5.0μm 颗粒的过滤效率不低于 95%。超净实验室一般较小，约 12m²，并有缓冲室，四壁涂环氧树脂油漆，桌面用聚四氟乙烯或聚乙烯膜，地板用整块塑料地板，门窗密闭，使用空调，室内略带正压，通风柜用层流。没有超净实验室条件的，可采用相应措施达到目的，如设置专门的通风橱或毒气柜等。

四、环境监测实验室管理制度

（一）实验室安全制度

（1）实验室内需设置通风橱、防尘罩、排气管道及消防灭火器材等各种必备的安全设施，并应定期检查，保证随时可供使用。

（2）使用电、气、水、火时，应按有关使用规则进行操作，保证安全。

（3）实验室内各种仪器、器皿应有规定的放置处所，不得任意堆放，以免错拿错用，造成事故。

（4）进入实验室应严格遵守实验室规章制度，尤其是使用易燃、易爆和剧毒试剂时，必须遵照有关规定进行操作。

（5）实验室内不得吸烟、会客、喧哗、吃零食等。

（6）下班时要有专人负责检查实验室的门、窗、水、电、煤气等，确认关好，不得疏忽大意。

（7）实验室的消防器材应定期检查，妥善保管，不得随意挪用。

（8）一旦实验室发生意外事故，应迅速切断电源、火源，立即采取有效措施，及时处理，并上报有关领导。

（二）药品使用管理制度

（1）实验用化学试剂应有专人负责管理，分类存放，定期检查使用和管理情况。

（2）易燃、易爆和危险物品要随用随领，不得在实验室内大量积存，少量存放应在阴凉通风的地方，并有相应安全保障措施。

（3）剧毒试剂应有专人负责管理，加双锁存放，批准使用时应两人共同称量，登记用量。

（4）取用不同化学试剂的器皿（如药匙、量杯等）必须分开，每种试剂用一件器皿，不得混用。

（5）使用氰化物时，切实注意安全，不在酸性条件下使用，并严防溅洒污染。

（6）氰化物等剧毒试液废液，必须经处理（加碱使含氰废液 pH≥10 后加入过量漂白粉混匀，静置 2～4h 即可）后，再倒入下水道，并用大量流水冲稀。

（7）操作有机溶剂和挥发性强的试剂应在通风良好的地方或在通风橱内进行。

（8）任何情况下，都不允许用明火直接加热有机溶剂。

（9）稀释浓酸试剂时，应按规定要求操作和贮存。

（三）仪器使用管理制度

（1）各种精密贵重仪器以及贵重器皿（如铂器皿和玛瑙研钵等）要由专人管理，分别登记造册、建卡立档。

（2）仪器档案应包括仪器说明书、验收和调试记录、使用情况的登记记录、仪器的各种初始参数，以及定期保养维修、检定、校准等。

（3）精密仪器的安装、调试、使用和保养维修均应严格遵照仪器说明书的要求，上机人员应该进行考核，考核合格后方可上机操作。

（4）仪器使用前应先检查仪器是否正常，仪器发生故障时，应立即查清原因，排除故障后方可继续使用，严禁仪器带病运转。

（5）仪器用完之后，应将各部件恢复到所要求的位置，及时做好清理工作，盖好防尘罩。

（6）仪器的附属设备应妥善安放，并经常进行安全检查。

（四）样品管理制度

1. 按规程进行样品的采集、运输和保存　由于样品的特殊性，要求样品的采集、运输和保存等各环节都必须严格遵守有关规定，以保证其真实性和代表性。

2. 检测人员与采样人员共同制订采样计划　客户技术负责人应和采样人员、测试人员共同议定详细的工作计划，周密地安排采样和实验室测试间的衔接、协调，以保证从采样开始至结果报出的全过程中，样品都具有合格的代表性。

3. 特殊样品采集器具由测试人员准备　采集特殊样品所需容器、试剂和仪器应由实验室测试人员准备好，提供给采样人员。需在现场进行处理的样品，应注明处理方法和注意事项。对采样有特殊要求时，应对采样人员进行培训。样品容器的材质要符合水质检验分析的要求，容器应密塞、不渗不漏。样品容器的特殊处理亦由实验室测试人员负责。

4. 样品登记、验收和保存的要求

（1）样品采集后应及时贴好样品标签、填写好采样记录，将样品连同样品登记表、送样单在规定的时间内送交指定的实验室；填写样品标签和采样记录需使用防水墨汁，严寒季节圆珠笔不宜使用时，可用铅笔填写。

（2）如需对样品进行分装，则要求分样的容器应和样品容器材质相同，并填写同样的样品标签，注明"分样"字样；"空白"和"副样"都要分别注明。

（3）实验室应有专人负责样品的登记、验收，其内容包括样品名称和编号，样品采集点的详细地址和现场特征，样品的采集方式（是定时样、不定时样还是混合样），监测分析项目，样品保存所用的保存剂的名称、浓度和用量，样品的包装、保管状况，采样日期和时间，采样人、送样人及登记验收人签名等。

（4）样品验收过程中，如发现编号错乱、标签缺损、字迹不清、监测项目不明、规格不符、数量不足和采样不符合要求者，可拒收并建议补采或重采样品；如无法补采或重采，应经有关领导批准方可收样，完成测试后，应在报告中注明。

（5）样品应按规定方法妥善保存，并在规定时间内安排测试，不无故拖延。

（6）采样记录、样品登记表、送样单和现场测试的原始记录应完整、齐全、清晰，并与实验室测试记录汇总保存。

五、实验室计量认证与审查认可

（一）中国实验室国家认可制度

在我国，实验室认可，由中国合格评定国家认可委员会（CNAS）组织实施。CNAS是根据《中华人民共和国认证认可条例》的规定，由国家认证认可监督管理委员会（CNCA）批准设立并授权的国家认可机构，统一负责对认证机构、实验室和检验机构等相关机构的认可工作。CNAS是2006年3月31日在原中国认证机构国家认可委员会（CNAB）和原中国实验室国家认可委员会（CNAL）基础上整合而成的。CNAS与亚太实验室认可合作组织（APLAC）、国际实验室认可合作组织（ILAC）和国际认可论坛（IAF）等签有相互承认协议，可以使用"ILAC-MRA"（国际实验室认可组织认可标志）、"APLAC-MRA"（亚太实验室认可合作组织认可标志）和"IAF-MLA"（国际认可论坛多边承认协议认可标志）等互认图标。

1. CNAS 宗旨　推进合格评定机构按照相关的标准和规范等要求加强建设，促进合格评定机构（即认证机构、实验室和检验机构等）以公正的行为、科学的手段、准确的结果有效地为社会提供服务。

2. CNAS 任务　①按照我国有关法律法规、国际和国家标准、规范等，建立并运行合格评定机构国家认可体系，制定并发布认可工作的规则、准则、指南等规范性文件；②对境内外提出申请的合格评定机构开展能力评价,做出认可决定,并对获得认可的合格评定机构进行认可监督管理;③负责对认可委员会徽标和认可标识的使用进行指导和监督管理;④组织开展与认可相关的人员培训工作,对评审人员进行资格评定和聘用管理;⑤为合格评定机构提供相关技术服务,为社会各界提供获得认可的合格评定机构的公开信息;⑥参加与合格评定及认可相关的国际活动,与有关认可及相关机构和国际合作组织签署双边或多边认可合作协议;⑦处理与认可有关的申诉和投诉工作;⑧承担政府有关部门委托的工作;⑨开展与认可相关的其他活动。

(二)计量认证与审查认可

20世纪80年代中期,我国开始对质检机构(产品质量监督检验机构)实行计量认证和审查认可(验收)考核制度。1987年发布的《中华人民共和国计量法实施细则》(第4次修订版于2022年5月1日起实施)对检验机构(现称作实验室)的考核工作称作"计量认证",1990年发布的《中华人民共和国标准化法实施条例》对检验机构的规划、审查工作称作"审查认可(验收)"。"计量认证"和"审查认可(验收)"的目的都是提高实验室等合格评定机构的管理水平,但早期,二者在依据、性质、对象、管理模式、实施部门、考核内容和结果效用等方面存在差异。2001年8月,国家认证认可监督管理委员会(CNCA)成立,统一负责实验室等检验检测机构的"计量认证"和"审查认可";同年12月"二合一"评审标准《产品质量检验机构计量认证/审查认可(验收)评审准则(试行)》开始实施。目前,我国各级环境监测站和第三方检测机构计量认证的评审,按照《检验检测机构资质认定能力评价检验检测机构通用要求》(RB/T 214—2017)进行,标准规定了机构、人员、场所环境、设备设施和管理体系等5个要素,共49项条款。

1. 计量认证 计量认证是政府强制行为,由CNCA和省级质量技术监督部门根据《中华人民共和国计量法》,对为社会出具公证数据的检验机构(实验室)进行的强制考核。在我国,实验室通过计量认证后,可获得CNCA颁发的"中国计量认证"证书和"CMA"(中国计量认证标志,见图1-2)标志使用授权。

2. 审查认可 审查认可是实验室(从事检测、校准、与后续检测或校准相关的抽样等一种或多种活动的机构)的自愿行为。实验室向中国合格评定国家认可委员会(CNAS)申请认可,CNAS对实验室内部质量体系和技术保证能力进行评审,做出是否符合《检测和校准实验室能力的通用要求》(GB/T 27025—2019)等标准的评价结论。符合标准、通过审查,向实验室颁发认可证书、授权使用"CNAS"标志,证明其具备向用户、社会及政府提供自身质量保证的检测报告的能力。中国CNAS实验室认可标志见图1-3。

图1-2 中国计量认证标志　　　　　图1-3 中国CNAS实验室认可标志

技能训练

实训一　电导率仪的使用与维护

一、实训目的

（1）能根据需要正确选择电导电极，能完成电导率仪的安装调试和电导电极常数校正。

（2）培养实训者团结协作、工作有序和科学严谨的职业习惯。

二、实训原理

（一）电导率仪工作原理

电导是电阻的倒数，是指在外电场作用下电解质溶液中的正负离子以相反的方向移动的能力。电导率则是指距离 1cm，截面积为 $1cm^2$ 的两电极间溶液所测得的电导值。纯水的电导率很小，而当水中含有无机酸、碱、盐或有机带电胶体时电导率就增大。电导率是数字化表征溶液传导电流能力的指标，常用于间接推测水中带电物质的总浓度。

电导是电阻的倒数，溶液的导电能力与溶液中正负离子的数目、离子所带的电荷数、离子在溶液中的迁移速度等因素有关。测量电导时，用两个电极插入溶液中，测定两极间的电阻值，则其电导值可按式（1-1）计算：

$$L=\frac{1}{R}=\left(\rho\cdot\frac{l}{A}\right)^{-1}=\frac{1}{\rho}\cdot\frac{A}{l}=K\cdot\frac{A}{l}=K\cdot Q \tag{1-1}$$

式中：L——电导，S（西门子，$S=1/\Omega$）；

　　　R——电阻，Ω；

　　　ρ——电阻率，Ω/cm；

　　　l——电极间距离，cm；

　　　A——电极板截面积，cm^2；

　　　K——电导率，$\mu S/cm$；

　　　Q——电极常数或电导池常数，cm^{-1}。

则电导率 K 可按式（1-2）计算：

$$K=\frac{L}{Q} \tag{1-2}$$

水的导电性与温度密切相关，因而一般要求在 25℃ 条件下测定水的电导率；否则，应在测定电导率的同时测定水温，并将其带入电导率温度校正公式中进行校正。电导率温度校正公式见式（1-3）。

$$K_S=\frac{K_t}{[1+\alpha\ (t-25)]} \tag{1-3}$$

式中：K_S——25℃时的电导率，$\mu S/cm$；

　　　K_t——温度为 t 时测得的电导率，$\mu S/cm$；

　　　t——测电导率时的实际温度，℃；

　　　α——各种离子电导率的平均温度系数，一般取 0.022。

（二）电导电极校正原理

一般新购置电导率仪的电极都在电极梗或电极导线上标有电极常数，直接使用即可。

但是，因受介质、空气侵蚀等因素的影响，电极在使用和保存过程中其电导常数会改变。为保证测定结果的准确度，当电导常数发生改变后，就需要重新进行电导常数测定，并根据新测定的常数值重新进行"常数校正"。《电导率仪》（JJG 376—2007）中规定了 4 种 KCl 标准溶液在 5 个温度下的电导率，见表 1-28。当一定浓度 KCl 溶液的电导率 K_S 已知时，用待校正的电导电极测定该 KCl 溶液电导率 K，将数据代入式（1-2），计算得该电极的电极常数 Q（cm^{-1}）。

表 1-28　不同浓度 KCl 溶液在不同温度时的电导率

KCl 溶液浓度/（mol/L）	标准电导率 K_S/（$\mu S/cm$）				
	15℃	18℃	20℃	25℃	35℃
1	92 120	91 800	101 700	111 310	131 100
0.1	10 455	11 163	11 644	12 852	15 353
0.01	1 141.4	1 220	1 273.7	1 408.3	1 687.6
0.001	118.5	126.7	132.2	146.6	176.5

三、实训准备

（一）仪器与器具准备

（1）电导率仪。上海雷磁 DDS-307A 型，铂黑电导电极，光亮电导电极。

（2）温度计和常用玻璃器皿。

（二）试剂与试液准备

（1）氯化钾标准溶液。0.10mol/L、0.01mol/L 和 0.001mol/L KCl 溶液 3 种。

（2）实验用水。二级纯水、三级纯水、自来水。

四、实训过程

（一）熟悉电导率仪结构

（1）熟悉电导率仪基本机构。DDS-307A 型电导率仪的外形、结构及后面板如图 1-4 所示。

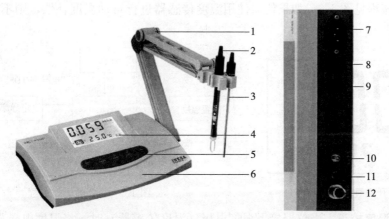

图 1-4　DDS-307A 型电导率仪外形、结构及后面板
1. 多功能电极架　2. 电导电极　3. 温度电极　4. 显示屏　5. 功能键盘　6. 主机
7. 电源插座　8. 电源开关　9. 保险丝　10. 温度电极插座　11. 接地插座　12. 电导电极插座

（2）电导电极的选用。应根据待测水样的电导率范围选择合适的电极，不同常数电导电极适用的电导率量程见表 1-29。

表1-29　不同常数电导电极适用的电导率量程

电导电极常数/cm⁻¹	0.01	0.1	1.0	10
电导率量程/（μS/cm）	0~2.00	0.2~20.0	2~10 000	10 000~100 000

（二）DDS-307A型电导率仪常用按键及作用

（1）"电导率/TDS"键。此键为双功能键，在测量状态下，按一次进入电导率测量状态，再按一次进入TDS测量状态；在设置温度、电极常数和常数调节时，按此键退出功能模块，返回测量状态。

（2）"电极常数"键。此键为电极常数选择键。按此键上部"△"为调节电极常数上升；按此键下部"▽"为调节电极常数下降。电极常数的数值选择为10、1、0.1、0.01。

（3）"常数调节"键。此键为常数调节选择键。按此键上部"△"为常数调节数值上升；按此键下部"▽"为常数调节数值下降。

（4）"温度"键。此键为温度选择键。按此键上部"△"为调节温度数值上升；按此键下部"▽"为调节温度数值下降。

（5）"确认"键。此键为确认键，按此键为确认上一步操作。

（三）开机前准备

（1）将多功能电极架插入多功能电极架插座中，并拧好。

（2）将电导电极及温度电极安装在电极架上。

（3）用蒸馏水清洗电极。

（四）熟悉仪器操作流程

1. 开机　连接电源线，打开仪器开关，仪器进入测量状态，开机显示屏显示信息见图1-5，仪器预热30min后，可进行测量。

2. 调节　在测量状态下，按"电导率/TDS"键可以切换显示电导率以及TDS；按"温度"键设置当前的温度值；按"电极常数"和"常数调节"键进行电极常数的设置，简要的操作流程见图1-6；如果仪器使用温度传感器进行自动温度补偿，则不需要进行温度设置。

图1-5　开机显示屏显示信息

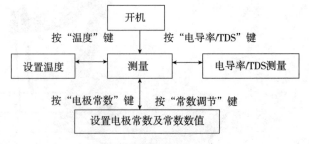

图1-6　简要的操作流程

3. 自动温度校正　当仪器接上温度电极（温度传感器）时，将温度电极放入溶液中，此仪器显示的温度数值为自动测量溶液的温度值，仪器自动进行温度补偿，用户不必进行温度设置操作。

（五）设置温度

DDS-307A型电导率仪一般情况下不需要用户对温度进行设置，如果用户需要设置温度，请在不接温度电极的情况下，用温度计测出被测溶液的温度，然后按"温度△"或"温度▽"键，调节显示值，使温度显示为被测溶液的温度，按"确认"键完成温度设置；按"电导率/TDS"键放弃设置，返回测量状态。

（六）电极常数和常数数值的设置

仪器使用前必须进行电极常数的设置。目前电导电极的电极常数为 10、1、0.1、0.01 四种类型，每种类型电极具体的电极常数值均粘贴在每支电导电极上，用户根据电极上所标的电极常数值进行设置。

1. 进入电极常数设置状态　按"电极常数"键或"常数调节"键，仪器进入电极常数设置状态，电极常数设置显示屏显示如图 1-7 所示。

2. 电极常数为"1"的数值设置　按"电极常数▽"或"电极常数△"，电极常数的显示在 10、1、0.1、0.01 之间转换，如果电导电极标贴的电极常数为"1.010"，则选择"1"并按"确认"键；再按"常数数值▽"或"常数数值△"，使常数数值显示"1.010"，按"确认"键，此时完成电极常数及数值的设置（电极常数为上下两组数值的乘积），显示屏显示如图 1-8 所示。如果用户放弃设置，按"电导率/TDS"键，返回测量状态。

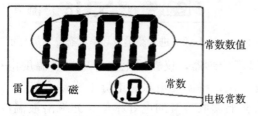

图 1-7　电极常数设置显示屏显示　　　图 1-8　电极常数设置为"1.010"时显示屏显示

3. 电极常数为"0.1"的数值设置　按"电极常数▽"或"电极常数△"，电极常数的显示在 10、1、0.1、0.01 之间转换，如果电导电极标贴的电极常数为"0.1010"，则选择"0.1"并按"确认"键；再按"常数数值▽"或"常数数值△"，使常数数值显示"1.010"，按"确认"键，此时完成电极常数及数值的设置（电极常数为上下两组数值的乘积）。显示屏显示如图 1-9 所示。如果用户放弃设置，按"电导率/TDS"键，返回测量状态。

4. 电极常数为"0.01"的数值设置　按"电极常数▽"或"电极常数△"，电极常数的显示在 10、1、0.1、0.01 之间转换，如果电导电极标贴的电极常数为"0.0101"，则选择"0.01"并按"确认"键；再按"常数数值▽"或"常数数值△"，使常数数值显示"1.010"，按"确认"键，此时完成电极常数及数值的设置（电极常数为上下两组数值的乘积）。显示屏显示如图 1-10 所示。如果用户放弃设置，按"电导率/TDS"键，返回测量状态。

图 1-9　电极常数设置为"0.1010"时显示屏　　图 1-10　电极常数设置为"0.0101"时显示屏
　　　　显示　　　　　　　　　　　　　　　　　　　显示

5. 电极常数为"10"的数值设置 按"电极常数▽"或"电极常数△"，电极常数的显示在10、1、0.1、0.01之间转换，如果电导电极标贴的电极常数为"10.10"，则选择"10"并按"确认"键；再按"常数数值▽"或"常数数值△"，使常数数值显示"1.010"，按"确认"键；此时完成电极常数及数值的设置（电极常数为上下两组数值的乘积）。显示屏显示如图1-11所示。如果用户放弃设置，按"电导率/TDS"键，返回测量状态。

（七）电导率测定训练

1. 进入电导率测量状态 经过上述温度、电极常数和常数数值的设置，仪器可用来测量被测溶液，按"电导率/TDS"键，使仪器进入电导率测量状态。进入测量电导率显示屏显示见图1-12。

图1-11 电极常数设置为"10.10"时显示屏显示　　图1-12 进入测量电导率状态显示屏显示

2. 自校温度电导率仪用法 如果采用温度传感器，仪器接上电导电极、温度电极，用蒸馏水清洗电极头部，再用被测溶液清洗一次，将温度电极、电导电极浸入被测溶液中，用玻璃棒搅拌溶液使溶液均匀，在显示屏上读取溶液的电导率值。如果溶液温度为22.5℃，电导率为100.0μS/cm，则显示屏显示见图1-13。

3. 非自校温度电导率仪用法 如果仪器未接温度电极，则用温度计测出待测溶液温度，进行温度设置；接上电导电极，用蒸馏水清洗电极头部，再用被测溶液清洗一次，将电导电极浸入被测溶液中，用玻璃棒搅拌溶液使溶液均匀，在显示屏上读取溶液的电导率值。如果溶液温度为25.5℃，电导率为1.010mS/cm，则显示屏显示见图1-14。

图1-13 显示屏显示"22.5℃，电导率　　图1-14 显示屏显示"25.5℃，电导率
100.0μS/cm"　　　　　　　　　　1.010mS/cm"

（八）电导电极的活化

长期不用的电导电极应贮存在干燥处，使用前置入蒸馏水中浸泡数小时。经常使用的电导电极，用完后应将电极感应头贮存在蒸馏水中，以便随时使用。

（九）电导电极的清洗

被有机物污染的电极应用含有洗涤剂的温水或酒精清洗，被钙、镁沉淀物污染的电极最好用10%柠檬酸清洗。铂黑电极只能用化学方法清洗，用软刷机械清洗会破坏镀在电极表面的镀层（铂黑）。光亮电极用软刷子机械清洗，但不可在电极表面产生刻痕，绝对不能用螺丝刀、起子之类硬物清除电极表面。

（十）电导常数标定

1. 选择标液 根据电极常数选择适合浓度的 KCl 溶液、配制方法。不同常数电导电极标定应选用的 KCl 溶液见表 1-30，20℃不同浓度 KCl 溶液的配制方法及电导率见表 1-31。

表 1-30 不同常数电导电极标定应选用的 KCl 溶液

电极常数/cm^{-1}	0.01	0.1	1	10
KCl 溶液浓度/（mol/L）	0.001	0.01	0.01 或 0.1	0.1 或 1

表 1-31 20℃不同浓度 KCl 溶液的配制方法及电导率

溶液编号	KCl 溶液浓度/（mol/L）	20℃电导率/（mS/cm）	配制方法
1	1	101.70	称取 74.245 7g 在 105℃下烘干 4h 后于干燥环境中冷却的优级纯 KCl，溶于一级纯水中，稀释并定容至 1 000mL
2	0.1	11.644	称取 7.436 5g 在 105℃下烘干 4h 后于干燥环境中冷却的优级纯 KCl，溶于一级纯水中，稀释并定容至 1 000mL
3	0.01	1.273 7	称取 0.744 0g 在 105℃下烘干 4h 后于干燥环境中冷却的优级纯 KCl，溶于一级纯水中，稀释并定容至 1 000mL
4	0.001	0.132 2	吸取 3 号（0.01mol/L）KCl 溶液 100.00mL 于 1 000mL 容量瓶中，定容

2. 仪器准备 将电导电极接入仪器，断开温度电极（仪器不接温度传感器），仪器则以手动温度作为当前温度值，设置手动温度为 25.0℃，此时仪器所显示的电导率值是未经温度补偿的绝对电导率值。

3. 测定标准溶液电导率 用蒸馏水清洗电导电极，将电导电极浸入标准溶液中，控制溶液温度恒定为（25.0±0.1）℃，读取仪器电导率值 K。

4. 标注校正结果 记录数据，计算电极常数，将计算结果标注在电极梗上。

五、实训成果

（一）数据记录

在测定过程中及时将测定数据填入表 1-32 中。

表 1-32 各水样电导率测定数据记录

编号	水样	水样温度/℃	25℃电导率 K/（μS/cm）	K_s/（μS/cm）	Q/cm^{-1}
1	三级纯水			—	
2	0.001mol/L KCl 溶液				
3	0.01mol/L KCl 溶液				
4	0.1mol/L KCl 溶液				

（二）结果计算

按式（1-4）计算电极常数（Q）：

$$Q=\frac{K_S}{K} \qquad (1-4)$$

式中：Q——电极常数，cm^{-1}；

K_S——25℃下 KCl 溶液标准电导率（表 1-28），$\mu S/cm$；

K——电极浸入标准溶液后电导仪的读数，$\mu S/cm$。

六、注意事项

（1）测定电导电极常数时应选用与电极配套的电导率仪，尽量不要采用其他型号的电导率仪。

（2）测量电极常数的 KCl 溶液的温度，以接近实际被测溶液的温度为好。

（3）KCl 溶液配制最好在温度（20±2）℃下进行，配制好的溶液装入聚乙烯容器或蒸煮过的硬质玻璃容器中，隔绝空气低温保存，有效期为半年至一年。

实训二　电导法测定实验用水纯度

一、实训目的

（1）能完成不同等级纯水电导率测定，能根据水样电导率判断其纯度等级。

（2）培养实训者团结协作、工作有序和科学严谨的职业习惯。

二、实训原理

天然水含有 Na^+、K^+、Ca^{2+}、Mg^{2+}、CO_3^{2-}、Cl^-、SO_4^{2-} 等多种导电离子，其电导率较大，而且离子含量越高，电导率越大。纯水是天然水经过纯化处理、使其离子含量显著降低后获得的，因而其电导率值较小。电离、二氧化碳溶入等原因会导致纯水离子含量增高，表现为电导率增大。一定的温度和 pH 时，水纯度等级越高，其电导率值越小。因此，可通过测定电导率快速判断实验用水纯度。一般要求在 25℃条件下测定水的电导率，否则就应在测定电导率的同时测定水温，并将其带入电导率温度校正公式校正。纯水电导率的温度校正公式见式（1-5）。

$$K_{25}=k_t \cdot (K_t-K_{pt})+0.054\,8 \qquad (1-5)$$

式中：K_{25}——25℃时的水样电导率，$\mu S/cm$；

K_t——温度为 t℃时测得的电导率，$\mu S/cm$；

t——测电导率时的实际温度，℃；

K_{pt}——温度为 t℃时理论纯水的电导率，$\mu S/cm$，查理论纯水电导率和换算系数（表 1-33）可得；

k_t——换算系数，查理论纯水电导率和换算系数（表 1-33）可得。

表 1-33　理论纯水电导率和换算系数

t/℃	k_t	$K_{pt}/(\mu S/cm)$	t/℃	k_t	$K_{pt}/(\mu S/cm)$	t/℃	k_t	$K_{pt}/(\mu S/cm)$
0	1.797 5	0.011 6	5	1.594 0	0.016 5	10	1.412 5	0.023 0
1	1.755 0	0.012 3	6	1.555 9	0.017 8	11	1.378 8	0.014 5
2	1.713 5	0.013 2	7	1.518 8	0.019 0	12	1.346 1	0.026 0
3	1.672 8	0.014 3	8	1.482 5	0.020 1	13	1.314 2	0.027 6
4	1.632 9	0.015 4	9	1.447 0	0.021 6	14	1.283 1	0.029 2

$t/℃$	k_t	$K_{pt}/(\mu S/cm)$	$t/℃$	k_t	$K_{pt}/(\mu S/cm)$	$t/℃$	k_t	$K_{pt}/(\mu S/cm)$
15	1.253 0	0.031 2	27	0.960 0	0.060 7	39	0.793 6	0.108 8
16	1.223 7	0.033 0	28	0.941 3	0.064 0	40	0.785 5	0.113 6
17	1.195 4	0.034 9	29	0.923 4	0.067 4	41	0.778 2	0.118 9
18	1.167 9	0.037 0	30	0.906 5	0.071 2	42	0.771 9	0.124 0
19	1.141 2	0.039 1	31	0.890 4	0.074 9	43	0.766 4	0.129 8
20	1.115 5	0.041 8	32	0.875 3	0.078 4	44	0.761 7	0.135 1
21	1.090 6	0.044 1	33	0.861 0	0.082 2	45	0.758 0	0.141 1
22	1.066 7	0.046 6	34	0.847 5	0.086 1	46	0.755 1	0.146 4
23	1.043 6	0.049 0	35	0.835 0	0.090 7	47	0.753 2	0.152 1
24	1.021 3	0.051 9	36	0.823 3	0.095 0	48	0.752 1	0.158 2
25	1.000 0	0.054 8	37	0.812 6	0.099 4	49	0.751 8	0.165 0
26	0.979 5	0.057 8	38	0.802 7	0.104 4	50	0.752 5	0.172 8

三、实训准备

（1）电导率仪。DDS-307 型电导率仪，或误差不超过 1% 、带温度自动补偿功能的其他型号电导率仪。

（2）电导电极。铂黑电导电极，常数为 0.01～1 的光亮电导电极。

（3）温度计与磁力搅拌器。

（4）水样。①市售瓶装纯净水；②三级纯水；③市政自来水。

四、实训过程

（一）一级纯水、二级纯水电导率测定

1. 纯水机在线监测仪直读 一般地，制备一级纯水、二级纯水的水处理设备（或市售纯水机），都配装具有温度自动补偿功能"在线"的电导率［或总含盐量（TDS）］测定装置，其显示屏会显示出水的瞬时电导率（25℃），直接读数即可。

2. 用实验室仪器测定 用电导率仪测定一级纯水、二级纯水的电导率，应根据被测纯水的纯度选择配备电极常数为 0.01～0.1cm^{-1} 的电导电极和温度自动补偿功能的电导率仪。测定时将电导电极和温度电极同时置于纯水制备装置的出水口处，调节好出水流速后，"在线"读取出水的电导率（25℃）即可。

3. 温校 若电导率仪不具备或不启用温度补偿功能，可测量并记录水温度，换算成（25±1）℃下的电导率值。

（二）三级纯水电导率测定

1. 电极选择 应选用电极常数为 0.01～1cm^{-1} 的电导电极。

2. 仪器安装 将多功能电极架插入多功能电极架插座中并拧好，将选好的电导电极（电极常数 0.1）及温度电极安装在电极架上，用蒸馏水清洗电极后用试纸吸干水分。

3. 开机 连接电源线，打开仪器开关，仪器进入测量状态，显示屏显示见图 1-15，仪器预热 30min。

4. 电极常数和常数数值的设置 按"电极常数▽"或"电极常数△"，电极常数的显

示在 10、1、0.1、0.01 之间转换，如果电导电极标贴的电极常数为"0.1010"，则选择"0.1"，并按"确认"键，再按"常数数值▽"或"常数数值△"，使常数数值显示"1.010"，按"确认"键，此时完成电极常数及数值的设置（电极常数为上下两组数值的乘积），显示屏显示见图 1-16。

图 1-15　初始开机显示屏显示

图 1-16　电极常数设置为"0.1010"时显示屏显示

5. 调整仪器至测定状态　经过上述温度、电极常数和常数数值的设置，仪器可用来测量被测溶液，按"电导率/TDS"键，使仪器进入电导率测量状态。进入测量状态显示屏显示如图 1-17 所示。

图 1-17　进入测量状态显示屏显示

6. 取样　取样前用待测水反复清洗容器至少 3 次以上；取 3L 以上有代表性水样于干净的容器中，保证水样注满容器。

7. 测定　用 3 个烧杯分别盛 400mL 市售瓶装饮用纯净水、三级纯水和市政自来水，将电极插入待测水样中，用玻璃棒搅拌水样，显示数值稳定后立即读数。

8. 温校　如果不启用电导率仪的具温度补偿功能，可拆掉温度电极后测量水样电导率，同时测定水温，并将测定数据代入式（1-5），计算 25℃的电导率值。

五、实训成果

（1）数据记录。参照表 1-34 设计数据记录表，并及时记录数据。

表 1-34　各水样电导率测定数据记录

编号	实验用水类型	电导率 K_t/（μS/cm）	水样温度/℃	电导率 K_{25}/（μS/cm）	纯度等级
1	市售瓶装纯净水				
2	三级纯水				
3	市政自来水				

（2）温度校正。将实际测定的电导率值和温度值带入式（1-5），计算得 25℃时纯水电导率 K_{25}，并填入表 1-34 中。

（3）确定不同水样的纯度等级。市售瓶装纯净水、三级水、市政自来水的电导率值与表 1-34 不同等级纯水电导率标准值比较，确定待测各种实验用水的纯度等级，并将结果填入表 1-34。

(4) 编写《××水样的电导率检测报告》

 课程思政

习近平"两山"理论与中国共产党的初心使命

1. 习近平"两山"理论 2005 年 8 月 15 日，时任浙江省委书记的习近平同志在安吉余村考察时提出"绿水青山就是金山银山"的科学论断。2006 年，习近平在《浙江日报》发文阐述认识"两山"关系的 3 个阶段，第一阶段：用绿水青山去换金山银山，不考虑或者很少考虑环境的承载能力，一味索取资源；第二阶段：既要金山银山，但是也要保住绿水青山，这时候经济发展和资源匮乏、环境恶化之间的矛盾开始凸显出来，人们意识到环境是我们生存发展的根本，要留得青山在，才能有柴烧。第三阶段：绿水青山可以源源不断地带来金山银山，绿水青山本身就是金山银山，我们种的常青树就是摇钱树，生态优势变成经济优势，形成了浑然一体、和谐统一的关系；第三阶段是一个更高的境界，体现了发展循环经济、建设资源节约型和环境友好型社会的科学发展理念。2013 年，习近平总书记在哈萨克斯坦纳扎尔巴耶夫大学发表的演讲中指出，"我们既要绿水青山，也要金山银山。宁要绿水青山，不要金山银山，而且绿水青山就是金山银山"，标志着"两山"理论成为习近平生态文明建设思想的"灵魂"，成为习近平总书记治国理政新理念、新思想和新战略的重要组成。

2. "两山"理论与中国共产党的初心使命 习近平"两山"理论反映了中国共产党全心全意为人民谋幸福的初心与使命，培育了中华民族共同体意识。党的十九大报告提出，当前中国社会的主要矛盾已经转化为人民日益增长的美好生活需要和不平衡不充分的发展之间的矛盾。人民对美好生活的需要就是对幸福生活的需要，而良好的生态环境对人们的幸福是至关重要的。大自然是美的化身、幸福的来源，只有符合生态的生活才是幸福的生活。中国梦一定是美丽中国里的生态幸福梦，小康生活一定是生态文明中的幸福生活。在优美的生态环境中，人们能够获得一种作为幸福之内涵的实在的自由和满足。自然环境并非仅有简单的自然属性，它总是与特定的政治和文化相连。自然环境是国家政治与人民归属感的载体，既是国家软实力的体现，也是民族团结的象征。生态认同可以导向政治认同。优良的生态文明，使中国人不产生强烈的国家认同感。"两山论"指导下的生态文明建设，不仅保护了生态环境，也保存了中国自然地理与中华文明的民族记忆，激发出了人民强烈的民族自豪感和民族自信心，培育了爱国主义热情和中华民族共同体意识。

（摘自光明网-理论频道 2020-08-17，史军："两山论"引领美丽中国建设与全球生态治理）

思与练

一、知识技能

(1) 简述环境监测实验室安全制度和某一实验安全事故的应急处理方法。

(2) 化学纯、分析纯和优级纯的化学试剂各适用于什么检测实验？

(3) 检测实验用水纯度分为几级？各适用于什么情况？

（4）简述电导法判定实验用水纯度等级的关键步骤及注意事项。

二、思政

1. 简述习近平"两山"理论主要内容及启示。

2. 简述习近平"两山"理论体现了中国共产党的哪些初心与使命。

项目二

灌溉水水质监测

灌溉是重要的农业生产活动之一。灌溉水的质量及储量，直接影响农产品的产量和品质，从而影响农业的劳动生产率和经济效益。当前，我国水资源短缺问题依然突出，开源节流、科学用水和提高水资源重复利用率，是必须长期坚持的水资源开发策略。地表水、地下水和净化后的污废水，都可能成为农业生产的优质水资源。做好农业灌溉水的水质监测与净化处理，对农业健康可持续发展具有决定性意义。该项目将通过引导学习者完成灌溉井水质监测、河流断面水质监测、湖泊水库水质监测和灌溉污水水质监测等 4 个学习任务，帮助学习者熟悉不同灌溉水源水质监测程序，掌握水环境监测方案制订、水样采集保存、指标测定和数据分析等技术，具备从事溶解氧、化学需氧量、氟化物、六价铬及粪大肠菌群数等指标检测分析的能力。学习、感悟水环境领域先辈大师们立足岗位服务社会的杰出贡献和家国情怀。

任务一　灌溉井水质监测

🔲 学习目标

1. 能力目标　能完成农业灌溉井水质监测的水样采集、运输和保存，能完成水样氟化物含量测定。

2. 知识目标　能简述不同类型水样的适用对象及采集方法，能简述水质氟化物、氯化物测定的原理及注意事项。

3. 思政目标　了解环境监测专家魏复盛院士为我国环境监测技术发展做出的杰出贡献，学习、感悟魏先生立足岗位服务社会的职业精神与家国情怀。

📖 知识学习

地下水，不仅是我国重要的生活饮用水水源，也是我国重要的农业灌溉水源。目前我国地下水污染呈加重趋势，并从点状污染向带状、面状污染发展。2010 年 7 月北京国际地下水论坛的与会专家指出，我国一些地区地下水储存量正以惊人的速度减少，许多地区地下水遭到严重污染。《2016 环境状况公报》显示，全国 6 124 个地下水水质监测点中，水质为优良、良好、较好、较差和极差的监测点分别占 10.1%、25.4%、4.4%、45.4% 和 14.7%，较差和极差级合计占比 60.1%。地下水灌溉分为井水灌溉、泉水灌溉和截潜流灌溉，取水构筑物有水井、坎儿井、引汇泉水的建筑物及潜坝等，做好不同灌溉类型地下水源的水质监测与污染风险评估极具现实意义。

一、水样类型与采样器

水样，即监测水体水质的样本，其代表性不足，将导致监测结果不能真实反映监测水体的水质状况。因而，必须依据《水质 采样技术指导》（HJ 494—2009）等标准，选择采样点、水样类型和采样方法，规范采样。

（一）水样类型及其适用对象

1. 瞬时水样 瞬时水样是指从水体中不连续地随机采集的样品，即在某一时间和地点从水体中随机采集的分散单一水样。当水体水质稳定，或其组分在相当长的时间或相当大的空间范围内变化不大时，瞬时水样具有很好的代表性。当水体组分及含量随时间发生变化，则要在适当的时间间隔内进行瞬时采样，分别进行分析，测出水质的变化程度、频率和周期。当水体的组成发生空间变化时，就要在各个相应的部位采集水样。瞬时水样无论是在水面、规定深度或底层，通常均可人工采集，也可用自动化方法采集。自动采样样品是以预定时间或流量间隔为基础的一系列瞬时样品，一般情况下所采集的样品只代表采样当时和采样点的水质。适用情况有：①流量不固定、所测参数不恒定时；②不连续流动的水流，如分批排放的水；③水或废水特性相对稳定时；④需要考查可能存在的污染物或要确定污染物出现的时间；⑤需要污染物最高值、最低值或变化的数据时；⑥需要根据较短一段时间内的数据确定水质的变化规律时；⑦需要确定参数的空间变化时，例如某一参数在水流（或开阔水域）的不同监测断面（或采样垂线不同深度）的变化情况；⑧制订较大范围的采集方案前；⑨测定溶解气体、余氯、可溶性硫化物、微生物、油脂、有机物和pH等不稳定参数时。

2. 混合水样 在同一采样点处以流量、时间或体积为基础，按照已知比例间歇或连续混合而成的样品，称为混合水样。混合水样分为等时混合水样和等比例混合水样，前者是指在某一时段内，在同一采样点按等时间间隔所采集的等体积瞬时水样混合后的水样，这种水样在观察某一时段平均浓度时非常有用，但不适用于被测组分（如挥发酚、油脂、硫化物等）在贮存过程中发生明显变化的水样；后者是指在某一时段内，在同一采样点所采水样量随时间或流量成比例变化的混合水样，即在不同时间依照流量大小按比例采集的混合水样，这种水样适用于流量和污染物浓度不稳定的水样。混合样品可自动采集，也可人工采集。混合水样是混合几个单独样品，可减少监测分析工作量，节约时间，降低试剂损耗。适用情况有：①需测定平均浓度时；②计算单位时间的质量负荷；③为评价特殊的、变化的或不规则的排放和生产运转的影响。

3. 综合水样 把在不同采样点同时采集的各个瞬时水样混合后所得到的水样称为综合水样。综合水样的采集包括两种情况，一是在特定位置采集一系列不同深度的水样（纵断面样品）；二是在特定深度采集一系列不同位置的水样（横截面样品）。综合水样是获得平均浓度的重要方式，例如当为几条排污河、渠建立综合处理厂时，根据综合水样监测结果确定工艺参数更为科学合理。

（二）水质监测采样器

地下水水质采样器分自动采样器和人工采样器两类，常用的自动采样器有手持式电动深水采样器（图 2-1）和程序式水质自动采样器（图 2-2），常用的人工采样器有简单采样器（图 2-3）和双瓶溶解气体采样器（图 2-4）。采样器的材质和结构应符合《水质采样器技术要求》中的规定。

图 2-1　手持式电动深水采样器　　　　图 2-2　程序式水质自动采样器

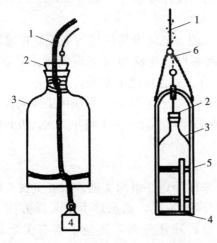

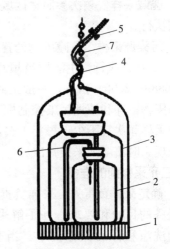

图 2-3　简单采样器　　　　　　　　图 2-4　双瓶溶解气体采样器

1. 绳子　2. 带有软绳的橡胶管　3. 采样瓶　　　1. 带重锤铁框　2. 小瓶　3. 大瓶　4. 橡胶管

4. 铅锤　5. 铁框　6. 挂钩　　　　　　　　　5. 夹子　6. 塑料管　7. 绳子

二、灌溉井水样采集

水样代表性不满足要求，无论检测分析工作如何认真准确，其结果也不能真实反映监测对象的实际情况。要获得代表性满足要求的水样，必须严格按照标准要求布设采样点、选择采样方法、规范采集样品。

（一）布设采样点

1. 监测井的布设方法　工业区和重点污染源所在地的监测井布设，主要根据污染物在地下水中的扩散形式确定。例如渗坑、渗井和堆渣区的污染物在含水层渗透性较大的地区易造成条带状污染；污灌区、污养区及缺乏卫生设施的居民的污水渗透到地下易造成块状污染，此时监测井应设在地下水流向的平行和垂直方向上，以监测污染物在两个方向上的扩散程度。渗坑、渗井和堆渣区的污染物在含水层渗透小的地区易造成点状污染，其监测井应设在距污染源最近的地方。沿河、渠排放的工业废水和生活污水因渗漏可能造成带状污染，此时宜用网状布点法设置监测井。

2. 监测井的密度 监测井的密度一般介于 0.1～1 眼/100km²，重要水源地或污染严重地区适当增加密度；沙漠区、山丘区和岩溶山区等可根据需要，选择典型代表区布设监测点。

（二）采样频率和采样时间

依据具体水文地质条件和地下水监测井使用功能，结合当地污染源、污染物排放实际情况，争取用最低的采样频次，取得最有时间代表性的样品，达到全面反映调查对象地下水质状况、污染原因和规律的目的。按照《地下水环境监测技术规范》（HJ 164—2020）要求，不同类型地下水采样频次如下。

1. 地下水饮用水源取水井 常规指标采样宜不少于每月 1 次，非常规指标采样宜不少于每年 1 次。

2. 地下水饮用水源保护区和补给区 不少于每年 2 次，枯水期、丰水期各 1 次。

3. 区域采样 频次参照《区域地下水质监测网设计规范》（DZ/T 0308—2017）的相关要求执行。

4. 污染源采样 危险废物处置场采样频次参照《危险废物填埋污染控制标准》（GB 18598—2019）执行，生活垃圾填埋场采样频次参照《生活垃圾填埋场污染控制标准》（GB 16889—2008）执行，一般工业固体废物贮存、处置场地下水采样频次参照《一般工业固体废物贮存和填埋污染控制标准》（GB 18599—2020）执行。其他污染源采样，对照监测点采样频次宜不少于每年 1 次，其他监测点采样频次宜不少于每年 2 次，发现有地下水污染现象时需增加采样频次。

（三）采样前的准备

1. 确定采样负责人 采样负责人负责制订采样计划并组织实施。采样负责人应了解监测任务的目的和要求，并了解采样监测井周围的情况，熟悉地下水采样方法、采样容器的洗涤和样品保存技术。当有现场监测项目和任务时，还应了解有关现场监测技术。

2. 制订采样计划 采样计划应包括采样目的、监测井位、监测项目、采样数量、采样时间和路线、采样人员及分工、采样质量保证措施、采样器材和交通工具、需要现场监测的项目、安全保证等。

3. 采样量确定 不同监测项目的样品用量不同，采样前应查阅相关方法标准，计算好采样量。

4. 采样器材准备 主要是准备采样器和盛样容器。要求：①器壁不能引起新的污染，不应吸收或吸附某些待测组分，不与待测组分发生反应；②容器能严密封口且易于开启，容易清洗并可反复使用。不同监测项目对采样容器、采样量、保存剂和保存期的要求见表 2-1。表中洗涤方法指在用容器的一般洗涤方法，如新启用容器应更充分地清洗，水样容器应做到定点、定项。

5. 现场监测仪器 准备性能正常的水位、水温、pH、电导率、浑浊度、色、臭和味等指标的现场监测仪器，出发前再清点确定，将其安全地带到采样现场。

表 2-1 不同监测项目对采样容器、采样量、保存剂和保存期的要求

项目名称	采样容器	保存剂及用量	保存期	采样量[a]/mL	容器洗涤
色*、浑浊度*	G, P		12h	250	I
臭和味*	G		6h	200	I
肉眼可见物*	G		12h	200	I
pH*	G, P		12h	200	I
总硬度**	G, P		24h	250	I
		加 HNO_3，pH<2	30d		
溶解性总固体**	G, P		24h	250	I
硫酸盐**	G, P		7d	250	I
氯化物**	G, P		30d	250	I
磷酸盐**	G, P		24h	250	IV
碳酸氢盐**	G, P		24h	500	I
钾、钠	P		14d	250	II
铁、锰	G, P	1L 水样中加浓硝酸 10mL	14d	250	III
铜、锌	P	1L 水样中加浓硝酸 10mL[b]	14d	250	III
钼、钴	P	加 HNO_3，pH<2	14d	250	III
挥发性酚类**	G	用 H_3PO_4 调至 pH=4，用 0.01~0.02g 抗坏血酸除去余氯	24h	1 000	I
阴离子表面活性剂**	G, P	1L 水样中加甲醛 10mL	7d	250	IV
高锰酸盐指数**	G		2d	500	I
溶解氧**	溶解氧瓶	加入硫酸锰、碱性碘化钾溶液，现场固定	24h	250	I
化学需氧量	G	H_2SO_4，pH<2	2d	500	I
五日生化需氧量**	溶解氧瓶	0~4℃避光保存	12h	1 000	I
	P	冷冻保存	24h	1 000	
硝酸盐** 亚硝酸盐**	G, P		24h	250	I
氨氮	G, P	H_2SO_4，pH<2	24h	250	I
氟化物**	P		14d	250	I
碘化物**	G, P		24h	250	I
溴化物**	G, P		14d	250	I
总氰化物	G, P	NaOH，pH>12	12h	250	I
汞	G, P	1L 水样中加浓盐酸 10mL	14d	250	III
砷	G, P	1L 水样中加浓盐酸 10mL	14d	250	I
硒	G, P	1L 水样中加浓盐酸 2mL	14d	250	III
镉、铅	G, P	1L 水样中加浓硝酸 10mL[b]	14d	250	III
六价铬	G, P	NaOH，pH=8~9	24h	250	III

（续）

项目名称	采样容器	保存剂及用量	保存期	采样量ᵃ/mL	容器洗涤
铍、钡、镍	G，P	1L 水样中加浓硝酸 10mL	14d	250	Ⅲ
石油类	G	加入 HCl 至 pH<2	7d	500	Ⅱ
硫化物	G，P	1L 水样加 1mol/L 的 NaOH 溶液 5mL 和抗坏血酸 4g，使 pH≥11，避光	24h	250	Ⅰ
有机氯农药** 有机磷农药**	G	加入盐酸至 pH<2	24h	1 000	Ⅰ
总大肠菌群**	G 灭菌	如有余氯，在采样瓶消毒前按每 125mL 水样加 100g/L 硫代硫酸钠 0.1mL，以消除氯对细菌的抑制	6h	150	Ⅰ
细菌总数**	G 灭菌	4℃保存	6h	150	Ⅰ
总 α 放射性 总 β 放射性	P	HNO₃，pH<2	5d	6 000	Ⅰ
苯系物** 烃类**	G	用 HCl（1+10）调至 pH≤2，加 0.01~0.02g 抗坏血酸	12h	1 000	Ⅰ
醛类**	G	加入 0.2~0.5g/L 硫代硫酸钠除去余氯	24h	250	Ⅰ

注：①*表示应尽量现场测定；**表示低温（0~4℃）避光保存。

②G 为硬质玻璃瓶；P 为聚乙烯瓶（桶）。

③a 为单项样品的最少采样量；b 如用溶出伏安法测定，可改用 1L 水样中加 19mL 浓 HClO₄。

④Ⅰ、Ⅱ、Ⅲ、Ⅳ分别表示 4 种洗涤方法：Ⅰ表示用洗涤剂洗 1 次，自来水洗 3 次，蒸馏水洗 1 次；Ⅱ表示用洗涤剂洗 1 次，自来水洗 2 次，用 HNO₃（1+3）荡洗 1 次，自来水洗 3 次，蒸馏水洗 1 次；Ⅲ表示用洗涤剂洗 1 次，自来水洗 2 次，用 HNO₃（1+3）荡洗 1 次，自来水洗 3 次，去离子水洗 1 次；Ⅳ表示用铬酸洗液洗 1 次，自来水洗 3 次，蒸馏水洗 1 次。

⑤经 160℃干热灭菌 2h 的微生物采样容器，必须在两周内使用，否则应重新灭菌。经 121℃高压蒸气灭菌 15min 的采样容器，如不立即使用，应于 60℃将瓶内冷凝水烘干，两周内使用。细菌监测项目采样时不能用水样冲洗采样容器，不能采混合水样，应单独采样后 2h 内送实验室分析。

（四）采样方法

1. 水样类型选择　地下水水质监测通常采集瞬时水样。

2. 普通井水样采集方法　对需测水位的普通井，在采样前应先测地下水位。从井中采集水样，必须在充分抽汲后进行，抽汲水量不得少于井内水体积的 2 倍，采样深度应在地下水水面 0.5m 以下，以保证水样能代表地下水水质。

3. 封闭生产井采样　对于封闭生产井，可在抽水时从泵房出水管放水阀处采样，采样前应将抽水管中存水放净。

4. 泉水采样　对于自喷泉水，可在涌口处出水水流的中心采样。采集不自喷泉水时，先将停滞在抽水管的水汲出，新水更替之后，再进行采样。

5. 注意事项

（1）除 BOD₅、有机物和细菌类监测项目外，采样前先用采样水荡洗采样器和水样容器 2~3 次。

（2）测定 DO、BOD₅ 及挥发性、半挥发性有机污染物项目的水样，采样时水样必须注满容器，上部不留空隙，但准备冷冻保存的样品不能注满容器，否则会因水样体积膨胀使容器破裂。

（3）DO 水样采集后应在现场固定，盖好瓶塞后需用水封口。

（4）测定 BOD_5、硫化物、石油类、重金属、细菌类、放射性等项目的水样应分别单独采样。

6. 水样保存　在水样采入或装入容器后，需要加保存剂的，立即按表 2-1 的要求加入保存剂。

7. 采样瓶贴标签　水样采集后，不用加保存剂的，立即盖塞密封，贴标签；需要加保存剂的，应在加好保存剂后，立即盖塞密封，贴标签。标签内容应包括监测井号、采样日期和时间、监测项目、采样人等。

8. 填写采样记录表　采样过程中，务必在现场用碳素笔填写地下水采样记录表（表 2-2），有时还应填写地下水监测井基本情况表（表 2-3）。填写表格时要书写规范，字迹清晰，内容齐全。

9. 核对采样计划　采样结束前，应核对采样计划、采样记录与水样，如有错误或漏采，应立即重采或补采。

表 2-2　地下水采样记录表

监测井编号	采样日期	采样时间	采样方法	采样深度/m	气温/℃	天气状况	现场检测定记录									样品性状
							水量/(m³/s)	水温/℃	颜色描述	臭和味	浑浊度	肉眼可见物	pH	电导率/(S/m)	水量/(m³/s)	
1																
2																
…																
X																
固定剂加入情况：					备注：											

采样人员：_____　　记录人员：_____

表 2-3　地下水监测井基本情况表

监测井编号		位置	市（县、区）_____ 街道办（乡、镇）_____
监测井名称			社区（村）_____ 号（组）_____ 方向距离_____ m
监测井类型			东经：_____，北纬：_____

成井单位		成井日期		建立资料日期	
井深/m		井径/mm		井口标高/m	
静水位标高/m		流域（水系）		地面高程/m	

地下水类型			地层结构			监测井地理位置图	监测井撤销、变更说明
埋藏条件	含水介质类型	使用功能	深度/m	厚度/m	地层结构	岩性描述	
							年　月　日

注："埋藏条件"按滞水、潜水、承压水填写，"含水介质类型"按孔隙水、裂隙水、岩溶水填写。

三、水中氯化物及其测定方法

天然淡水氯化物含量较低,一般每升含几毫克;海水、盐湖水及某些地下咸水氯化物含量较高,每升含几克到几十克。食盐(NaCl)是人们日常饮食的必需品,但人体的吸收量远小于摄入量,因而生活污水含大量氯离子。液氯、漂白粉和二氧化氯等不仅作为消毒剂在水处理中大量使用,还作为强氧化剂处理含氰、含硫废水,有时还用作脱色剂和脱臭剂,因此,某些工业废水和市政污水的氯离子含量更高。使用氯含量超标(国标限值350mg/L)的水灌溉,可导致农田土壤的酸化、板结、有毒离子激活和诱导养分缺乏;可能影响作物生长发育,出现发芽率降低、叶绿素含量降低、"烧根"或"烧苗"等受害症状,甚至导致作物死亡。可见,加强农业灌溉水氯化物含量监测意义重大。水质氯化物测定常用硝酸银滴定法(GB/T 11896—1989)和离子色谱法(HJ 84—2016)。

(一)硝酸银滴定法

在中性至弱碱性范围内(pH=6.5~10.5),以铬酸钾为指示剂,用硝酸银滴定氯化物时,由于氯化银的溶解度小于铬酸银的溶解度,氯离子首先被完全沉淀出来后,稍过量的硝酸银与铬酸钾生成稳定的砖红色铬酸银沉淀,指示到达滴定终点。该方法适用于天然水和稀释处理的高矿化度水(咸水、海水、生活污水或工业废水)氯化物含量测定;测定下限为10mg/L,测定上限为500mg/L。注意,水样正磷酸盐含量超过250mg/L、聚磷酸盐含量超过25mg/L或铁含量超过10mg/L时干扰测定。

(二)离子色谱法

水质样品中的氯离子(Cl^-),经阴离子色谱柱交换分离,用抑制型电导检测器检测,根据保留时间定性,根据峰高或峰面积定量。此法适用于地表水、地下水、工业废水和生活污水中氯离子的测定,检出限为0.007mg/L,测定下限为0.028mg/L。

四、水中氟化物及其测定方法

氟化物广泛存在于天然水中。饮用水氟含量高于1.5mg/L时易引发斑齿病,高于4mg/L时易引发氟骨病并损害肾。农田灌溉水氟化物限值,一般地区为2mg/L,高氟区为3mg/L。用氟超标水灌溉农田,会导致土壤氟污染、农产品氟含量超标。兰德研究发现,蔬菜氟含量与土壤水溶性氟含量显著正相关,与灌溉水氟含量显著正相关。大田蔬菜氟含量呈现规律:根>叶>茎。冶金、钢铁、焦炭、玻璃、陶瓷、电子、电镀、化肥、农药等企业的"三废"都可能成为水体氟化物的污染源。水质氟化物测定常用氟试剂分光光度法(HJ 488—2009)、氟离子选择电极法(GB/T 7484—1987)和离子色谱法(HJ 84—2016)。

(一)氟试剂分光光度法

氟试剂[即茜素络合剂(ALC)]在pH=4.1的醋酸缓冲介质中,与氟离子和硝酸镧反应生成蓝色络合物,颜色的深度与氟离子浓度成正比,在620nm波长处比色测定吸光度,用标准曲线法定量。该方法适用于地面水、地下水和工业废水的氟化物测定,检出限为0.02mg/L,测定下限为0.08mg/L。

(二)氟离子选择电极法

氟离子选择性电极,是以氟化镧单晶片为敏感膜的电位法指示电极,电极电位$[\varphi(F^-)]$与溶液氟离子浓度的对数$\lg[C(F^-)]$显著相关。氯化银电极和甘汞电极的电极电位（$\varphi_{甘汞}$）几乎不受溶液氟离子浓度影响，可作参比电极。配制一系列不同浓度的氟离子标准溶液，插入电极对（指示电极-参比电极）测两电极间的电位差 $[E=\varphi(F^-)-\phi_{甘汞}]$。根据电位差 E 与溶液氟离子浓度对数 lg $[C(F^-)]$ 成正比的关系绘制标准曲线或计算一元线性回归方程。同样条件，将该电极对插入待测水样测定电位差，利用标准曲线或回归方程可计算出水样氟离子含量。加入总离子强度调节剂（TISAB），可保持不同氟离子浓度溶液的总离子强度相当，并络合干扰离子，减小测定误差。该方法适用于地表水、地下水和工业废水的氟化物测定；以 F^- 计，检出限为 0.05mg/L，测定下限为 0.2mg/L，测定上限为 1 900mg/L。该方法操作简单、快速、灵敏度高，不受水样颜色和浑浊度影响，但须使试样与标准溶液的温度相同，并根据溶液温度调节仪器温度补偿装置，须每日进行电极实际斜率的测定和修正。

 技能训练

实训一　××农产品产地灌溉井水样采集

一、实训目的

（1）能根据灌溉井井水检测需要完成水样的采集、处理、运输和保存。

（2）培养团结协作、求真务实、一丝不苟的检测采样工作习惯。

二、方法原理

见"知识学习"之"二、灌溉井水样采集"。

三、实训准备

（一）采样器材准备

（1）采样器。根据监测井（灌溉井）水位深浅，选用适宜的采样器。

（2）盛样容器。灌溉井井水采集，盛水样容器一般选用玻璃材质的试剂瓶或聚乙烯材质的试剂瓶即可，也可选用聚乙烯材质的水壶。容器容积根据采样量而定，一般为 250～1 000mL 规格。

（二）现场监测仪器准备

准备测定水位的绳（杆）、水温计、pH 试纸和烧杯（用于测水样的颜色、臭和味），准备便携式 pH 计、电导率仪和浊度计。现场监测项目，应在实验室内准备好所需的仪器设备，安全运输到现场，使用前进行检查，确保性能正常。

四、实训步骤

（一）做好采样前准备工作

采样前，应确定采样负责人和团队成员分工。采样负责人负责制订采样计划并组织实施。要指定专人准备好采样器材与现场监测用仪器。

（二）布设采样点

（1）监测井布设。对于农产品产地农田正常使用的灌溉井，都应该采样监测，而且还应注意对大田附近污染源所在地的监测井采样监测。

（2）监测井密度。一般介于 0.1～1 眼/100km²，重要水源地或污染严重地区适当增加密度；沙漠区、山丘区和岩溶山区选择典型代表区布设监测点。

（三）采样频次和采样时间

农产品产地的灌溉井，应在灌溉前和灌溉中各进行 1 次采样监测，每年枯水期和丰水期各采样 1 次，全年不少于 2 次。如果是饮用水源取水井，则常规指标采样不少于每月 1 次，非常规指标采样不少于每年 1 次。

（四）采样

1. 水样类型与采样量确定　通常采瞬时水样。单项指标分析一般采集 250～500mL 水样，需浓缩后测定的采样量适当增加。其他项目采样量参见表 2-1。

2. 测量水位　如果不清楚灌溉井水位，则应在采样前先测地下水位。

3. 采样方法

（1）敞口井采样。将采样泵抽水口置于采样井水面 0.5m 以下处，抽汲不少于井内水体积 2 倍的水样放掉，再抽水取样。

（2）封闭的生产井采样。先将抽水管中存水放净，再在抽水时从泵房出水管放水阀处采样。

（3）自喷泉水采样。在涌口处出水水流的中心采样。

（4）不自喷泉水采样。先将停滞在抽水管的水汲出，新水更替之后，再进行采样。

（5）注意：采样前，除 BOD_5、有机物和细菌类项目外，采样前先用水样荡洗采样器和盛样容器 2～3 次；如果需要加保存剂，应在水样采入或装入容器后立即按表 2-1 的要求加入。

4. 填写标签和采样记录　采集水样后，立即将水样容器瓶盖紧、密封，贴好标签，现场填写《地下水采样记录表》。

（五）样品运输保存

样品采集后，立即按照相关要求包装、装箱、运回实验室，尽快检测，否则应按要求保存，并注意有效保存期。

五、实训成果

1. ××农产品产地灌溉井水样和相应的采样记录。

2. ××农产品产地灌溉井水样采集实训报告。

实训二　离子选择电极法测定水样氟化物含量

一、实训目的

（1）能完成水样氟化物测定离子选择电极法的水样处理、测定和数据处理。

（2）培养团结协作、求真务实、一丝不苟的检测分析工作习惯。

二、方法原理

以氟离子选择性电极为指示电极、甘汞电极为参比电极组成电极对，将电极对插入含氟溶液中构成原电池。电极对的电位差与溶液氟离子浓度对数成定量关系，见式（2-1），用标准曲线法定量。以 F^- 计，该方法的检出限为 0.05mg/L，测定范围为 0.2～1 900mg/L。

$$E=\varphi(F^-)-\varphi_{甘汞}=K-0.059\times\lg[C(F^-)] \tag{2-1}$$

式中：E——氟离子指示电极与参比电极间的电位差，mV；

　　　　K——与内外参比电极和内参比溶液氟离子活度有关，当实验条件一定时为常数。

C(F⁻)——电导池电解质溶液的氟离子含量，mg/L。

三、实训准备

(一)仪器准备

1. 指示电极 氟离子选择性电极。

2. 参比电极 饱和甘汞电极或氯化银电极。

3. 电位计 专用电位计，或 pH 计，精度 0.1mV。

4. 磁力搅拌器 配备聚乙烯或聚四氟乙烯包裹的搅拌子。

5. 聚乙烯杯 100mL 和 150mL 规格各若干。

6. 氟化物的水蒸气蒸馏装置 蒸馏装置见图 2-5。

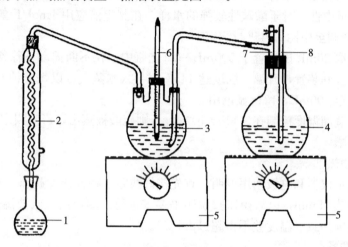

图 2-5 蒸馏装置

1. 接收瓶（250mL 容量瓶） 2. 蛇形冷凝管 3. 250mL 三口圆底烧瓶 4. 水蒸气发生瓶
5. 可调电炉 6. 250℃温度计 7. 三通管（排气用） 8. 安全管

(二)试剂准备

1. 纯水 要求三级纯度以上去离子水或无氟蒸馏水。

2. 氟化物标准贮备液 $c(F^-) = 100\mu g/mL$。称取 0.221 0g 基准氟化钠（NaF）（预先 105～110℃烘干 2h，或者 500～650℃烘干 40min，冷却），用水溶解后转入 1 000mL 容量瓶中，用纯水定容，摇匀，立即转入干燥、洁净的聚乙烯瓶中贮存。

3. 氟化物标准溶液 $c(F^-) = 10.0\mu g/mL$。吸取氟化钠标准贮备液 10.00mL，注入 100mL 容量瓶中，用纯水定容，摇匀。

4. 乙酸钠溶液 称取 15g 乙酸钠（CH₃COONa）溶于水，并稀释至 100mL。

5. 离子强度调节缓冲溶液（TISAB） 3 种 TISAB 溶液制备方法如下：

(1) TISAB Ⅰ溶液。称取 58.8g 二水合柠檬酸钠和 85g 硝酸钠，加水溶解，用盐酸调节 pH 至 5～6，转入 1 000mL 容量瓶中，稀释至标线，摇匀。

(2) TISAB Ⅱ溶液。量取约 500mL 水置于 1 000mL 烧杯内，加入 57mL 冰乙酸、58g 氯化钠和 4.0g 环己二胺四乙酸，搅拌溶解，将烧杯置于冷水浴中，慢慢地在不断搅拌条件下加入 6mol/L 氢氧化钠溶液（约 125mL）使 pH 达到 5.0～5.5，转入 1 000mL 容量瓶中，稀释至标线，摇匀。

(3) TISAB Ⅲ溶液。称取 142g 六次甲基四胺[(CH₂)₆N₄]、85g 硝酸钾、9.97g 钛铁

试剂（$C_6H_4Na_2O_8S_2 \cdot H_2O$），加水溶解，调节 pH 达到 5~6，转入 1 000mL 容量瓶中，稀释至标线，摇匀。

6. 浓盐酸 $c(HCl) = 2mol/L$。

7. 浓硫酸 $\rho(H_2SO_4) = 1.84g/mL$。

（三）水样准备

1. 取样 将准备测定氟离子的水样从样品室取回检测室，分成两份，一份保存，一份置于室温下平衡 30min 备用。

2. 预处理 如果水样氟离子浓度过低，应蒸馏浓缩后测定；如果水样含干扰物质过多，应蒸馏提纯后测定。水样氟化物测定的蒸馏过程如下：

（1）调 pH 至中性。对于酸碱性较强的水样，在测定前应用 1mol/L 氢氧化钠溶液或 1mol/L 盐酸溶液调至中性后再进行测定。

（2）蒸馏。取 20mL 试样置于 500mL 三口烧瓶中，在不断摇动下徐徐加入 20mL 浓硫酸，混匀。连接好装置，升温，温度达 145℃时导入水蒸气。以每分钟 6~7mL 的馏出速度收集蒸馏液至 200mL，留待显色用。

（3）注意。蒸馏温度控制在 (145±5)℃，否则硫酸被蒸出，影响测定结果。

四、实训步骤

（一）开机预热

按照所用测量仪器和电极使用说明，首先接好线路，将各开关置于"关"的位置，开启电源开关，预热 15min，以后操作按说明书要求进行。测定前，试液温度应达到室温，并与标准溶液温度一致（温度差不得超过±1℃）。

（二）试液准备

1. 容量瓶准备 准备 10 支干净的 50mL 容量瓶，用记号笔编号"标 0""标 1""标 2""标 3""标 4""样 1""样 2""样 3""空 1""空 2"；5 支用于配制标准系列溶液，3 支用于水样的 3 个平行处理，2 支用于作空白。

2. 标准系列溶液配制 用移液管分别取 1.00mL、3.00mL、5.00mL、10.00mL 和 20.00mL 氟化物标准溶液，依次置于 5 支已编号的 50mL 容量瓶中，再分别加入 TISAB 溶液 10mL，用纯水定容，摇匀，备用。

3. 水样试液准备 用移液管取适量水样 3 份，分别置于 3 支已编号的 50mL 容量瓶中，再用乙酸钠或盐酸溶液调节至近中性，加入 TISAB 溶液 10mL，用纯水定容，摇匀，备用。

4. 空白试液准备 用移液管取与水样等体积的无氟纯水两份，分别置于 3 支已编号的 50mL 容量瓶中；按与水样试液相同的方法处理，备用。

（三）试液测定

1. 标准系列溶液测定 将标准系列溶液分别移入 5 个 100mL 聚乙烯杯中，各放入一只搅拌子，按编号升序依次完成测定。插入电极，连续搅拌溶液，待电位稳定后，读取搅拌状态下的稳态电位差（E），并及时记录数据。每次测量前，都要用纯水将电极感应头冲洗干净，并用滤纸吸去水分。

2. 水样试液测定 将水样试液分别移入 3 个 100mL 聚乙烯杯中，各放入一只搅拌子；按编号升序依次完成测定。

3. 空白试液测定　将空白试液分别移入两个 100mL 聚乙烯杯中，各放入一只搅拌子，按编号升序依次完成测定。方法同标准系列。

（四）标准加入法

以上自步骤（二）到步骤（三）是标准曲线法步骤。当水样组成复杂或成分不明时，为了减小基体误差，可选用标准加入法定量。步骤为：①按水样处理步骤配制好测定试液，并测定水样试液的电位值（E_1）；②向试液中加入一定量（与试液氟含量相近）的氟化物标准液，在不断搅拌下读取稳态电位值（E_2）。一般情况下，E_2 与 E_1 相差30～40mV 为宜。

五、数据记录与结果计算

（一）数据记录

实验开始前，参照表 2-4 设计数据记录表，在实验过程中应及时记录数据。

表 2-4　水样氟化物测定数据记录

容量编号	标0	标1	标2	标3	标4	空1	空2	样1	样2	样3
$c(F^-)/(mg/L)$										
$\lg[c(F^-)]$										
E/mV										

（二）标准曲线法结果计算

1. 绘制校准曲线　在直角坐标纸上以 $\lg[c(F^-)]$ 为横坐标、E 为纵坐标，绘制 E-$\lg[c(F^-)]$ 标准曲线。

2. 确定水样氟离子含量

（1）根据水样试样测得的电位差 $E_样$（mV），由标准曲线上查得水样氟化物含量。

（2）根据空白样测得的电位差 $E_量$（mV），由标准曲线上查得空白样氟化物含量。

（3）用扣除空白值得的水样氟化物含量值，以及水样的稀释倍数，按式（2-2）计算水样氟化物浓度。

$$c(F^-) = \frac{c_样 - c_空}{n} \qquad (2\text{-}2)$$

式中：$c(F^-)$——水样氟化物（F^-）浓度，mg/L；

　　　$c_样$——稀释水样试样的氟化物（F^-）浓度，mg/L；

　　　$c_空$——空白样氟化物（F^-）浓度，mg/L；

　　　n——水样稀释倍数。

（三）标准加入法结果计算

将测定数据代入式（2-3），即可计算出水样氟化物（F^-）浓度。

$$c_x = \frac{c_s \times \dfrac{V_s}{V_x + V_s}}{10(\varphi_1 - \varphi_2)/S - \dfrac{V_x}{V_x + V_s}} \qquad (2\text{-}3)$$

式中：c_x——水样中氟化物（F^-）浓度，mg/L；

　　　V_x——水样体积，mL；

c_s——F⁻标准溶液的浓度，mg/L；

V_s——加入 F⁻标准溶液的体积，mL；

φ_1——测得水样试液的电位差，mV；

φ_2——试液中加入标准溶液后测得的电位差，mV；

S——氟离子选择性电极的实测斜率。

六、注意事项

1. 电极保存 电极使用完后应用水充分冲洗干净，并用滤纸吸去水分，放在空气中，或者放在稀的氟化物标准溶液中。如果短时间不再使用，应洗净，吸去水分，套上保护电极敏感部位的保护帽。电极使用前仍应洗净、吸去水分。

2. 扣空白 如果试液氟化物含量低，应从测定值中扣除空白试验值。

3. 禁止触摸电极敏感膜 不得用手触摸电极的敏感膜；如果电极膜表面被有机物等污染，必须先清洗干净后才能使用。

4. 加标量 加入标准溶液的浓度（c_s）应比试液浓度（c_x）高 10～100 倍，加入体积应为试液体积的 1/100～1/10，以使体系 TISAB 浓度变化不大。

 课程思政

干平凡实事的中共党员魏复盛院士

魏复盛，男，1938 年 1 月 19 日出生于四川简阳县，中共党员。1964 年于中国科学技术大学化学系毕业，留校任教。1983 年调入中国环境监测总站，先后曾任分析研究室主任、监测总站副站长、研究员、总工程师。研究方向为环境化学、环境污染与健康、环境监测分析技术与方法。1997 年当选为中国工程院院士。

1961 年，尚在读书的魏复盛光荣地成为一名共产党员，此后几十年，他为党和国家的环保事业做了许多伟大的"平凡实事"，常说"党的教育要我实事求是做人、做事、做科研"。魏复盛院士先后承担了国家一系列重大科技攻关课题。近十年他关注环境污染与健康的研究，开展与美国的多项合作研究，如"空气污染对呼吸健康的影响研究""PAHs 暴露量及其代谢物与肺癌风险评价研究""硼污染对男性生殖健康影响研究"等，取得了一系列重要成果。出版专著 10 余部，发表论文 200 余篇。获国家科技进步二等奖 2 项；获部级科技进步二等奖 3 项。2010 年获光华工程科技奖，2017 年获环境化学终身成就奖。

（摘自中国工程院网站和中国工程院院士馆网站）

思与练

一、知识技能

（1）简述灌溉井水质监测水样采集关键步骤及氟离子水样采集注意事项。

（2）氟电极在使用前应如何处理？处理好的电极应达到什么要求？

（3）离子选择电极法测定自来水氟离子含量时，标准曲线法定量与标准加入法定量各有何特点？分别适用于什么情况？

二、思政

（1）查阅资料并简述中共党员魏复盛院士的杰出贡献和感人事迹。

（2）简述魏院士立足岗位、报效祖国的感人事迹对你的影响和启示。

任务二　河流断面水质监测

学习目标

1. 能力目标　能完成给定河流断面水质监测方案制订，完成河流断面水样的采集、运输和保存，完成水样化学需氧量和石油类污染物的测定。

2. 知识目标　能简述地表水体水质监测方案制订步骤，河流断面水样采集保存方法，化学需氧量和石油类等水质指标测定方法及原理。

3. 思政目标　了解汤鸿霄院士为开拓我国环境水质学研究与应用做出的杰出贡献，学习、感受汤鸿霄院士立足岗位、服务社会的职业精神与家国情怀。

知识学习

一、河流水质监测方案制订

监测方案，是完成一项监测任务的程序、方法和要求的总体设计，其科学性和可行性是监测结果正确可靠的重要保证。

（一）基础资料的收集

（1）相关的环境保护法律、法规、标准和规范。

（2）目标水体的水文、气候、地质和地貌等自然背景资料。例如：水位、水量、流速及其流向的变化，支流污染情况等；全年的平均降水量、水蒸发量及其历史上的水情；河流的宽度、深度、河床结构及其地质状况等。

（3）目标水体的沿岸布局。如城市分布、人口分布、工业分布、污染源及其排污情况等。

（4）目标水体功能区划分。即水体沿岸的资源情况和水资源的用途，饮用水源分布和重点水源保护区，水体流域土地功能及近期使用计划等。

（5）历年水质监测资料。

（二）监测断面与采样点的设置

1. 监测断面设置　地表水体水质监测采样点的设置程序，一般是先根据水体周边环境或功能区变化设置监测断面，再根据监测断面的水面宽度确定采样垂线的数目及各采样垂线的位置，最后根据采样垂线处水深确定采样点数目及各采样点位置。监测断面设置应坚持代表性、可控性和经济性的原则。评价江、河等完整水系的水质时，一般需要设置背景断面、对照断面、控制断面和消减断面四类；对于跨境（行政区域）水系水质监测，还需要设置入境断面和出境断面等交界断面；对于流经某一区域的某一河段的水质监测，常常只设置对照断面、控制断面和消减断面三类监测断面（图2-6），此时对照断面兼作"入境断面"，消减断面兼作"出境断面"。

（1）背景断面。为评价某一完整水系的水质状况，在未受或很少受人类生活、生产活动影响处设置的，能够反映该水系水环境背景值的监测断面。一般设在水系源头。

（2）对照断面。为具体判断某一区域水环境污染程度，而在该区域所有污染源上游处

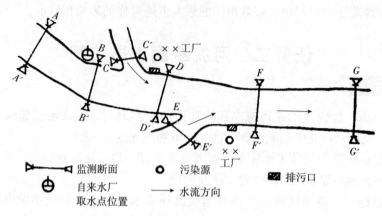

图 2-6 河流监测断面布设示意

AA'. 对照断面 GG'. 消减断面 其余为控制断面

设置的，能够反映这一区域水环境本底值的监测断面。一般设在河流监测区域入口处或工业废水排放口上游 100～500m 处，要避开废水、污水流入或回流处，大多数情况下只设一个。

（3）控制断面。用来反映水环境受污染程度及其变化情况的监测断面。通常设在排放源的下游污染物与河水充分混合处，一般在距排污口的 500～1 000m 处。根据污染情况，可设一个或多个。

（4）消减断面。用来反映工业废水或生活污水在水体内流经一定距离而达到最大程度混合，污染物受到稀释、降解，主要污染物浓度明显降低处的水质状况而设置的监测断面。通常设在最后一个排污口下游超过 1 500m 处。

（5）交界断面。是指用来反映国与国、省与省、市与市、县与县共有河流水质状况的监测断面，分为入境断面和出境断面。入境断面是反映水系流入某行政区域时水质状况的监测断面，有时与"对照断面"合二为一。出境断面是用来反映水系流出某行政区域时水质状况的监测断面，有时与"消减断面"合二为一。

2. 采样垂线设置 监测断面设置好后，就可以根据监测断面处水体水面的宽度（b）确定采样垂线的数目和各个采样垂线的具体位置了。一般河流监测断面采样垂线的设置方法如下：

（1）当水面宽 $b \leqslant 50m$ 时，设置一条采样垂线，即中泓线（河道各横断面表面最大流速点的连线）。

（2）当水面宽在 $50m < b \leqslant 100m$ 时，设置两条采样垂线，即在左、右近岸有明显水流处各设一条垂线。

（3）当水面宽 $b > 100m$ 时，设置三条采样垂线，即中泓垂线和左、右近岸有明显水流处各设一条采样垂线。

监测断面的水面特别宽时，如较宽河口，应酌情增加采样垂线数。

3. 采样点设置 在监测断面上设置好采样垂线后，就可以根据采样垂线处水体深度（h），确定采样点的数目和各采样点的具体位置。一般地，在采样垂线上设置采样点的方法如下：

（1）当水深 $h \leqslant 5m$ 时，设置一个采样点，即在水面下或冰下 0.5m 处设一个采样点；

当水深 $h \leqslant 0.5m$ 时，在 1/2 水深处设采样点。

（2）当水深在 $5m < h \leqslant 10m$ 时，设置两个采样点，即在水面下 0.5m 处和河底以上 0.5m 处各设一个采样点。

（3）当水深 $h > 10m$ 时，设三个采样点，即水面下 0.5m 处、河底上 0.5m 处和 1/2 水深处分别设置一个采样点。

4. 案例 某河流监测断面的水面宽度为 50m，左右近岸有明显水流处的水深 8～15m，则该监测断面的采样垂线及采样点的设置情况应如图 2-7 所示。

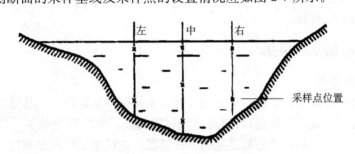

图 2-7 监测断面的采样垂线及采样点的设置情况

（三）采样频率和采样时间的确定

河流等地表水体是一个开放性系统，其物质交换、能量流动既存在时间和空间的周期性变化，也存在变化规律的突变性，因而其监测时间及频率确定应尽可能捕捉、体现这种规律和突变性。

1. 农产品产地灌溉河流监测的采样频率及采样时间 一般在灌溉前期、中期、末期各采样一次进行监测即可。

2. 常规监测的采样频率及采样时间 如果想对某农产品产地灌溉水源河流等水体的水质进行深入、系统了解，建议每逢单月采样一次，全年采样 6 次进行监测。采样时间一般可设在丰水期、枯水期和平水期。河流背景断面每年采样一次。

3. 潮汐河流监测的采样频率及采样时间 一般每潮期采样两次，受潮汐影响明显的监测断面分别在大潮期、小潮期进行采样。每次采集涨潮、退潮水样并分别进行测定。

4. 注意事项

（1）在某必测项目连续 3 年均未检出，且在断面附近确定无新增排放源，而现有污染源排污量未增的情况下，每年可采样一次进行测定，但该项目一旦检出，或在断面附近有新的排放源或现有污染源有新增排污量时，即恢复正常采样。

（2）遇有特殊情况，或发生污染事故，要及时实施"应急监测"方案，随时增加采样频次。

（四）采样方法与采样器具选择

应根据监测对象的性质、监测项目及分析方法要求等因素，选择适宜的采样方法、采样仪器和样品运输保存方式。

（五）监测项目及分析方法选择

根据《农田灌溉水质标准》（GB 5084—2021）、绿色农产品或有机农产品生产的灌溉水水质要求，选择监测项目。根据《农田灌溉水质标准》（GB 5084—2021）、《地表水环境质量监测技术规范》（HJ 91.2—2022）和《污水监测技术规范》（HJ 91.1—2019）等标准，确定所选监测项目的分析方法；尽量选择其中准确度、灵敏度能满足定量分析要求，操作简便、抗干扰能力强和现有实验室条件能满足的方法。

（六）结果表达、质量保证及实施计划

水质检（监）测数据是评价水体环境质量、进行水环境管理的依据，必须按照《环境监测质量管理技术导则》（HJ 630—2011）等相关标准规范的要求进行处理和表达。监测质量保证概括了水质监测数据正确可靠的全部活动和措施，监测质量控制应贯穿监测工作的全过程。监测实施计划是实施监测方案的具体安排，要求切实可行，使监测工作的各个环节能有序、协调地进行。

二、河流断面水样采集

（一）采样前准备

采样工具包括采样器、盛样容器、漏斗等，采样时要保证这些工具清洁，不能相互交叉污染。采样容器（或盛样容器），应由惰性材质制成，要求其抗破裂，易清洗，密封性好。硬质玻璃瓶和聚乙烯容器是最常见的采样容器，应根据采样对象和待检项目确定采样容器。

（1）硬质玻璃瓶。要求其无色易于观察水样状态，质地坚硬不易变形，不受有机物质侵蚀，不吸附油脂等黏性物质。由于硬质玻璃瓶碰撞后易破损，因此运输时应采取相应措施。硬质玻璃瓶适用于定容采样，特别是油脂水样采集。

（2）聚乙烯容器。此种容器轻便抗冲击，对许多试剂都很稳定，但会吸附磷酸根离子及有机物，易受有机溶剂侵蚀，有时会引起藻类繁殖。聚乙烯容器不能用于油脂水样采集。

（二）采样方法

1. 表层水样采集方法 可用水桶、水瓶等容器直接采集表层水样。采样时，先将采样器沉至采样点处（水面下 0.3～0.5m）采集一容器水样弃掉，再将润洗过的采样器置于采样点处采样。盛装水样前，应先用采集到的水样将盛样容器润洗 2～3 次后，再按要求盛装水样。注意：不能将漂浮于水面上的物质混入水样；在较浅的小河和靠近岸边的采样点采集水样时，要避免搅动沉积物而使水样受污染，应自下游向上游方向采样。

2. 深层水样采集方法 采集深层水样时，可将带铅锤的采样器（图 2-3）沉入水中采集。将采样容器沉降至所需深度（可从绳上的标度看出），上提细绳，打开瓶塞，待水样充满容器后提出。

3. 急流河段水样采集方法 急流河段采水样应选用急流采水器（图 2-8）。一般急流采水器，是将一根长钢管固定在铁框上，钢管是空心的，管内装橡胶管，管的上部橡胶管用夹子夹紧，下部的橡皮管与瓶塞上的短玻璃管相接，橡皮塞上另有一长玻璃管直通至采样瓶底。采水样前，需要将采样瓶的橡皮塞塞紧，然后沿船身方向垂直沉入特定的水深处，打开钢管上部橡胶管的夹子，则水样沿长玻璃管流入样瓶内，瓶内空气由玻璃管沿橡胶管排出。采集的水样与空气隔绝，因而可用于溶解性气体的测定。

4. 溶解氧水样采集方法 测定溶解气体的水样，如溶解氧水样，常用双瓶溶解气体采样器（图 2-4）。采样时，先将采样器沉入指定水深处，再打开上部的橡胶管夹，水样

进入小瓶（采样瓶）并将空气驱入大瓶，从连接大瓶短玻璃管的橡胶管排出，待到大瓶中充满水样后，将采样器提出水面迅速密封。

5. 注意

（1）测定 COD_{Cr}、BOD_5、硫化物、油类和悬浮物等的水样只能单独采样。

（2）DO、挥发酚和氰化物等指标不能现场测定时，应在采样现场向水样中加入固定剂，完成待测物固定处理。

（3）测定水样氨氮、硝酸盐氮、亚硝酸盐氮和总氮指标时应加酸避光、4℃冷藏保存水样，以抑制微生物活动、减缓物理化学反应速率。

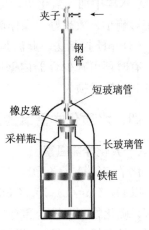

图 2-8　急流采样器

三、水样的运输保存

（一）水样运输

装箱前应将水样容器内外盖盖紧，对装有水样的玻璃磨口瓶用聚乙烯薄膜覆盖瓶口并用细绳系紧瓶塞，贴好标签。同一采样点的样品瓶尽量装在同一箱内，与采样记录逐一核对，检查所采水样是否已全部装箱。装箱时，用泡沫塑料或波纹纸板垫底和间隔防震，有盖样品箱应有"切勿倒置"等标志。样品运输过程，应避免日光照射，气温过高、过低时应采取保温措施，应配备押运人员。

（二）水样保存

1. 水样尽快分析　水样离开水体后，原平衡遭到破坏，各种物理、化学和微生物作用使其成分发生变化。如金属离子可能被玻璃容器壁吸附，硫化物、亚硫酸盐、亚铁盐和氰化物等可能被氧化，缩聚无机磷和聚合硅酸等可能会分解，pH、电导率、二氧化碳、硬度和碱度等指标值可能改变。因此，溶解氧、温度、电导率和 pH 等指标一般要求在采样现场测定。当受实际因素制约，只能将水样存放一段时间测定时，必须按指标检测需要规范保存，并注意保存有效期。

2. 选择盛样容器　要选择用性能稳定、杂质含量低的材料制作盛样容器。盛样容器常用材质有硼硅玻璃、石英、聚乙烯和聚四氟乙烯等，其中最常见的是硼硅玻璃和聚乙烯材质的具塞试剂瓶或壶。

3. 有效保存期　保存期长短取决于水样性质、测定要求和保存条件。未处理水样最长保存期为：①清洁水 72h；②轻度污染水 48h；③严重污染水 12h。

4. 延长水样有效保存期的方法　延长水样有效保存期，主要是通过采取有效措施，以抑制生物化学反应，减缓氧化-还原作用，减少被测组分挥发损失，避免待测组分含量发生变化等。延长水样有效保存期的常用方法有以下几种：

（1）冷藏冷冻法。低温抑制细菌繁殖、减缓化学反应速率；冷藏温度 2～5℃，冷冻温度 0℃以下，应根据检测指标和预想保存时间长短选择。

（2）化学抑制剂法。此法可在采样后立即加入化学抑制剂，也可在采样前事先将化学抑制剂加到盛样容器中。常用化学抑制剂包括生物抑制剂、氧化剂和还原剂等，如向

COD$_{Cr}$水样中加入氯化汞，可抑制生物的氧化还原作用。选择化学抑制剂的原则是对指标测定影响小、效果好、操作简单和经济可行。

（3）pH控制法。此法是向水样加酸或加碱，以防止待测物因絮凝、沉淀或挥发而损失，有时还可减少容器内壁吸附待测物。例如，向测定氨氮水样中加硫酸使其pH≤2，可抑制氨挥发损失。

四、水质化学需氧量测定

（一）化学需氧量

化学需氧量（COD），是指在一定的条件下用某种强氧化剂处理水样所消耗氧化剂的量，以O$_2$（mg/L）计。COD是表示水中还原性物质多少的一个综合指标。水中的亚硝酸盐、硫化物、亚铁盐和有机物等，都会影响水质化学需氧量大小，但一般情况下起决定作用的是有机物含量，因而化学需氧量常用于表征水有机质污染程度，化学需氧量越大，水有机质污染越严重。《地表水环境质量标准》（GB 3838—2002）中Ⅰ类水和Ⅱ类水的化学需氧量（COD$_{Cr}$）≤15mg/L，Ⅲ类水的化学需氧量（COD$_{Cr}$）≤20mg/L，Ⅳ类水的化学需氧量（COD$_{Cr}$）≤30mg/L，Ⅴ类水的化学需氧量（COD$_{Cr}$）≤40mg/L。水质化学需氧量的测定方法有重铬酸盐法［《水质　化学需氧量的测定　重铬酸盐法》（HJ 828—2017）］、快速消解分光光度法［《水质　化学需氧量的测定　快速消解分光光度法》（HJ/T 399—2007）］和高锰酸钾法［《水质　高锰酸盐指数的测定》（GB/T 11892—1989），该法测得的化学需氧量常称作高锰酸盐法指数］。

（二）重铬酸盐法

1. 原理　在硫酸酸性介质中，以重铬酸钾为氧化剂，硫酸银为催化剂，硫酸汞为氯离子的掩蔽剂，消解反应液硫酸酸度为9mol/L，加热使消解反应液沸腾，以（148±2）℃的沸点温度为消解温度，加热回流持续反应2h。消解液自然冷却后，以试亚铁灵为指示剂，以硫酸亚铁铵溶液滴定剩余的重铬酸钾，根据硫酸亚铁铵溶液的消耗量计算水样COD$_{Cr}$。

2. 注意　水样消解过程中，酸性重铬酸钾氧化性很强，可氧化大部分有机物；加入硫酸银作催化剂时，直链脂肪族化合物可完全被氧化，而芳香族有机物却不易被氧化，吡啶不被氧化，挥发性直链脂肪族化合物、苯等有机物存在于蒸气相，不能与氧化剂液体接触，氧化不明显。氯离子能被重铬酸盐氧化，并且能与硫酸银作用产生沉淀，影响测定结果，故在回流前向水样中加入硫酸汞，使其成为络合物以消除干扰。氯离子含量高于2 000mg/L的样品，应先做定量稀释，使其含量降至2 000mg/L以下，再进行测定。

3. 优缺点　此法具有氧化效率高、再现性好、准确可靠等优点，已成为国际社会普遍公认的经典方法。此法的不足之处主要表现为回流装置占用空间大、水电消耗大、试剂用量大、耗时长、操作复杂和难以大批量快速测定。

（三）快速消解分光光度法

1. 原理　在硫酸酸性介质中，以重铬酸钾为氧化剂，硫酸银为催化剂，硫酸汞为氯离子的掩蔽剂，加热使消解反应液沸腾并持续一定时间。在酸性溶液中，试液中还原性物质与重铬酸钾反应，生成三价铬离子，三价铬离子对600nm波长光有较大吸收能力，其吸光度与三价铬离子浓度的关系服从郎伯-比尔定律。三价铬离子浓度与试液中还原性物质的量有关，因而通过测定三价铬吸光度可计算出试液 COD 值。在 600nm 波长处，该方法测定范围为 $100\sim1\,000$mg/L；在 440nm 波长处，该方法测定范围为 $15\sim250$mg/L。

2. 消解装置　用密封管作为消解管，用铝块加热体消解器消解，用专用分光光度计测定 COD 值。密封管一般为 16mm×（100～150）mm（直径×长度）规格的具有螺旋密封盖的消解管，有的消解管还可作为比色管用于比色（称为消解比色管）。盛有消解反应液的密封管一部分插入加热器加热孔中，密封管底部恒定 165℃ 温度加热；密封管上部高出加热孔而暴露在空气中自然冷却使管口顶部温度降到 85℃ 左右。温度差异确保了小型密封管中反应液在该恒温下处于微沸腾回流状态。采用密封管消解反应后，可直接在 COD 专用光度计上测定，也可将消解液转入比色皿后在一般可见光分光光度计上测定。

3. 优缺点　此法的优点主要是省试剂、耗时短、操作简便、准确可靠和适宜大批量样品的测定。此法的缺点主要是测定结果误差受水样色度和悬浮物影响明显，对水样氯离子含量更为敏感，要求将水样稀释到氯离子含量低于 1 000mg/L（化学法滴定法是低于 2 000mg/L）。

（四）高锰酸钾法

高锰酸钾法简便快速，但对水中有机物的氧化率较低（含氮有机物在此条件下较难分解），因而国际标准化组织（ISO）建议此法仅限于测定地表水、饮用水和生活污水。我国将以高锰酸钾溶液为氧化剂测得的化学需氧量（COD），称为高锰酸盐指数（I_{Mn}）。按测定试液的介质不同，该方法分为酸性高锰酸钾法和碱性高锰酸钾法。碱性条件下高锰酸钾的氧化能力比酸性条件下稍弱，此时高锰酸钾不能氧化水中的氯离子，故高锰酸钾法常用于测定含氯离子浓度较高的水样。酸性高锰酸钾法，在我国较为常用，适用于氯离子含量不超过 300mg/L 的水样。其原理是，在一定体积水样中，加入已知量高锰酸钾和硫酸溶液，在沸水浴中加热消解 30min，高锰酸钾将水样中的部分有机物和还原性无机物氧化。反应后剩余的高锰酸钾用过量的草酸钠溶液还原，再用高锰酸钾标准溶液回滴过量的草酸钠，根据高锰酸钾消耗量计算水样高锰酸盐指数。

五、水中石油类及其测定方法

原油的开采、加工和运输企业，以及使用各种炼制油的企业的工业废水中含有大量石油类污染物，若其不经处理进入河流，会引发河流等地表水体矿物油污染。大量的石油类污染物漂浮于水体表面，影响空气与水体界面的气体交换。分散于水中以及吸附于悬浮微粒上的油，或以乳化状态存在于水中的油，被微生物氧化分解时会大量消耗水中溶解氧，这些都极有可能导致水质恶化。目前水中油类测定方法主要是红外分光光度法［《水质石油类和动植物油类的测定　红外分光光度法》（HJ 637—2018）］。

（一）原理

油类是指在 pH≤2 的条件下，能够被四氯乙烯萃取，且在波数为 2 930cm^{-1}、2 960cm^{-1} 和 3 030cm^{-1} 处有特征吸收的物质，主要包括石油类和动植物油类。石油类是指在 pH≤2 的条件下能够被四氯乙烯萃取且不被硅酸镁吸附的物质。

首先在 pH≤2 的条件下用四氯乙烯萃取水样，再用硅酸镁吸附去除萃取液中的动植物油类，得到定量测定用石油类试液，然后分别在 2 930cm^{-1}、2 960cm^{-1} 和 3 030cm^{-1} 波

数处测定吸光度 $A_{2\,930}$、$A_{2\,960}$ 和 $A_{3\,030}$，最后根据吸光度和校正系数计算水样石油类含量。该方法适用于工业废水和生活污水中石油类测定。如果样品体积为 500mL、萃取液体积为 50mL，使用 4cm 比色皿时，该方法检出限为 0.06mg/L，测定下限为 0.24mg/L。

（二）关键技术

1. 水样采集保存 用 500mL 广口玻璃瓶（采样瓶）采集数瓶废水样，水样采满后，立即加入盐酸使其 pH≤2，加塞封口；同法，用纯水代替水样，采集空白样。带回实验室 24h 内测定。如果样品不能在 24h 内测定，应在 2~5℃ 下冷藏保存，3d 内测定。

2. 试液制备

（1）将样品全部转移至 1 000mL 分液漏斗中，量取 50.0mL 四氯乙烯洗涤样品瓶后，全部转移至分液漏斗中，充分振荡 2min，并经常开启旋塞排气，静置分层。

（2）用镊子取玻璃棉置于玻璃漏斗上，取适量的无水硫酸钠铺于上面。

（3）打开分液漏斗旋塞，将下层有机相萃取液通过装有无水硫酸钠的玻璃漏斗放至 50mL 比色管中，用适量四氯乙烯润洗玻璃漏斗，润洗液合并至萃取液中，再用四氯乙烯定容至刻度。

（4）将上层水相全部转移至 1 000mL 量筒中，测量样品体积并记录。

（5）取适量上述萃取液过硅酸镁吸附柱，弃去前 5mL 滤出液，余下部分接入 25mL 比色管中，备用。

（6）将采样空白按照水样试液制备相同的步骤制备空白试液；如果没有采样空白，可先取 500mL 纯水于 500mL 广口玻璃瓶中，加盐酸使 pH≤2，再按照与试样制备相同步骤制备空白试液。

3. 上机测定 将水样试液和空白试液依次分别转移至 4cm 比色皿中，以四氯乙烯为参比溶液，于 2 930cm⁻¹、2 960cm⁻¹ 和 3 030cm⁻¹ 波数处测量其吸光度 $A_{2\,930}$、$A_{2\,960}$ 和 $A_{3\,030}$，及时记录数据。

4. 结果计算与表示 将水样和空白样的测定数据代入公式，计算水样石油类含量，单位为 mg/L。

 **技能训练**

实训一　河流断面水样采集

一、实训目的

（1）能完成河流等地表水体监测断面、采样垂线和采样点的设置，完成化学需氧量水样的采集、处理和运输保存。

（2）培养团结协作、求真务实、一丝不苟的检测采样工作习惯。

二、方法原理

采样垂线、采样点的设置等见"知识学习"。COD 测定用水样采集与保存要求见《水质化学需氧量测定　重铬酸盐法》（HJ 828—2017）。

三、实训准备

（一）采样工具

（1）采样器。电动采水泵或单层采水瓶，如果采样河段水流急应准备急流采样器。

（2）盛样容器。准备 500mL 玻璃试剂瓶若干。

（3）实验玻璃器皿。包括烧杯（50mL 或 100mL 规格）、胶头滴管、移液管（5mL）、洗瓶和洗耳球等。

（4）现场项目测试仪器。包括便携式 pH 计（或 pH 试纸）、温度计、便携式溶氧仪和流速仪等。

（5）其他器具。包括保温箱、旧报纸、细棉绳、试剂瓶、周转箱、皮卷尺（100m）、钢卷尺（2m）、全球定位系统（GPS）、相机、地图、记号笔、采样记录表和标签纸等。

（二）试剂

（1）纯水。三级纯度以上的纯水。

（2）浓硫酸。分析纯，$\rho(H_2SO_4) = 1.84g/mL$，作为水样保存剂。

四、实训步骤

（一）出发前的准备

（1）根据任务单领取器材。根据监测方案或采样任务单，从样品室领取合适的采样工具、样品容器和现场固定剂等用品，并逐一清点。

（2）洗涤采样器和盛样容器。根据采样器和盛样容器的材质及水样要求，规范洗涤采样器和盛样容器。采集化学需氧量水样时，采样器和盛样容器的洗涤方法是：先用自来水冲洗，然后用去污粉洗涤，再用自来水冲洗，最后用蒸馏水润洗。

（3）配制或领取保存剂。需准备分析纯或优级纯的浓硫酸作为水样保存剂。

（二）采样点确定

（1）采样垂线设置。监测断面上采样垂线的数量及位置见表 2-5。

表 2-5　监测断面上采样垂线的数量及位置

水面宽度（b）	垂线数量	垂线位置
$b \leqslant 50m$	1	中泓垂线
$50m < b \leqslant 100m$	2	近左岸有明显水流处出；近右岸有明显水流处
$b > 100m$	3	近左岸有明显水流处出；中泓垂线；近右岸有明显水流处

（2）采样点设置。采样垂线上的采样点的数量及位置见表 2-6。

表 2-6　采样垂线上的采样点的数量及位置

水深（h）	采样点数	采样点位置
$h \leqslant 0.5m$	1	1/2 水深处
$h \leqslant 5m$	1	水面下或冰下 0.5m 处
$5m < h \leqslant 10m$	2	水面下或冰下 0.5m 处；河床上 0.5m 处
$h > 10m$	3	水面下或冰下 0.5m 处；1/2 水深处；河床上 0.5m 处

（三）样品采集

（1）采样量。若只测定化学需氧量，单份样品量 500mL 即可。采样质量控制要求：在同一采样点采集 3 份水样（3 个平行）、2 份空白样。

（2）采样。先将采样器沉至采样点处（水面下 0.3～0.5m）采集一容器水样弃掉，再将润洗过的采样器置于采样点处采样。装水样前，应先用采集的水样将盛样容器润洗 2～3 次，再按要求装水样。如果用带温度计的采水器采样，可将润洗过的采样器置于采样点处采样并持续 15min 以测定水温，然后再提出采样器，按要求将水样装入盛样瓶。否则，应在采水器提出水面后立即测定水温。

（3）加保存剂。向装水样的试剂瓶中加 2～5mL 硫酸溶液，使水样 pH<2。

（4）空白样采集。先向标有空白样的试剂瓶中加入与水样等量的纯水，再按照水样的处理办法加入硫酸溶液。

（5）现场检测。从采样器中取适量水样于烧杯中，依次进行水色描述、臭和味测定、pH 测定和溶解氧测定。最后，用流速仪完成河流流速测定。

（6）核对采样计划。采样结束前，应核对采样计划、采样记录与水样，如有错误或漏采，应立即重采或补采。

（四）填写标签和采样记录

（1）采样瓶标签。水样装入试剂瓶，加好保存剂，加塞，摇匀，填写样品标签（样品标签格式及内容参见图 2-9）。参与采样的人员依据分工签名。

（2）填写采样记录表。在采样现场，务必用

样品编号：	样品名称：
采样地点：	
保存剂名称及加入量：	
待检项目：	
采样日期：	采样时间：
采样员：	校核员：
备 注：	

图 2-9 样品标签格式及内容

碳素墨水笔及时填写河流水质监测采样记录表（表 2-7），填写时应字迹端正、清晰，内容齐全。

表 2-7 河流水质监测采样记录表

河流名称： 采样日期：

方法依据： 天气情况：

样品编号	监测断面	采样垂线	采样点	采样时间	流速/(m/s)	流量/(m³/s)	现场监测记录									待检项目	样品处理
							水色	臭和味	油污	漂浮物	水温/℃	透明度	pH	溶解氧/(mg/L)	电导率/(s/m)		
1																	
2																	
…																	
X																	
备注	pH 计的型号及编号： 方法依据：																
	溶解氧仪型号及编号： 方法依据：																
	电导率仪型号及编号： 方法依据：																

采样员： 记录员： 校核员：

五、实训成果

××河流断面化学需氧量水样采集实训报告。

实训二　重铬酸盐法测定水样化学需氧量

一、实训目的

（1）能完成重铬酸钾法测定水样化学需氧量的装置安装、水样消解、滴定、数据处理和检测报告撰写。

（2）培养团结协作、求真务实、一丝不苟的水质检测分析工作习惯。

二、方法原理

在水样中加入已知量的重铬酸钾溶液，并在强酸介质下以银盐作催化剂，经沸腾回流后，以试亚铁灵为指示剂，用硫酸亚铁铵滴定水样中未被还原的重铬酸钾，由消耗的重铬酸钾的量计算出消耗氧的质量浓度。该方法不适用于氯化物浓度大于 1 000mg/L（稀释后）的水样；当取样体积为 10.0mL 时，检出限为 4mg/L，测定下限为 16mg/L；未经稀释水样测定上限为 700mg/L。

三、实训准备

（一）仪器准备

（1）回流装置。回流装置见图 2-10，是由 250mL 磨口锥形瓶和球形玻璃冷凝管组成的全玻璃装置。亦可选择风冷或其他等效冷凝回流装置。

（2）加热装置。变阻电炉，或其他等效加热装置。

（3）酸式滴定管。一般用 50mL 或 25mL 规格无色酸式滴定管。

（4）电子分析天平。感量为 0.000 1g。

（5）检测实验室常用器皿。

（6）防爆沸玻璃珠。

（二）试剂准备

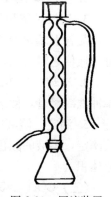

图 2-10　回流装置

1. 重铬酸钾标准溶液　$c(1/6K_2Cr_2O_7) = 0.250\ 0mol/L$。称取 120℃烘干 2h 的优级纯重铬酸钾 12.258g 溶于水中，移入 1 000mL 容量瓶中，定容，摇匀。

2. 重铬酸钾标准溶液　$c(1/6K_2Cr_2O_7) = 0.025\ 0mol/L$。吸取 0.250 0mol/L 重铬酸钾标准溶液 25.00mL 于 250mL 容量瓶中，加纯水至容量瓶标线，加塞、混匀，转移至试剂瓶中备用。

3. 试亚铁灵指示剂　称取 1.485g 邻菲啰啉（$C_{12}H_8N_2 \cdot H_2O$）和 0.695g 硫酸亚铁（$FeSO_4 \cdot 7H_2O$）溶于水中，稀释至 100mL，贮于棕色瓶内。

4. 硫酸亚铁铵标准溶液　$c(Fe^{2+}) \approx 0.05mol/L$。称取 19.5g 硫酸亚铁铵 $[(NH_4)_2Fe(SO_4)_2 \cdot 6H_2O]$ 溶于纯水中，边搅拌边缓慢加入 10mL 浓硫酸（$\rho = 1.84g/mL$，优级纯），冷却后移入 1 000mL 容量瓶中，加水稀释至标线，摇匀。临用前，用 0.025 0mol/L 重铬酸钾标准溶液标定。标定方法如下：

（1）准确吸取 5.00mL 重铬酸钾标准溶液（0.025 0mol/L）于 250mL 锥形瓶中，加水稀释至 50mL 左右，缓慢加入 15mL 浓硫酸，混匀。冷却后加入 3 滴（约 0.15mL）试亚铁灵指示液，用 0.025 0mol/L 硫酸亚铁铵溶液滴定，溶液的颜色由黄色经蓝绿色至红褐色即为终点，记录硫酸亚铁铵溶液消耗量。

（2）将滴定结果带入式（2-4）中，计算得硫酸盐铁铵溶液精确浓度。

$$c(\text{Fe}^{2+}) = \frac{0.025\ 0 \times 5.00}{V} \tag{2-4}$$

式中：$c(\text{Fe}^{2+})$——硫酸亚铁铵标准溶液的浓度，mol/L；

V——硫酸亚铁铵标准滴定溶液的体积，mL。

5. 硫酸-硫酸银溶液　于 2 500mL 浓硫酸中加入 25g 硫酸银。放置 1～2d，不时摇动使其溶解（如无 2 500mL 容器，可在 500mL 浓硫酸中加入 5g 硫酸银）。

6. 硫酸汞溶液　$\rho(\text{HgSO}_4) = 100\text{g/L}$。称取 10g 硫酸汞（分析纯），溶于 100mL 硫酸溶液（1+9）中，混匀。

（三）待测水样

将待测水样从冰箱冷藏室取出，摇匀后分成两份：一份放回冰箱冷藏室，一份在室温下平衡 10min，测定用。

四、实训步骤

（一）$COD_{Cr} \leqslant 50\text{mg/L}$ 的样品测定

1. 水样消解准备　吸取 10.00mL 水样（COD_{Cr} 过低可适当增加水样）置于 250mL 磨口回流锥形瓶中，依次加入硫酸汞溶液 2.00mL（水样氯离子含量低可减少加入量，下同）、0.025 0mol/L 重铬酸钾标准溶液 5.00mL，加入数粒防爆沸玻璃珠，摇匀。

2. 空白样消解准备　取 10.00mL 纯水代替水样，按与水样相同步骤处理。

3. 连接装置和加热消解　将锥形瓶连接到回流装置冷凝管下端，先通入冷凝水，再从冷凝管上端缓慢加入 15mL 硫酸银-硫酸溶液，以防止低沸点有机物的逸出，不断旋动锥形瓶使之混合均匀。自溶液开始沸腾起保持微沸回流 2h。

4. 冷却　加热回流时间到后，立即停止加热；冷却后，自冷凝管上端加入 45mL 纯水冲洗冷凝管，使溶液体积在 70mL 左右，取下锥形瓶。

5. 滴定　溶液冷却至室温后，加入 3 滴试亚铁灵指示剂溶液，用硫酸亚铁铵标准溶液滴定，溶液的颜色由黄色经蓝绿色变为红褐色即为终点。记下硫酸亚铁铵标准溶液的消耗体积。

（二）$COD_{Cr} > 50\text{mg/L}$ 的样品测定

1. 水样消解准备　吸取 10.00mL 水样置于 250mL 磨口回流锥形瓶中，依次加入硫酸汞溶液 2.00mL、0.250 0mol/L 重铬酸钾标准溶液 5.00mL，加入数粒防爆沸玻璃珠，摇匀。

2. 空白样消解准备　取 10.00mL 纯水代替水样，按与水样相同步骤处理。

3. 连接装置和加热消解　将锥形瓶连接到回流装置冷凝管下端，先通入冷凝水，再从冷凝管上端缓慢加入 15mL 硫酸银-硫酸溶液，以防止低沸点有机物的逸出，不断旋动锥形瓶使之混合均匀。自溶液开始沸腾起保持微沸回流 2h。

4. 冷却　加热回流时间到后，立即停止加热；冷却后，自冷凝管上端加入 45mL 纯水冲洗冷凝管，使溶液体积在 70mL 左右，取下锥形瓶。

5. 滴定　溶液冷却至室温后，加入 3 滴试亚铁灵指示剂溶液，用硫酸亚铁铵标准溶液滴定，溶液的颜色由黄色经蓝绿色变为红褐色即为终点。记录硫酸亚铁铵标准溶液的消耗体积。

6 注意　对于 COD_{Cr} 较高的水样，可先选取所需体积 1/10 的水样于硬质玻璃试管中，加入试剂，摇匀，加热至沸腾数分钟，观察溶液是否变成蓝绿色。如果溶液呈蓝绿色，应再适当减少取样量，直至溶液不变蓝绿色为止，从而确定待测水样的稀释倍数（或取样量）。

五、数据记录和结果计算

（一）数据记录

实验开始前，参见表 2-8 制作数据记录表，实验过程中及时记录数据。

表 2-8　水样化学需氧量测定数据记录

重复	水样体积/mL	硫酸亚铁铵浓度/(mol/L)	滴定消耗硫酸亚铁铵体积/mL	
			水样	空白
Ⅰ				
Ⅱ				
Ⅲ				

（二）结果计算

将数据带入式（2-5），计算水样化学需氧量（mg/L），保留 3 位有效数字。

$$\text{COD}_{Cr}(O_2) = \frac{(V_0 - V_1) \times c \times 8 \times 1\,000}{V} \tag{2-5}$$

式中：c——硫酸亚铁铵标准溶液的浓度，mol/L；

　　　V_0——滴定空白时硫酸亚铁铵标准溶液用量，mL；

　　　V_1——滴定水样时硫酸亚铁铵标准溶液的用量，mL；

　　　V——水样的体积，mL；

　　　8——氧（1/2 O）摩尔质量，g/mol。

六、注意事项

（1）硫酸汞溶液加入量。硫酸汞溶液（$\rho = 100$g/L）按质量比 m（$HgSO_4$）：m（Cl^-）$\geqslant$ 20：1 的比例加入，最大加入量为 2mL。为减少基体效应，空白样的硫酸汞加入量应与水样中硫酸汞溶液加入量相同。

（2）加热强度控制。消解时应使溶液缓慢沸腾，不宜爆沸。如出现爆沸，说明溶液中局部过热，会导致测定结果有误。爆沸的原因可能是加热过于激烈，或是防爆沸玻璃珠的效果不好。

（3）指示剂加入量控制。试亚铁灵指示剂的加入量虽然不影响临界点，但应该尽量一致。当溶液的颜色先变为蓝绿色再变到红褐色时即达到终点，几分钟后可能还会重现蓝绿色。

七、实训成果

××水样化学需氧量检测报告。

 课程思政

环境水质学求索六十余年的汤鸿霄院士

汤鸿霄，1931.10.4—，出生于河北徐水，环境工程学与环境水质学专家。1958 年毕业于哈尔滨工业大学给水排水工程专业，现任中国科学院生态环境研究中心研究员、学术

委员会主任。1995 年当选为中国工程院院士。

汤鸿霄院士开拓了我国环境水质学领域，建立环境水质学国家重点实验室。先后从事蓟运河汞污染、湘江镉污染、鄱阳湖铜污染等重金属形态、评价及治理研究。在我国率先研究无机高分子絮凝理论和絮凝剂，主持建立聚合氧化铝现代生产厂，首创稳定化聚合氯化铁工艺。广泛开展微界面水质过程和表面络合计算模式、吸附絮凝理论、高效水处理工艺技术、有机有毒物吸附及控制等研究。主持完成多项国家及国际合作研究项目，多次获国家及中科院科技奖项。先后获国家科技进步二等奖 2 次、自然科学二等奖 1 次，中科院科技进步一等奖 1 次、自然科学一等奖 1 次，何梁何利基金科学与技术进步奖。汤鸿霄院士自述：知识分子的人生道路就是不断学习、实践、探索和积累知识，经受永无穷尽的艰辛历程。

（摘自中国工程院网站和中国工程院院士馆网站）

思与练

一、知识技能

(1) 简述对照断面、控制断面和消减断面的作用及设置位置。

(2) 如何为河流某监测断面设置采样点？

(3) 什么是化学需氧量？简述重铬酸盐法测定水质化学需氧量的原理和步骤。

(4) 简述重铬酸盐法测定水样化学需氧量注意事项及氯离子干扰克服方法。

二、思政

(1) 查阅资料并简述汤鸿霄院士的杰出贡献和感人事迹。

(2) 简述汤鸿霄院士立足岗位、报效祖国的感人事迹对你的影响和启示。

任务三 湖泊、水库水质监测

学习目标

1. 能力目标 能完成湖泊、水库水质监测水样的采集保存，能完成溶解氧和五日生化需氧量测定的水样采集处理、测定、数据处理和报告编写。

2. 知识目标 能简述湖泊水质监测样品的采集、处理和保存方法，简述溶解氧、生化需氧量测定的原理、步骤和注意事项。

3. 思政目标 了解环境工程学家钱易院士在我国高效、低耗废水处理技术发展中的杰出贡献，学习、感悟钱易院士立足岗位服务社会的职业精神与家国情怀。

知识学习

我国湖泊众多，面积在 100 万 m^2 以上的湖泊有 2 300 多个，总面积为 717.87 亿 m^2，湖泊总贮水量约为 7 088 亿 m^3，其中淡水贮量占 32%。2020 年中国生态环境状况公报显示，我国开展水质监测的 112 个湖泊（水库）中，Ⅰ～Ⅲ类湖泊（水库）占 76.8%，劣Ⅴ类占 5.4%，主要污染指标为总磷、化学需氧量和高锰酸盐指数。可见，湖泊、水库水必将是我国农业可持续发展的重要水源之一。

一、湖泊、水库水质监测样品采集

（一）采样点设置

1. 监测断面设置　湖泊、水库监测断面设置的原则与河流类似，重点考虑是单一水体还是复杂水体，以及汇入河流数量、水体径流量、季节变化、动态变化、沿岸污染源分布等因素。湖泊、水库水质监测断面设置如图 2-11 所示，湖泊水库监测断面设置要求如下：①在进出湖、库的河流汇合处设水质分析断面；②以功能区为中心（如城市和工厂的排污口、饮用水源、风景游览区、排灌站等），在其辐射线上设置弧形水质分析断面；③在湖库中心，深、浅水区，滞流区，不同鱼类的洄游产卵区，水生生物经济区等设置水质分析断面；④种植园区内用于农田灌溉水源的湖泊水库，务必在灌溉取水区域设置监测断面（控制断面），甚至应该在取水区域的上游设置监测断面。

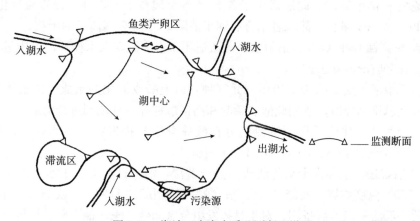

图 2-11　湖泊、水库水质监测断面设置

2. 采样垂线和采样点设置　参考河流监测断面采样垂线和采样点设置方法。

（二）水样采集

1. 采样时间和采样频率　湖泊和水库水质监测应全年采样两次，枯水期和丰水期各 1 次。设有专门水质监测站的全年采样不少于 12 次，每月采样 1 次。农田灌溉取水区域的采样，应每次灌溉取水前和取水过程不同时间段各采样 1 次，以确保灌溉用水水质安全。

2. 水样采集　参见《地表水环境质量监测技术规范》（HJ 91.2—2022），采样量确定、采样方法和采样器具选择、水样运输保存等与河流采样相同。

二、水样预处理

由于水样成分复杂，组分之间常相互结合，对测定分析造成干扰，因而，水样品测定分析一般需要进行预处理。样品预处理的目的是：①将待测成分转化成便于测定的形式；②提纯待测组分或去除干扰成分；③浓缩、富集或稀释使样品中待测组分含量水平适宜测定。

（一）消解

消解方法分为湿式消解法和干式消解法（干灰化法）。水样消解的目的：破坏有机物，溶解悬浮性固体，将各种价态的待测元素氧化成单一的高价态或转化为易于分离的无机化合物。水样消解处理应满足以下要求：①消解好的水样应清澈、透明、无沉淀；②不引入待测组分和干扰组分，不使待测组分因挥发或沉淀而损失；③消解操作必须在通风橱中进行，升温不宜过猛，消解反应平稳。

1. 湿式消解法 指利用各种酸或碱进行消解处理的方法，有以下几种：

（1）硝酸消解法。此法适用于较清洁水样。

（2）硝酸-高氯酸消解法。此法适用于含难氧化有机物的水样（注：高氯酸能与羟基化合物反应生成不稳定的高氯酸酯，有发生爆炸的危险，故先加入硝酸，氧化水中的羟基化合物，稍冷后再加高氯酸处理）。

（3）硝酸-硫酸消解法。此法不适用于易生成难溶硫酸盐组分（如铅、钡、锶）的水样。硫酸沸点较高，可通过提高消解液温度来提高消解效果。

（4）硫酸-磷酸消解法。此法适用于含 Fe^{3+} 等金属离子的水样。因硫酸氧化性较强、磷酸能与 Fe^{3+} 等离子络合，故二者结合有利于消除 Fe^{3+} 等金属离子的干扰。

（5）硫酸-高锰酸钾（5%）消解法。此法适用于消解测定汞水样，消解中过量的高锰酸钾可用盐酸羟胺溶液除去。

（6）多元消解方法。此法是指用三元（种）以上酸或氧化剂组成的消解体系进行消解，例如处理总铬水样时，要用硫酸、磷酸和高锰酸钾等多种试剂进行消解。

（7）碱分解法。此法适用于待测组分在酸体系中易挥发损失的水样，常用方法如 $NaOH+H_2O_2$ 消解法和 $NH_3 \cdot H_2O+H_2O_2$ 消解法等。

2. 干式消解法 也称作干灰化法或高温分解法，消解过程为：①水浴蒸干；②马弗炉内 $450 \sim 550℃$ 温度灼烧至残渣呈灰白色；③冷却后用 2% HNO_3（或 HCl）溶解样品灰分；④过滤；⑤滤液定容后备测。对于易挥发组分（如砷、汞、镉、硒、锡等）水样，不能用干式消解法。

（二）富集与分离

当水样待测组分含量低于分析方法的检测限时，就必须对水样进行富集或浓缩处理。当水样中含有大量共存干扰组分时，就必须对水样进行杂质分离或杂质掩蔽处理。富集与分离往往不可分割、同时进行，富集与分离常用方法有挥发分离、蒸发浓缩、蒸馏、溶剂萃取、离子交换、共沉淀和吸附等，应根据具体情况选用。

1. 挥发分离 此法利用待测组分挥发度大，用惰性气体将其吹脱出来，达到分离提纯待测物质的目的；也可以利用某些干扰组分挥发度大（或者转变成易挥发物质），用惰性气体将干扰组分吹脱出去，达到分离干扰组分的目的。例如，用冷原子荧光法测定水样汞含量时，一般先将水样中含汞物质转化为汞单质，再用惰性气体将试样中的汞蒸气吹脱出来测定（汞挥发＋惰性气体）。再如用分光光度法测定水样硫化物时，先将硫转化为硫化氢（H_2S）气体，再用惰性气体将其吹脱出来（硫化物——→H_2S＋惰性气体）进入吸收显色液供测定。

2. 蒸发浓缩 此法是在电热板上或水浴中加热水样，使水分缓慢蒸发，达到缩小水样体积、浓缩欲测组分的目的。该方法具有操作简单、无须化学处理等优点，但也存在速度慢、待测组分易被吸附损失等缺点。

3. 蒸馏 是利用水样中各污染组分具有不同沸点而使其彼此分离的方法。一般情况下，直接蒸馏装置（蒸馏挥发酚和氰化物的装置）和水蒸气蒸馏装置在酸性介质中使用，而氨氮蒸馏装置在微碱性介质中使用。

4. 溶剂萃取 溶剂萃取是基于物质在不同溶剂相中分配系数不同，而达到组分富集与分离的方法。有机物的萃取是根据相似相溶原理，用有机溶剂直接萃取水中的有机物的萃取方法，多用于挥发酚、油、有机农药等有机分子化合物的萃取。多数无机物质在水相中以水合离子状态存在，无法用有机溶剂直接萃取，需先加入一种试剂，使无机离子转化为不带电、易溶于有机溶剂的物质，再用有机溶剂萃取。

5. 离子交换 离子交换是利用离子交换剂与溶液中的离子发生交换反应而进行分离的方法。离子交换剂分为无机离子交换剂和有机离子交换剂（即离子交换树脂），后者目前使用最广泛。离子交换树脂是可渗透的三维网状高分子聚合物，在网状结构的骨架上含有可电离（或可被交换）的阳离子和阴离子活性基团。一般可用阳离子交换树脂、阴离子交换树脂及螯合树脂，对水中金属进行富集，再用适当溶液将吸附在树脂上的金属洗脱下来，富集倍数可达百倍以上。

6. 共沉淀 共沉淀是在溶液中一种难溶化合物形成沉淀过程中，将共存的某些痕量组分一起载带沉淀的现象。共沉淀现象在常量分析中是力图避免的，但却是一种分离和富集微量组分的好手段。表面吸附、混晶、包藏和异电核胶态物质相互作用等都是共沉淀分离技术可利用的效应。

7. 吸附 吸附是利用多孔性固体吸附剂将水样中一种或数种组分吸附于表面，以达到分离的目的。常用的吸附剂有活性炭、氧化铝、分子筛和大网状树脂等。被吸附富集于吸附剂表面的待测组分可用有机溶剂（或加热）解吸出来供测定。

三、水中溶解氧及其测定方法

（一）水中溶解氧

溶解氧（DO）是指溶解于水中的分子态氧的量，以 mg/L 计，是表征水中自由态 O_2 含量多少的指标。水中大量自由态 O_2 存在，是水中诸多生物生存的必需条件。未受污染水体水中溶解氧饱和值约为 8.3mg/L，受有机物等还原性物质污染的水体中溶解氧含量显著降低，甚至为零。当水体水质溶解氧含量低于 4mg/L 时，鱼类会窒息死亡；饮用水溶解氧含量一般不要低于 6mg/L。

大气中 O_2 溶入和水中植物光合作用放氧，是水体自由态 O_2 的主要来源。水溶解氧含量，与大气压、空气氧含量、水温和水盐分含量等因素有关，一般水温越高、溶盐含量越大，水溶解氧值越低。除了水中的硫化物、亚硝酸根和亚铁离子等还原性物质消耗溶解氧外，水中微生物呼吸和有机物质好氧分解亦大量消耗溶解氧。水质溶解氧含量水平在一定程度上反映了水体自净能力，溶解氧含量较高的水体自净能力较强，反之较弱。如果某水体溶解氧含量非常低，甚至为零，则其有机物及还原性无机物污染非常严重，此时厌氧微生物大量繁殖使水质恶化，甚至有甲烷、氨气和硫化氢等恶臭气体逸出。水质溶解氧测定，常用碘量法（GB/T 7489—1987）和电化学探头法（HJ 506—2009），前者适用于溶解氧含量在 0.2~20mg/L 的清洁水样测定，后者适用于污染地表水样和工业废水样测定。

（二）水中溶解氧测定方法

1. 碘量法　在水样中加入硫酸锰和碱性碘化钾，水中的溶解氧将二价锰氧化成四价锰，并生成氢氧化锰沉淀。加酸后，沉淀溶解，四价锰又氧化碘离子而释放出与溶解氧相当的游离碘。以淀粉为指示剂，用硫代硫酸钠标准溶液滴定释放出来的碘，可计算出溶解氧含量。

（1）化学反应式：

$$MnSO_4 + 2NaOH =\!\!= Mn(OH)_2 \downarrow + Na_2SO_4$$
$$2Mn(OH)_2 + O_2 =\!\!= 2H_2MnO_3$$
$$H_2MnO_3 + Mn(OH)_2 =\!\!= MnMnO_3 （棕色沉淀） \downarrow + 2H_2O$$
$$2KI + H_2SO_4 =\!\!= 2HI + K_2SO_4$$
$$MnMnO_3 + 2H_2SO_4 + 2HI =\!\!= 2MnSO_4 + I_2 + 3H_2O$$
$$I_2 + 2Na_2S_2O_3 =\!\!= 2NaI + Na_2S_4O_6$$

（2）溶解氧（mg/L）计算公式：

$$DO（O_2）= \frac{c \times V \times 8 \times 1\,000}{V_{水}} \tag{2-6}$$

式中：c——硫代硫酸钠的浓度，mol/L；

V——滴定消耗硫代硫酸钠标准溶液的体积，mL；

$V_{水}$——水样体积，mL；

8——氧（1/4 O_2）的摩尔质量，g/mol。

（3）溶解氧饱和度（%）计算公式：

$$溶解氧饱和度 = \frac{c_1}{c_2} \times 100\% \tag{2-7}$$

式中：c_1——水中溶解氧含量，mg/L；

c_2——采样温度和大气压下水中饱和溶解氧含量，mg/L。

2. 修正碘量法　修正碘量法分叠氮化钠修正法和高锰酸钾修正法两种，前者用于含大量亚硝酸盐水样，后者用于含大量亚铁离子、不含其他还原剂及有机物的水样。叠氮化钠是剧毒、易爆试剂，不能将碱性碘化钾-叠氮化钠溶液直接酸化，以免产生有毒的叠氮化钠酸雾。叠氮化钠分解亚硝酸盐的反应如下：

$$2NaN_3 + H_2SO_4 =\!\!= 2HN_3 \uparrow + Na_2SO_4$$
$$H^+ + NO_2^- + HN_3 =\!\!= N_2O \uparrow + N_2 \uparrow + H_2O$$

高锰酸钾修正法，先用高锰酸钾氧化水中的亚铁离子，然后用草酸钠除去过量的高锰酸钾，再用氯化钾掩蔽生成的高价铁离子，最后按碘量法步骤操作。

3. 电化学探头法　电化学探头法，又称为溶解氧仪法，具有操作简便、耗时少、干扰少（不受水样色度、浊度等影响），能实现现场检测和连续自动检测等优点，因而被广泛应用。溶解氧电化学探头，主要有覆膜电极探头和荧光法探头，前者目前是国内市场主流，后者是可能发展方向。覆膜电极电流式电化学探头是根据氧分子透过选择性薄膜的扩散速率来测定水中溶解氧的含量。探头内有一个用选择性薄膜封闭的小室，室内有两个金属电极并充有电解质，选择性薄膜允许氧等气体透过，不允许水和离子透过。将探头浸入水中时，两个电极间的电位差使金属离子在阳极进入溶液，同时氧气通过薄膜扩散在阴极获得电子被还原，产生的电流与穿过薄膜及电解质层的氧的传递速率成正比，即在一定的温度下该电流与水中氧的分压（或浓度）成正比。该方法测定范围为 $0\sim20mg/L$，最小分度值 $\leqslant0.1mg/L$。

薄膜渗透性受温度影响较大，需要对温度进行校正或在电路中安装热敏元件对温度变化进行自动补偿。大气压力会影响水质溶解氧含量，因而当测定样品的气压与校准仪器时的气压差异较大时，应进行大气压校正。当测定海水、港湾水等高盐水溶液时，应根据含盐量对溶解氧测量值进行修正。

四、五日生化需氧量及其测定方法

（一）五日生化需氧量

五日生化需氧量，是指水样在 20℃ 温度下培养 5d，水样培养前后的溶解氧含量（mg/L）之差，以 $BOD_{5,20}$ 或 BOD_5 表示。BOD_5 是衡量水有机物污染程度的常用指标之一。一般 BOD_5 值越大，说明水中可生化有机质的含量越高。BOD_5/COD_{Cr} 值是判定污（废）水可生化性的指标之一。一般地，国家水源地一级保护区河水的 BOD_5 不超过 3mg/L，而 BOD_5 大于 10mg/L 的水多属于劣 V 类水。目前，水质五日生化需氧量测定用稀释与接种法［《水质　五日生化需氧量（BOD_5）的测定　稀释与接种法》（HJ 505—2009）］和微生物传感器快速测定法［《水质　生化需氧量（BOD）的测定　微生物传感器快速测定》（HJ/T 86—2002）］。

（二）五日生化需氧量测定方法

1. 稀释与接种法

（1）原理。水样经含有营养液的接种稀释水适度稀释后，在（20±1）℃下培养 5d，测定培养前后水样中溶解氧的质量浓度，由二者之差计算水样 BOD_5，见式（2-8）。如果样品中的有机物含量较多，BOD_5 的质量浓度大于 6mg/L，样品需适当稀释后测定；对不含或含微生物少的工业废水，如酸性废水、碱性废水、高温废水、冷冻保存的废水和经过氯化处理等的废水，在测定 BOD_5 时应进行接种，以引进能分解废水中有机物的微生物。当废水中存在难以被一般生活污水中的微生物以正常速度降解的有机物或含有剧毒物质时，应将驯化后的微生物引入水样中进行接种。该方法适用于地表水、工业废水和生活污水的 BOD_5 测定；检测范围为 $2\sim6\,000mg/L$。

$$BOD_5 = c_1 - c_0 \tag{2-8}$$

式中：c_0——培养前水样溶解氧含量，mg/L；

c_1——20℃下培养 5d 天后水样溶解氧含量，mg/L。

（2）接种液制备。可购买商品接种液，按其说明书操作即可，也可用以下溶液为接种液：

①未受工业废水污染的生活污水，要求化学需氧量不大于 300mg/L，总有机碳含量不大于 100mg/L。

②含有城镇污水的河水或湖水。

③污水处理厂的出水。

（3）驯化接种液制备。

①天然驯化接种液：在待测工业废水排污口下游适当处取水样作为废水的驯化接

种液。

②人工驯化接种液：取中和或经适当稀释后的废水进行连续曝气，每天加入少量该种废水，同时加入少量生活污水，使适应该种废水的微生物大量繁殖，当水中出现大量的絮状物时，表明微生物已繁殖，可用作接种液。一般驯化过程需 3~8d。

（4）稀释水制备。

①在 5~20L 的玻璃瓶中加入一定量的水，控制水温在（20±1）℃，用曝气装置至少曝气 1h，使稀释水中的溶解氧浓度达到 8mg/L 以上。

②临用前每升水中加入 4 种生理盐溶液（详见后文实训二"试剂准备"）各 1.0mL，混匀，20℃保存。在曝气过程中防止污染，特别是防止带入有机物、金属、氧化物或还原物。稀释水溶解氧不能过饱和，使用前需开口放置 1h，应在 24h 内使用。

（5）接种稀释水制备。根据接种液的来源不同，向稀释水中加入接种液的量不同。一般城市生活污水和污水处理厂出水加 1~10mL/L，河水或湖水加 10~100mL/L，将接种稀释水存放在（20±1）℃的环境中，当天配制当天使用。接种的稀释水要求 pH=7.2，$BOD_5 < 1.5mg/L$。

（6）稀释倍数确定方法。BOD_5 样品稀释的程度以使水样消耗的溶解氧量和培养后样品中剩余的溶解氧量皆不小于 2mg/L，且试样中剩余的溶解氧量为培养前的 1/3~2/3 为宜。确定稀释倍数的步骤如下：

①根据样品的总有机碳（TOC）、高锰酸盐指数（I_{Mn}）或化学需氧量（COD_{Cr}）的测定值，查表 2-9 获得 BOD_5 与总有机碳（TOC）、高锰酸盐指数（I_{Mn}）或化学需氧量（COD_{Cr}）的比值 R，再利用式（2-9）计算待测水样 BOD_5 的期望值 ρ（R 与样品的类型有关）；②根据待测水样 BOD_5 的期望值，查表 2-10 确定稀释倍数。注意，当不能准确地选择稀释倍数时，应该一个样品做 2~3 个不同的稀释倍数。

$$\rho = R \times Y \qquad (2-9)$$

式中：ρ——五日生化需氧量浓度的期望值，mg/L；

Y——总有机碳（TOC）、高锰酸盐指数（I_{Mn}）或化学需氧量（COD_{Cr}）的值，mg/L；

R——典型比值，见表 2-9。

表 2-9 BOD_5 测定水样稀释典型比值 R

水样的类型	总有机碳 R/ （BOD_5/TOC）	高锰酸盐指数 R/ （BOD_5/I_{Mn}）	化学需氧量 R/ （BOD_5/COD_{Cr}）
未处理的废水	1.2~2.8	1.2~1.5	0.35~0.65
生化处理的废水	0.3~1.0	0.5~1.2	0.20~0.35

表 2-10 BOD_5 测定的稀释倍数

BOD_5 的期望值/（mg/L）	稀释倍数	水样类型
6~12	2	河水，生物净化的城市污水
10~30	5	河水，生物净化的城市污水
20~60	10	生物净化的城市污水

（续）

BOD$_5$的期望值/（mg/L）	稀释倍数	水样类型
40～120	20	澄清的城市污水或轻度污染的工业废水
100～300	50	轻度污染的工业废水或原城市污水
200～600	100	轻度污染的工业废水或原城市污水
400～1 200	200	重度污染的工业废水或原城市污水
1 000～3 000	500	重度污染的工业废水
2 000～6 000	1 000	重度污染的工业废水

2. 微生物传感器快速测定法

（1）原理。待测样品与空气以一定流量进入流通测量池内与微生物传感器接触，样品中溶解态可生化降解有机物被菌膜中的微生物分解，使扩散到氧电极表面的氧减少，当样品中可生化降解有机物向菌膜的扩散速度达到恒定时，扩散到氧电极表面上的氧也达到恒定并产生恒定电流，该电流与样品可生化降解有机物的含量及氧的减少量存在相关关系，据此计算出样品的 BOD$_5$（五日生化需氧量），再与 BOD$_5$ 标准样品对比换算得到样品的 BOD$_5$。

（2）微生物传感器法特点。该方法具有耗时短、精度高、重现性好等优点，但当水样中对 BOD$_5$ 有贡献的悬浮物含量较高或含有难生化降解的有机物时，误差不容忽视；不能用于氰化物、杀菌剂、农药和游离氯等含量高的水样。

五、水体水质评价

（一）环境质量评价及其分类

环境质量评价是按照一定的评价标准和方法对一定区域范围内的环境质量加以调查研究并在此基础上做出科学、客观和定量的评定和预测。按照评价时段不同，分为回顾评价、现状评价和预断评价（影响评价）；按评价要素不同，分为单要素评价、多要素联合评价和整体环境综合评价。单要素环境评价包括空气环境质量评价、水环境质量评价和土壤环境质量评价等。多要素联合评价，如地表水、地下水的联合评价，农田土壤和作物联合评价，地下水、土壤和作物联合评价等。整体环境综合评价是以单要素评价为基础，结合社会环境条件，揭示各个环节的主要矛盾，为区域环境综合防治、规划提供依据。

（二）地表水环境质量评价与河流断面水质评价

地表水环境质量评价分为河流水质评价（分为断面水质评价和河流、水系及流域水质评价）、湖泊水库水质评价（分为水质评价和营养状态评价）和区域水质评价。本教材仅从农业灌溉给水安全角度，分析河流、湖泊和水库的监测断面水质评价方法，即评价农业灌溉水源处监测断面的水质状况，给出达标与否评价结论，明确水质超标因子、超标程度，分析超标原因。水质，即水的品质，是指水及其所含杂质共同表现出来的综合特性。水质指标是描述或表征水质优劣的参数。水质评价是指根据用户需求，选择水质指标、水质标准和评价方法对水源水质优劣及利用价值进行定量评价的过程。地表水环境质量现状评价主要采用文字分析与描述，并辅之数学模式计算的方式。文字分析与描述，采用检出率、超标率等统计值及数学模式计算采用单项水质参数评价法或多项水质参数综合评价法。《环境影响评价技术导则　地表水环境》（HJ 2.3—2018）之环境现状调查与评价中规定：地表水体监测断面和监测点位水环境质量现状评价采用水质指数法（单项水质参数评价法），底泥污染状况评价采用单项污染指数法。单项水质参数评价是将每个污染因子单独进行评价，利用统计计算得出各自的达标率、超标率、超标倍数、统计代表值等结果。河流断面水质评价根据评价时段内该断面参评的指标中污染最严重的一项确定，湖泊水库单个点位的水质评价按照河流断面水质评价方法进行。单项水质参数评价能够清晰地判断出主要污染因子、主要污染时段和主要污染区域，较完整地提供监测水域污染的时空变化。

（三）农田灌溉用水地表水体水质评价的标准依据与评价指标

地表水环境质量标准基本项目标准限值见表2-11。

表 2-11　地表水环境质量标准基本项目标准限值

序号	项目	水质类别				
		Ⅰ类	Ⅱ类	Ⅲ类	Ⅳ类	Ⅴ类
1	水温/℃	人为造成的环境水温变化应限制在：周平均最大温升≤1；周平均最大温降≤2				
2	pH	6～9				
3	溶解氧/（mg/L）　≥	饱和率90%（或7.5）	6	5	3	2
4	高锰酸盐指数　≤	2	4	6	10	15
5	COD$_{Cr}$/（mg/L）　≤	15	15	20	30	40
6	BOD$_5$/（mg/L）　≤	3	3	4	6	10
7	氨氮（NH$_4^+$）/（mg/L）　≤	0.15	0.5	1	1.5	2
8	总磷（以P计）/（mg/L）　≤	0.02（湖库0.01）	0.1（湖库0.025）	0.2（湖库0.05）	0.3（湖库0.1）	0.4（湖库0.2）
9	总氮（以N计）/（mg/L）　≤	0.2	0.5	1	1.5	2
10	铜/（mg/L）　≤	0.01	1	1	1	1
11	锌/（mg/L）　≤	0.05	1	1	2	2
12	氟化物（以F$^-$计）/（mg/L）　≤	0.1	1	1	1.5	1.5
13	硒/（mg/L）　≤	0.01	0.01	0.01	0.02	0.02
14	砷/（mg/L）　≤	0.05	0.05	0.05	0.1	0.1
15	汞/（mg/L）　≤	0.000 05	0.000 05	0.000 1	0.001	0.001
16	镉/（mg/L）　≤	0.001	0.005	0.005	0.005	0.01
17	六价铬/（mg/L）　≤	0.01	0.05	0.05	0.05	0.1
18	铅/（mg/L）　≤	0.01	0.01	0.05	0.05	0.1
19	氰化物/（mg/L）　≤	0.005	0.05	0.2	0.2	0.2

（续）

序号	项目	水质类别				
		Ⅰ类	Ⅱ类	Ⅲ类	Ⅳ类	Ⅴ类
20	挥发酚/（mg/L） ≤	0.002	0.002	0.005	0.01	0.1
21	石油类/（mg/L） ≤	0.05	0.05	0.05	0.5	1
22	阴离子表面活性剂/（mg/L） ≤	0.2	0.2	0.2	0.3	0.3
23	硫化物/（mg/L） ≤	0.05	0.1	0.2	0.5	1
24	粪大肠菌群（个/L）/（mg/L） ≤	200	2 000	10 000	20 000	40 000

注：Ⅰ类主要适用于源头水、国家自然保护区；Ⅱ类主要适用于集中式生活饮用水水源地一级保护区、珍贵鱼类保护区、鱼虾产卵场等；Ⅲ类主要适用于集中式生活饮用水水源地二级保护区、一般鱼类保护区及游泳区；Ⅳ类主要适用于一般工业用水区及人体非直接接触的娱乐用水区；Ⅴ类主要适用于农业用水区及一般景观要求水域。

1. 评价标准 主要有《地表水环境质量标准》（GB 3838—2002）、《农田灌溉水质标准》（GB 5084—2021）、《绿色食品 产地环境质量》（NY/T 391—2021）和《有机产品 生产、加工、标识与管理体系要求》（GB/T 19630—2019）。

2. 评价指标（水质指标） 中国有机产品（农产品）生产要求产地农田灌溉用水水质符合《农田灌溉水质标准》（GB 5084—2021）。目前，我国农田灌溉用地表水体水质评价指标主要包括《地表水环境质量标准》（GB 3838—2002）的基本项目（标准限值见表2-11）、《农田灌溉水质标准》（GB 5084—2021）中的基本项目和《绿色食品 产地环境质量》（NY/T 391—2021）中农田灌溉水质要求中列出的项目。不同标准对农业用水水质的控制指标（评价项目）见表2-12。我国生态环境部门水质月报参与评价的水质指标有pH、DO、高锰酸盐指数、BOD$_5$、氨氮、Hg、Pb、挥发酚和石油类。总氮和总磷不参与湖泊水库水质评价，总氮不参与河流水质评价。水温和粪大肠菌群不参与河流、湖泊和水库水质评价。水质年报仅选择《地表水环境质量标准》（GB 3838—2002）中基本项目的9个指标参与水质评价。

表 2-12　不同标准对农业用水水质的控制指标（评价项目）

项目	《地表水环境质量标准》（GB 3838—2002）	《农田灌溉水质标准》（GB 5084—2021）	《绿色食品 产地环境质量》（NY/T 391—2021）
常规指标	水温、pH	水温、pH、SS	pH
氧平衡指标	DO、COD$_{Cr}$、BOD$_5$、高锰酸盐指数	COD$_{Cr}$、BOD$_5$	COD$_{Cr}$
营养因子	氨氮、总氮、总磷	—	—
毒性因子	硫化物、氟化物、氰化物、挥发酚、石油类、阴离子表面活性剂	全盐量、氯化物、硫化物、阴离子表面活性剂、氰化物*、氟化物*、石油类*、挥发酚*、苯*、甲苯*、二甲苯*、异丙苯*、苯胺*、三氯乙醛*、丙烯醛*、氯苯*、1,2-二氯苯*	氟化物、石油类、

（续）

项目	《地表水环境质量标准》 （GB 3838—2002）	《农田灌溉水质标准》 （GB 5084—2021）	《绿色食品 产地环境质量》 （NY/T 391—2021）
重金属	Cu、Zn、As、Hg、Cd、Cr（Ⅵ）、Pb、	总 As、总 Hg、Cd、Cr（Ⅵ）、Pb、总 Cu*、总 Zn*、总 Ni、Se*、B*	总 As、总 Hg、总 Cd、总 Pb、Cr（Ⅵ）
微生物因子	粪大肠菌群	粪大肠菌群、蛔虫卵	粪大肠菌群

注：①"—"表示没有控制指标。

②标"*"的为选择性控制项目。

（四）农田灌溉水源地表水体监测断面水质评价方法

1. 水质指数法（单项水质污染指数法）

（1）一般性水质因子（随着浓度增加而水质变差的水质因子）的指数（$S_{i,j}$）按式（2-10）计算。

$$S_{i,j} = C_{i,j}/C_{s,j} \tag{2-10}$$

式中：$S_{i,j}$——评价因子 i 在 j 监测点位的水质指数，大于 1 表明该水质因子超标；

$C_{i,j}$——评价因子 i 在 j 监测点位的实测统计代表值，mg/L；

$C_{s,j}$——评价因子 i 的水质标准限值，mg/L。

（2）溶解氧（DO）等随污染增加而浓度减少的指标的水质指数（$S_{DO,j}$）按式（2-11）或式（2-12）计算。

$$S_{DO,j} = DO_s/DO_j \qquad DO_j \leqslant DO_f \tag{2-11}$$

$$S_{DO,j} = \frac{|DO_f - DO_j|}{DO_f - DO_s} \qquad DO_j > DO_f \tag{2-12}$$

式中：$S_{DO,j}$——溶解氧的标准指数，大于 1 表明该水质因子超标；

DO_j——溶解氧在 j 监测点位的实测统计代表值，mg/L；

DO_s——溶解氧的水质标准限值，mg/L；

DO_f——饱和溶解氧浓度，mg/L。对于河流，$DO_f = 468/(31.6 + T)$，其中 T 为水温（℃）。

（3）对 pH 等有幅度限制的指标的水质指数，其单项污染指数按式（2-13）或式（2-14）计算。水质评价因子的标准指数大于 1，表明该评价因子的水质超过了规定的水质标准，已经不能满足使用功能的要求。

$$S_{pH,j} = \frac{7.0 - pH_j}{7.0 - pH_{sd}} \qquad pH_j \leqslant 7.0 \tag{2-13}$$

$$S_{pH,j} = \frac{pH_j - 7.0}{pH_{su} - 7.0} \qquad pH_j > 7.0 \tag{2-14}$$

式中：$S_{pH,j}$——pH 的指数，大于 1 表明该水质因子超标；

pH_j——pH 的实测统计代表值；

pH_{sd}——评价标准中 pH 的下限值；

pH_{su}——评价标准中 pH 的上限值。

【例1】某河流某农业灌溉水域中某采样点水样挥发酚实测值为 0.005 8mg/L，溶解氧实测值为 6mg/L（24.4℃），pH 实测值为 8.5，请计算这三个水质指标的水质指数 $S_{挥发酚}$、S_{DO} 和 S_{pH}。

解：因为水用途为农业灌溉水，故选择 GB 3838—2002 的Ⅴ类水质标准（农业用水）为评价标准，即 $C_{s,挥发酚}$ 为 0.01mg/L，DO_s 为 2mg/L，pH_{sd} 为 6，pH_{su} 为 9。

①$S_{挥发酚}$＝0.005 8/0.01＝0.58＜1，未超标。

②因为 DO_f＝468/（31.6＋24.4）＝8.36＞DO_j＝2，故 S_{DO}＝2/6＝0.33＜1，未超标。

③S_{pH}＝（8.5－7.0）/（9.0－7.0）＝0.75＜1，未超标。

可见，仅就三个水质指数的分析结果判断，该河流该采样点水质的挥发酚、溶解氧和 pH 三个项目达到农业灌溉用水标准（GB 3838 之Ⅴ类水质标准）。

2. 底泥污染指数法 底泥污染评价应采用单项污染指数法评价污染项目及污染程度，识别超标因子，结合底泥处置排放去向，评价退水水质与超标情况。底泥污染指数计算公式见式（2-15）。

$$P_{i,j}＝C_{i,j}/C_{si} \tag{2-15}$$

式中：$P_{i,j}$——底泥污染因子 i 在 j 监测点位的单项污染指数，大于 1 表明该污染因子超标；

$C_{i,j}$——底泥污染因子 i 在调查点位 j 的实测值，mg/L；

$C_{s,i}$——污染因子 i 的评价标准值或参考值，mg/L，根据土壤环境质量标准或所在水域的背景值确定。

（五）河流断面水质类别评价

河流断面水质类别评价采用单因子评价法，即根据评价时段内该断面参评的指标中类别最高的一项来确定。描述断面的水质类别时，使用"符合"或"劣于"等词语。断面水质类别与水质定性评价分级的对应关系见表 2-13。

表 2-13　断面水质类别与水质定性评价分级的对应关系

水质类别	水质状况	表征颜色	水质功能类别
Ⅰ类Ⅱ类	优	蓝色	饮用水源地一级保护区、珍稀水生生物栖息地、鱼虾类产卵
Ⅲ类水质	良好	绿色	饮用水源地二级保护区、鱼虾类越冬场、水产养殖区、游泳区
Ⅳ类水质	轻度污染	黄色	一般工业用水和人体非直接接触的娱乐用水
Ⅴ类水质	中度污染	橙色	农业用水及一般景观用水
劣Ⅴ类水质	重度污染	红色	除调节局部气候外，使用功能较差

 **技能训练**

实训一　电化学探头法测定水中溶解氧

一、实训目的

（1）会操作和校正溶解氧仪，能用溶解氧仪完成水质溶解氧测定。

（2）培养实训者团结协作、求真务实和有条不紊的工作习惯。

二、方法原理

见"知识学习"之"三、水中溶解氧及测定方法"之"3. 电化学探头法"。

三、实训准备

（一）仪器准备

（1）溶解氧测量仪。测量探头可选择原电池型（铅/银）或极谱型（银/金），最好配有温度补偿和压力补偿装置，能直接显示溶解氧的质量浓度和饱和百分率。

（2）溶解氧瓶。

（3）电导率仪。

（4）气压表。最小分度为 10Pa。

（5）温度计。最小分度为 0.5℃。

（6）水质检测实验室常用玻璃仪器。

（二）试剂准备

（1）纯水。三级纯度以上的新制备去离子水或蒸馏水。

（2）无水亚硫酸钠（Na_2SO_3）。

（3）六水合氯化钴（Ⅱ）（$CoCl_2 \cdot 6H_2O$），或其他二价钴盐，分析纯。

（4）二价钴盐溶液。称取 0.1g 六水合氯化钴（Ⅱ），用 1‰盐酸溶液溶解后转移至 100mL 容量瓶中，再用 1‰盐酸溶液定容至标线，混匀，备用。

（5）零点检查溶液（即无氧水）。临用现配：在室温下称取 25g 亚硫酸钠溶于 500mL 蒸馏水中，混匀，加入 1～2 滴二价钴盐溶液，混匀，备用。

（6）饱和溶氧水。取 500mL 蒸馏水于 1 000mL 烧杯（或广口试剂瓶）中，在指定温度下，以 1L/min 流量将空气通入蒸馏水曝气 2h 以上，使其溶解氧达到饱和，再静置 10～20min（如果是 200mL 水静置 5～10min，如果水量大应延长静置时间），使水中溶解氧达到稳定。必要时可用碘量法［参见《水质 溶解氧的测定 碘量法》（GB 7489—1987）］判断其是否饱和。

（7）水饱和的空气。在干净的 250mL 细口瓶中加入 10mL 蒸馏水，盖上瓶盖，快速摇晃 30s，再在室温下平衡 30min 使溶解氧稳定。注意，在平衡条件下，被空气饱和的水中的氧的分压，等于被水饱和的空气中氧的分压，因而探头在水中校准和在空气中校准是一样的；溶解氧浓度随大气压的变化而不同，宜进行气压补偿。

四、实训步骤

（一）仪器校准

1. 零点检查和校准 当待测水样的溶解氧含量低于 1mg/L（或 10%饱和度）时，或者当更换溶解氧膜罩或内部的填充电解液时，需要进行零点检查和校准。视溶解氧仪型号而定，如果仪器具有零点补偿功能，则不必零点校准，否则必须校准。零点校准方法为，将探头浸入零点检查溶液中，待反应稳定后读数，调整仪器指示值为零点。

2. 饱和溶解氧校准 将溶解氧探头浸没在饱和溶氧水中，并轻轻摆动以使探头表面的液体流速稳定保持在 0.3m/s，或将探头放入水饱和的空气中，待显示值稳定后，测定饱和溶氧水或水饱和空气的温度（精确至±1℃）；调整溶解氧仪的显示值为表 2-14 给出的 t 温度下饱和溶解氧浓度值。

表 2-14　氧的溶解度与水温和含盐量的函数关系

温度/℃	在标准大气压(101.325kPa)下氧的溶解度 $[\rho(O)_s]$ / (mg/L)	水中含盐量每增加1g/kg 时溶解氧的修正值 $[\Delta\rho(O)_s]$ / [(mg/L) 或 (g/kg)]	温度/℃	在标准大气压(101.325kPa)下氧的溶解度 $[\rho(O)_s]$ / (mg/L)	水中含盐量每增加1g/kg 时溶解氧的修正值 $[\Delta\rho(O)_s]$ / [(mg/L) 或 (g/kg)]
0	14.62	0.087 5	21	8.91	0.046 4
1	14.22	0.084 3	22	8.74	0.045 3
2	13.83	0.081 8	23	8.58	0.044 3
3	13.46	0.078 9	24	8.42	0.043 2
4	13.11	0.076 0	25	8.26	0.042 1
5	12.77	0.073 9	26	8.11	0.040 7
6	12.45	0.071 4	27	7.97	0.040 0
7	12.14	0.069 3	28	7.83	0.038 9
8	11.84	0.067 1	29	7.69	0.038 2
9	11.56	0.065 0	30	7.56	0.037 1
10	11.29	0.063 2	31	7.43	
11	11.03	0.061 4	32	7.30	
12	10.78	0.059 3	33	7.18	
13	10.54	0.058 2	34	7.07	
14	10.31	0.056 1	35	6.95	
15	10.08	0.054 5	36	6.84	
16	9.87	0.053 2	37	6.73	
17	9.66	0.051 4	38	6.63	
18	9.47	0.050 0	39	6.53	
19	9.28	0.048 9	40	6.43	
20	9.09	0.047 5			

3. 大气压修正　如果测量时实际大气压明显偏离标准大气压，则测定实际大气压值，并按式（2-16）进行修正。

$$\rho(O) = \rho'(O)_s \times \frac{P - P_w}{101.325 - P_w} \tag{2-16}$$

式中：$\rho(O)$——温度为 t、大气压力为 P（kPa）时，水中溶解氧浓度，mg/L；

$\rho'(O)_s$——温度为 t、大气压力为 101.325kPa 时，水中溶解氧浓度，mg/L，见表 2-14；

P——温度为 t 时，实测大气压力，kPa；

P_w——温度为 t 时，饱和水蒸气的压力，kPa。

4. 更换电解质或溶解氧膜罩　当仪器不能完成再校准，或仪器响应变得不稳定或较低时，应及时更换电解质或（和）溶解氧膜罩。

（二）溶解氧测定

1. 溶解氧瓶水样的溶解氧测定

（1）方法。将探头浸入水样中，不能有空气泡截留在膜上，以约 0.3m/s 的速度轻轻移动探头，待探头温度与水温达到平衡，而且数字显示稳定时，读数。

（2）校正。必要时，根据所用仪器的型号及对测量结果的要求，测定水温、气压或含盐量，并对测量结果进行校正。

2. 流动样品溶解氧测定 江河水体流动样品溶解氧的现场测定，应先检查河流水样流速，再根据水体流速大小确定测定方法。

（1）如果水体流速大于 0.3m/s，将溶解氧探头放入流动的水中直接测定即可。

（2）如果水体流速小于 0.3m/s，则需要将溶解氧探头放入水中后在往复移动探头过程中读取溶解氧值，或者用采样器采样后按照分散样品的方法测定其溶解氧值。

3. 分散样品溶解氧测定 对于分散样品，盛样容器能密封以隔绝空气并带有搅拌器的，将样品充满容器至溢出，密闭后进行测量。调整搅拌速度，使读数达到平衡后保持稳定，并不得夹带空气。盛样容器不自带搅拌器的，按溶解氧瓶水样方式测定溶解氧。

（三）数据记录

测定过程中应及时记录实验数据，参见表 2-15。

表 2-15　水样溶解氧测定数据记录

试样编号	小样测定温度/℃	大气压力/kPa	水样盐量/（g/kg）	溶解氧仪读数/（mg/L）
1				
2				
...				
X				

五、结果计算

如果溶解氧仪自带温度校正、气压校正和盐度校正等功能，则溶解氧仪开机校正完成后将探头浸入水样中移动，显示稳定后可直接读出水样溶解氧含量。如果溶解氧仪没有温度校正、气压校正和盐度校正的功能，则应在测定水样溶解氧含量的同时，测定大气压力、水温和水盐度，并进行相关校正。

（一）温度校正

1. 适用情况 当测量样品与仪器校准期间温度不同时，需要对仪器读数进行温度校正。

2. 校正方法 在测定水样溶解氧的同时测定水样温度，并将测定数据代入式（2-17）中，计算水样溶解氧实际含量。

$$\rho(O) = \rho'(O) \times \frac{\rho(O)_m}{\rho(O)_c} \tag{2-17}$$

式中：$\rho(O)$——实测溶解氧的质量浓度，mg/L；

$\rho'(O)$——溶解氧的表观质量浓度（仪器读数），mg/L；

$\rho(O)_m$——测量温度下氧的溶解度，mg/L；

$\rho(O)_c$——校准温度下氧的溶解度，mg/L。

3. 案例 在 101.325kPa、10℃环境中测定某水样的溶解氧含量，如果仪器读数为 7.0mg/L，请计算该水样溶解氧的实际含量。

解：（1）查不同大气压和水温条件下氧的溶解度表（表 2-14）可知，101.325kPa 大气压下 25℃时水中氧的溶解度为 8.26mg/L，10℃时氧的溶解度为 11.29mg/L。

（2）将数据代入温度校正公式计算：$7.0 \times \dfrac{11.29}{8.26} = 9.6$（mg/L）。

（3）报结果：该水样的溶解氧值为 9.6mg/L。

（二）气压校正

1. 适用情况 适用于样品测量与仪器校准期间的大气压力明显不同时。

2. 校正方法 在测定水样溶解氧的同时测定大气压力 P（kPa），将测定数据代入式（2-18）中计算水中溶解氧实际含量 ρ（O）（mg/L）。

（三）盐度校正

1. 适用情况 当待测水样含盐量$\geqslant$3g/kg 时，应进行盐度校正。

2. 校正方法 在测定水样溶解氧的同时测定水样电导率（mS/cm），根据水样电导率查不同含盐量水溶液的电导率（表 2-16）得水样含盐量，将数据代入式（2-18）中计算水样溶解氧实际含量。

$$\rho(\mathrm{O}) = \rho''(\mathrm{O})_s - \Delta\rho(\mathrm{O})_s \times w \times \frac{\rho''(\mathrm{O})_s}{\rho(\mathrm{O})_s} \qquad (2\text{-}18)$$

式中：$\rho(\mathrm{O})$——P 大气压下和温度为 t 时，盐度修正后溶解氧的质量浓度，mg/L；

$\rho''(\mathrm{O})_s$——P 大气压下和温度为 t 时，盐度修正前仪器的读数，mg/L；

$\Delta\rho(\mathrm{O})_s$——气压为 101.325kPa，温度为 t 时，水中溶解氧的修正因子，见表 2-14，mg/L；

w——水中含盐量，依据水样电导率值查表 2-16 得，g/kg；

$\rho(\mathrm{O})_s$——大气压为 P、温度为 t 时，水中氧的溶解度，mg/L，见表 2-17；

$\dfrac{\rho''(\mathrm{O})_s}{\rho(\mathrm{O})_s}$——大气压为 P、温度为 t 时，水中溶解氧的饱和率。

表 2-16 不同含盐量水溶液的电导率

电导率/ (mS/cm)	水中含盐量[a]/ (g/kg)	电导率/ (mS/cm)	水中含盐量[a]/ (g/kg)	电导率/ (mS/cm)	水中含盐量[a]/ (g/kg)
5	3	20	13	35	25
6	4	21	14	36	25
7	4	22	15	37	26
8	5	23	15	38	27
9	6	24	16	39	28
10	6	25	17	40	29
11	7	26	18	42	30
12	8	27	18	44	32
13	8	28	19	46	33
14	9	29	20	48	35
15	10	30	21	50	37
16	10	31	22	52	38
17	11	32	22	54	40
18	12	33	23		
19	13	34	24		

注：a. 20℃时测定的电导率（mS/cm）所对应的含盐量（g/kg）。

表 2-17 不同大气压和水温条件下氧的溶解度

温度/℃	大气压力/kPa						
	111.5	101.3	91.2	81.1	70.9	60.8	50.7
	氧的溶解度 ρ (O)$_s$/ (mg/L)						
0.0	16.09	14.62	13.14	11.69	10.21	8.74	7.27
5.0	14.06	12.77	11.48	10.20	8.91	7.62	6.34
10.0	12.43	11.29	10.15	9.00	7.86	6.71	5.58
15.0	11.10	10.08	9.05	8.03	7.01	5.98	4.96
20.0	10.02	9.09	8.14	7.23	6.30	5.37	4.44
25.0	9.12	8.26	7.40	6.56	5.70	4.84	4.00
30.0	8.35	7.56	6.76	5.99	5.19	4.60	3.62
35.0	7.69	6.95	6.22	5.47	4.75	4.01	3.28
40.0	7.10	6.41	5.72	5.03	4.34	3.65	2.96

六、注意事项

1. 干扰 水中存在的氯、二氧化硫、硫化氢、胺、氨、二氧化碳、溴和碘等物质或气体，可能通过膜扩散影响被测电流而干扰测定；水中的油类、硫化物、碳酸盐和藻类等物质，可能堵塞薄膜，引起薄膜损坏和电极腐蚀，影响被测电流而干扰测定。

2. 线性检查 新仪器投入使用前、更换电极或电解液以后，应检查仪器线性，一般每隔 2 个月进行一次线性检查，检查方法参见仪器使用说明书。

3. 电极维护 任何时候都不得用手触摸膜的活性表面。经常使用的电极应存放在存有蒸馏水的容器中，以保持膜片的湿润。干燥的膜片在使用前应该用蒸馏水湿润活化。若膜片和电极上有污染物，会引起测量误差，一般 1~2 周清洗一次。清洗时要小心，将电极和膜片放入清水中清洗，注意不要损坏膜片。

4. 电极再生 当电极的线性不合格时，就需要对电极进行再生。电极的再生约一年一次。电极的再生包括更换溶解氧膜罩、电解液和清洗电极。每隔一定时间或当膜被损坏和污染时，需要更换溶解氧膜罩并补充新的填充电解液。如果膜未被损坏和污染，建议 2 个月更换一次填充电解液。更换电解质和膜之后，或当膜干燥时，都要用纯水使膜湿润，只有在读数稳定后，才能进行校准，仪器达到稳定所需要的时间取决于电解质中溶解氧消耗所需要的时间。

5. 其他 当将探头浸入样品中时，应保证没有空气泡截留在膜上。样品接触探头的膜时，应保持一定的流速，以防止与膜接触的瞬时将该部位样品中的溶解氧耗尽而出现错误的读数。应保证样品的流速不致使读数发生波动。

实训二 稀释与接种法测定水样五日生化需氧量

一、实训目的

（1）会操作生化培养箱和制备稀释接种液，能完成某农业灌溉水五日生化需氧量稀释与接种法的测定操作和数据处理。

（2）培养实训者团结协作、科学严谨、一丝不苟的检测分析工作习惯。

二、方法原理

见"知识学习"之"四、五日生化需氧量及测定方法",根据待测水样情况不同,稀释与接种法〔参见《水质 五日生化需氧量(BOD_5)的测定 稀释与接种法》(HJ 505—2009)〕有直接培养法、接种培养法、稀释培养法、稀释接种培养法 4 种。

三、实训准备

(一)仪器准备

1. 滤膜 孔径为 $1.6\mu m$ 的滤膜。

2. 溶解氧瓶 带水封装置,容积 250~300mL 的溶解氧瓶。

3. 稀释容器 1 000~2 000mL 的量筒或容量瓶。

4. 虹吸管 供分取水样或添加稀释水用。

5. 溶解氧仪 最好自带温度校正、压力校正和盐度校正等功能。

6. 冷藏箱 提供 0~4℃冷藏环境,采样时样品转运用。

7. 冰箱 有冷冻和冷藏功能的冰箱。

8. 生化培养箱 带风扇的恒温培养箱,可持续提供(20±1)℃的培养环境。

9. 曝气装置 多通道空气泵或其他曝气装置;曝气可能带来有机物、氧化剂和金属,导致空气污染,如有污染,空气应过滤清洗。

(二)试剂准备

1. 纯水 符合《分析实验室用水规格和试验方法》(GB/T 6682—2008)规定的三级纯水(蒸馏水或去离子水),要求其铜离子浓度不大于 0.01mg/L,不含氯或氯胺等物质。

2. 接种液 可购买商品接种液,也可自制接种液。

3. 生理盐溶液 包括磷酸盐缓冲液、硫酸镁溶液、氯化钙溶液和氯化铁溶液 4 种,配制好的溶液在 0~4℃环境可稳定保存 6 个月,若发现任何沉淀或微生物生长应弃去。

(1)磷酸盐缓冲溶液。将 8.5g 磷酸二氢钾(KH_2PO_4)、21.8g 磷酸氢二钾(K_2HPO_4)、33.4g 七水合磷酸氢二钠($Na_2HPO_4 \cdot 7H_2O$)和 1.7g 氯化铵(NH_4Cl)溶于水中,稀释至 1 000mL,混匀,备用。此溶液 pH 为 7.2。

(2)硫酸镁溶液。$\rho(MgSO_4) = 11.0g/L$。称取七水合硫酸镁($MgSO \cdot 7H_2O$)22.5g 溶于水中,稀释至 1 000mL,混匀,备用。

(3)氯化钙溶液。$\rho(CaCl_2) = 27.6g/L$。将 27.5g 无水氯化钙溶于水中,稀释至 1 000mL,混匀,备用。

(4)氯化铁溶液。$\rho(FeCl_3) = 0.15g/L$。称取六水合氯化铁($FeCl_3 \cdot 6H_2O$)0.25g 溶于水中,稀释至 1 000mL,混匀,备用。

4. 稀释水 在 5~20L 的玻璃瓶中加入一定量纯水,控制水温在(20±1)℃,用曝气装置曝气 1h 以上,使稀释水溶解氧达到 8mg/L 以上。使用前每升水中加入上述 4 种营养盐溶液各 1.0mL,混匀,20℃环境保存。注意:在曝气过程中要防止带入有机物、金属、氧化物或还原物而污染稀释水;稀释水溶解氧不能过饱和,临用前需开口放置 1h,且应在 24h 内使用。

5. 接种稀释水 根据接种液的来源不同,每升稀释水中加入适量接种液。一般情况下,城市生活污水和污水处理厂出水每升稀释水加 1~10mL,河水或湖水加 10~100mL;配好的接种稀释水 pH=7.2、$BOD_5 < 1.5mg/L$,应存放在(20±1)℃环境中;当天配制

当天使用。

6. 稀盐酸溶液 $c(HCl)＝0.5mol/L$。将 40mL 浓盐酸溶于适量纯水中，稀释至 1 000mL，混匀。

7. 氢氧化钠溶液 $c(NaOH)＝0.5mol/L$。先将 20g 氢氧化钠溶于适量纯水中，再稀释至 1 000mL，混匀，转移至塑料试剂瓶。

8. 亚硫酸钠溶液 $c(Na_2SO_3＝0.025mol/L)$。将 1.575g 亚硫酸钠（Na_2SO_3）溶于纯水，转移至 1 000mL 容量瓶中，定容，摇匀，备用。此溶液不稳定，需现用现配。

9. 葡萄糖-谷氨酸标准溶液 将葡萄糖和谷氨酸在 103℃ 干燥 1h 后，各称取 150mg 溶于水中，转移至 1 000mL 容量瓶中，定容，摇匀。临用前配制，也可少量冷冻保存，融化后立刻使用。

10. 丙烯基硫脲硝化抑制剂 $\rho(C_4H_8N_2S)＝1.0g/L$。称取 0.20g 丙烯基硫脲（$C_4H_8N_2S$）于 200mL 水中溶解，4℃保存；可稳定保存 14d。

11. 乙酸溶液 乙酸与纯水等比例混合，备用。

12. 碘化钾溶液 $\rho(KI)＝100g/L$。将 10g 碘化钾溶于水中，稀释至 100mL。

13. 淀粉溶液 $\rho＝5g/L$。将 0.50g 淀粉溶于水中，稀释至 100mL。

（三）样品准备

1. 水样采集与保存 BOD_5 水样应充满并密封于棕色玻璃瓶中，样品量不少于 1 000mL，在 0～4℃暗处运输和保存，并于 24h 内尽快分析。24h 内不能分析的样品，可冷冻保存（避免样品瓶破裂），分析前需解冻、均质化和接种。

2. 样品前处理 BOD_5 水样在测定前，应进行 pH 调节、余氯和结合氯去除、样品均质化、除藻和补营养盐等处理。

（1）调节 pH。若样品或稀释后样品 pH 不在 6～8 范围内，应用盐酸溶液或氢氧化钠溶液调节 pH。

（2）去除余氯和结合氯。一般情况下，水样采集后放置 1～2h，游离氯即可消失。对在短时间内不能消失的余氯，可加入适量亚硫酸钠溶液去除其中的余氯和结合氯。亚硫酸钠溶液加入量确定的方法步骤如下：①取已中和好的水样 100mL，加入乙酸溶液 10mL、碘化钾溶液 1mL，混匀，暗处静置 5min；②用亚硫酸钠溶液滴定析出的碘至淡黄色，加入 1mL 淀粉溶液呈蓝色；③继续滴定至蓝色刚刚褪去，即为终点，记录亚硫酸钠溶液消耗体积；④根据滴定 100mL 水样消耗的亚硫酸钠溶液体积，计算应向 BOD_5 水样中加入的亚硫酸钠溶液体积。

（3）均质化。含有大量颗粒物、需要较大稀释倍数的样品，或经冷冻保存的样品，测定前都须将样品搅拌均匀。

（4）除藻类。样品中存在大量藻类会使 BOD_5 测定结果偏高，因此，当精度要求较高时，测定前应将水样用 $1.6\mu m$ 滤孔滤膜过滤，并在检测报告中注明滤膜滤孔大小。

（5）补盐。非稀释样品的电导率小于 $125\mu S/cm$ 时，就需向水样中加入适量的营养盐溶液（四种盐溶液体积比 1∶1∶1∶1），每升样品中至少需加入的各种盐的体积按式（2-19）计算。

$$V=\frac{\Delta K-12.8}{113.6}\qquad(2\text{-}19)$$

式中：V——需加入各种盐的体积，mL；

　　　ΔK——样品需要提高的电导率值，$\mu S/cm$。

四、实训步骤

（一）直接培养法

适用于有机物含量低、$BOD_5 \leqslant 6mg/L$，且含有足够微生物的水样。

1. 试样处理

（1）测定前将待测试样温度调至（20±2）℃。

（2）若样品溶解氧浓度低，需先用曝气装置曝气15min，再充分振摇赶走样品中残留的空气泡；若样品氧过饱和，应将容器2/3体积充满样品，用力振荡赶出过饱和氧。

（3）若试样中含有硝化细菌，且可能发生硝化反应，则需在每升试样中加入2mL丙烯基硫脲硝化抑制剂。

2. 试样测定

（1）用虹吸法使待测试样充满一个溶解氧瓶至有少量溢出，使瓶中存在的气泡沿瓶壁排出。

（2）测定培养前试样的溶解氧质量浓度。

（3）盖上瓶盖，加上水封，在瓶盖外罩上一个密封罩，以防止培养期间水封水蒸发干。

（4）将试样瓶放入恒温生化培养箱中，（20±1）℃培养5d±4h。

（5）培养结束，测定培养后试样的溶解氧质量浓度。

（二）接种培养法

适用于$BOD_5 \leqslant 6mg/L$、微生物不足的水样，如酸性废水、碱性废水、高温废水、冷冻保存或经过氯化处理的废水。

1. 试样处理　待测水样温度和溶解氧调节、加硝化抑制剂等处理同直接培养法。

2. 空白样处理　同试样处理。

3. 接种　向试样中加入适量的接种液。

4. 试样测定　同直接培养法。

（三）稀释培养法

适用于$BOD_5 > 6mg/L$，且含有足够微生物的水样。

1. 稀释倍数确定　样品稀释的程度应使消耗的溶解氧量和培养后样品中剩余的溶解氧量都不小于2mg/L，试样中剩余的溶解氧量为培养前的1/3～2/3为佳。稀释倍数可根据样品的TOC、I_{Mn}或COD_{Cr}值，按照"知识学习"表2-9列出的BOD_5与TOC、I_{Mn}或COD_{Cr}的比值R估计BOD_5期望值（R与样品类型有关），再根据表2-10确定稀释倍数。不能准确选择稀释倍数时，做2～3个不同的稀释倍数。待测水样BOD_5期望值按式（2-9）计算。

2. 试样处理　温度和溶解氧调节、加硝化抑制剂等处理同直接培养法。

3. 水样稀释　按照确定的稀释倍数，将一定体积的试样或处理后的试样用虹吸管加入已加部分稀释水的稀释容器中，加稀释水至刻度，轻轻混合避免残留气泡，待测定。若稀释倍数超过100倍，可进行两步或多步稀释。

4. 空白样处理　用稀释水代替水样，按照与水样完全相同的方法处理。

5. 试样和空白样测定 测定方法同直接培养法。

(四) 稀释接种培养法

适用于 $BOD_5 > 6mg/L$，且微生物不足或含有微生物毒性物质的水样，如酸性废水、碱性废水、高温废水、冷冻保存或经过氯化处理的废水等。

1. 稀释倍数确定 同稀释培养法。

2. 试样处理 温度和溶解氧调节、加硝化抑制剂等处理同直接培养法。

3. 水样稀释 用接种稀释水稀释待测水样，方法步骤同稀释培养法。若试样中含有微生物毒性物质，应配制几个不同稀释倍数的试样，选择与稀释倍数无关的结果，并取其平均值。

4. 空白样处理 用接种稀释水代替水样，按与水样相同的方法处理。

5. 试样和空白样测定 测定方法同直接培养法。

五、结果计算与表征

(一) 结果计算

1. 直接培养法计算公式

$$\rho = \rho_1 - \rho_2 \tag{2-20}$$

式中：ρ——五日生化需氧量质量浓度，mg/L；

$\qquad \rho_1$——水样在培养前的溶解氧质量浓度，mg/L；

$\qquad \rho_2$——水样在培养后的溶解氧质量浓度，mg/L。

2. 接种培养法计算公式

$$\rho = (\rho_1 - \rho_2) - (\rho_3 - \rho_4) \tag{2-21}$$

式中：ρ——五日生化需氧量质量浓度，mg/L；

$\qquad \rho_1$——接种水样在培养前的溶解氧质量浓度，mg/L；

$\qquad \rho_2$——接种水样在培养后的溶解氧质量浓度，mg/L；

$\qquad \rho_3$——空白样在培养前的溶解氧质量浓度，mg/L；

$\qquad \rho_4$——空白样在培养后的溶解氧质量浓度，mg/L。

3. 稀释培养法和接种稀释培养法计算公式

$$\rho = \frac{(\rho_1 - \rho_2) - (\rho_3 - \rho_4)f_1}{f_2} \tag{2-22}$$

式中：ρ——五日生化需氧量质量浓度，mg/L；

$\qquad \rho_1$——接种稀释水样在培养前的溶解氧质量浓度，mg/L；

$\qquad \rho_2$——接种稀释水样在培养后的溶解氧质量浓度，mg/L；

$\qquad \rho_3$——空白样在培养前的溶解氧质量浓度，mg/L；

$\qquad \rho_4$——空白样在培养后的溶解氧质量浓度，mg/L；

$\qquad f_1$——接种稀释水或稀释水在培养液中所占的比例；

$\qquad f_2$——原样品在培养液中所占的比例。

(二) 结果表征要求

1. 结果以均值报出 对稀释与接种法，如果有几个稀释倍数的结果满足要求，结果取这些稀释倍数结果的算数平均值。

2. 有效数字 水样 BOD_5 小于 100mg/L，保留一位小数；在 100～1 000mg/L 范围，

取整数位；大于 1 000mg/L，以科学计数法报出。

3. 注明水样处理 检测结果报告中应注明样品是否经过过滤、冷冻或均质化处理。

六、注意事项

（1）水样在采集、保存及操作过程中不要出现气泡，临测定前，用盐酸或氢氧化钠溶液调节水样 pH 至 6.5～7.5。

（2）水样稀释倍数超过 100 时，应预先在容量瓶中用稀释水稀释好，再取适量进行培养，培养过程中注意及时添加封口水。

（3）将 20mL 葡萄糖-谷氨酸 BOD 标准液（1 000mg/L）用稀释水稀释至 1 000mL，按 BOD_5 测定步骤操作，测得值应为 180～230mg/L，否则查明原因并重做。

 课程思政

六十年干好两件事的钱易院士

钱易，女，1935.12.27—，江苏苏州人，1956 年毕业于上海同济大学卫生工程系，1959 年获清华大学土木工程系硕士学位并留校任教。清华大学环境学院教授、环境模拟与污染控制国家重点联合实验室主任、学术委员会主任。曾任中国科协副主席、全国人大环境与资源保护委员会副主任委员、世界工程组织联合会副主席、世界资源研究所理事会成员等职。1994 年当选为中国工程院院士。

学者钱易，数十年致力于研究开发适合我国国情的高效、低耗废水处理新技术，对难降解有机物生物降解特性、处理机理及技术进行了卓有成效的工作，曾获国家科技进步二等奖 3 次、三等奖 1 次，国家科技发明三等奖 1 次，部委级科技进步一等奖 2 次、二等奖 2 次，中国科学院自然科学一等奖 1 次。近年来致力于推行清洁生产、污染预防和循环经济，积极对国家环境决策献计献策并参与环境立法工作。她积极参与环境保护的国际合作与交流，2000 年当选富尔布赖特杰出学者，访问美国 7 个城市并做了 12 次学术演讲。主编或合编了《工业性污染的防治》《城市可持续发展与水污染防治对策》《环境工程手册：水污染防治卷》《环境保护与可持续发展》等著作。教授钱易，累计培养硕士 31 名，博士 47 名，他们在我国的环境保护管理、教学、科研、产业等方面发挥着重要的作用。2016 年钱先生 80 寿辰时，她的学生们发起并捐资成立了"钱易环境教育基金"，设立了以"激励中国积极践行环境公益、脚踏实地开展创新研究的优秀学生"为宗旨的"钱易环境奖"。2017 年钱先生被评为"全国教书育人楷模"。

用六十余年做好了"环境工程学者""大学老师"两件事的钱易，自述到："为自己、为人类、为子孙后代，让我们共同努力，善待自然、保护环境、走可持续发展之路"。

（摘自中国工程院网站和中国工程院院士馆网站）

⚛ 思与练

一、知识技能

（1）水样消解的目的是什么？消解好的水样应具备哪些特征？

（2）什么是溶解氧？简述用化学探头法测定水质溶解氧的步骤及注意事项。

（3）什么是五日生化需氧量？简述稀释培养法测定水质五日生化需氧量的原理及关键

步骤。

（4）简述水质五日生化需氧量测定稀释水制备关键步骤及注意事项。

二、思政

（1）查阅资料并简述钱易院士的杰出贡献和感人事迹。

（2）简述钱易院士立足岗位、报效祖国的感人事迹对你的影响和启示。

任务四　灌溉用污水水质监测

📁 学习目标

1. 能力目标　能完成水样六价铬和粪大肠菌群等指标测定的水样采集处理、指标测定操作、数据处理和报告编写。

2. 知识目标　能简述污水采样步骤及注意事项，简述水样氰化物、砷、铬和粪大肠菌群等指标测定的原理及注意事项。

3. 思政目标　了解李佩成院士在我国农业领域地下水开发利用工程技术方面的杰出贡献，学习、感悟李院士立足岗位服务社会的家国情怀。

📖 知识学习

2018 年中国水资源公报显示，农业用水是我国水资源消耗的"绝对大头"，2018 年，我国农业用水总量为 3 693 亿 m³，占全国用水总量的 61.4%，部分地区更是超过 90%。近年我国污水年排放量持续增加，2015 年 466.62 亿 m³，2018 年突破 500 亿 m³，2019 年 554.65 亿 m³，2020 年近 600 亿 m³。2020 年底我国高标准（国标一级 A，黄河流域准 Ⅳ 级）净化的污水量达 9 242 万 m³/d，合 337 亿 m³/年，占年农业用水总量的近 1/10，是一个不容轻视的优质水资源。为确保农业灌溉用水安全，《农田灌溉水质标准》多次修改，现行版本为 GB 5084—2021。在有效监控下开发利用污水资源，对破解我国农业用水资源短缺、经济性差等问题，具有重要现实意义。

一、污水水样采集

（一）采样点与采样时间

1. 采样点确定　污水及工农业废水一般经管道或沟、渠排放，水流截面积较小，可直接在水流断面中心设置采样点，或从取水口采样即可。

2. 采样时间及采样频率确定　需要从开始灌溉取水之前和灌溉取水过程不同阶段采样。取水前和取水过程的采样频率，应根据取水水源的水质稳定性及主要控制指标的变化规律而定。建议在分析污水处理厂出水（假设水源）在线监测系统提供的连续一段时期监测数据的基础上，确定采样频率，以确保不将超标污水引入农田。

（二）水样类型选择

若污水中污染物的种类不变、含量平稳，可以采瞬时样；如果污水中污染物的种类和含量都随时间变化，或污染物种类稳定而含量随时间变化，都应该根据污染物变化曲线分时段采集混合水样。采样时段长短根据污染物含量变化规律和取水总时长确定。

（三）采样方法及注意事项

1. 采样方法　依据监测项目、分析方法和人力物力资源而定，具体方法参见河流断面水样采集。

2. 注意事项　污水样品采集方法，相对河流、湖泊等地表水体水样采集简单。凡在地表水体水样采集过程中应注意的事项，同样适用于污水样品采集。因污水水质的特殊性，其采样时要特别注意采样人员的个人安全防护。

二、水中氰化物及其测定方法

氰化物是一种无色、无味、易溶解和遇酸易挥发的剧毒物质，是《污水综合排放标准》（GB 8978）规定的第一类污染物。炼焦、电镀、选矿、冶炼和制药等行业废水中，大都含有氰化物及其衍生物，其进入水体后对水生物及接触污染水体的人和动物等都产生极大危害，进入农田对农作物产生不良影响甚至死亡。水中氰化物（CN^-）含量超过0.01mg/L 会引发水体中浮游生物和甲壳类生物死亡，含量在 0.04～0.1mg/L 时能使鱼类致死；用氰化物含量为 100mg/L 的水灌溉油菜试验田，油菜出苗后 3d 的死亡率达85%。水质氰化物测定，《农田灌溉水质标准》（GB 5084—2021）指定的方法是容量法和分光光度法［参照《水质　氰化物的测定　容量法和分光光度法》（HJ 484—2009）］、流动注射-分光光度法［参照《水质　氰化物的测定　流动注射-分光光度法（发布稿）》（HJ 823—2017）］，容量法和分光光度法不涉及贵重仪器，应用广泛，常用于地表水、生活污水和工业废水的氰化物测定。

（一）氰化物水样的采集与制备

1. 总氰化物　在 pH<2 介质、磷酸和乙二胺四乙酸二钠（EDTA）存在下，加热蒸馏形成氰化氢的氰化物，包括全部简单氰化物和绝大多部分络合氰化物，但不包括钴氰化物；其中简单氰化物多为碱金属氰化物、碱土金属氰化物和氨氰化物，络合氰化物主要是锌、铁、镍和铜等金属的氰化物。

2. 易释放氰化物　在 pH=4 介质、硝酸锌存在下，加热蒸馏形成氰化氢的氰化物，包括全部简单氰化物和锌合氰化物，不包括铁、亚铁、镍、铜和钴等金属的氰化物；其中简单氰化物多为碱金属和碱土金属的氰化物。

3. 总氰化物试样制备　向水样中加入磷酸和 EDTA，在 pH<2 条件下加热蒸馏，利用金属离子与 EDTA 络合能力比氰离子络合能力强的特点，使络合氰化物离解出氰离子，并以氰化氢形式被蒸馏出来，用氢氧化钠溶液吸收。吸收液备用。

4. 易释放氰化物试样制备　向水样中加入酒石酸和硝酸锌，在 pH=4 条件下，加热蒸馏，简单氰化物和部分络合氰化物（如锌氰络合物），以氰化氢形式被蒸馏出来，用氢氧化钠溶液吸收。吸收液备用。

（二）试样氰化物测定

1. 硝酸银滴定法　在 pH>11 条件下，一定体积的氰化物馏出试液中的氰离子与硝酸银作用生成可溶性的银氰络合离子［$Ag(CN)_2$］$^-$，过量的银离子与试银灵指示剂反应，溶液由黄色变为橙红色。根据消耗硝酸银标液体积计算水样氰化物含量。检出限为0.25mg/L，测定下限为 1.00mg/L，测定上限为 100mg/L。

2. 异烟酸-吡唑啉酮分光光度法　在中性条件下，样品中的氰化物与氯胺 T 反应生成氯化氰，再与异烟酸作用，经水解后生成戊烯二醛，最后与吡唑啉酮缩合生成蓝色染料，在波长 638nm 处测量吸光度，用标准曲线法定量。该方法检出限为 0.004mg/L，测定下限为 0.016mg/L，测定上限为 0.25mg/L。

3. 异烟酸-巴比妥酸分光光度法 在弱酸性条件下，水样中氰化物与氯胺 T 作用生成氯化氰，然后与异烟酸反应，经水解而生成戊烯二醛，最后与巴比妥酸作用生成一种紫蓝色化合物，在波长 600nm 处测定吸光度，用标准曲线法定量。该方法检出限为 0.001mg/L，测定下限为 0.004mg/L，测定上限为 0.45mg/L。

4. 吡啶-巴比妥酸分光光度法 在中性条件下，氰离子和氯胺 T 的活性氯反应生成氯化氰，氯化氰与吡啶反应生成戊烯二醛，戊烯二醛与两个巴比妥酸分子缩和生成红紫色化合物，在波长 580nm 处测量吸光度，用标准曲线法定量。该方法检出限为 0.002mg/L，测定下限为 0.008mg/L，测定上限为 0.45mg/L。

三、水中砷及其测定方法

砷是一种毒性很高的类金属，环境科学中常视为重金属。天然水含微量砷，除地质因素外，水体砷污染源主要是制药、焦化等行业的工业废水。研究表明，地方性砷中毒人群的过量摄砷是饮用水砷含量过高所致。中国、美国、欧盟和世界卫生组织（WHO）的生活饮用水砷限值皆为 0.01mg/L。饮用砷超标水危害人和动物健康甚至生命，用砷超标水灌溉农田引发土壤砷超标，影响农作物产量和品质。王铁良等发现，灌溉水砷浓度小于 0.292mg/L 时精米砷含量小于绿色大米限值，水稻根系对砷的吸收能力随水中砷含量增大而增强。《农田灌溉水质标准》（GB 5084—2021）将"总砷"定为农田灌溉水质基本控制项目，水田作物和蔬菜灌溉水最高限值 0.05mg/L，旱地作物灌溉水最高限值 0.1mg/L。水质砷测定方法，《农田灌溉水质标准》（GB 5084—2021）指定为原子荧光法（HJ 694—2014）和电感耦合等离子体质谱法（HJ 700—2014）。

（一）溶解态砷与总砷
1. 溶解态砷 指未经酸化的样品经过 $0.45\mu m$ 孔径滤膜过滤后所测定的砷含量。

2. 总砷 指未经过滤的样品经消解处理后所测定的砷含量。

（二）原子荧光法测定水质砷原理
1. 原理 经预处理后的含砷试液放入原子荧光仪，在酸性条件下被硼氢化钾（或硼氢化钠）还原，生成砷化氢气体，该砷化氢气体在氩氢火焰中形成基态砷原子。基态砷原子吸收砷空心阴极灯发射的特征波长光而产生原子荧光，荧光强度与试液砷含量在一定范围内成正比，用标准曲线法定量。

2. 适用对象 适用于地表水、地下水、生活污水和工业废水中溶解态砷及总砷的测定。

3. 检出限与测定限 检出限为 $0.3\mu g/L$，测定下限为 $1.2\mu g/L$。

（三）原子荧光法测定试液总砷关键技术
1. 总砷试样消解

（1）量取 50.00mL 水样于 150mL 锥形瓶中，加入 5mL 硝酸-高氯酸等体积混合液，于电热板上加热至冒白烟，冷却。

（2）加入 5mL 盐酸溶液（1＋1），加热至黄褐色烟冒尽，冷却后移入 50mL 容量瓶中，加水定容，混匀，待测。

2. 空白试样消解 以纯水代替样品，按照与总砷试样制备相同的步骤制备空白试样。

3. 标准系列溶液配制 分别移取 0、0.50、1.00、2.00、3.00 和 5.00mL 砷标准使用液（100μg/L）于 50mL 容量瓶中，分别加入 10mL 盐酸溶液（1+1）、10mL 硫脲-抗坏血酸溶液，室温放置 30min（室温低于 15℃时置于 30℃水浴中保温 30min），用纯水定容，混匀；得浓度分别为 0、1.0、2.0、4.0、6.0 和 10.0μg/L 的砷标准系列溶液。

4. 上机试液制备

（1）量取 5.0mL 消解好的总砷试样于 10mL 比色管中，分别加入 2mL 盐酸溶液（1+1）、2mL 硫脲-抗坏血酸溶液，室温放置 30min（室温低于 15℃时置于 30℃水浴中保温 30min），用纯水定容，混匀，得上机测试总砷试液。

（2）量取 5.0mL 消解好的空白试样于 10mL 比色管中，按总砷试样的步骤处理，得上机测试空白试液。

5. 校准曲线绘制

（1）根据仪器说明书调节仪器至最佳工作状态（负高压：260～300V；灯电流：40～60V；原子化器预热温度：200℃；屏蔽气流量：900～1 000mL/min；载气流量：400mL/min；积分方式：峰面积）。

（2）以盐酸溶液（5+95）为载流，硼氢化钾溶液（0.5g 氢氧化钠溶于 100mL 水后，加入 2.0g 硼氢化钾，混匀）为还原剂，浓度由低到高依次测定砷标准系列溶液的原子荧光强度。

（3）以原子荧光强度为纵坐标，砷的质量浓度为横坐标，绘制砷校准曲线。

6. 总砷试液与空白试液测定

（1）按照与砷标准系列溶液相同的条件测定上机总砷试液荧光强度，如果其荧光强度超过校准曲线最高浓度标样的荧光强度，则需对消解好的总砷试样进行稀释后再测定，稀释倍数记为 f。

（2）同法测定上机空白试液。

7. 结果计算 样品总砷的质量浓度 ρ 按式（2-23）计算：

$$\rho = \frac{\rho_1 \times f \times V_1}{V} \tag{2-23}$$

式中：ρ——样品总砷的质量浓度，μg/L；

ρ_1——由校准曲线上查得的试样中砷的质量浓度，μg/L；

f——试样稀释倍数；

V_1——总砷试样消解后的定容体积，50.00mL；

V——上机测试总砷试液制备时移取总砷消解试样的体积，5.00mL。

四、水中铬及其测定方法

铬是生物体必需的微量元素之一。人和其他生物，铬缺乏会导致糖、脂肪等物质的代谢紊乱，但铬摄入量过高会危害健康甚至产生毒害。铬的毒性与其存在形态显著相关，三价铬毒性较低；六价铬有强氧化性和致癌性，毒性比三价铬高 100 倍。《地表水环境质量标准》（GB 3838—2002）Ⅴ类水标准和《农田灌溉水质标准》（GB 5084—2021）规定的六价铬限值皆为 0.1mg/L，但均没有规定三价铬限值。水质总铬测定，用火焰原子吸收分光光度法（HJ 757—2015）和高锰酸钾氧化-二苯碳酰二肼分光光度法（GB 7466—1987）；六价铬测定，用二苯碳酰二肼分光光度法（GB 7467—1987）和流动注射-二苯碳酰二肼分光光度法（HJ 908—2017）。

（一）火焰原子吸收分光光度法测定总铬

1. 原理 试样经过滤或消解后喷入富燃性空气-乙炔火焰，在高温火焰中形成的铬基态原子对铬空心阴灯或连续光源发射的 357.9nm 特征谱线产生选择性吸收，在一定条件下，其吸光度值与铬的质量浓度成正比。用标准曲线法定量。

2. 适用对象 适用于水和废水中高浓度可溶性铬和总铬的测定。

3. 测定范围 当取样体积与试样制备后定容体积相同时，本方法测定铬的检出限为 0.03mg/L，测定下限是 0.12mg/L。

（二）二苯碳酰二肼分光光度法测定水质六价铬

1. 原理 在酸性条件下，二苯碳酰二肼与水中六价铬反应生成紫红色化合物，该化合物对 540nm 波长光有特殊吸收，吸光度与六价铬含量成正比。因此，于波长 540nm 处测定水样和六价铬标准系列溶液的吸光度，用标准曲线法定量。

2. 适用对象 适用于地表水和工业废水中六价铬的测定。

3. 测定范围 试样体积为 50mL，使用 30mm 光程的比色皿，检出限为 0.004mg/L，测定下限 0.016mg/L；使用 10mm 光程的比色皿，测定上限为 1.0mg/L。

（三）流动注射-二苯碳酰二肼分光光度法测定水质六价铬

1. 原理 在封闭的管路中，将一定体积的试样注入连续流动的酸性载液中，试样与试剂在化学反应模块中按特定的顺序和比例混合，在非完全反应的条件下，试样中的六价铬与二苯碳酰二肼反应生成紫红色化合物，进入流动检测池，于波长 540nm 处测量吸光度。在一定的范围内，试样中六价铬的浓度与其对应的吸光度呈线性关系，用标准曲线法定量。

2. 适用对象 适用于地表水、地下水和生活污水中六价铬的测定。

3. 测定范围 检测光程为 10mm 时，检出限为 0.001mg/L，测定下限为 0.004mg/L；未经稀释样品测定上限为 0.600mg/L，超出测定上限应稀释后测定。

五、水中粪大肠菌群及其测定方法

（一）粪大肠菌群

粪大肠菌群是指在 44.5℃温度下能生长，并在 48h 之内使乳糖发酵产酸、产气的大肠菌群，又称为耐热大肠菌群。总大肠菌群是指一群需氧或兼性厌氧，37℃生长时能使乳糖发酵，在 24h 内产酸产气的革兰阴性无芽孢杆菌。粪大肠菌群和总大肠菌群指标，以每升水样中所含有的大肠菌落的数目表示。

粪大肠菌群在人和动物的粪便中所占比例较大，其在水体中存活时间和对氯的抵抗力等与肠道致病菌（如沙门菌、志贺菌等）相似。因此，常将"粪大肠菌群"作为水体或水受粪便污染的水质指标。《农田灌溉水质标准》（GB 5084—2021）将"粪大肠菌群数"定为农田灌溉水质基本控制项目，规定水田作物和旱地作物灌溉水限值为 40 000MPN/L，加工、烹调及去皮蔬菜的灌溉水限值为 20 000MPN/L，生食类蔬菜、瓜果和草本水果的灌溉水限值为 10 000MPN/L。目前，农田灌溉水粪大肠菌群数测定，指定方法为多管发酵法（HJ/T 347.2—2018）。

（二）最大可能数

最大可能数（MPN），又称稀释培养计数，是基于泊松分布的间接计数法。利用统计学原理，根据一定体积不同稀释度样品经培养后产生的目标微生物阳性数，查表估算一定体积样品中目标微生物存在数量。

（三）水质粪大肠菌群数测定多管发酵法原理

多管发酵法是根据统计学理论，用最大可能数（MPN）估计水中大肠杆菌密度的一种方法，实验结果单位为 MPN/L。将样品加入含乳糖蛋白胨培养基的试管中，37℃初发酵富集培养，大肠菌群在培养基中生长繁殖分解乳糖产酸、产气，产生的酸使溴甲酚紫指示剂由紫色变为黄色，产生的气体进入倒管中，指示产气。44.5℃复发酵培养，培养基中的胆盐三号可抑制革兰氏阳性菌的生长，最后产气的细菌确定为是粪大肠菌群。通过查MPN 表，得出粪大肠菌群浓度值。

（四）水质粪大肠菌群数测定多管发酵法适用范围

水质粪大肠菌群数测定多管发酵法适用于地表水、地下水、生活污水和工业废水中粪大肠菌群的测定；12 管法检出限为 3MPN/L，15 管法检出限为 20MPN/L。

 技能训练

实训一　二苯碳酰二肼分光光度法测定水中六价铬

一、实训目的

（1）能完成用二苯碳酰二肼分光光度法测定水样六价铬的水样处理、指标测定、数据处理和报告撰写。

（2）培养团结协作、科学严谨、一丝不苟的检测分析工作习惯。

二、方法原理

见本学习任务的"知识学习"。

三、实训准备

（一）仪器准备

1. 实验室常规玻璃器皿　所有玻璃器皿内壁必须光洁，以免吸附铬离子；玻璃器皿不得用重铬酸钾洗液洗涤，可用硝酸-硫酸混合液或合成洗涤剂洗涤，洗涤后用自来水冲洗干净，用蒸馏水润洗，倒置控干备用。

2. 分光光度计　可见光分光光度计或紫外-可见分光光度计，与仪器配套的 10mm 或 30mm 光程的玻璃比色皿。

（二）试剂准备

1. 纯水　三级及以上的蒸馏水或同等纯度的水，且不含铬。

2. 丙酮　分析纯。

3. 硫酸（1+1）　将浓硫酸 $[\rho(H_2SO_4) = 1.84g/mL$，优级纯] 缓缓加到同体积的水中，混匀。

4. 磷酸溶液（1+1） 将浓磷酸 $[\rho(H_3PO_4)=1.69g/mL$，优级纯$]$ 与水同等体积混合。

5. 氢氧化钠溶液（4g/L） 将 1.0g 氢氧化钠（NaOH）溶于适量纯水中，稀释至 250mL。

6. 氢氧化锌共沉淀剂 将 8% 硫酸锌溶液 100mL 与 2% 氢氧化钠溶液 120mL 混合得到；称取 8.0g 硫酸锌（$Zn_2SO_4 \cdot 7H_2O$）溶于 100mL 水中得 8% 硫酸锌溶液；称取 2.4g 氢氧化钠溶于 120mL 水中得 2% 氢氧化钠溶液。

7. 高锰酸钾溶液（40g/L） 称取 4.0g 高锰酸钾（$KMnO_4$），在加热和搅拌条件下溶于水，稀释至 100mL。

8. 铬标准贮备液 $[c(Cr^{6+})=100\mu g/mL]$ 称取于 110℃ 烘干 2h 的重铬酸钾（$K_2Cr_2O_7$，优级纯）0.282 9g 溶于适量水中后，移入 1 000mL 容量瓶中，用水定容至标线，摇匀。

9. 铬标准溶液 $[c(Cr^{6+})=1.00\mu g/mL]$ 吸取 5.00mL 铬标准贮备液置于 500mL 容量瓶中，用水定容至标线，摇匀；使用当天配制此溶液。

10. 铬标准溶液 $[c(Cr^{6+})=5.00\mu g/mL]$ 吸取 25.00mL 铬标准贮备液置于 500mL 容量瓶中，用水稀释至标线，摇匀；使用当天配制此溶液。

11. 尿素溶液（200g/L） 将 20g 尿素 $[(CH_2)_2CO]$ 溶于水并稀释至 100mL。

12. 亚硝酸钠溶液（20g/L） 将 2g 亚硝酸钠（$NaNO_2$）溶于水并稀释至 100mL。

13. 显色剂Ⅰ 称取 0.2g 二苯碳酰二肼（$C_{13}H_{14}N_4O$）溶于 50mL 丙酮中，加水稀释至 100mL，摇匀，贮于棕色瓶中，4℃ 避光保存；注意溶液颜色变深后不能使用。

14. 显色剂Ⅱ 称取 2g 二苯碳酰二肼（$C_{13}H_{14}N_4O$）溶于 50mL 丙酮中，加水稀释至 100mL，摇匀，贮于棕色瓶中，置于冰箱中；注意溶液颜色变深后不能使用。

（三）水样准备

实验室应该用玻璃瓶采集用于测定六价铬的水样。采集时，加入氢氧化钠，调节样品 pH 约为 8。六价铬水样，采集后尽快测定；如放置，不要超过 24h。

四、实训步骤

（一）水样处理

1. 无色澄清水样 指不含悬浮物、低色度的清洁地面水，可直接测定。

2. 低色度澄清水样 如果水样有颜色但不深，应进行色度校正，即另取一份试样，加入除显色剂以外的各种试剂，以 2mL 丙酮代替显色剂，用此溶液为测定样品溶液的参比溶液。

3. 高色度浑浊水样 对于浑浊、颜色较深的水样，应该用锌盐沉淀分离法进行前处理。具体步骤如下：

（1）取适量样品（Cr^{6+} 含量少于 100μg）于 150mL 烧杯中，加水至 50mL。

（2）滴加氢氧化钠溶液（4g/L），调节溶液 pH 为 7～8。

（3）在不断搅拌下，滴加氢氧化锌共沉淀剂至溶液 pH 为 8～9，将溶液转移至 100mL 容量瓶中，用水稀释至标线。

（4）用慢速滤纸干过滤，弃去 10～20mL 初滤液，取其中 50.0mL 滤液供测定。

4. 含强还原性物质水样 当水样中存在低价铁、亚硫酸盐、硫化物或硫代硫酸盐等还原性物质时，应按照如下步骤消除：

(1) 取适量样品（Cr^{6+} 含量少于 $50\mu g$）于 50mL 比色管中，用纯水稀释至标线，加入 4mL 显色剂 II，混匀，放置 5min 后，加入 1mL 硫酸溶液（1+1），摇匀。

(2) 静置 5~10min 后，在 540nm 波长处，以纯水作参比，测定吸光度。

(3) 扣除空白试验测得的吸光度后，从校准曲线查得六价铬含量。

(4) 用同法做校准曲线。

5. 含强氧化性物质水样 如果水样中存在次氯酸盐等氧化性物质，应按如下步骤消除：

(1) 取适量样品（Cr^{6+} 含量少于 $50\mu g$）于 50mL 比色管中，用水稀释至标线。

(2) 加入 0.5mL 硫酸溶液（1+1）、0.5mL 磷酸溶液（1+1）、1.0mL 尿素溶液（200g/L），摇匀，逐滴加入 1mL 亚硝酸钠溶液（20g/L），边加边摇，以除去由过量的亚硝酸钠与尿素反应生成的气泡。

(3) 待气泡除尽后测定（免去加硫酸溶液和磷酸溶液）。

（二）空白试验

用 50mL 纯水代替水样，按与水样相同的步骤进行空白试验。

（三）校准系列溶液配制

1. 比色管准备 取 8 支干净的 50mL 比色管，用记号笔分别标记编号"标0""标1""标2""标3""标4""标5""标6""标7"，备用。

2. 标准系列溶液配制 依编号升序分别向比色管中加入 $1.00\mu g/mL$（或选择 $5.00\mu g/mL$）铬标准溶液 0.00mL、0.50mL、1.00mL、2.00mL、4.00mL、6.00mL、8.00mL 和 10.00mL，用水稀释定容至标线，混匀。

（四）水样和空白样测定

(1) 比色管准备。取 5 支干净的 50mL 比色管，分别编号为"样1""样2""样3""空1""空2"，备用。

(2) 取适量（Cr^{6+} 含量少于 $50\mu g$）无色透明试液 3 份，分别置于编号为"样1""样2""样3"的 3 支 50mL 比色管中，用纯水稀释至标线，混匀。

(3) 取与水样等量的空白样 2 份，分别置于编号为"空1""空2"的两支 50mL 比色管中，用纯水稀释至标线，混匀。

（五）显色与吸光度测定

1. 显色 先在上述 13 支 50mL 比色管中分别加入 0.5mL 硫酸溶液（1+1）和 0.5mL 磷酸溶液（1+1），摇匀，再分别加入 2mL 显色剂 I，摇匀，静置 5~10min。

2. 吸光度测定 在 540nm 波长处，用 10mm（或 30mm）光程的比色皿，以编号"标0"的试液（或纯水）作参比，依编号升序测定标准系列溶液、水样和空白的吸光度。注意测完标准系列溶液后，要先测 2~3 次蒸馏水，再测水样。同理，测完水样后要先测 2~3 次蒸馏水，再测空白样。

五、数据记录与结果计算

（一）数据记录

完成实验操作后务必及时记录数据，该实验的数据记录表参见表 2-18。

表 2-18　水样六价铬测定数据记录

项目	比色管编号												
	标0	标1	标2	标3	标4	标5	标6	标7	样1	样2	样3	空1	空2
$V_{铬标}$/mL	0.0	0.5	1.0	2.0	4.0	6.0	8.0	10.0					
m (Cr^{6+}) /μg	0	0.5	1	2	4	6	8	10					
吸光度 A													
校正吸光度 A'													

注：表中铬标准溶液浓度为 $1.0\mu g/L$；如果铬标准溶液浓度为 $5.0\mu g/L$，表中标准系列溶液六价铬含量需重新计算。

（二）绘制标准曲线或计算回归方程

以吸光度 A 为纵坐标，相应的六价铬质量 m（μg）为横坐标，绘制校准曲线；或以吸光度 A 为"y"，相应的六价铬质量 m（μg）为"x"，计算回归方程 $y=ax+b$。

（三）结果计算与有效数字

1. 计算　将扣除空白吸光度后水样吸光度（$A'=A_{样}-A_{空}$），从校准曲线上查得六价铬含量 m，将 m 值代入式（2-24），计算水样六价铬含量。

$$c=\frac{m}{V} \tag{2-24}$$

式中：c——水样六价铬含量，mg/L；

　　　m——由校准曲线查得或由回归方程计算得到的试样六价铬含量，μg；

　　　V——水样体积，mL。

2. 有效数字　水样六价铬含量，低于 0.1mg/L 的，结果以三位小数表示；高于 0.1mg/L 的，结果以三位有效数字表示。

六、注意事项

（1）未被共沉淀法去除的有机质的处理。样品经锌盐沉淀分离法前处理后，仍存在有机物干扰时，可用酸性高锰酸钾氧化法破坏有机物。取 50.0mL 滤液于 150mL 锥形瓶中，加入几粒玻璃珠，加入 0.5mL 硫酸溶液（1+1）、0.5mL 磷酸溶液（1+1），摇匀。加入 2 滴高锰酸钾溶液（40g/L），如果紫红色消退，则应添加高锰酸钾溶液保持紫红色。加热煮沸至溶液体积约剩 20mL。取下稍冷，用定量中速滤纸过滤，用纯水洗涤数次。合并滤液和洗涤液至 50mL 比色管中。加入 1mL 尿素溶液（200g/L），摇匀。用滴管滴加亚硝酸钠溶液（20g/L），每加一滴充分摇匀，至高锰酸钾的紫红色刚好褪去。稍等片刻，待溶液内气泡逸尽，转移至 50mL 比色管中，用纯水定容，准备六价铬测定用。

（2）清洁地表水六价铬测定的显色剂配制方法。称取 4.0g 苯二甲酸酐（C_6H_4O）置于 80mL 乙醇中，搅拌溶解（必要时可以用水浴微温），再加入 0.5g 二苯碳酰二肼，用乙醇稀释至 100mL。此溶液于暗处可保存 6 个月。使用时注意，加入显色剂后要立即摇匀，以免六价铬被还原。

（3）经锌盐沉淀分离、高锰酸钾氧化法处理的样品可直接加入显色剂测定，其标准系列溶液配制时应加倍吸取标液。

七、实训成果

××水样六价铬含量检测报告。

实训二 多管发酵法测定水样粪大肠菌群数

一、实训目的

（1）能完成水样粪大肠菌群数测定多管发酵法接种、初次发酵试验、复发酵试验、结果检测和报告撰写。

（2）培养团结协作、求真务实、一丝不苟的检测分析工作习惯。

二、方法原理

见"知识学习"之"五、水中粪大肠菌群及测定方法"，本次实训采用 15 管法技术。

三、实训准备

（一）试剂与材料准备

1. 纯水 三级及以上纯度的新制备的去离子水或蒸馏水。

2. 无菌水 取适量纯水，经 115℃高压蒸气灭菌 20min，备用。

3. 培养基制备原料 包括蛋白胨、牛肉浸膏、乳糖和胰胨。

4. 氯化钠 NaCl，分析纯。

5. 溴甲酚紫乙醇溶液 1.6%，分析纯。

6. 胆盐三号 分析纯。

7. 磷酸氢二钾 K_2HPO_4，分析纯。

8. 磷酸二氢钾 KH_2PO_4，分析纯。

9. 硫代硫酸钠溶液 $\rho(Na_2S_2O_3)=0.10g/mL$。称取 15.7g 分析纯硫代硫酸钠（$Na_2S_2O_3 \cdot 5H_2O$）溶于适量纯水中，定容至 100mL，临用现配。

10. EDTA 溶液 $\rho(EDTA)=0.15g/mL$。称取 15g 分析纯乙二胺四乙酸二钠（$C_{10}H_{14}N_2O_8Na_2 \cdot 2H_2O$，EDTA）溶于适量纯水中，定容至 100mL，可保存 30d。

（二）仪器和设备准备

1. 采样瓶 500mL 带螺旋帽或磨口塞的广口玻璃瓶。

2. 高压蒸气灭菌器 115℃、121℃可调。

3. 恒温培养箱 生化培养箱或恒温水浴锅，允许温度偏差（37±0.5）℃、（44±0.5）℃。

4. pH 计 准确到 0.1pH 单位。

5. 接种环 直径 3mm。

6. 试管 300mL、50mL、20mL 规格各若干。

7. 实验室常用仪器和设备 可能用到的玻璃器皿及采样器具，在试验前要按无菌操作要求包扎，121℃高压蒸汽灭菌 20min，备用。

（三）培养基准备

1. 单倍乳糖蛋白胨培养液 称取 10g 蛋白胨、3g 牛肉浸膏、5g 乳糖和 5g 氯化钠，置于 1 000mL 蒸馏水中，加热溶解后，调节 pH 至 7.2～7.4；再加入 1.6%溴甲酚紫乙醇溶液 1mL，充分混匀，分装于含有倒置的小玻璃管的试管中，于高压蒸汽灭菌器中在 115℃灭菌 20min，贮存于暗处备用。

2. 三倍乳糖蛋白胨培养液 按单倍乳糖蛋白胨培养液配方比例三倍（除蒸馏水外），配成三倍浓缩的乳糖蛋白胨培养液，制法同上。

3. EC（大肠杆菌）培养液

（1）称取 20g 胰胨、5g 乳糖、1.5g 胆盐三号、4g 磷酸氢二钾、1.5g 磷酸二氢钾和 5g 氯化钠置于 1 000mL 纯水中，搅拌、加热溶解，然后分装于含有玻璃倒管的试管中。

（2）置于高压蒸汽灭菌器中，115℃灭菌 20min。灭菌后培养液 pH 应为 6.9。

4. 培养基的存放 在密封瓶中的脱水培养基成品要存放在大气湿度低、温度低于30℃的暗处，避免阳光直接照射，避免杂菌侵入和液体蒸发。当培养液颜色变化，或体积变化明显时废弃不用。

（四）水样准备

1. 采样点布设及采样频次 按照《水质 采样技术指导》（HJ 494—2009）、《水质 湖泊和水库采样技术指导》（GB/T 14581—1993）和《污水监测技术规范》（HJ/T 91.1—2019）的相关规定执行。

2. 采样瓶 采集测定粪大肠菌群数水样时，不得用待采水样润洗采样瓶，要用经灭菌处理的无菌采样瓶采样；清洁水体的采样量不低于 400mL，其他水体采样量不低于 100mL。

3. 地表水体水样采集 采集河流、湖库等地表水样品时，可握住瓶子下部直接将带塞采样瓶插入水中，距水面 10～15cm 处，瓶口朝水流方向，拔瓶塞，使样品灌入瓶内，然后盖上瓶塞，将采样瓶从水中取出。如果没有水流，可握住瓶子水平往前推。采样量一般为采样瓶容量的 80％左右。样品采集完毕后，迅速扎上无菌包装纸。

4. 采样泵采样 将采样泵取水口放入待采样水体取样位置，打开抽水泵，抽水 3～5min 放掉不要；关闭水泵，用火焰灼烧出水口约 3min 灭菌，或用 70％～75％的酒精对水泵出水口进行消毒；开启抽水泵，1min 内抽取的水放掉不要，以充分除去水管中的滞留杂质；打开已灭菌的采样瓶瓶塞，小心接水样入瓶内。采集地表水、废水样品及一定深度的样品时，也可使用灭菌过的专用采样装置采样。

5. 样品保存 采样后应 2h 内检测，否则应将样品放在 10℃ 以下冷藏，6h 内检测。实验室接样后不能立即开展检测，应将样品于 4℃下冷藏并在 2h 内检测。

6. 注意

（1）如果采集的是含有活性氯的样品，需在采样瓶灭菌前加入硫代硫酸钠溶液（0.10g/mL）以除去活性氯对细菌的抑制作用；一般每 125mL 容积加入 0.1mL 的硫代硫酸钠溶液（15.7mg 硫代硫酸钠可去除 1.5mg 活性氯）。

（2）如果水样重金属离子含量较高，则应在采样瓶灭菌前加入 EDTA 溶液（0.15g/mL），以消除干扰，一般每 125mL 容积加入 EDTA 溶液 0.3mL。

四、实训步骤

（一）样品稀释及接种

1. 接种量确定 未受污染水样的接种量为 10mL、1.0mL 和 0.1mL。受污染水样应根据污染的程度确定接种量，粪大肠菌群数测定 15 管发酵法接种量参考见表 2-19。每个样品至少 3 个不同接种量，同一接种量培养 5 管。

表 2-19　粪大肠菌群数测定 15 管发酵法接种量参考

样品类型		接种量/mL						
		10	1.0	0.1	10^{-2}	10^{-3}	10^{-4}	10^{-5}
地表水	水源水	▲	▲	▲				
	湖泊、水库	▲	▲	▲				
	河流		▲	▲	▲			
污废水	生活污水					▲	▲	▲
	处理前的工业废水					▲	▲	▲
	处理后的工业废水	▲	▲	▲				
地下水		▲	▲	▲				

2. 未污染样品的接种方法　将水样充分混匀后，先在 5 支装有已灭菌的 5mL 三倍乳糖蛋白胨培养基的试管中（内有倒管），按无菌操作要求各加入样品 10mL；再在 5 支装有已灭菌的 5mL 单倍乳糖蛋白胨培养基的试管中（内有倒管），按无菌操作要求各加入样品 1mL；然后在 5 支装有已灭菌的 5mL 单倍乳糖蛋白胨培养基的试管中（内有倒管），按无菌操作要求各加入样品 0.1mL。

3. 受污染样品的接种方法　先将样品稀释后再按上述"未污染样品的接种方法"接种。以生活污水为例，先将样品稀释 10 000 倍，然后按照上述操作步骤分别接种 10mL、1.0mL 和 0.1mL。

4. 接种量小于 1mL 的样品的接种方法

（1）先按无菌操作要求的方式吸取 10mL 充分混匀的样品，注入盛有 90mL 无菌水的锥形瓶中，混成 1∶10 稀释样品。

（2）吸取 1∶10 稀释样品 10mL，注入盛有 90mL 无菌水的锥形瓶中，混成 1∶100 稀释样品，其他接种量的稀释样品以此类推。注意：吸取不同浓度的稀释液时，每次都必须更换新移液管。

（二）初发酵试验

1. 培养　将接种后的试管，置于（37±0.5）℃中培养（24±2）h。

2. 检定　发酵试管颜色变黄为产酸，小玻璃倒管内有气泡为产气。产酸和产气的发酵管表明试验阳性；如在倒管内产气不明显，可轻拍试管，有小气泡升起的为阳性；只产酸未产气的为疑似阳性。

（三）复发酵试验

1. 接种　轻微振荡在初发酵试验中显示为阳性或疑似阳性的试管，用经火焰灼烧灭菌并冷却后的接种环，将培养物分别转接到装有 EC 培养基的试管中。

2. 培养　将转接后的所有试管在 30min 内放入恒温培养箱或水浴中，在（44.5±0.5）℃条件下培养（24±2）h。水浴箱的水面应高于试管中培养基液面。

3. 检定　培养后立即观察，倒管中产气证实为粪大肠菌群阳性。

（四）对照试验

1. 空白对照 每次试验都要用无菌水代替样品，按照样品测定步骤进行实验室空白测定。

2. 阳性及阴性对照

（1）将粪大肠菌群的阳性菌株（如大肠埃希氏菌）和阴性菌株（如产气肠杆菌）制成浓度为 300～3 000MPN/L 的菌悬液，分别取相应体积的菌悬液，按"样品稀释及接种"的要求接种于试管中，然后按初发酵试验和复发酵试验的要求培养。

（2）阳性菌株应呈现阳性反应，阴性菌株应呈现阴性反应，否则该次样品测定的结果无效，应查明原因后重新测定。

五、结果计算与表示

（一）数据记录

参见表 2-20 设计数据记录表，在实验过程中及时记录数据。

表 2-20 粪大肠菌群测定检验记录

样品名称：   检验日期：   年 月 日

检验方法：				方法依据：				
灭菌锅型号：				出厂编号：				
培养箱型号：				出厂编号：				
培养基灭菌温度/℃：				培养温度/℃：				

样品编号：_____；
查表结果：粪大肠菌群数：_____MPN/100mL；稀释度：_____；结果：_____MPN/100mL。

样本接种/ mL								
初发酵								
复发酵								
阳性管数/个								

检验者：   校对：   审核：

注：初发酵和复发酵后面的表格里，产酸产气的用"＋"表示，否则用"－"表示。

（二）结果的计算

根据各接种量发酵管阳性的份数，查表 2-21 得到 MPN 值，再按式（2-25）换算样品中粪大肠菌群数（MPN/L）。

$$C=\frac{\text{MPN 值}\times 100}{f} \tag{2-25}$$

式中：C——样品中粪大肠菌群数，MPN/L；

 MPN 值——每 100mL 样品中粪大肠菌群数，MPN/100mL；

   100——为 10×10mL，其中，10 为将 MPN 值的单位 MPN/100mL 转换为
       MPN/L 系数，10mL 为 MPN 表中最大接种量；

   f——实际样品最大接种量，mL。

表 2-21　15 管发酵法粪大肠菌群最大可能数（MPN）

各接种量阳性份数			MPN/100mL	95%置信限		各接种量阳性份数			MPN/100mL	95%置信限	
10mL	1mL	0.1mL		下限	上限	10mL	1mL	0.1mL		下限	上限
0	0	0	<2			4	2	1	26	9	78
0	0	1	2	<0.5	7	4	3	0	27	9	80
0	1	0	2	<0.5	7	4	3	1	33	1	93
0	2	0	4	<0.5	11	4	4	0	34	12	93
1	0	0	2	<0.5	7	5	0	0	23	7	70
1	0	1	4	<0.5	11	5	0	1	34	11	89
1	1	0	4	<0.5	11	5	0	2	43	15	110
1	1	1	6	<0.5	15	5	1	0	33	11	93
1	2	0	6	<0.5	15	5	1	1	46	16	120
2	0	0	5	<0.5	13	5	1	2	63	21	150
2	0	1	7	1	17	5	2	0	49	17	130
2	1	0	7	1	17	5	2	1	70	23	170
2	1	1	9	2	21	5	2	2	94	28	220
2	2	0	9	2	21	5	3	0	79	25	190
2	3	0	12	3	28	5	3	1	110	31	250
3	0	0	8	1	19	5	3	2	140	37	310
3	0	1	11	2	5	5	3	3	180	4	500
3	1	0	11	2	25	5	4	0	130	35	300
3	1	1	14	4	34	5	4	1	170	43	190
3	2	0	14	4	34	5	4	2	220	57	700
3	2	1	17	5	46	5	4	3	280	90	850
3	3	0	17	5	46	5	4	4	350	120	1 000
4	0	0	13	3	31	5	5	0	240	68	750
4	0	1	17	5	46	5	5	1	350	120	1 000
4	1	0	17	5	46	5	5	2	540	180	1 400
4	1	1	21	7	63	5	5	3	920	300	3 200
4	1	2	26	9	78	5	5	4	1 600	640	5 800
4	2	0	22	7	67	5	5	5	≥2 400		

注：①接种 5 份 10mL 水样、5 份 1mL 样品和 5 份 0.1mL 样品。

②如果有超过 3 个的稀释度用于检验，在一系列的十进稀释当中，计算 MPN 时，只需要其中依次 3 个的稀释度，取其阳性组合。选择标准是：先选出 5 支管全部为阳性的最大稀释（小于它的稀释度也全部为阳性试管），然后加上依次相连的两个更高的稀释，用这 3 个稀释度的结果数据来计算 MPN 值。

③各接种量阳性份数更多表现及其对应 MPN 数见《水质　粪大肠菌群的测定　多管发酵法》（HJ 347.2—2018）。

（三）结果表示

测定结果保留至整数位，最多保留两位有效数字，当测定结果≥100MPN/L 时，以科学计数法表示。当测定结果低于检出限时，以"未检出"或"＜20MPN/L"表示。

六、实训成果

××水样粪大肠菌数检测报告。

圆梦"水神"的中共党员李佩成院士

李佩成，男，1934.12.26—，陕西乾县人，中共党员，农业水土工程及水资源与环境专家。1956 年西北农学院水利系农田水利专业毕业并留校，曾任西北农业大学副校长、农业水土工程博士生导师、干旱半干旱地区农业研究培训中心主任等职。现任长安大学环境科学与工程学院教授、博导，长安大学水与发展研究院院长，国际干旱半干旱地区水资源与环境研究培训中心（中德合作）主任。2003 年当选中国工程院院士。

1956 年 3 月 17 日李佩成加入中国共产党，此后 60 余年，他"学水、爱水、干水，再造山川秀美"，被誉为"一代水神"。李院士为建立农业领域地下水开发利用工程技术体系做了奠基性工作。创立排灌井群渗流计算"割离井法"理论，解决了井群设计中的重大难题；合作研发的黄土辐射井，出水量比当地其他井型大 8～12 倍，推广至 10 余省市，效益巨大，并从理论上突破了"黄土不能成为含水层"的传统认识，获全国科学大会奖；研发的轻型井，获国家技术发明四等奖；提出的"三水统观统管"理论及相应技术方法，用于防治盐渍灾害和扩大灌溉水源成效显著，仅关中灌区统计改良土地 60 余万亩，并成功缓解西安水荒问题。开拓性推进旱区农业发展与生态环境建设。倡议并负责建成我国第一个旱区农业研究中心（农业农村部批准）、国际旱区水资源与环境研究中心（地质矿产部批准）。主持黄土台塬治理定位试验获国家科技进步一等奖；主持《中国西北地区再造山川秀美科技行动计划》研究，在不同省区建立了 7 个试验示范区，取得创新技术 35 项，获重大综合效益，为我国西北生态环境建设及再造山川秀美提供了理论及技术支撑，2003 年 1 月通过验收。主持的《提高大型灌区水资源利用效益、促进社会主义新农村建设的试验与示范》2016 年通过验收。现正主持教育部、国务院外国专家局的《"111"干旱半干旱地区水文生态及水安全学科创新引智基地》项目。至 2017 年，出版著作 13 本，发表论文 100 余篇，获国家和省级以上奖 13 项。先后荣获有突出贡献中青年专家、政府特殊津贴、西安市劳模、陕西省师德标兵、陕西省优秀博导、全国优秀科技工作者、全国师德先进个人、西部开发突出贡献奖。

（摘自中国工程院网站和中国工程院院士馆网站）

思与练

一、知识技能

（1）如果想用某城镇污水处理厂的出水灌溉农田，请制订水质监测方案。

（2）如果想用某养猪场"尿泡粪"废水灌溉绿色农产品生产基地的农田，请制订水质检测方案。

（3）简述二苯碳酰二肼分光光度法测定水中六价铬含量的原理及关键步骤。

（4）简述水质粪大肠菌群的定义及其对农田灌溉用水安全的意义。

（5）简述水质粪大肠菌群测定 15 管发酵法的原理和测定流程。

二、思政

（1）查阅资料并简述中共党员李佩成院士的杰出贡献和感人事迹。

（2）简述李佩成院士立足岗位、报效祖国的感人事迹对你的影响及启示。

项目三

土壤质量监测

引导学习者完成土壤样品采集与制备、土壤肥力监测、土壤污染监测、土壤与有机肥重金属检测 4 个任务，帮助学习者理解土壤、土壤肥力、土壤污染和土壤环境质量等概念，熟悉土壤环境质量监测的方案制订、实施和报告编写的要求，掌握土壤样品的采集、制备、保存和预处理等技能，能完成土壤（有机肥）主要肥力指标和汞、铜、锌、铅、镉、六六六、滴滴涕等污染指标的检测工作。学习、感悟土壤环境领域先辈大师们立足岗位服务群众的杰出贡献和家国情怀。

任务一　土壤样品采集与制备

学习目标

1. 能力目标　能完成大田土壤样品的采集、制备和保存，会测定土壤含水量、干物质含量和容重。

2. 知识目标　了解土壤的组成和特性，能简述土样采集制备、土壤含水量和容重的测定要点。

3. 思政目标　了解中共党员朱显谟院士为我国土壤侵蚀学发展和黄河治理做出的杰出贡献，学习、感悟朱先生立足岗位服务社会的家国情怀；培养团结合作、精益求精和一丝不苟的职业习惯。

知识学习

一、土壤的组成和性质

土壤是地球陆地地表具有肥力并能生长植物的疏松表层。土壤是岩石在大气圈、岩石圈、水圈和生物圈的综合作用下演变形成的，是由固体、液体和气体三相物质组成的多相分散系统。土壤固相、液相和气相三相的空间占比为 5：2：3 或 5：3：2。土壤固相主要是矿物质、有机质和生物，液相主要是溶解着无机盐、有机质和气体的土壤水（溶液），气相主要是组成与大气类似的土壤空气。

随深度增加，典型土壤呈现 5 个不同的层次，典型土壤剖面见图 3-1。最上层（A_0）为覆盖层，由地面上的枯枝、落叶等所构成。第二层（A）为淋溶层，土壤有机质大部分在这一层，金属离子和黏土颗粒在此层被淋溶得最显著。第三层（B）为沉积层，它接纳来自上一层淋溶出来的有机物、盐类和黏土颗粒类物质。C层为母质层，是由风化的成土母岩构成。母质层下面为未风化的基岩，常用D层表示。因成土因素不同、人类活动影响程度不同等原因，现实土壤，有些仅由典型土壤的某几个土层组成，有些由典型土壤某几个土层与新形成的特殊土层（如耕作层、潴育层、犁底层等）组成。对于农田土壤而言，耕作层（耕层）是农田土壤质量监测关注的重点。

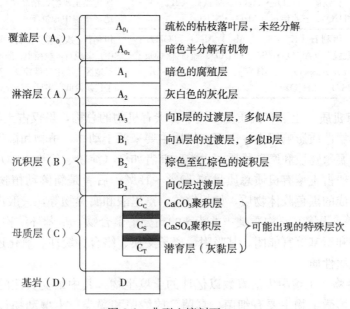

图 3-1　典型土壤剖面

（一）土壤的组成

1. 土壤矿物质　土壤矿物质是岩石经过物理风化和化学风化形成的，按其成因不同可分原生矿物和次生矿物两类。原生矿物是各种岩石受到物理风化而成的碎屑物，其化学组成和结晶结构没有发生改变。次生矿物是原生矿物经化学风化后形成的新矿物，其化学组成和晶体结构都有所改变。形形色色的土壤是不同数量、不同种类的原生矿物和次生矿物混合成的。

（1）原生矿物。原生矿物主要有石英、长石类、云母类、辉石、角闪石、黑云母、橄榄石、赤铁矿、磁铁矿、磷灰石、黄铁矿等，其中前5种最常见。土壤中原生矿物的种类和含量随母质的类型、风化强度和成土过程的不同而异。石英最难风化，长石次之，辉石、角闪石、黑云母易风化。因此，土壤中，石英常以较粗颗粒（砂）存在，而辉石、角闪石和黑云母等残留较少。土壤中的这些原生矿物可分为硅酸盐类矿物、氧化物类矿物、硫化物类矿物和磷酸盐类矿物4类，其中硅酸盐类矿物含量最多。

（2）次生矿物。根据性质和结构不同，土壤次生矿物分为简单盐、三氧化物和次生铝硅酸盐三大类。各种次生矿物介绍见表3-1。不同土壤所含次生矿物的种类和数量不同。组成土壤矿物的元素含量自高而低依次是氧、硅、铝、铁、钙、钠、钾和镁，这8种元素的质量分数和约为96%，其余元素含量大多小于0.1%，有的（痕量元素）甚至约占十亿分之几。

表 3-1 各种次生矿物介绍

次生矿物类型	常见岩石类型	性质和常存在土壤类型
简单盐类	方解石（$CaCO_3$）、白云石 [$CaMg(CO_3)_2$]、石膏（$CaSO_4 \cdot 2H_2O$）、岩盐（$NaCl$）、芒硝（$Na_2SO_4 \cdot 10H_2O$）、水氯镁石（$MgCl_2 \cdot 6H_2O$）、泻盐（$MgSO_4 \cdot 7H_2O$）	结晶结构简单、溶解度大、易淋溶；常见于干旱、半干旱地区土壤和盐渍土
三氧化物类	针铁矿（$Fe_2O_3 \cdot H_2O$）、褐铁矿（$2Fe_2O_3 \cdot 3H_2O$）、三水铝石（$Al_2O_3 \cdot 3H_2O$）	次生黏土矿物；结晶结构简单；在热带和亚热带地区土壤中含量高
次生铝硅酸盐类	伊利石 [K_y（$Si_{8\sim2y}Al_{2y}$）$Al_4O_{20}(OH)_4$]、蒙脱石（$Al_2O_3 \cdot 4SiO_2 \cdot H_2O$）、蛭石 [（$Mg \cdot Fe$）$_6 AlSi_7 O_{20}(OH)_4$]、高岭石（$Al_2O_3 \cdot 2SiO_2 \cdot 2H_2O$）	伊利石：次生黏土矿物，常见于温带干旱地区土壤中；蒙脱石：粒径小、阳离子代换量大，在温带干旱地区土壤中含量较高；高岭石：膨胀性小、阳离子代换量低，多见于热带潮湿地区土壤中

2. 土壤有机质 土壤有机质是土壤中含碳有机物的总称，虽仅占土壤总质量的 $1\%\sim10\%$，却对土壤性质影响巨大。土壤有机质主要来源于动物、植物和微生物的残体。土壤有机质分为非腐殖物质和腐殖物质两大类：前者如糖（淀粉、纤维素等）、蛋白质、树脂、有机酸等，一般占土壤有机质总质量的 $10\%\sim15\%$；后者是新鲜动植物残体经过微生物分解转化所形成的黑色胶体物质，如胡敏酸、富里酸和腐黑物等，一般占土壤有机质总质量 $85\%\sim90\%$。土壤腐殖物质是一类特殊的高分子聚合物，呈苯环结构，苯环连有羧基、羟基、甲氧基和氨基等官能团，其吸附、离子交换、络合、缓冲、氧化还原作用及生物活性显著影响土壤性质。

3. 土壤生物 土壤中生活着数以亿计的土壤生物，其中最受关注的是土壤微生物和土壤动物。土壤微生物主要有细菌、真菌、放线菌和藻类；土壤动物包括原生动物、蚯蚓、线虫及各种昆虫。土壤生物的种类和数量，不仅影响土壤有机质的含量及品质，更显著影响土壤自净功能。

4. 土壤水（溶液） 土壤水主要来自大气降水、灌溉和浅层地下水。不同类型土壤，保水能力不同。土质疏松、多含大孔隙的沙土，水分容易渗漏流失；土质细密、多含小孔隙的黏土，水分不易渗漏流失。气候条件对土壤水分含量影响很大。土壤水实质上是富含各种养分、污染物等的溶液，既是大田植物养分的主要来源，也是土壤污染物进入水圈、生物圈、大气圈和岩石圈的媒介。

5. 土壤空气 土壤空气组成与大气相似，主要是 N_2、O_2 和 CO_2；但 CO_2 含量（$0.15\%\sim0.65\%$）和水蒸气含量（因土壤含水量不同而异）高于大气，O_2 含量低于大气，这主要是因为土壤中生物呼吸、有机物分解产生 CO_2 而消耗 O_2，有些长期淹水的土壤中还含有少量 CH_4、H_2S 和 NH_3 等还原性气体，被污染土壤的土壤空气中还可能存在挥发性有机污染物。

（二）土壤的粒级划分与质地分类

1. 土壤矿物质的粒级划分 土壤矿物质颗粒（土粒）的形状和大小多种多样，不同粒径土壤颗粒的成分和物理化学性质不同。为了研究方便，人们按粒径大小将土粒分组，设定某一粒径（空气动力学直径）范围的土粒为一个粒级；要求同级土粒的成分和性质基本一致，级间差异明显。目前，土粒分级标准因国家而异，常见土粒分级标准见表 3-2，可见各种粒级制都把土粒分为石砾、沙粒、粉粒（曾称粉砂）和黏粒（包括胶粒）4 组。

表 3-2　常见的土壤粒级制

粒径/mm	中国制 (1987)	卡钦斯基制 (1957)		美国制 (1951)	国际制 (1930)
2~3	石砾	石砾		石砾	石砾
1~2				极粗沙粒	
0.5~1	粗沙粒	物理性沙粒	粗沙粒	粗沙粒	粗沙
0.25~0.5			中沙粒	中沙粒	
0.2~0.25	细沙粒		细沙粒	细沙粒	
0.1~0.2					
0.05~0.1				极细沙粒	细沙
0.02~0.05	粗粉粒		粗粉粒	粉粒	
0.01~0.02					
0.005~0.01	中粉粒	物理性黏粒	中粉粒		粉粒
0.002~0.005	细粉粒		细粉粒		
0.001~0.002	粗黏粒				
0.000 5~0.001	细黏粒	黏粒	粗黏粒	黏粒	黏粒
0.000 1~0.000 5			细黏粒		
<0.000 1			胶质黏粒		

2. 土壤质地分类　由不同粒级土粒混合而成的土壤所表现出来的特征称为土壤质地（或土壤机械组成）。土壤质地分类是以土壤中各级粒级的相对百分比作标准的，国际制土壤质地分类见表 3-3，中国制土壤质地分类见表 3-4。

表 3-3　国际制土壤质地分类

土壤质地分类		各级土粒/%		
类别	土壤质地名称	黏粒 (<0.002mm)	粉粒 (0.002~0.02mm)	沙粒 (0.02~2mm)
沙土类	沙土及壤质沙土	0~15	0~15	85~100
壤土类	沙质壤土	0~15	0~45	55~85
	壤土	0~15	30~45	40~55
	粉沙质壤土	0~15	45~100	0~55
黏壤土类	沙质黏壤土	15~25	0~30	55~85
	黏壤土	15~25	20~45	30~55
	粉沙质黏壤土	15~25	45~85	0~40
黏土类	沙质黏土	25~45	0~20	55~75
	壤质黏土	25~45	0~45	10~55
	粉沙质黏土	25~45	45~75	0~30
	黏土	45~65	0~35	0~35
	重黏土	65~100	0~35	0~35

表 3-4　中国制土壤质地分类

土壤质地分类		各级土粒/%		
质地组	土壤质地名称	黏粒（<0.001mm）	粗粉粒（0.01～0.05mm）	沙粒（0.05～1mm）
沙土	粗沙土	<30	—	>70
	细沙土	<30	—	60～70
	面沙土	<30	—	50～60
壤土	沙粉土	>30	>40	>20
	粉土	>30	>40	<20
	粉壤土	>30	<40	>20
	黏壤土	>30	<40	<20
	沙黏土	>30		>50
黏土	粉黏土	30～35	—	—
	壤黏土	35～40	—	—
	黏土	>40	—	—

中国土壤质地分类办法，是我国土壤学家在总结我国农业生产实际的前提下，借鉴国际制、美国制和卡钦斯基制的办法研发的，是更符合我国农民生产习惯的土壤质地分类体系。土壤质地在一定程度上反映土壤矿物组成和化学组成，与土壤孔隙状况等物理性质显著相关，对土壤肥力影响显著。

（三）土壤的基本性质

1. 土壤吸附性　土壤胶体比表面积巨大，土壤胶粒带电，故土壤有较强的吸附特性。胶粒的粒径越小、比表面积越大，则表面能越大。土壤胶体颗粒具有双电层结构，内部是负离子层（决定电位离子层），外部是正离子层（反离子层，包括非活动性离子层和扩散层）。在一定的胶体系内，热力电位（决定电位层与液体间的电位差）不变，电动电位（非活动性离子层与液体间的电位差）大小随扩散层厚度增大而增大。土壤胶体常带负电荷，因同电荷相斥，故呈现分散性。当土壤溶液中阳离子增多到一定程度时，胶粒表面大量负电荷被中和，会导致胶粒凝聚。阳离子凝聚能力与其种类和浓度有关，土壤溶液中常见阳离子的凝聚能力递增顺序为：$Na^+ < K^+ < NH_4^+ < H^+ < Mg^{2+} < Ca^{2+} < Al^{3+} < Fe^{3+}$。在土壤胶体双电层的扩散层中，补偿离子可以与溶液中相同电荷的离子等价交换，称为离子交换（或代换），离子交换可分为阳离子交换和阴离子交换。每千克干土中所含全部阳离子总量，称为阳离子交换量，以（cmol/kg）表示。不同种类胶体的阳离子交换量的顺序为：有机胶体＞蒙脱石＞水化云母＞高岭土＞含水氧化铁铝。土壤胶体上吸附的阳离子均为盐基离子（Ca^{2+}、Mg^{2+}、K^+、Na^+ 和 NH_4^+ 等），且已达到吸附饱和的土壤，称为盐基饱和土壤。土壤胶体上吸附的阳离子有一部分是致酸离子（H^+ 和 Al^{3+}），则称为盐基不饱和土壤。土壤交换性阳离子中盐基离子所占的百分数称为土壤盐基饱和度，其计算公式如下：

$$盐基饱和度 = \frac{交换性盐基总量（cmol/kg）}{阳离子交换量（cmol/kg）} \times 100\%　\tag{3-1}$$

2. 土壤酸碱性　酸碱性是土壤在形成过程中受生物、气候、地质、水文等因素综合作用的结果。一般将土壤酸碱度划分为 9 个等级，见表 3-5。我国土壤 pH 多为 4.5～8.5，并呈现由南向北递增的规律；长江（北纬 33°）以南的土壤多为酸性和强酸性，如华南、西南地区广泛分布的红壤和黄壤 pH 为 4.5～5.5，有少数低至 3.6；华中和华东地区红壤 pH 为 5.5～6.5。长江以北的土壤多为中性或碱性，如华北和西北地区土壤 pH 大多为 7.5～8.5，少数强碱性土壤 pH 会高达 10.5。土壤酸度可分为活性酸度和潜性酸度两类。活性酸度是土壤中氢离子浓度的直接反映，又称为有效酸度，其来源主要是土壤溶液中的碳酸、硝酸、硫酸、磷酸和有机酸。潜性酸度的来源是土壤胶体吸附的可代换性 H^+ 和 Al^{3+}；当这些离子处于吸附状态时不显酸性，当其进入土壤溶液后可使土壤 pH 降低。一般只有盐基不饱和土壤有潜性酸度，其大小与土壤代换量和盐基饱和度有关。土壤溶液中 CO_3^{2-}、HCO_3^-、碱金属（Na、K）和碱土金属（Ca、Mg）形成碱度。不同溶解度的碳酸盐和重碳酸盐对土壤碱性贡献不同：正常 CO_2 分压下，其钙盐在土壤溶液中的浓度很低，故石灰性土壤呈弱碱性（pH 为 7.5～8.5）；其钠盐在土壤溶液中浓度较高，故含 Na_2CO_3 土壤的 pH 可达 10 以上。

表 3-5　土壤酸碱度分级

酸碱度分级	pH	酸碱度分级	pH
极强酸性	<4.5	弱碱性	7.0～7.5
强酸性	4.5～5.5	碱性	7.5～8.5
酸性	5.5～6.0	强碱性	8.5～9.5
弱酸性	6.0～6.5	极强碱性	>9.5
中性	6.5～7.0		

3. 土壤氧化还原性　土壤中的氧化剂主要有 O_2、NO_3^-、Fe^{3+} 和 Mn^{5+} 等，还原剂主要是有机质和低价金属离子。植物根系和微生物也是氧化-还原反应的重要参与者。土壤氧化还原能力可以用土壤的氧化还原电位（E_h）来表征，即用土样 E_h 实测值衡量土壤氧化还原特性。一般情况下，旱地土壤 E_h 为 400～700mV，水田土壤 E_h 为 -200～300mV。当 E_h>700mV 时，土壤完全处于氧化条件下，有机物质会迅速分解；当 E_h 在 400～700mV 时，氮素主要以 NO_3^- 形式存在；当 E_h<400mV 时，反硝化作用开始发生；当 E_h<200mV 时，NO_3^- 开始消失，NH_4^+ 大量出现。当土壤渍水时，其 E_h 降至 -100mV，Fe^{2+} 浓度超过 Fe^{3+}；当 E_h 小于 -200mV 时，H_2S 大量产生，Fe^{2+} 会变成 FeS 沉淀。

二、农田土壤监测的采样点布设

（一）采样点布设原则

土壤是一个开放的缓冲动力学体系，与其外环境（水圈、大气圈、生物圈和岩石圈）之间不断地进行着物质和能量交换。土壤兼具相对稳定性好和分布均匀性差的特点，因而采样质量控制（样品代表性和制样误差）尤为重要。为了保证土壤样品的代表性和典型性，采样点布设应遵循以下原则：

1. 随机和等量　土壤样品（样本）是由待检农田（总体）中随机采集的部分个体组成，个体之间存在差异，因而土样与待检农田之间兼具同质"亲缘"和异质差异。一般土壤分布越均匀（个体差异越小），土样代表性越好；反之越差。为了保证土样代表性满足要求，必须避免一切主观因素干扰采样，即组成样品的个体应是随机取自总体。进行比较的一组样品，其样本容量应该相当，即等量原则；否则大容量样本的样品代表性会显著好于小容量样本样品。

2. 合理划分采样单元 进行大面积地块土壤监测时，需要划分若干个采样单元，同时要求在不受污染源影响的地方确定对照单元。此时，要求同一采样单元内的个体差别应尽可能缩小。土壤肥力监测，可按照土壤接纳肥料的途径（如追施化肥、底施有机肥、污水灌溉等），并参考土壤类型、农作物种类、耕作制度等因素，划分采样单元。土壤环境质量监测（土壤污染监测），可按照土壤接纳污染物的途径（大气污染、农灌污染、综合污染等），并参考土壤类型、农作物种类、耕作制度等因素，划分采样单元。背景值调查一般按照土壤类型和成土母质划分采样单元。

3. 问题导向 土壤污染监测，应坚持"哪里有污染就在哪个地方布点"，并根据技术和财力条件，优先在污染严重、对农业生产影响显著的地方布设采样点。

4. 边不设点 采样点不能设在田边、沟边、路边、肥堆边和垃圾堆边，不能设在水土流失严重和表层破坏处。

（二）采样单元划分

监测对象资料显示监测区域内的土壤有明显的几种类型，则应将监测区域分成几个采样单元；要求每个采样单元内被测因子（污染物）分布均匀，采样单元之间的被测因子（污染物）分布差异明显。监测单元划分应参考土壤类型、农作物种类、耕作制度、商品生产基地、保护区类型、行政区划等要素。农田土壤环境质量监测，采样单元一般分为大气污染型、灌溉水污染型、固体废物堆污染型、农用固体废物污染型、农用化学物质污染型和综合污染型 6 类。

（三）采样点数量

根据监测目的、监测区域范围和周边环境等因素确定采样点数量。监测区域面积大、环境状况复杂，应多布设采样点；监测区域面积小、环境状况差异小，可减少采样点数量。土壤环境背景值监测是在选定置信水平下根据监测项目的变异程度和精密度要求确定采样点数量。每个采样单元布设采样点数最小值按式（3-2）估算；监测对象（农田土壤）的采样点数量，为各个采样单元采样点数之和，即先分别计算每个采样单元的采样点数量，再逐一加和得到。

$$N = \frac{t^2 C_v^2}{m^2} \qquad (3\text{-}2)$$

式中：N——每个采样单元布设的最少采样点数；

$\quad\quad t$——置信因子，当置信水平为 95％时，t 值取 1.96；

$\quad\quad C_v$——变异系数（％），即样本的相对标准偏差，监测质量控制要求给定或根据已有研究资料估计；

$\quad\quad m$——允许偏差（％），即可接受的相对偏差，当规定抽样精密度不低于 80％时，m 取 20％。

对于缺乏历史资料地区和土壤变异程度小的地区，C_v 一般用 10％～30％；但当对有效磷和有效钾监测时，变异系数 C_v 应取 50％。

由均方差、绝对偏差、变异系数和相对偏差计算所得的样品数，是土壤监测采样点数量的下限数值；实际工作中，布点数量还要根据调查的目的、精度和区域环境状况等因素确定。一般要求每个监测单元至少设 3 个采样点。土壤环境质量监测，应先根据精度要求选择 2.5km、5km、10km、20km 或 40km 网距，再根据网距在地图上划分网格，最后统计监测区域内的网格结点数，即得采样点数。

（四）采样点布设方法

土壤采样点布设方法（图 3-2）分为以下 5 种：

1. 对角线布点法 一般适用于面积较小（1hm² 以下）、地势平坦、实施过污（废）水灌溉或污染水体灌溉的田块。首先由田地进水口向对角引一直线，再将此对角线进行 5 等分，则等分点即为采样点，见图 3-2a。

2. 梅花形布点法 一般适用于面积较小、地势平坦、土壤组成和受污染程度较均匀的田块。首先在监测田块画两条对角线，将两条对角线的交点为中心采样点，再围绕中心采样点在两条对角线上等距离选择 4 个或 8 个采样点，即共计设采样点 5 个或 9 个，见图 3-2b。

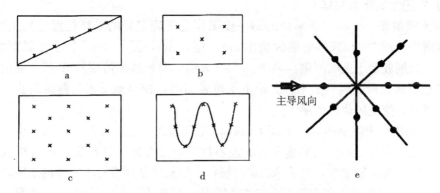

图 3-2　土壤采样点布设方法
a. 对角线布点法　b. 梅花形布点法　c. 棋盘式布点法
d. 蛇形布点法　e. 放射状布点法

3. 棋盘式布点法 一般适用于面积中等（1~2hm²）、地势平坦、地形开阔，但土壤不够均匀的地块，也适用于受垃圾等固体废物污染农田的土壤环境监测。一般农田土壤质量监测，采样点设 10 个左右；污染农田土壤设 20 个以上。首先将监测田块均匀划分成形如棋盘的多个方格，再确定每个方格的中心点，这些中心点位置即为采样点位置，见图 3-2c。

4. 蛇形布点法 一般适用于面积较大（2~3hm²）、地势不平坦、土壤肥力或污染物分布不够均匀的田块；肥力调查和农业污染型土壤监测多用此法。在采样田块上距田边一定距离处参照蛇爬行前进轨迹确定采样点，一般布设 15 个左右的采样点，见图 3-2d。

5. 放射状布点法 一般适用于大气污染型土壤监测。首先确定大气污染源及其中心点位置，以污染源中心位置为圆心向周围画射线，再在每条射线上选择采样点位置，见图 3-2e。要求主导风向的下方向适当减小采样点间距离、增加采样点数量，上风向则适当增大采样点间距离、减小采样点数量。

三、土壤样品采集

（一）采样类型与土样类型

1. 采样类型 土壤监测的样品采集工作，分为前期采样、正式采样和补充采样 3 类。

前期采样，是指为初步验证监测区域土壤污染物空间分异性、判断土壤污染程度和提高监测方案（选择布点方式，确定监测项目、样品数量）合理性，根据已有背景资料和现场考察结果在拟定采样点进行的土样采集过程。通常情况下，前期采样可与现场调查同时进行。正式采样是指按照既定的土壤监测方案实施的采样过程。补充采样是指正式采样测试工作完成后发现现有样品不足以反映监测对象特征（样本代表性不足），而在增设采样点进行的土样采集工作。面积较小地块的土壤污染调查和突发性污染事故监测可直接进行正式采样。

2. 土样类型 应根据监测目的和质控要求不同，选择采集剖面样品、分层样品或混合样品。土壤剖面是指地面向下的垂直土体的切面，呈现为与地面大致平行的若干个具有不同颜色和性状的土层。剖面样品就是为了调查污染物在土壤不同发生层的含量水平而按照土壤剖面层次分层采集的土样。分层样品就是为了调查土壤污染深度及不同垂直深度土层的污染物含量水平而采集的不同垂直深度土层的样品。混合土样，就是将一个采样单元内各个采样点采集的土样混合均匀而制成的样品，组成混合样的采样点数通常为5～20个。

（二）农田土壤剖面采样

1. 挖土壤剖面 土壤剖面采样的第一步工作是在确定好的采样位置挖掘土壤剖面。农田土壤剖面（图3-3）规格一般为长1.5m，宽0.8m，深1.2m；要求使观察面向阳，表土和底土分别放置于土坑两侧；采集A层（表层，腐殖质淋溶层）、B层（亚层，淀积层）和C层（风化母质层）的土样。地下水位较高时，挖至地下水初露时为止；山地丘陵土层较薄时，挖至风化母质层。

2. 样品采集 土壤剖面应自下而上采样，先采剖面的底层样品，再采中层样品，最后采上层样品。在每层剖面上采集1.0kg左右样品，立即装入样品袋。对B层发育不完整（或不发育）的山地土壤，只采A、C两层；干旱地区剖面发育不完善的土壤，在表层5～20cm、心土层50cm、底土层100cm左右采样。稻田土壤剖面见图3-4。水稻土按照A层（耕作层）、P层（犁底层）、C层（母质层）[或G层（潜育层）、W层（潴育层）]分层采样，对P层太薄的剖面，只采A、C两层（或A、G两层，或A、W两层）。对A层特别厚、沉积层不甚发育和1m深度以内看不到母质的土类剖面，按A层5～20cm、A/B层60～90cm、B层100～200cm采样。

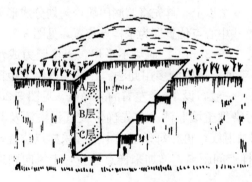

图3-3 农田土壤剖面

耕作层（A层）
犁底层（P层）
潴育层（W层）
潜育层（G层）
母质层（C层）

图3-4 稻田土壤剖面

3. 填写采样记录 采样同时有专人填写土壤样品标签（图3-5）和采样记录表。标签一式两份，一份放入袋中（标签文字面向内对折后放入），一份系在袋口；标签上标注采样时间、地点、样品编号、监测项目、采样深度和经纬度。

4. 采样工作收尾 采样结束时，应先逐项检查采样记录、样袋标签和土壤样品，如有缺项和错误，及时补齐更正；再在采样示意图上标出采样地点，以避免下次在相同处采集剖面样；最后将底层土和表层土按照原来的层次回填到采样坑中，方可离开现场。将核对无误的土壤样品分类装箱，及时运回实验室。运输过程要严防样品的损失、混淆和污染，专人押送。

样品编号：		
采样地点：		
东经：		北纬：
采样层次：		采样深度：
特征描述：		
检测项目：		
采样日期：		采样人员：

图 3-5　土壤样品标签

（三）混合土样采集

土壤肥力或土壤污染状况的一般性调查，只采集农田耕作层土壤的混合样品即可。一般农作物大田采 0～20cm，果林类大田采 0～60cm，大田土壤采样方法见图 3-6。为保证样品代表性，一般要求混合样的采样点数为 5～20 个；混合土样量过大时可用堆堆四分法（简称四分法，其操作步骤见图 3-7）缩分至 1～2kg 留用即可。每个监测单元设 3～7 个采样区，单个采样区可以是自然分割的一个田块，也可以由多个田块所构成，其面积以200m×200m 左右为宜。

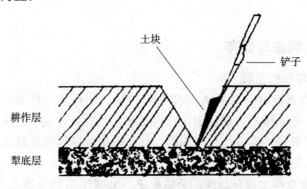

图 3-6　大田土壤采样方法

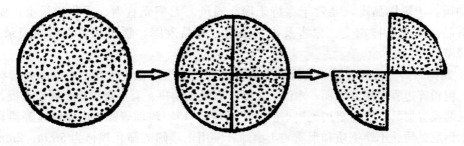

图 3-7　堆堆四分法操作步骤

（四）土壤背景值样品采集

土壤背景值监测，采样点应选在远离污染源、人类活动干扰少的位置；应在各主要类型土壤上设置采样点，而且同一类型土壤的采样点数应大于等于 3。不强调采集多点混合样，而强调选取植物发育完好、具有代表性的土壤采集样品。一般监测采集耕作层 0～20cm 深度的土样。对于有特殊要求的监测，必要时应选择在部分采样点采集剖面样品。

（五）采样频率、采样时间和注意事项

1. 采样频率 应根据监测目的确定采样频率和采样时间。常规的土壤肥力监测和土壤环境监测，必测项目每年采样检测 1 次，其他项目 3～5 年 1 次。

2. 采样时间 如果只为了解土壤污染状况，可随时采集土壤样品；如果还要了解土壤污染对农作物（或其他生物）的影响，则应在植物生长或收获季节同时采集土壤样品和植物样品。环境影响跟踪监测，应根据生产周期或年度计划实施土壤监测；地下水位不稳定区域的土壤污染监测，要考虑地下水位的变化情况，合理安排采样时间和采样频次。土壤肥力监测，一般在春耕前或秋收后采样，也可在倒茬间期采样。因大雨后和久旱不雨时采集的土壤样品，可能代表性不足，应避开雨后、灌溉后和施肥期采样。

3. 注意事项 需多次采样的，每次采样必须尽量保持采样点位置的相对固定，以保证测试数据的可比性。测定重金属的土样，应选用竹片或竹刀采集，或者用竹片去除与金属采样器接触的部分土壤。测定有机指标的土样，应盛装于棉布袋或牛皮纸袋中，如果土样过于潮湿，应在袋内衬塑料袋。测定挥发性有机指标的土样，应盛装于玻璃瓶内。

四、土壤样品制备与保存

（一）制备流程与制样工具

1. 土样交接与制备流程 采样者与样品管理员、制样者与样品管理员交接样品时，应先对照交接单逐一核实清点，确认无误后再交接，最后双方签字确认。土样运回实验室后，应立即按照要求处理。需要用风干样的，样品采集后应尽快进行风干，并及时完成土样制备。土样制备流程见图 3-8。

2. 土壤样品制备室与土壤样品库的环境要求 土壤样品制备室，应分设风干室和磨样室。风干室要求门朝南（严防阳光直射土样）、通风良好，整洁，无尘，无易挥发性化学物质。土壤样品库，要常年保持干燥、通风、无阳光直射、无化学污染；要定期清理废品，防止土样霉变、鼠害及标签脱落。样品入库、领用和清理均须记录在案，程序规范。

3. 制样工具与盛样容器 土样风干需要用到白色搪瓷盘、木盘、牛皮纸和塑料布等器具；粗粉碎过程会用到木槌、木滚、木棒、有机玻璃棒、有机玻璃板、硬质木板、无色聚乙烯薄膜等器具；磨样要用到玛瑙研磨机（球磨机）、玛瑙研钵、白瓷研钵等器具；筛分要用到尼龙质、不锈钢质和铜质的土壤筛。常用土壤筛的筛孔规格为 5mm、2mm（10目）、1mm、0.5mm、0.25mm（60目）、0.15mm（100目）和 0.125mm。制备好的风干样品应盛装于棉布袋、牛皮纸袋、具塞塑料瓶或具塞玻璃瓶中。

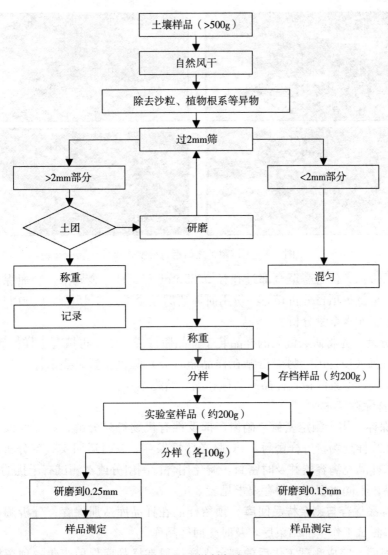

图 3-8　土样制备流程

（二）土样制备技术

1. 风干　首先，将采得的土样全部倒在牛皮纸上、塑料膜上（或搪瓷盘内），摊成 2～3cm 的薄层，于阴凉、通风处晾干；待土样呈半干状态时压（敲）碎土块，除去植物根、茎、叶及碎石、沙砾等杂物，经常翻动，充分风干（含水率小于 5％）。注意，要防止阳光直射和尘埃落入土样，防止酸性气体、碱性气体等污染土样。

2. 粗磨与过筛　土样制备之研磨过筛操作流程见图 3-9。首先将已风干的土样倒入磨土盘中（或有机玻璃板、塑料布或牛皮纸上），用木槌敲打，用木滚、木棒或有机玻璃棒压碎，拣出杂质，混匀；用四分法缩分至适量后，全部通过 2mm（20 目）土壤筛；将过筛土样全部混匀，用四分法分成两份，一份交样品库存放，另一份作样品的细磨用。粗磨样（过 2mm 筛土样），一般用于 pH、阳离子交换量、元素有效态含量等指标分析。注意，每处理完一份样品后应擦（洗）干净制样工具，严防交叉污染。

3. 细磨样品制备　取适量粗磨土样（过孔径 2mm 筛土样）置于无色聚乙烯膜上，用

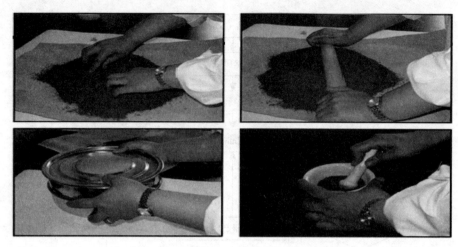

图 3-9 土样制备之研磨过筛操作流程

四分法分成两份：一份研磨至全部过孔径 0.25mm（60 目）金属筛，装瓶保存，用于农药、有机质、全氮等项目分析；另一份用研钵研磨至全部过 0.15mm（100 目）筛，装瓶保存，用于土壤元素全量分析。

4. 样品分装　先将研磨混匀的样品装于样品瓶（袋）中，再填写土样标签一式两份：一份置于样品瓶（袋）内；另一份贴在样品瓶（袋）醒目位置。要求标签与土样始终对应、在一处置放，严禁混错，样品的名称和编码始终不变。

（三）土样保存技术

1. 鲜样保存　用于测定氨氮、硝氮、挥发性有机物等易分解、易挥发或不稳定组分的土样，应在采样现场将鲜样密封，4℃避光环境保存，及时运回实验室分析。鲜土样采集，一般要求样品充满容器并及时密封，避免用含待测组分或对测试有干扰的材料制成的容器盛装样品。不同类型鲜样保存要求见表 3-6。

2. 预留样品保存与剩余样品回库　预留样品在样品库造册保存。分析测试未用完的剩余样品，待测试工作全部结束后，及时交回样品库。

3. 保存时间　完成测试工作后的剩余土样一般在样品库保留半年，预留样品一般保留 2 年，特殊、珍稀、仲裁和有争议样品一般永久保存。

表 3-6　不同类型鲜样保存要求

测试项目	容器材质	温度	最长保存时间	备注
金属（Hg 和 Cr^{6+} 除外）	聚乙烯、玻璃	<4℃	180d	
汞（Hg）	玻璃	<4℃	28d	
砷（As）	聚乙烯、玻璃	<4℃	180d	
六价铬（Cr^{6+}）	聚乙烯、玻璃	<4℃	1d	
氰化物（CN$^-$）	聚乙烯、玻璃	<4℃	2d	
挥发性有机物	玻璃（棕色）	<4℃	7d	采样瓶装满、装实，并密封
半挥发性有机物	玻璃（棕色）	<4℃	10d	"同挥发性有机物"
难挥发性有机物	玻璃（棕色）	<4℃	14d	

五、土壤含水量、干物质含量和容重测定

(一) 土壤含水量测定

1. 土壤含水量的定义及测定意义 土壤含水量，即土壤水分含量，是指在105℃环境中从土壤中蒸发的水的质量占干物质的质量分数。分析大田土壤含水量，可了解田间土壤墒情，以便及时进行灌溉、保墒或排水，确保作物正常生长和高产。土样含水量还是土壤环境监测诸多指标计算的基础数据。土壤鲜样含水量一般由大田土壤墒情决定，而风干样含水量受大气相对湿度等影响。因此，不论是用鲜样、还是用风干样测定土壤养分或污染物含量，都必须测定土壤含水量。

2. 重量法原理 测定土壤含水量所用的重量法，分烘干重量法和酒精燃烧重量法两种：前者准确度高，最为常用；后者简单快速，可用于应急检测。烘干重量法〔见《土壤水分测定法》（NY/T 52—1987）和《土壤 干物质和水分的测定 重量法》（HJ 613—2011）〕，是把一定量的土样置于105～110℃的烘箱中烘至恒重，称量烘干前、烘干后的土样质量，再根据烘干前、烘干后的土样质量差计算土壤含水量。此温度下土壤游离水和吸湿水被蒸发，但土壤有机质不被分解。

3. 操作要求 风干样含水量测定，应该用0.001g感量的电子天平称量，土样量5～10g为宜，土样规格为通过1mm（或2mm）筛的样品。新鲜土样含水量测定，应选用0.01g感量的天平称量，土样量20～50g为宜。

4. 计算公式 为调查土壤墒情测定土壤含水量，用干基含水量表征，按式（3-3）计算。

$$含水量(干基，\%) = \frac{m_1 - m_2}{m_2 - m_0} \times 100\% \tag{3-3}$$

式中：m_0——烘至恒重的空铝盒质量，g；

m_1——铝盒及土样烘干前的质量，g；

m_2——铝盒及土样烘至恒重时的质量，g。

为土壤污染物检测提供基础数据，用湿基含水量表征，按式（3-4）计算。

$$含水量(湿基，\%) = \frac{m_1 - m_2}{m_1 - m_0} \times 100\% \tag{3-4}$$

(二) 土壤干物质含量测定

1. 土壤干物质及测定意义 土壤干物质含量指在《土壤 干物质和水分的测定 重量法》（HJ 613—2011）规定条件下，土壤中干残留物的质量分数。土样干物质含量是土壤质量监测诸多指标结果计算的基础数据，因而不论是用鲜样、还是用风干样测定土壤污染组分含量，都必须测定土壤干物质含量。

2. 测定方法 土壤样品（鲜样或风干样）在105℃烘干至恒重，以烘干前、烘干后的土样质量差值与土壤样品烘干前质量之比计算土壤干物质含量，用质量分数表示。风干样测定，建议用0.001g感量电子天平称量，土样量10～15g为宜，土样为过1mm筛（或2mm筛）的样品。新鲜土样测定，用0.01g感量天平称量，土样量30～40g为宜。

3. 计算公式 土壤干物质含量（w_{dm}）可按式（3-5）计算获得，也可根据土壤含水

量值计算获得。

$$w_{dm}=\frac{m_2-m_0}{m_1-m_0}\times100\%$$ (3-5)

式中：w_{dm}——土壤样品中的干物质含量，%；

m_0——烘至恒重的空铝盒质量，g；

m_1——铝盒及土样（风干土样或新鲜土样）烘干前的质量，g；

m_2——铝盒及土样烘至恒重时的总质量，g。

（三）土壤容重测定

1. 土壤容重及测定意义 土壤密度是单位体积土壤（不含孔隙，主要是土壤的固相部分）的烘干重量。土壤容重，又称土壤假密度，是指土壤在自然结构的状态下单位容积土壤（包括土粒及粒间孔隙）的烘干重，单位为 g/cm^3。土壤容重是衡量土壤通气、保水、透水和保肥等肥力质量的重要指标之一，与土壤质地、紧实度、孔性、有机质含量和耕作措施等因素有关。一般情况下，土壤容重越小，其透气和透水性能越好。土壤容重是计算农田土壤水分总贮量、有效水分贮量和体积含水量的换算常数，还是计算土壤总孔隙度、空气含量和农田耕层土壤质量的重要参数。

2. 原理 通常用环刀法测定土壤容重，见《土壤检测 第4部分：土壤容重的测定》（NY/T 1121.4—2006）。利用一定容积的环刀切割自然状态下的土壤，使土样充满其中，称量后计算单位体积的烘干土样质量，即为土壤容重。土壤容重的定义式见式（3-6）。

$$容重(g/cm^3)=\frac{烘干土样质量(g)}{环刀容积(cm^3)}$$ (3-6)

3. 环刀法关键技术 环刀及其使用方法见图3-10。首先将采样点土壤表面的植物等附着物清理干净，将已知质量（m_1，g）和容积（$100cm^3$）的环刀打入采样点处土壤中，用土壤铲挖出环刀，用土壤刀削掉环刀外的土壤，盖上环刀上盖及环刀托，带回实验室称重（m_2，g），从已称重的环刀中取适量土样（$10\sim20g$）于已称重的铝盒中，测定土壤含水量（w）或土壤干物质含量（w_{dm}），根据式（3-7）[或式（3-8）]计算土壤容重。

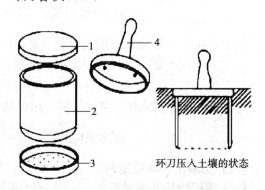

图3-10 环刀及其使用方法
1. 环刀盖 2. 环刀 3. 环刀底 4. 环刀托

$$容重(g/cm^3)=\frac{(m_2-m_1)\times1\,000}{V\times(1\,000+w)}$$ (3-7)

式中：m_1——环刀质量，g；

m_2——环刀及鲜土样的总质量，g；

V——环刀容积，$100cm^3$，或根据公式 $V=\pi r^2h$、环刀刃口端内半径 r 和环刀高度 h 计算获得；

w——土壤含水量，g/kg。

$$土壤容重（g/cm^3）＝（m_2-m_1）\times w_{dm}/V \qquad (3-8)$$

式中：m_1、m_2 和 V 同式（3-7）；

      w_{dm}——土壤干物质含量，g/g。

技能训练

实训一　大田土壤样品的采集与制备

一、实训目的

（1）能根据采样（监测）方案和大田实际情况，合理布设采样点，完成土样采集。

（2）能根据指标分析对样品的要求，完成土样的风干、磨碎、过筛和保存。

（3）培养团结合作、精益求精和一丝不苟的职业习惯。

二、实训原理

（一）土壤样品采集

土壤样品采集应严格按照监测方案实施，有时可根据采样现场当时的实际情况做适量调整，但必须注明。农田土壤采样，首先应确立采样（监测）单元，再根据采样单元类型布设采样点。多采集混合样，首先确定采样方式和采样点数，再根据测定要求选择采样方法和采样工具，最后完成土样采集。

（二）土壤样品制备

土壤样品制备步骤依次是风干、磨碎、过筛、混合、分装和保存，方法及要求参见《土壤环境监测技术规范》（HJ/T 166—2004）。一般情况下，土壤物理指标测定用过孔径 2mm 筛的风干样。化学指标分析的贮存样品，土壤 pH、电导率和阳离子交换量等指标测定用过孔径 1mm 筛的风干样，农药、有机质和总氮等指标测定用过孔径 0.25mm 筛的风干样，重金属等元素分析用过孔径 0.15mm 筛的风干样。

三、实训准备

（一）组织准备

成立采样小组，以组为单位复习土壤样品采集制备的技术文件、操作规程和采样安全制度，任命负责任、熟悉采样技术规程的同学担任组长。

（二）采样方案准备

分析既定的监测方案或采样方案，收集监测区域的资料，现场踏勘，将调查得到的信息进行整理和利用，丰富、优化采样工作图，确定采样方案。

（三）采样器具准备

（1）工具类。主要准备土钻、铁铲、钢锹、竹片等适合采样要求的工具。

（2）器材类。主要准备 GPS（全球定位系统）、罗盘、照相机、卷尺、土样袋（布袋、塑料袋或牛皮纸袋）、木棒、镊子、土壤筛（2mm、1mm 和 0.25mm）、研钵、盛土盘、样品瓶（广口瓶）和样品箱等。

（3）文具类。主要准备样品标签、采样记录表、铅笔、签字笔、油性记号笔和资料夹等。

（4）安全防护用品。主要准备工作服、工作鞋、安全帽和急救药箱等。

（5）采样车辆。

四、实训步骤

(一) 采样点布设

仔细分析采样方案，根据采样方案进行现场勘察，再次确定采样点位置，确定采集混合样品还是单次样品。采集污染土壤样品，应根据污染源特征和监测目的进行布点，画出采样点实际位置，即绘制采样工作简图；采样实施方案填入表 3-7。同一采样单元内，地形、土壤、生产条件应基本相同。采样点分布要满足代表性要求，不可太集中，应避开沟边、路边、田边和堆肥边。

表 3-7 土壤采样方案

序号	项目	采样类型	采样及监测目的
1	采样目的选择	□土壤剖面样品采集	□土壤基本理化性质监测 □污染物在土壤中的垂直分布情况
		□土壤混合样品采集	□土壤耕作层肥力监测 □污染物在土壤耕作层中的分布情况
		□背景值样品采集	□土壤背景值监测
2	混合土样采集 布点方式选择	□对角线布点法　　□梅花形布点法　　□棋盘式布点法　　□蛇形布点法　　□放射状布点法	
3	采样点布设图		

本次实训拟定监测目的为评定土壤耕作层肥力水平和调查污染物在土壤耕层的分布情况，因而采集各监测单元的混合土样即可。各采样单元内的混合样采集，可根据采样地块（采样单元）的实际情况，选择对角线布点法、梅花形布点法、棋盘式布点法、蛇形布点法或放射状布点法等方法。为了保证样品的代表性，一般混合样的采样点数为 5～20 个。

(二) 耕作层土壤混合样品采集

1. 蔬菜地和农田耕层土壤混合样品采集　在确定的采样点处，先用小土铲刮掉表层 3mm 左右的土壤，然后用铁铲倾斜向下切取土壤（参见"知识学习"图 3-6），取自地面垂直向下 0～20cm（或 0～15cm）范围的土样，再将各采样点土样集中一起混合均匀，反复用四分法缩分至所需土样量（1kg 左右），最后将保留土样装入布袋或塑料袋中，填写并粘贴样品标签，及时做好采样记录。填好土壤现场采样记录（表 3-8）。

表 3-8 土壤现场采样记录

采样地点			经纬度	东经：	北纬：
样品编号			样品类别		
采样土层			样品深度		
土壤描述	土壤颜色		植物根系		
	土壤质地		沙砾含量		
	土壤湿度		其他异物		
采样地点周边环境					
栽培方式					
前作作物					

（续）

采样地点			经纬度	东经：		北纬：
植株生长期						
植株长势						
施肥情况	施肥时间					
	施肥种类					
	施肥次数					
灌溉情况	灌排时间					
	水源来源					
	灌排次数					
农药使用情况						
采样人员			采样日期			
备　　注						

2. 果林类大田耕作层土壤混合样品采集 操作方法参见蔬菜和农田耕层土壤混合样采集，但应采集自地面垂直向下 0~60cm 范围的土样。

（三）土壤样品制备

1. 风干去杂 将采集的鲜土样平铺于干净的塑料薄膜或牛皮纸上，压碎，摊成薄薄的一层，放在室内阴凉通风处自行干燥。切忌阳光直接暴晒、烘烤和酸、碱、蒸汽、尘埃等污染。在样品风干过程中，及时拣出枯枝落叶、植物根、残茬、虫体以及土壤中的铁锰结核、石灰结核或石子等；如果石子过多，应将拣出的石子等主要杂物称重，并记下其所占百分数。

2. 粗磨与过筛 取风干土样 100~200g 倒入磨土盘内（或塑料膜、牛皮纸上），用橡胶棒压碎或用木辊碾碎，过孔径 2mm 筛。将留在筛上的土样倒入磨土盘中碾碎，再过筛，如此反复多次，使之全部通过孔径 2mm 筛。将过筛后的土样装入广口瓶（或土样袋）中，填写加工土样标签，将信息完整的土样标签粘贴在盛样瓶（袋）醒目位置。土壤样品加工样标签见图 3-11。

样品编号：	
制样日期：	制样人员：
样品规格：	留存重量：　　　　g
保留期限：	
分析项目：	

图 3-11　土壤样品加工样标签

3. 细磨与过筛 取粗磨土样 50~100g，倒入研钵内碾碎，过 0.25mm（60 目）筛；将留在筛上的土样再倒入研钵内碾碎，再过筛，如此反复多次，使之全部通过孔径 0.25mm 筛。将过筛后的土样装入土样袋中，填写加工土样标签两份，将一份标签置于盛样袋内，另一份粘贴在样袋醒目位置。

4. 收尾 土样制备工作结束后，应整理制样现场，清理制样室卫生，及时将制备好的土样和制样工具归库。

五、实训成果

（1）土壤样品、采样记录表和加工好的土样。

（2）大田土壤样品的采集与制备实训报告。

实训二　土壤干物质和水分的测定

一、实训目的

（1）能完成土壤干物质和水分含量测定重量法的操作、数据处理和结果表征。

（2）培养团结合作、精益求精和一丝不苟的职业习惯。

二、实训原理

土壤干物质含量是指在《土壤　干物质和水分的测定　重量法》（HJ 613—2011）规定条件下，土壤中干残留物的质量分数。土壤含水量，是指在 105℃ 环境中从土壤中蒸发的水的质量占干物质的质量分数，测定方法见《土壤水分测定法》（NY/T 52—1987）。样品烘干后，以 4h 烘干时间间隔对冷却后的样品进行两次连续称重，前后差值不超过最终测定质量的 0.1%，此时的重量即为恒重。土壤样品（鲜样或风干样）在 105℃ 烘干至恒重，以烘干前后的土样质量差值计算土壤的干物质含量和水分含量，用质量分数表示。

三、实训准备

（1）电热恒温干燥箱。

（2）装有蓝色无水变色硅胶的干燥器。

（3）分析天平。感量 0.001g 的电子分析天平。

（4）铝盒。小盒直径约 40mm，高约 20mm；大盒直径约 55mm，高约 28mm。

（5）土壤筛。孔径 2mm。

（6）土样。风干土样和新鲜土样。

（7）其他器具。样品勺、研钵、样品袋、广口瓶、标签、土壤监测实训室常用仪器和设备。

四、实训步骤

（一）新鲜土样的干物质和水分含量测定

1. 称铝盒质量　将擦拭干净的已编号的铝盒，开盖置于烘箱中，在（105±5）℃ 环境中烘干 2h，盖好盖子，然后置于干燥器中冷却 45min 以上，测定铝盒质量（m_0），精确至 0.001g。

2. 称铝盒＋鲜土的质量　打开铝盒盖子，用样品勺取 10～20g 新鲜土壤样于铝盒中，测定铝盒（铝盒＋鲜土样）质量（m_1），精确至 0.001g。

3. 第一次烘干　将装有鲜土样的铝盒开盖（盒盖置于盒体下面）放入烘箱中，（105±5）℃ 烘干 6～12h。

4. 称铝盒＋干土的质量（m_{2-1}）　盖好铝盒盖子，置于干燥器中冷却 45min 以上，然后取出铝盒立即称质量（铝盒＋干土）m_{2-1}，精确至 0.001g。

5. 再烘干称重　将铝盒开盖放入烘箱中，（105±5）℃ 烘干 4h，盖好容器盖，置于干燥器中冷却 45min，取出后立即测定带盖容器和烘干土壤的总质量 m_{2-2}，精确至 0.001g。如果 m_{2-1} 与 m_{2-2} 的差值小于 0.010g，则已烘干至恒重，$m_2＝m_{2-2}$；否则重复此"烘干—称量"过程，直至满足恒重要求。

6. 数据记录　实验过程中应及时记录测定数据，数据记录表参见表 3-9。

（二）风干土样的干物质和水分含量测定

1. 称铝盒质量 将擦拭干净的已编号的铝盒，开盖置于烘箱中，在（105±5）℃环境中烘干 2h，盖好盖子，然后置于干燥器中冷却 45min 以上，测定铝盒质量（m_0），精确至 0.001g。

2. 称铝盒＋风干土的质量 打开铝盒盖子，用样品勺取 5~10g 过 2mm（或 1mm）筛的风干土样于铝盒中，测定铝盒（铝盒＋风干土样）质量（m_1），精确至 0.001g。

3. 第一次烘干 将装有土样的铝盒开盖（盒盖置于盒体下面）放入烘箱中，（105±5）℃烘干 6h。

4. 称铝盒＋干土的质量（m_{2-1}） 盖好铝盒盖子，置于干燥器中冷却 45min 以上，然后取出铝盒立即称量质量（盒体＋盒盖＋烘干土）（m_{2-1}），精确至 0.001g。

5. 再烘干称重 将铝盒开盖放入烘箱中，（105±5）℃烘干 4h，盖好容器盖，置于干燥器中冷却 45min，取出后立即测定带盖容器和烘干土壤的总质量 m_{2-2}，精确至 0.001g。如果 m_{2-1} 与 m_{2-2} 的差值小于 0.010g，则已烘干至恒重，$m_2＝m_{2-2}$；否则重复此"烘干—称量"过程，直至满足恒重要求。

6. 数据记录 实验过程及时记录测定数据，数据记录表参见表 3-9。

表 3-9 土壤干物质和水分测定原始数据记录

样品名称：_____ 分析项目：_____ 容器介质：_____

收样日期：_____ 分析日期：_____ 方法依据：_____

铝盒质量 (m_0) /g	烘干前铝盒及土样总质量 (m_1) /g	烘干后铝盒及土样总质量 (m_2) /g	土样质量 (m_1-m_0)/g	干物质质量 (m_2-m_0)/g	水分质量 (m_1-m_2)/g	土壤含水量 (w_{H_2O}) / (g/kg)	土壤干物质含量 (w_{dm}) /%
测定结果（算术均值）							

（三）结果计算与要求

（1）土壤含水量（w_{H_2O}）计算。计算公式见式（3-3）。

（2）土壤干物质含量（w_{dm}）计算。计算公式见式（3-5）。

（3）计算要求。最终测定结果用 3 次平行测定结果的算术平均值表示，保留 3 位有效数字。

五、实训成果

（1）××农田土壤新鲜土样的含水量检测报告。

（2）××农田土壤风干土样的干物质含量检测报告。

 **课程思政**

让黄河"变清"的中共党员朱显谟院士

朱显谟，1915.12.4—2017.10.11，出生于上海崇明，中共党员，土壤学家。1940 年毕业于中央大学农业化学系，中国科学院水利部水土保持研究所研究员。曾任中国科学院西北水保所第一副所长、中国科学院水利部水土保持研究所名誉所长、陕西省土壤学会名誉理事长等职。1991年当选为中国科学院学部委员（院士）。

朱先生主要从事土壤、土壤侵蚀、水土保持和国土整治研究，提出华南红壤主要是古土壤和红色风化壳的残留以及红色冲积物的堆积而不是现代生物地带性土壤的观点。对国内外土壤剖面进行对比研究，明确了灰化土中的 A2 层不是 R_2O_3 的淋溶层，而是硅的淀积层。阐明了黄土中土壤和古土壤黏化层的生物起源。对黄土和黄土高原的形成提出了风成沉积的新内容和风成黄土是黄尘自重、凝聚、雨淋3种沉积方式的融合体。他是整治黄土高原国土和根治黄河水患的"28字方略"和维护加强以土壤水库为本的"三库协防"的提出者。代表作有《中国黄土高原土地资源》《黄土高原土壤与农业》《陕西土地资源及其合理利用》《塿土》等，发表论文150余篇。获国家级、省（部）级科技成果奖和科技进步奖5项，为国家级有突出贡献专家，中国科学院首届竺可桢野外工作奖获得者。曾先后被评为中国科学院研究生优秀导师、陕西省劳动模范、全国水土保持先进工作者等，2021年6月28日被评为全国优秀共产党员。

（摘自中国科学院网站）

思与练

一、知识技能

（1）简述土壤的定义和组成。

（2）举例说明土壤的物理、化学和生物学性质及其现实意义。

（3）为什么需要采集多点混合土样？混合土样采集时，采样单元内采样点布设方法有哪些？各布点方法分别适合在哪种情况下使用？

（4）一般农田土壤肥力监测和耕层土壤环境质量调查，采样深度是多少？采样量应为多少？

（5）怎样加工制备风干土壤样品？风干土壤样品制备过程应注意哪些事项？不同监测项目对风干土壤样品的粒度有什么要求？

（6）简述土壤含水量测定、土壤干物质含量测定的关键技术及注意事项。

二、思政

（1）请查阅资料并简述朱显谟院士的先进事迹、杰出贡献和伟大精神。

（2）简述朱显谟院士立足岗位服务人民、报效祖国的事迹对你的影响和启示。

任务二　土壤肥力监测

学习目标

1. 能力目标　能完成土壤有效氮、有效磷、速效钾和有机质含量分析的样品采集与制备、样品预处理、指标测定、数据处理和结果表征。

2. 知识目标　能简述土壤肥力的定义及监测意义，能简述土壤速效氮、速效磷、速效钾和有机质等肥力指标测定的方法原理、关键步骤及注意事项。

3. 思政目标　了解中共党员侯光炯院士为我国土壤肥力学和稻田免耕技术发展做出

的杰出贡献，感悟侯先生的科学精神与家国情怀；培养团结合作、精益求精和一丝不苟的
职业习惯。

 **知识学习**

一、土壤肥力

（一）土壤肥力及监测意义

土壤肥力是指土壤能供应与协调植物正常生长发育所需的水、肥（养分）、气和热的
能力（见 GB/T 6274—2016）。土壤肥力是土壤的物理、化学和生物学性质的综合反映，
是土壤的最基本特征。农业工作者通常把水分、养分、空气和热量称为土壤肥力四大要
素，四大要素之间相互联系、相互制约、综合作用，共同构成土壤肥力。高肥力土壤不但
能够充分、全面、持续地供给植物生长所需的各种营养物质，而且能调节和抗拒各种不良
自然条件的影响，还能调节各肥力因素之间的矛盾，以达到适应和满足植物生长的需求。
因此，监测并调控土壤肥力，是种植业提质增效最主要的工作之一，也是污染土壤生物修
复的基础。

（二）土壤肥力类型及其转化

土壤肥力分为自然肥力和人为肥力。自然肥力是指在自然条件下逐渐形成和发展起
来的肥力。人为肥力是指在施肥、灌溉、耕作等人为活动作用下形成的肥力。对于农
田等耕作土壤而言，其既有自然肥力，又有人为肥力；人为肥力提升更具有现实意义，
即采用各种措施使土壤能够稳、匀、足、适时地满足作物生长和高产的需要。这种为
实现作物高产而人为创造更佳肥力条件的过程就是土壤培肥。土壤肥力，有时因受环
境条件、土壤耕作、施肥和管理水平等因素的限制，而只有一部分表现出来，这部分
在作物生长过程中表现出来的肥力称为有效肥力（或经济肥力），而在作物生长过程中
没有直接反映出来的肥力称为潜在肥力。有效肥力与潜在肥力是相互联系、相互转化
的，采取适宜的耕作管理措施，可以改造土壤环境条件，促使土壤潜在肥力转化为有
效肥力。

二、土壤氮及其测定方法

（一）土壤氮素及其监测指标

氮是作物生长必需的大量营养元素，土壤氮素含量显著影响作物生长。土壤有效氮，
也称速效氮，是指土壤中易被作物吸收、利用的氮，反映土壤近期的氮素供应情况，是推
荐施肥方案的重要依据。土壤速效氮，包括无机矿物态氮和部分易分解的有机态氮，是氨
态氮、硝态氮、氨基酸、酰胺和易水解性蛋白质氮的总和。土壤速效氮含量表征指标主要
有氨氮、硝酸盐氮和水解氮。

（二）土壤速效氮测定方法

1. 土壤水解氮测定　行业标准《森林土壤氮的测定》（LY/T 1228—2015）和河北省
地方标准《土壤速效氮测定》（DB13/T 843—2007）推荐用碱扩散法测定水解氮。向土壤
样品中加入还原剂锌-硫酸亚铁粉末和 1.8mol/L 氢氧化钠溶液，在扩散皿中土壤于碱性
条件下水解，使易水解态氮经碱解转化为氨氮，扩散后由硼酸溶液吸收，用标准酸滴定，

计算碱解氮的含量。

2. 土壤氨氮、亚硝酸盐氮和硝酸盐氮的测定　测定方法见《土壤　氨氮、亚硝酸盐、硝酸盐氮的测定　氯化钾溶液提取-分光光度法》（HJ 634—2012）。首先用 1mol/L 氯化钾（KCl）溶液浸提新鲜土样，再将浸提液分成三份，分别用于测定氨氮、亚硝酸盐氮和硝酸盐氮。氯化钾浸提液氨氮测定用靛酚蓝分光光度法，即在碱性环境和次氯酸根离子存在的条件下，氨离子与苯酚反应生成的蓝色靛酚染料在 630nm 波长处有最大吸收，在一定浓度范围内，吸光度与氨氮浓度符合朗伯-比尔定律，用标准曲线法定量。氯化钾浸提液亚硝酸盐氮测定用盐酸萘乙二胺分光光度法：在酸性条件下，提取液中的亚硝酸盐与磺胺反应生成重氮盐，再与盐酸 N-（1-萘基）-乙二胺偶联生成红色染料，其在 543nm 波长处有最大吸收；在一定浓度范围内，吸光度与亚硝酸盐氮浓度符合朗伯-比尔定律，用标准曲线法定量。如果将提取液通过还原柱，则提取液中的硝酸盐氮被还原为亚硝酸盐氮，再按上述测定亚硝酸盐氮的方法测定，可得到提取液中亚硝酸盐氮和硝酸盐氮的总含量；提取液硝酸盐氮含量等于提取液中亚硝酸盐氮和硝酸盐氮的含量总值减去提取液中亚硝酸盐氮含量。可见，土壤速效氮含量测定，可先将土样的氯化钾溶液提取液一分为二，一份测定氨氮含量，另一份测定亚硝酸盐和硝酸盐的总含量，最后二者求和即可计算得到。

3. 土壤硝态氮测定　常用紫外分光光度法［见《土壤硝态氮的测定　紫外分光光度法》（GB/T 32737—2016）］。首先用 1mol/L 氯化钾（KCl）溶液浸提一定量的新鲜土样，再用紫外分光光度法测定浸提液的硝态氮含量，根据新鲜土样干物质含量计算土壤硝态氮含量。浸提液中的硝酸根离子在 220nm 波长处有最大吸收，吸光度与硝酸根离子浓度成正比；溶解性有机物在 220nm 和 275nm 波长处均有吸收，而硝酸根离子在 275nm 波长处没有吸收。测定浸提液在 220nm 和 275nm 波长处的吸光度 A_{220} 和 A_{275}，计算校正吸光度 A（$A = A_{220} - 2.23 \times A_{275}$），校正吸光度 A 与浸提液中硝酸根离子含量成正比，用标准曲线法定量。土壤硝态氮含量可根据式（3-9）计算得到。

$$W_{N} = \frac{(\rho_{N} - \rho_{0}) \times V \times 1\,000}{m \times w_{dm}} \tag{3-9}$$

式中：W_{N}——土壤硝态氮含量，mg/kg；

　　　ρ_{N}——从校准曲线上查得土壤样品试液的硝态氮浓度，mg/L；

　　　ρ_{0}——从校准曲线上查得空白试液的硝态氮浓度，mg/L；

　　　V——浸提液体积，mL；

　　　m——称取的新鲜土壤样品的质量，g；

　　　w_{dm}——新鲜土壤样品的干物质含量，g/g。

三、土壤磷及其测定方法

（一）土壤磷及其监测指标

磷是植物生长必需的营养元素。土壤磷包括有机磷和无机磷，有机磷主要有磷脂、植素、核酸和核蛋白等，无机磷主要有水溶性磷（磷酸钾、磷酸钠和磷酸二氢钙等）、弱酸溶性磷（磷酸氢钙）和难溶性磷（磷酸钙）。土壤有效磷，也称速效磷，是指在生长期内能够被植物吸收的土壤磷，包括全部水溶性磷、部分吸附态无机磷和部分有机态磷。《土

壤　有效磷的测定　碳酸氢钠浸提-钼锑抗分光光度法》（HJ 704—2014）和《土壤检测第 7 部分：土壤有效磷的测定》（NY/T 1121.7—2014）规定，土壤有效磷是指能被规定浸提剂浸提出的磷，主要包括土壤溶液中的磷、弱吸附态磷、交换性磷和易溶性固体磷酸盐等。土壤有效磷在一定程度上反映了土壤磷的贮量和供应能力，是农业生产计算磷肥用量的依据。

（二）土壤有效磷测定方法

先用浸提剂（0.5mol/L 碳酸氢钠溶液）提取土样中的磷，再用钼锑抗分光光度法（离子色谱法或连续流动分析仪法）测定浸提液的磷含量，最后计算得土壤有效磷含量。浸提剂种类和浸提操作方法对测定结果影响显著。酸性土壤有效磷测定应用氟化铵-盐酸溶液浸提，中性和石灰性土壤有效磷测定用 0.5mol/L 碳酸氢钠溶液浸提。用不同浸提方法测定同一土样有效磷含量，其测定结果相差较大；浸提条件，如固液比（土样质量：浸提剂质量）、浸提温度、浸提时间、振荡方法和振荡强度等对测定结果亦影响较大。因此，土壤有效磷是一个相对指标，同一方法在相同条件下的测定结果才有比较意义。

四、土壤钾及其测定方法

（一）土壤钾及其监测指标

钾是植物生长必需的营养元素。钾在土壤中主要以无机形态存在，根据存在形态不同，分为难溶性钾（含钾矿物）、非交换性钾、交换性钾和水溶性钾 4 类；根据作物吸收能力不同，分为速效钾（可直接被作物吸收利用）和缓效钾两类。一般情况下，难溶性钾和非交换性钾为缓效钾，其中难溶性钾占土壤全钾的 90%～98%，非交换性钾占土壤全钾的 1%～10%；交换性钾和水溶性钾为速效钾，仅占土壤全钾的 1%～2%。土壤交换性钾含量在数十至数百毫克/千克范围，而水溶性钾含量多数小于 10mg/kg。《土壤速效钾和缓效钾含量的测定》（NY/T 889—2004）规定：土壤速效钾是指以中性1mol/L 乙酸铵溶液浸提、火焰光度计法测定所得的土壤钾含量；土壤缓效钾含量是指以 1mol/L 热硝酸溶液浸提、火焰光度计法测定所得的土壤钾含量（酸溶性钾）减去速效钾含量后所得结果。土壤速效钾含量直接反映了土壤供钾能力，是指导钾肥合理施用的主要依据。

（二）土壤速效钾测定方法

1. 原理　目前，我国农业土壤速效钾的测定方法是乙酸铵浸提-火焰光度法，即先用1mol/L 乙酸铵溶液（浸提剂）浸提风干土样，再用火焰光度法测定浸提液钾含量，最后计算得到土壤速效钾含量。

2. 步骤　①称取过孔径 1mm 筛的风干土样 5g（精确到 0.001g）于 200mL 塑料瓶（或 150mL 带塞锥形瓶）中，加入 1mol/L 乙酸铵溶液 50.00mL，盖紧瓶塞；②在（20～25）℃、150r/min 条件下振荡 30min，过滤；③滤液直接在火焰光度计上测定，用标准曲线法定量，同时做空白试验。

3. 计算　土壤速效钾含量，以钾的质量分数计，按式（3-10）计算。

$$w=\frac{c \cdot V}{m}$$ （3-10）

式中：w——土样速效钾含量，mg/kg；

   c——根据校正吸光度（即试样吸光度减去空白吸光度）从校准曲线或回归方程求得的待测液中钾的浓度，mg/L；

   V——浸提液体积，50.00mL；

   m——试样质量（烘干土样质量），g。

五、土壤有机质及其测定方法

（一）土壤有机质及其监测指标

土壤有机质是土壤固相的重要组成部分，其质量占固相 10% 左右（农田土壤有机质含量多小于 10%），体积占固相 12% 左右。土壤有机质，可通过不同机制与极性、非极性有机污染物结合，可固定、吸附重金属离子，能溶解无机矿物，对土壤的物理稳定性、养分储存和碳固定等发挥着重要作用。土壤有机质含量，既是农田土壤肥力评估的重要指标，也是污染场地风险评估的重要参数。表征土壤有机质含量的指标是土壤有机碳含量和土壤有机质含量。

（二）土壤有机质测定方法

1. 土壤有机碳含量测定　主要用高温电炉灼烧法（干法）和重铬酸钾氧化法（湿法）。先用高温电炉使土样中的有机碳燃烧或用强氧化剂将土样中的有机碳氧化，再用苏打-石灰吸收有机质氧化释放的 CO_2，最后通过称重计算吸附剂增重获得土壤有机碳含量。也可用标准氢氧化钡溶液吸收释放的 CO_2，再用标准酸滴定，根据标准酸消耗量计算土壤有机碳含量。干烧法和湿烧法，均能使土壤有机碳全部分解，不受还原物质的影响，准确度高，可作为标准方法校核用，但因需要特殊仪器、耗时长，常不被实验室采用。近年来，将高温电炉与气相色谱结合的碳氮自动分析仪，使土壤有机碳测定过程简化、精度提高。

2. 土壤有机质含量测定　常用重铬酸钾-硫酸溶液氧化硫酸亚铁滴定法，见《土壤检测　第 6 部分：土壤有机质的测定》（NY/T 1121.6—2006）。加热条件下，用过量的重铬酸钾-硫酸溶液氧化土壤有机碳，多余的重铬酸钾用硫酸亚铁标准溶液滴定，根据消耗的重铬酸钾量和氧化校正系数计算土壤有机碳含量，再乘以常数 1.724（有机碳换算成有机质的系数），即为土壤有机质含量。该方法适用于有机质含量小于 15% 的土壤样品，不宜用于氯化物含量较高的土壤。测定水稻土或长期渍水土有机质含量时，会因土样含大量还原性物质导致测定结果偏高。

技能训练

实训一　土壤速效氮测定

一、实训目的

（1）能简述土壤速效氮测定原理，能完成用扩散吸收法测定土样速效氮。

（2）培养团结合作能力及精益求精、一丝不苟的职业习惯。

二、实训原理

见"知识学习"之"二、（二）土壤速效氮测定方法"。

三、实训准备

（一）仪器与器具

（1）扩散皿。外室外径 10cm，内室外径 4cm。

（2）半微量酸式滴定管。5mL 规格。

（3）恒温箱。工作温度（40±1）℃。

（4）天平。感量 0.001g 和感量 0.000 1g 的电子天平。

（5）土壤监测实验室常用器具。

（二）试剂与材料

1. 氢氧化钠溶液

（1）c（NaOH）＝1.8mol/L 溶液。称取 72.00g 氢氧化钠，用去离子水溶解后，冷却，稀释并定容至 1 000mL，备用。此溶液适用于包括硝态氮的土壤速效氮测定。

（2）c（NaOH）＝1.2mol/L 溶液。称取 48.00g 氢氧化钠，用去离子水溶解后，冷却，稀释并定容至 1 000mL，备用。此溶液适用于不包括硝态氮的土壤速效氮测定和水稻土样品的速效氮测定。

2. 硫酸亚铁粉

（1）将硫酸亚铁（$FeSO_4 \cdot 7H_2O$）磨细，通过 0.15mm 孔径筛，装入密闭瓶中，保存于阴凉处。

（2）将硫酸亚铁（$FeSO_4 \cdot 7H_2O$）磨细，通过 0.25mm 孔径筛，装入密闭瓶中，保存于阴凉处。

3. 锌-硫酸亚铁还原剂　称取磨细并通过孔径 0.25mm 筛孔的硫酸亚铁（$FeSO_4 \cdot 7H_2O$）50.00g 及锌粉 10.00g 混匀，贮于棕色瓶中。

4. 碱性胶液　称取 40.0g 阿拉伯胶和 50mL 纯水于烧杯中，调匀，加热到 60～70℃，冷却。加入 40mL 甘油（$C_3H_8O_3$）和 20mL 饱和碳酸钾（K_2CO_3）溶液，搅匀，冷却。离心除去不溶物（最好放置在盛有浓硫酸的干燥器中以除去氨），贮于玻璃瓶中备用。

5. 甲基红-溴甲酚绿混合指示剂　称取 0.10g 甲基红（$C_{15}H_{15}N_3O_2$）及 0.50g 溴甲酚绿（$C_{21}H_{14}Br_4O_5S$）于玛瑙研钵中研细，加入少量 95％乙醇（C_2H_5OH）研磨至全部溶解，转移至 100mL 容量瓶（或量筒）中，用 95％乙醇定容至 100mL，摇匀装瓶保存。该指示剂贮存期不超过 2 个月。

6. 盐酸标准溶液　c（HCl）＝0.01mol/L。

（1）粗配。量取 100mL 的 0.1mol/L 盐酸溶液于 1 000mL 容量瓶中，纯水定容。

（2）标定。吸取 0.02mol/L 硼砂标准溶液 20.00mL 置于 100mL 锥形瓶中，加 1 滴甲基红-溴甲酚绿混合指示剂，用待标定的盐酸标准溶液滴定至溶液由蓝色变为紫红色为终点。同时做空白试验。

（3）计算。按式（3-11）计算盐酸标准溶液的精确浓度。

$$c = \frac{c_1 \times V_1}{V_2 - V_0} \tag{3-11}$$

式中：c——盐酸标准溶液浓度，mol/L；

c_1——硼砂标准溶液浓度，mol/L；

V_1——硼砂标准溶液体积，mL；

V_2——盐酸标准溶液体积，mL；

V_0——空白试验消耗盐酸标准溶液体积，mL。

7. 硼酸-指示剂溶液　称取 10.0g 硼酸（H_3BO_3），溶于 1L 水中。使用前，每升硼酸溶液中加 5.0mL 甲基红-溴甲酚绿混合指示剂，并用 0.1mol/L 氢氧化钠溶液调节至红紫色（pH 约为 4.5）。此溶液放置时间不宜超过 1 周，如在使用过程中 pH 有变化，需随时用稀酸或稀碱调节。

8. 风干土样　过孔径 2mm 筛的风干土样。

四、实训步骤与注意事项

（一）实训步骤

1. 编号　准备 5 个干净且已烘干的扩散皿，用记号笔写上编号"0－1""0－2""1""2""3"。

2. 称样　称取 3 份过孔径 2mm 筛的风干土样 1.000～2.000g，分别置于编号为"1""2""3"的 3 个扩散皿外室，轻轻旋转扩散皿，使土样均匀地平铺在扩散皿外室；同法称取两份过孔径 2mm 筛的干净石英砂 1.000～2.000g，分别置于编号为"0－1""0－2"的两个扩散皿外室，轻轻旋转扩散皿，使石英砂均匀地平铺在扩散皿外室。

3. 加还原剂和指示剂　首先分别向上述 5 个扩散皿的外室内加 1g 锌-硫酸亚铁还原剂，并使之平铺于土样上（若为潜育土壤不需加还原剂），再分别向上述 5 个扩散皿的内室里加 20g/L 硼酸-指示剂溶液 3.0mL。

4. 封皿　在扩散皿外室边缘上方涂碱性胶液，盖好毛玻璃并旋转数次，使毛玻璃与扩散皿边完全黏合。注意，由于碱性胶液的碱性很强，在涂胶液时，应细心，以防污染内室而造成误差。

5. 加碱　慢慢转开毛玻璃的一边，使扩散皿的一边露出一条狭缝，通过此缺口加入 1.8mol/L 氢氧化钠溶液 10.00mL 于扩散皿的外室，立即用毛玻璃盖严。注意，水稻土样要用 1.2mol/L 氢氧化钠溶液。

6. 扩散　水平地轻轻转动扩散皿，使其外室溶液与土样充分混合，然后小心地用橡皮筋两根交叉成十字形绷紧，使毛玻璃固定；将固定好的扩散皿放入恒温箱中，于（40±1）℃环境中静置扩散（24±0.5）h，此期间应间歇地水平轻轻转动扩散皿 3 次。

7. 滴定　用已标定的盐酸标准溶液滴定扩散皿内室硼酸中吸收的氨量，扩散皿内室溶液颜色由蓝变紫红，即达终点。及时记录数据，数据记录表参见表 3-10。滴定时应用细玻璃棒搅动扩散皿内室溶液，不宜摇动扩散皿，以免溢出；接近终点时，可用玻璃棒稍沾滴定管尖端的标准酸溶液，以防滴过终点。

8. 计算　按式（3-12）计算土壤速效氮含量 W_N（mg/kg）。平行测定结果，用算术平均值表示，保留整数位；两次平行测定结果的偏差应不超过 5mg/kg。

$$W_N = \frac{(V-V_0) \times c \times 14}{m \times k_1} \times 10^3 \tag{3-12}$$

式中：W_N——土壤水解性氮含量，mg/kg；

V——滴定样品所用盐酸标准溶液体积，mL；

V_0——滴定空白所用盐酸标准溶液体积，mL；

c——盐酸标准溶液的浓度，mol/L；

m——风干土样质量，g

k_1——由风干土样换算成烘干土样的水分换算系数；

14——氮原子的摩尔质量，g/mol。

表 3-10　土壤碱解氮分析原始记录

标准溶液浓度 c：　　　　mol/L　　　　　　　滴定管规格：　　　　mL

编号		样品质量 m/g	滴定管读数/mL		消耗标准液体积 V/mL	测定结果/(mg/kg)
			始读数	终读数		
空白	0—1		0.00			—
	0—2		0.00			—
	均值		—	—	—	
土样	1		0.00			
	2		0.00			
	3		0.00			
	均值	—	—	—	—	

检测时间：　　　　　　　检测人：　　　　　　　审核人：

（二）注意事项

1. 扩散皿内室溶液与指示剂不可变蓝　在扩散皿内室加硼酸-指示剂混合液时，如果溶液变蓝（溶液 pH＞4.5），则用吸管将溶液吸去，再次加入硼酸-指示剂混合液，可重复几次至扩散皿内室溶液不再变蓝为止。

2. 涂胶过程防止扩散皿内室污染　胶液的碱性很强，在涂胶液和洗涤扩散皿时必须特别细心，慎防污染内室，否则会使结果偏高。

3. 滴定过程中不可摇动扩散皿　滴定时要用带尖头的玻璃棒小心搅动吸收液，边搅拌边滴定，切不可摇动扩散皿。

4. 确保扩散皿干净　扩散皿使用前必须彻底清洗，先用小刷去除残余后再冲洗，然后浸泡于清洁剂及稀盐酸中，再用自来水冲洗、蒸馏水润洗，最后烘干备用。

五、实训成果

××农田土壤样品速效氮含量检测报告。

实训二　土壤有效磷测定

一、实训目的

（1）能完成不同类型土样的有效磷浸提和测试液制备，能完成钼锑抗分光光度法测定土壤有效磷的实验操作、数据处理和检测报告撰写。

（2）培养团结合作意识及精益求精、一丝不苟的职业习惯。

二、实训原理

（一）中性、石灰性土壤的有效磷测定

用 0.5mol/L 碳酸氢钠溶液浸提土壤中的有效磷；浸提液中的磷与钼锑抗显色剂反应生成磷钼蓝，在 880nm 波长处测定吸光度；在一定浓度范围内，浸提液的磷含量与其吸

光度符合朗伯-比尔定律,用标准曲线法定量。

(二)酸性土壤(pH<6.5)有效磷测定

用氟化铵-盐酸溶液浸提土壤中的有效磷;浸提液中的磷与钼锑抗显色剂反应生成磷钼蓝,在700nm波长处测定吸光度;在一定浓度范围内,浸提液的磷含量与其吸光度符合朗伯-比尔定律,用标准曲线法定量。

三、实训准备

(一)仪器与设备

(1)分析天平。精度0.0001g的电子天平。

(2)分光光度计。波长范围涵盖880nm和700nm,配备10mm玻璃比色皿。

(3)pH计。精度0.01pH的pH计。

(4)恒温往复式振荡器。频率可控制在150~250r/min。

(5)具塞锥形瓶。150mL规格的具塞锥形瓶,也可用合适容积的带盖的聚乙烯塑料瓶代替。

(6)土样制备工具。包括孔径1mm(或20目)尼龙网土壤筛、土样粉碎机和玛瑙研钵。

(7)不含磷的定量滤纸。

(8)土壤监测实验室常用仪器设备。

(二)中性、石灰性土壤试样有效磷测定所需试剂

(1)浓硫酸。分析纯,ρ(H_2SO_4)=1.84g/mL。

(2)浓硝酸。分析纯,ρ(HNO_3)=1.51g/mL。

(3)冰乙酸。分析纯,ρ($C_2H_4O_2$)=1.049g/mL。

(4)磷酸二氢钾(KH_2PO_4)。优级纯,取适量优级纯磷酸二氢钾于称量瓶中,置于105℃鼓风干燥箱中烘干2h,取出,置于干燥器中冷却,备用。

(5)抗坏血酸。分析纯;L—(+)—抗坏血酸,左旋,旋光度为21°~22°。

(6)氢氧化钠溶液[ω(NaOH)=10%]。称取10g氢氧化钠溶于水中,用纯水稀释并定容至100mL,贮存于聚乙烯瓶中。

(7)硫酸溶液[c(1/2H_2SO_4)=2mol/L]。将800mL水置于2 000mL烧杯中,在不断搅拌下缓慢加入55mL浓硫酸[ρ(H_2SO_4)=1.84g/mL],冷却后加水稀释至1 000mL,混匀,装于玻璃试剂瓶中备用。

(8)硝酸溶液(1+5)。将500mL水置于1 000mL烧杯中,在不断搅拌下缓慢加入100mL浓硝酸[ρ(HNO_3)=1.51g/mL],混匀,装于玻璃试剂瓶中备用。

(9)碳酸氢钠浸提剂[c(NaHCO_3)=0.5mol/L]。称取42.0g碳酸氢钠溶于约800mL水中,加水稀释至约990mL,用10%氢氧化钠溶液调节至pH=8.5(用pH计测定),加纯水定容至1L,将溶液温度控制在(25±1)℃。配好的浸提剂应贮存于聚乙烯瓶中,在4h内使用,否则使用前必须检查并校准pH。

(10)酒石酸锑钾溶液[ρ(KSbOC_4H_4O_6·1/2H_2O)=5g/L]。称取酒石酸锑钾0.50g溶于100mL水中。

(11)钼酸盐溶液。称取10.0g钼酸铵溶于300mL约60℃水中,冷却;量取153mL浓硫酸[ρ(H_2SO_4)=1.84g/mL]缓缓倒入约400mL水中,搅拌,冷却;将配制好的

硫酸溶液缓缓倒入钼酸铵溶液中，搅匀，再加入 100mL 酒石酸锑钾溶液，冷却后，用纯水定容至 1L，摇匀，贮于棕色试剂瓶中备用。该溶液中含 10g/L 钼酸铵和 2.75mol/L 硫酸，可贮存 1 年。

（12）抗坏血酸溶液 $[\omega(C_6H_8O_6)=10\%]$。称取 10g 抗坏血酸溶于水中，加入 0.2g 乙二胺四乙酸二钠（EDTA）和 8mL 冰乙酸 $[\rho(C_2H_4O_2)=1.049g/mL]$，加纯水定容至 100mL，贮存于棕色试剂瓶中，4℃条件下可稳定 3 个月；如果颜色变黄，应弃去，重新配制。

（13）磷标准贮备溶液 $[\rho(P)=100mg/L]$。称取 0.439 4g 磷酸二氢钾溶于约 200mL 水中，加入 5mL 浓硫酸，摇匀、稍冷却，转移至 1 000mL 容量瓶中，加水定容，混匀，贮存于棕色试剂瓶中，低温避光保存，有效期 1 年。或直接购买市售有证标准物质。

（14）磷标准使用溶液 $[\rho(P)=5.00mg/L]$。吸取 5.00mL 磷标准贮备液（100mg/L）于 100mL 容量瓶中，用碳酸氢钠浸提剂稀释至刻度，摇匀。临用现配。

（15）二硝基酚指示剂 $[\omega(C_6H_4N_2O_5)=0.2\%]$。称取 2,4-二硝基酚（或 2,6-二硝基酚）0.2g 溶于 100mL 水中，贮存于玻璃试剂瓶中。

（三）酸性土壤试样有效磷测定所需试剂

（1）硫酸溶液（5%）。

（2）酒石酸锑钾溶液（$\rho=5g/L$）。

（3）钼酸盐溶液。

（4）抗坏血酸溶液 $[\omega(C_6H_8O_6)=10\%]$。

（5）二硝基酚指示剂 $[\omega(C_6H_4N_2O_5)=0.2\%]$。

（6）氨水溶液（1+3）。将 300mL 水置于 500mL 烧杯中，在不断搅拌下缓慢加入 100mL 分析纯氨水，混匀，装于塑料试剂瓶中备用。

（7）氟化铵-盐酸浸提剂。称取 1.11g 氟化铵溶于 400mL 水中，加入 2.1mL 盐酸 $[\rho(HCl)=1.19g/mL]$，用水稀释至 1L，贮存于塑料瓶中。

（8）硼酸溶液 $[\rho(H_3BO_3)=30g/L]$。称取 30.0g 硼酸，在 60℃左右的纯水中溶解，冷却后稀释至 1L。

（9）磷标准使用溶液 $[\rho(P)=5.00mg/L]$。

（四）土壤样品

（1）中性、石灰性土壤样品。过孔径 2mm 筛的风干土样。

（2）酸性土壤样品。过孔径 2mm 筛的风干土样。

四、实训步骤

（一）锥形瓶和容量瓶编号

（1）锥形瓶编号。取 5 个干净的带塞锥形瓶，分别编号为"样 1""样 2""样 3""空 1""空 2"，其中编号"样 1""样 2""样 3"的 3 个锥形瓶用于样品的 3 个平行，编号"空 1"和"空 2"的 2 个锥形瓶用于空白。

（2）容量瓶编号。取 12 个干净的 50mL 容量瓶，分别编号为"样 1""样 2""样 3""空 1""空 2""0""1""2""3""4""5""6"，其中编号"样 1""样 2""样 3"的 3 个容量瓶为样品的 3 个平行，编号"空 1""空 2"的 2 个容量瓶为空白，编号"0""1""2"

"3""4""5""6"的 7 个容量瓶为标准系列溶液。

（二）中性、石灰性土壤试样有效磷测定

1. 土壤有效磷的浸提

（1）称取过 2mm 筛的风干土样 2.500g 三份，分别置于编号为"样 1""样 2""样 3"的 150mL 具塞锥形瓶中；称取过孔径 2mm 筛的石英砂 2.500g 两份，分别置于编号为"空 1""空 2"的 150mL 具塞锥形瓶中。

（2）向 5 支锥形瓶中分别加入碳酸氢钠浸提剂 50.00mL，塞紧塞，置于恒温往复振荡器中，在（25±1）℃条件下以 180～200r/min 的振荡频率，振荡（30±1）min。立即用无磷滤纸干过滤，滤液应当天分析。

（3）吸取土样有机磷浸提液和空白溶液 10.00mL，分别置于编号为"样 1""样 2""样 3""空 1""空 2"的 50mL 容量瓶中，加水 10mL，摇匀。

2. 标准系列溶液配制

（1）分别吸取磷标准使用液 [ρ（P）＝5.00mg/L] 0.00mL、1.00mL、2.00mL、3.00mL、4.00mL、5.00mL 和 6.00mL 于编号为"0""1""2""3""4""5""6"的 50mL 容量瓶中。

（2）分别加入碳酸氢钠浸提剂 10.0mL，加水至 20mL 左右，摇匀。

3. 试样显色

（1）向上述 12 个容量瓶中，先加 1 滴二硝基酚指示剂，然后逐滴加入硫酸溶液 [c（$1/2H_2SO_4$）＝2mol/L] 调至溶液近无色，加入 0.75mL 抗坏血酸溶液，混匀。

（2）30s 后，加 5.00mL 钼酸盐溶液，用纯水定容至 50.00mL，混匀，在温度大于 20℃环境中静置 30min。该磷标准系列溶液的磷含量依次为 0.00mg/L、0.10mg/L、0.20mg/L、0.30mg/L、0.40mg/L、0.50mg/L 和 0.60mg/L。

4. 开机预热　接通电源，打开光度计开关，调至波长 880nm 处，预热 30min。

5. 吸光度测定　以编号"0"的磷标准溶液为参比，调整仪器零点，依编号"1""2""3""4""5""6""样 1""样 2""样 3""空 1"和"空 2"，依次测定吸光度 A；注意：测定完编号"6""样 3"容量瓶后应分别至少用纯水洗涤比色皿 3 次。

（三）酸性土壤有效磷测定

1. 有效磷的浸提

（1）称取过 2mm 筛孔风干试样 5.000g 置于 200mL 塑料瓶中，加入（25±1）℃的氟化铵-盐酸浸提剂 50.00mL，在温度（25±1）℃、振荡频率（180±20）r/min 条件下振荡 30min，立即用无磷滤纸干过滤。

（2）同时做空白，空白溶液的制备除不加土样外，其他步骤与土样相同。

（3）吸取土样有效磷浸提液和空白溶液 10.00mL 分别置于编号为"样 1""样 2""样 3""空 1""空 2"的 50mL 容量瓶中，加入 10mL 硼酸溶液摇匀，加水至 30mL 左右，摇匀。

2. 标准系列溶液配制

（1）分别吸取磷标准使用溶液 0.00mL、1.00mL、2.00mL、3.00mL、4.00mL、5.00mL 和 6.00mL 置于编号为"0""1""2""3""4""5""6"的 50mL 容量瓶中。

（2）分别加入氟化铵-盐酸浸提剂 10.00mL，再加入硼酸溶液 10mL 摇匀，加水至30mL 摇匀。

3. 试样显色

（1）向上述 12 个容量瓶中，先加 2 滴二硝基酚指示剂，然后逐滴加入硫酸溶液 $[c(1/2H_2SO_4)＝2mol/L]$ 或氨水溶液（1＋3）调节溶液刚显微黄色，摇匀，加入 0.75mL 抗坏血酸溶液混匀。

（2）30s 后，加 5mL 钼酸盐溶液，用纯水定容至 50.00mL，摇匀，在温度大于 20℃ 环境中静置 30min。该磷标准系列溶液的磷含量依次为 0.00mg/L、0.10mg/L、0.20mg/L、0.30mg/L、0.40mg/L、0.50mg/L 和 0.60mg/L。

4. 开机预热　接通电源，打开分光光度计开关，调波长至 700nm 处，预热 30min。

5. 吸光度测定　以编号"0"的磷标准溶液为参比，调整仪器零点，依容量瓶编号顺序"1""2""3""4""5""6""样 1""样 2""样 3""空 1""空 2"依次上机测定吸光度 A；注意，测定完编号"6"和编号"样 3"容量瓶后，应分别至少用纯水洗涤比色皿 3 次。

（四）数据记录和结果计算

1. 数据记录　及时记录数据，数据记录表参见表 3-11；与计算机联机的分光光度计应及时保存数据。

2. 绘制校准曲线（或计算回归方程）　以标准系列溶液的磷含量 c（mg/L）为横坐标，吸光度 A 为纵坐标，绘制校准曲线；或者以标准系列溶液的磷含量 c（mg/L）为变量 x，吸光度 A 为变量 y，计算回归方程 $y＝ax＋b$。

3. 结果计算

（1）依式（3-13）计算土样有效磷含量 w。

$$w=\frac{(\rho-\rho_0)\times V\times D}{m\times 1\,000}\times 1\,000 \tag{3-13}$$

式中：w——土样有效磷含量，mg/kg；

　　　ρ——从校准曲线求得显色液中磷的浓度，mg/L；

　　　ρ_0——从校准曲线求得空白试样中磷的浓度，mg/L；

　　　V——显色液体积，50.00mL；

　　　D——分取倍数（试样浸提剂体积与分取体积之比），$D＝50.00/10.00＝5$；

　　　m——试样质量，石灰性土壤试样取 2.500g，酸性土壤试样取 5.000g；

　　　$1\,000$——将 mL 换算成 L 和将 g 换算成 kg 的系数。

（2）依式（3-14）计算土样有效磷含量测定最终结果，保留小数点后 1 位或最多保留三位有效数字。

$$土壤有效磷含量\ w=\frac{w_1+w_2+w_3}{3} \tag{3-14}$$

式中：w——土壤有效磷含量，mg/kg；

　　　w_1——土壤平行样 1 的有效磷含量，mg/kg；

　　　w_2——土壤平行样 2 的有效磷含量，mg/kg；

　　　w_3——土壤平行样 3 的有效磷含量，mg/kg。

表 3-11　土壤有效磷测定原始记录

仪器					显色温度	25℃	
波长		□880nm	□700nm		狭缝宽度/nm		
编号	标准使用液加入量/mL	定容体积/mL	磷含量/c/(mg/kg)	吸光值 A	回归方程 $y=ax+b$		
0	0.00	50.00	0.00		$a=$		
1	1.00	50.00	0.10		$b=$		
2	2.00	50.00	0.20		$r=$		
3	3.00	50.00	0.30				
4	4.00	50.00	0.40		回归方程：		
5	5.00	50.00	0.50				
6	6.00	50.00	0.60				
编号	土样质量 m/g	显色体积 V/mL	分取倍数 D	吸光度 A	标准曲线查得浓度 ρ/(mg/L)	土壤有效磷含量 w/(mg/kg)	
空1	0.000	50.00	5				
空2	0.000	50.00	5				
均值	—						
样1		50.00	5				
样2		50.00	5				
样3		50.00	5				
均值			w/(mg/kg)＝				

检测日期：　　　　　检测人：　　　　　审核人：

五、实训成果

××农田土壤样品有效磷含量检测报告。

实训三　土壤有机质含量测定

一、实训目的

（1）能完成重铬酸钾-硫酸溶液氧化硫酸亚铁滴定法测定土壤有机质含量的样品消解、试液测定、数据处理和报告撰写。

（2）培养团结合作、精益求精和一丝不苟的职业习惯。

二、实训原理

在油浴（或沙浴）加热条件下，用定量的重铬酸钾-硫酸溶液，使土壤中的有机碳氧化，剩余的重铬酸钾用硫酸亚铁标准溶液滴定；以石英砂（SiO_2）作试剂空白试样，根据氧化前后氧化剂质量差值，计算出有机碳量，再乘以系数 1.724，即为土壤有机质含量。该方法适用于土壤有机质含量小于 15％的土壤样品，但不适用于氯化物含量较高的土壤。

三、实训准备

(一) 主要仪器设备

(1) 加热装置。一般包括电炉 (1 000W) 和油浴锅 (油浴锅一般是高度为 15~20cm 的紫铜或铝质锅, 内装甘油或固体石蜡)。

(2) 铁丝笼。要求大小和形状与油浴锅配套, 内有若干小格, 每个格内可插入一支试管。

(3) 土壤有机质测定专用硬质试管。规格为 $\phi 25mm \times 200mm$, 与加热装置、铁丝笼等配套。

(4) 三角瓶 (锥形瓶)。250mL 规格。

(5) 酸式滴定管。最好用自动调零滴定管。

(6) 温度计。测定上限为 300℃。

(7) 定量滤纸。

(8) 土壤监测实验室常用设备。

(二) 试剂

1. 原药剂 应准备重铬酸钾 ($K_2Cr_2O_7$, 分析纯和优级纯试剂各一瓶)、浓硫酸 (H_2SO_4, 分析纯, $\rho = 1.84g/mL$)、硫酸亚铁 ($FeSO_4 \cdot 7H_2O$, 分析纯)、邻菲啰啉 ($C_{12}HgN_2 \cdot H_2O$, 分析纯) 和石英砂 (一定粒度的颗粒, 分析纯)

2. 重铬酸钾-硫酸溶液 c ($1/6K_2Cr_2O_7$) $= 0.4mol/L$。

(1) 称取 40.0g 重铬酸钾 (分析纯) 溶于 600~800mL 水中, 用滤纸过滤到 1L 量筒内, 用水洗涤滤纸, 并加水至 1L, 将此溶液转移至 3L 大烧杯中。

(2) 另取 1L 浓硫酸, 慢慢地倒入重铬酸钾水溶液中, 并不断搅动。注意: 为避免溶液急剧升温, 每加 100mL 左右浓硫酸后可稍停片刻, 并把大烧杯放在盛有冷水的大塑料盆内冷却, 当溶液的温度降到不烫手时再继续加浓硫酸, 直到全部加完为止。

3. 重铬酸钾标准溶液 c ($1/6K_2Cr_2O_7$) $= 0.1000mol/L$。准确称取 130℃下烘 2~3h 的重铬酸钾 (优级纯) 4.904g, 先用少量水溶解, 然后无损转移至 1 000mL 容量瓶中, 加水定容, 摇匀, 装入玻璃试剂瓶中, 备用。

4. 邻菲啰啉指示剂

(1) 向 250mL 烧杯中加入 100mL 水, 在不断搅拌条件下缓慢加入 2mL 浓硫酸。

(2) 称取 0.70g 硫酸亚铁于上述烧杯中, 搅拌至完全溶解。

(3) 称取邻菲啰啉 1.49g 溶于该硫酸亚铁溶液中, 搅拌至完全溶解。

(4) 冷却后, 转移至棕色试剂瓶中, 密闭保存, 备用。

5. 硫酸亚铁标准溶液 c ($FeSO_4$) $\approx 0.1mol/L$。

(1) 粗配。称取 28.0g 硫酸亚铁溶于 600~800mL 水中, 加浓硫酸 20mL 搅拌均匀, 静止片刻后用滤纸过滤至 1 000mL 容量瓶内, 再用水洗涤滤纸并加水至 1 000mL。注意: 此溶液易被空气氧化而致浓度下降, 每次使用前应该标定其准确浓度。

(2) 标定。吸取 0.100 0mol/L 重铬酸钾标准溶液 20.00mL 放入 150mL 三角瓶中, 加 3~5mL 浓硫酸摇匀, 加 3 滴邻菲啰啉指示剂摇匀, 以硫酸亚铁标准溶液滴定, 溶液由橙黄色先变为蓝绿色再变为棕红色即为终点, 记录硫酸亚铁溶液消耗量, 填入表 3-12 中, 计算硫酸亚铁溶液的精确浓度。

表 3-12　硫酸亚铁溶液精确浓度标定数据记录

编号	重铬酸钾溶液		硫酸亚铁溶液消耗量/mL			硫酸亚铁溶液浓度/ (mol/L)
	用量/mL	浓度/ (mol/L)	始读数	终读数	用量	
1	20.00	0.100 0	0.00			
2	20.00	0.100 0	0.00			
3	20.00	0.100 0	0.00			
均值	硫酸亚铁标准溶液浓度 c（$FeSO_4$）=				mol/L	

配制人：　　　　　标定人：　　　　　标定日期：　　　年　　月　　日

（三）样品

1. 过孔径 1mm 筛土样　取风干土样 250g，先用镊子挑除植物根、叶等有机残体，然后用木棍把土块压碎、擀细，再使之全部通过孔径 1mm 土壤筛（金属筛，下同），装瓶备用。

2. 过孔径 0.25mm 筛土样　取过孔径 1mm 筛土样 10～20g 于研钵中磨细，使之全部通过孔径 0.25mm 土壤筛，装入磨口玻璃瓶中备用。

3. 注意　对新采回的水稻土（或长期处于渍水条件的土壤）样品，必须在土壤样品晾干、压碎后，平摊成薄层，每天翻动一次，在空气中暴露 7d 左右后才能磨样。

四、实训步骤

（一）称样

1. 试管编号　取 5 支干净的硬质试管于专用铁丝笼空格内，用记号笔分别编号为"0－1""0－2""1""2""3"；其中"0－1""0－2"两支试管用于空白试验，"1""2""3"三支试管用于样品的三个平行。

2. 称样　准确称取过孔径 0.25mm 筛土样 0.050 0～0.500 0g（根据土样有机质含量范围定）3 份，分别置于编号为"1""2""3"的三支试管中。

3. 称空白样　准确称取粒径约为 0.25mm 石英砂（或烁烧浮石粉）0.200 0g 左右（尽量与土样质量接近）两份，分别置于编号为"0－1""0－2"的两支试管中。

（二）消解

1. 加氧化剂　用自动调零滴定管（或移液管）向 5 支硬质试管中分别加入 0.4mol/L 重铬酸钾-硫酸溶液 10.00mL，摇匀，将试管逐个插入铁丝笼中，在每个试管口插入一支玻璃漏斗。

2. 消解　将铁丝笼沉入已在电炉上加热至 185～190℃ 的油浴锅内，使管中的液面低于油面，要求放入后油浴温度下降至 170～180℃，观察试管中的溶液，待沸腾时开始计时，此时必须控制好电炉温度，防止试管内溶液爆沸（剧烈沸腾），其间可轻轻提起铁丝笼在油浴锅中晃动几次，以使液温均匀；维持油浴温度为 170～180℃，（5±0.5）min 后将铁丝笼从油浴锅内提出，冷却片刻，擦去试管外的油液（或蜡液）。

（三）转移

1. 锥形瓶准备　取 5 支干净的 250mL 锥形瓶，分别编号为"0—1""0—2""1""2""3"其中"0—1""0—2"用于空白试验，"1""2""3"用于样品的三个平行。

2. 转移　把 5 支试管内的消煮液及土壤残渣无损地分别转入对应编号的 250mL 锥形瓶中，用水冲洗试管及小漏斗，洗液并入锥形瓶中，使锥形瓶内溶液的总体积控制在

50～60mL。

(四) 滴定

1. 加指示剂 向 5 支锥形瓶中分别加入 3 滴邻菲啰啉指示剂，摇匀。

2. 滴定 用硫酸亚铁标准溶液滴定至锥形瓶内溶液的颜色由橙黄色变为蓝绿色，再变为棕红色，即为滴定终点。

3. 记录数据 滴定到达终点后，立即记录硫酸亚铁标准溶液消耗体积（mL）。

4. 注意 如果滴定所用硫酸亚铁溶液的体积不到空白试验所耗硫酸亚铁溶液体积的 1/3，则应减少土壤称样量，重新测定。

(五) 数据记录与结果计算

1. 数据记录 土样有机质含量测定数据记录见表 3-13。

表 3-13 土壤有机质测定数据记录

天平型号及编号：			滴定设备规格及编号：		
重铬酸钾溶液浓度： mol/L			重铬酸钾溶液配制日期：		
编号	取样量/g	干基含量/ (g/g)	标准溶液消耗量/mL			有机质含量/ (g/kg)
			始读数	终读数	消耗量	
0—1			0.00			
0—2			0.00			
均值	—	—	—	—	—	—
1			0.00			
2			0.00			
3			0.00			
均值	土壤有机质含量 O. M= g/kg					

检测人员： 检测日期： 年 月 日

2. 计算 将数据代入式（3-15）计算土壤有机质含量。

$$O.M = \frac{c \times (V_0 - V) \times 0.003 \times 1.724 \times 1.10}{m} \times 1\,000 \tag{3-15}$$

式中：$O.M$——土壤有机质含量，g/kg；

V_0——空白试验所消耗硫酸亚铁标准溶液体积，mL；

V——试样测定所消耗硫酸亚铁标准溶液体积，mL；

c——硫酸亚铁标准溶液的浓度，mol/L；

0.003——1/4 碳原子的毫摩尔质量，g；

1.724——由有机碳换算成有机质的系数；

1.10——氧化校正系数，氧化时若加 0.1g 硫酸银粉末则为 1.08；

m——称取烘干试样的质量，g；

1 000——将烘干试样质量的单位由"g"转换成"kg"的换算系数。

3. 结果表征 计算土样三个平行处理（编号"1""2""3"）的有机质含量的算数均值，并以此均值为该土样有机质含量测定结果，保留三位有效数字。

(六) 注意事项

1. 要用风干土样 测定土壤有机质必须用风干样品，因为水稻土及长期渍水的土壤中含有较多的还原性无机物，会消耗重铬酸钾，使测定结果偏高。

2. 注意真假沸腾　加热时产生的二氧化碳气泡不是真沸腾，要求在真沸腾时开始计时。

五、实训成果

××农田土壤样品有机质含量检测报告。

富有的穷教授中共党员侯光炯院士

侯光炯，1905.5.7—1996.11.4，上海金山人，中共党员，土壤学家。1928 年毕业于北京农业大学农化系（中国农业大学资源环境学院前身），历任西南农业大学（西南大学前身）教授、博士生导师、自然免耕研究所所长、名誉校长。1955 年选聘为中国科学院学部委员（院士）。

侯院士从事土壤学教学与科研工作达 60 年之久，在土壤肥力和土壤地理研究方面发现"光肥平衡"日周期变化的事实，从而开辟了土壤胶体热力学新领域。1986 年通过鉴定的水田自然免耕新技术，到 1988 年底已在南方 13 省推广 2 200 多万亩，增产率在 15％以上。为适应土壤肥力研究的需要，创建了土壤胶体物理-土壤黏韧率和黏韧曲线，以及土壤胶体热力学＋联式 pH 两种测定方法，并拟定了土壤肥力分类体系，为制定我国土地利用规划提供了科学依据。

1956 年 2 月 28 日，侯光炯加入中国共产党，在日记中写道："今天是我的新生命开始的纪念日，从今天起，我把我的智慧、力量和生命都交给党……"1966—1976 年，侯光炯共交纳党费 1 700 多元，自己却住茅屋、吃粗茶淡饭、抽 8 分钱一包的烟。1989 年，侯光炯被评为全国先进工作者、增加了两级工资，他却每月只留 369 元，而将余下的 371元全部用以设立土壤学青年科学奖励基金和交纳党费。他还将 3 万元稿酬全部捐赠给学校作为科研教育经费。1992 年在四川省有重大贡献科技工作者颁奖会上，侯光炯将自己的10 万元奖金全部捐出，用作农业科普博物馆建设和举办免耕技术培训班。

（摘自中国科学院网站）

思与练

一、知识技能

（1）什么是土壤肥力？有效肥力和潜在肥力有什么联系？

（2）什么是土壤有效氮？简述碱解扩散法测定土壤有效氮的原理和关键步骤。

（3）简述碳酸氢钠溶液浸提-钼锑抗比色法测定土壤有效磷的原理和关键步骤。

（4）简述乙酸铵溶液浸提-火焰光度计法测定土壤速效钾的原理和关键步骤。

（5）什么是土壤有机质？简述油浴加热重铬酸钾-硫酸溶液消解法测定土壤有机质的原理和关键步骤。

二、思政

（1）查阅资料并简述中共党员侯光炯院士的先进事迹、杰出贡献和伟大精神。

（2）简述侯光炯院士立足岗位报效祖国、服务人民的事迹对你的影响和启示。

任务三　土壤污染监测

学习目标

1. 能力目标　会制订土壤环境监测方案，能完成土壤总汞、六六六含量的测定和检测报告编写。

2. 知识目标　能简述土壤污染、土壤环境质量等术语的含义，简述土壤环境质量监测工作程序和土壤重金属、有机农药测定方法原理。

3. 思政目标　了解中共党员蔡道基院士为我国农药安全使用与生态环境保护事业做出的杰出贡献，学习、感悟蔡先生的科学精神与家国情怀。

知识学习

一、土壤污染与土壤环境质量监测

（一）土壤污染

土壤污染，是指自然或人为原因使污染物进入土壤的量超过了土壤环境容量而积累，引起土壤的性状改变、功能失调和质量恶化，导致土壤使用价值显著降低的过程。土壤污染不仅使土壤肥力下降，导致农作物减产、品质降低，甚至绝收，还可能成为二次污染源，污染水体、空气和土生生物。土壤污染的自然源主要是矿物风化产物的自然扩散、火山爆发后的火山灰沉降等。人为源主要包括农药化肥不合理施用、污废水过度灌溉、污水厂污泥滥用、大气有害颗粒物沉降、固体废物（生活垃圾及工业废渣）随意堆放掩埋等。土壤污染物种类多，目前以化学污染物污染最为严重，其次是生物类污染物和放射性污染物。土壤中的化学污染物主要是重金属、硫化物、氟化物、农药等，生物类污染物主要是病原微生物，放射性污染物主要是 ^{90}Sr、^{137}Cs 等。

（二）土壤环境质量

土壤对人类和其他生物而言，是重要的生存环境，因而土壤质量问题涉及土壤资源、土壤肥力、土壤生态、土壤污染、土壤酸碱化、土壤沙化等诸多问题。土壤质量是土壤肥力质量、土壤环境质量和土壤健康质量的综合量度，其中土壤肥力质量是指土壤提供植物水、肥、气、热的能力，土壤环境质量是指土壤容纳、吸收和降解各种环境污染物质的能力，土壤健康质量是指土壤影响和促进人类及其他生物健康的能力。在实际工作中，一般认为土壤健康质量归属于土壤环境质量，即认为土壤质量包括土壤肥力质量和土壤环境质量两部分。这种思路下，土壤环境质量是指在一个具体的环境内，土壤对人群和其他生物的生存繁衍，以及对社会经济发展的适宜程度。土壤环境质量定义有狭义和广义两种：前者指土壤遭受污染的程度；后者包括土壤污染问题和土壤侵蚀、沙化、盐碱化、酸化等退化问题。本教材讨论的土壤环境质量问题仅指土壤污染问题，土壤环境质量监测（土壤环境监测）仅指土壤污染监测。

（三）土壤环境质量标准

土壤环境质量标准是为贯彻《中华人民共和国环境保护法》，防止土壤污染，保护生态环境，保障农林生产，维护人体健康，而对土壤中污染物的最高容许含量进行的量化规定。土壤环境质量标准规定了土壤中污染物的最高允许浓度或范围,是判断土壤质量的依据。我国现行农用地(包括耕地、园地和草地)土壤环境质量标准,是由国家生态环境部与国家市场监督管理总局联合发布《土壤环境质量 农用地土壤污染风险管控标准(试行)》(GB 15618—2018)。

(四)土壤环境质量监测

为确定土壤质量状况、预防土壤污染、调控土壤质量,而对土壤中的无机元素、有机物质及微生物等指标进行测定分析的过程就是土壤监测。根据目的不同,土壤监测分为土壤肥力质量监测、土壤环境质量监测和土壤背景值监测。土壤环境质量监测,简称土壤环境监测,是指通过对影响土壤环境质量因素的代表值的测定,确定土壤环境质量及变化趋势、评价土壤污染控制措施效果或衡量土壤环境保护工作进展的过程。

二、土壤环境质量监测方案制订

制订土壤环境质量监测方案,首先根据监测目的进行调查研究、收集相关资料,再在综合分析资料的基础上布设采样点,确定监测项目和采样方法,选择监测方法,建立质量保证程序,提出监测数据处理要求,最后安排实施计划。根据《土壤环境质量 农用地土壤污染风险管控标准(试行)》(GB 15618—2018)和《农田土壤环境质量监测技术规范》(NY/T 395—2012)有关内容,介绍农田土壤环境质量监测方案制订过程。

(一)监测目的确定与资料收集

1. 监测目的 判断农用地土壤是否污染及污染状况,并预测变化趋势。

2. 收集资料

(1)自然环境资料。包括欲监测农田的土壤类型、主栽作物、区域土壤元素背景值、耕作模式、水土流失、自然灾害、水系、地下水、地形地貌、气象条件及相关图件。

(2)社会环境资料。包括工农业生产布局、工业污染源种类及分布、污染物种类及排放途径和排放量、农药及化肥施用状况、废(污)水灌溉及污泥施用状况、人口分布、地方病及相关图件等。

(二)监测项目确定

1. 农田土壤环境监测项目确定原则

(1)应根据当地环境污染状况(如农区的大气、灌溉水、农业投入品等),优先选择在土壤中累积较多、影响范围广、毒性较强且难降解的污染物。

(2)根据农作物对污染物的敏感程度,优先选择对农作物产量、安全质量影响较大的污染物,如重金属、农药、除草剂等。

2. 农用地土壤污染风险筛选值的基本项目 必测项目,包括镉、汞、砷、铅、铬、铜、镍和锌8项。

3. 农用地土壤污染风险筛选值的其他项目 选测项目,由地方生态环境保护主管部门根据本地区土壤污染特点和环境管理需求进行选择,主要包括六六六、滴滴涕和苯并[a]芘3项。

(三)监测项目的分析方法选择

1. 分析方法选择原则

(1)优先选择国家标准、行业标准的分析方法,其次选择由权威部门规定或推荐的分析方法。

(2) 根据各地实际情况，可自选等效分析方法，但必须做比对实验，自选方法的检出限、准确度和精密度不低于相应的通用方法水平要求或待测物准确定量的要求。

2. 监测项目分析方法 农用地土壤污染风险管控土壤污染物监测项目及分析方法见表 3-14。

表 3-14　农用地土壤污染风险管控土壤污染物监测项目及分析方法

序号	污染物项目	分析方法	标准编号
1	镉	土壤质量　铅、镉的测定　石墨炉原子吸收分光光度法	GB/T 17141—1997
2	汞	土壤和沉积物　汞、砷、硒、铋、锑的测定微波消解/原子荧光法	HJ 680—2013
		土壤质量　总汞、总砷、总铅的测定　原子荧光法 第 1 部分：土壤中总汞的测定	GB/T 22105.1—2008
		土壤质量　总汞的测定　冷原子吸收分光光度法	GB/T 17136—1997
		土壤和沉积物　总汞的测定　催化热解/冷原子吸收光度法	HJ 923—2017
3	砷	土壤和沉积物　12 种金属元素的测定 王水提取-电感耦合等离子体质谱法	HJ 803—2016
		土壤和沉积物　汞、砷、硒、铋、锑的测定 微波消解/原子荧光法	HJ 680—2013
		土壤质量　总汞、总砷、总铅的测定　原子荧光法 第 2 部分：土壤中总砷的测定	GB/T 22105.2—2008
4	铅	土壤质量　铅、镉的测定　石墨炉原子吸收分光光度法	GB/T 17141—1997
		土壤和沉积物　无机元素的测定 波长色散 X 射线荧光光谱法	HJ 780—2015
5 6 7 8	铬 铜 镍 锌	土壤和沉积物　铜、锌、铅、镍、铬的测定 火焰原子吸收分光光度法	HJ 491—2019
		土壤和沉积物　无机元素的测定 波长色散 X 射线荧光光谱法	HJ 780—2015
9 10	六六六总量 滴滴涕总量	土壤和沉积物　有机氯农药的测定　气相色谱-质谱法	HJ 835—2017
		土壤和沉积物　有机氯农药的测定　气相色谱法	HJ 921—2017
		土壤中六六六和滴滴涕测定的气相色谱法	GB/T 14550—2003
11	苯并 [a] 芘	土壤和沉积物　多环芳烃的测定　气相色谱-质谱法	HJ 805—2016
		土壤和沉积物　多环芳烃的测定　高效液相色谱法	HJ 784—2016
		土壤和沉积物　半挥发性有机物测定　气相色谱-质谱法	HJ 34—2017
12	pH	土壤 pH 值的测定　电位法	HJ 962—2018

(四) 布点采样与样品制备

农田土壤污染调查监测点位布设、样品采集和样品制备，依据《土壤环境监测技术规范》(HJ/T 166—2004) 等相关技术规定要求实施，详见项目三之任务一。

（五）数据处理、结果表达和质量控制

依据《土壤环境监测技术规范》（HJ/T 166—2004）等相关技术规定要求实施，详见项目五环境监测质量控制。

三、土壤六六六总量和滴滴涕总量的测定

（一）土壤有机氯农药污染

有机氯农药（organochlorine pesticides，OCPs），是指一类含有氯元素的有机化合物，分为苯类、环戊二烯类和其他类。苯类应用最早，如六六六（六氯环己烷）、滴滴涕（双对氯苯基三氯乙烷）、三氯杀螨砜、三氯杀螨醇、五氯硝基苯和百菌清等；环戊二烯类，包括氯丹、七氯、艾氏剂等杀虫剂；其他类有机氯农药，包括以松节油为原料的有机氯农药莰烯类杀虫剂，以萜烯为原料的冰片基氯。有机氯农药，具有高残留、易脂溶、半挥发和易迁移等特性，施用不当极易造成全球范围内土壤、水体和空气的污染。有机氯农药，可通过植物吸收和食物链富集传递进入动物体和人体中，亦可能在生产、运输、贮存和使用过程中造成误服或污染皮肤，急性中毒致命，慢性中毒引发致癌、致畸形或突变效应。因此，《土壤环境质量　农用地土壤污染风险管控标准（试行）》（GB 15618—2018）将六六六和滴滴涕列为农用地土壤污染风险管控的选测项目，其风险筛选值为0.10mg/kg。

20世纪60~70年代有机氯农药在我国广泛使用，虽然1983年我国就禁止使用包括六六六、滴滴涕在内的有机氯农药，但十年后我国某产棉区土壤的滴滴涕含量仍高达1.23mg/kg，足见有机氯农药的残留期和半衰期之长。有机氯农药，因高效、廉价而备受"喜爱"，致使禁用法令颁布后较长时期仍有农民非法施用。可见，农田土壤有机氯农药排查和风险控制是一项长期而艰巨的任务。

（二）土壤六六六和滴滴涕总量测定原理

土壤六六六和滴滴涕（二者的化学结构见图3-12）总量测定，一般过程是浸提、萃取、净化、检测和计算，常用的检测方法是气相色谱法［参见《土壤中六六六和滴滴涕测定的气相色谱法》（GB/T 14550—2003）］和气相色谱-质谱法［参见《土壤和沉积物有机氯农药的测定　气相色谱-质谱法》（HJ 835—2017）］。

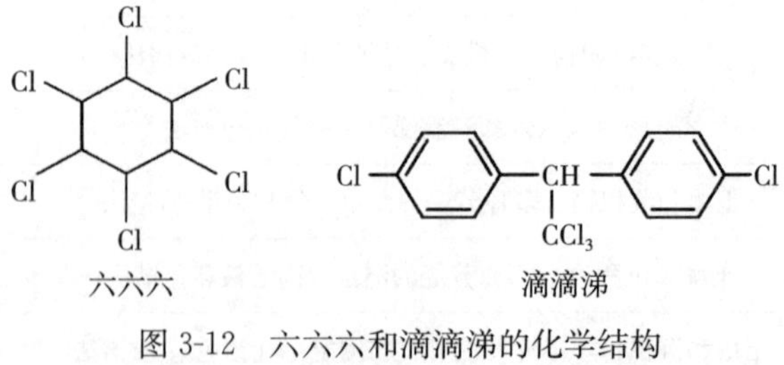

图3-12　六六六和滴滴涕的化学结构

1. 气相色谱法原理　土样中的六六六和滴滴涕被有机溶剂提取，经液-液分配、浓硫酸净化（或柱层析净化）除去干扰物质，用电子捕获检测器（ECD）检测，根据色谱峰的保留时间定性，用外标法定量。

2. 气相色谱-质谱仪法原理　将土样中的有机氯农药用索氏提取法或加压流体萃取法提取，根据样品基体干扰情况选用铜粉脱硫、硅酸镁柱或凝胶渗透色谱方法对提取液进行

净化，再将净化后的提取液进行浓缩、定容后进行气相色谱分离、质谱检测；根据标准物质的质谱图、保留时间、碎片离子质荷比及其丰度定性，用内标法定量。

（三）样品制备

先将新鲜土样置于搪瓷盘（或不锈钢盘）上，用四分法缩分至适量，再冷冻干燥法或干燥剂法脱水干燥。如果土样含水量大于30%，应先离心脱水，再干燥处理。

1. 冷冻干燥法　将采回的鲜土样分为两份：一份留样备复测用；一份放入真空冷冻干燥仪中干燥脱水、研磨、过孔径0.25mm（60目）筛，过筛样品备测。

2. 干燥剂法　向适量鲜土样中加入一定量的干燥剂（粒状硅藻土或无水硫酸钠），研磨混匀、脱水分散至土样能散粒状下落，全部转移至提取容器中待用。

（四）样品前处理

土壤样品前处理主要包括萃取、净化和浓缩等过程。土壤有机氯农药含量检测，多属于痕量或超痕量级分析，且干扰物较多，因而选择萃取效率高、净化效果好、干扰少且易操作的前处理方法显得尤为重要。当前，土壤有机氯农药萃取常用方法有索氏萃取法和加压流体萃取法。索氏萃取法萃取效率高、重现性好，但耗时长、试剂消耗量大，仅适用于小批量土样分析；加压流体萃取法耗时短、试剂消耗量小、萃取效率高，可用于大批量土样分析。常用浓缩方法有氮吹浓缩法和旋转蒸发浓缩法。如果只测定土壤中的六六六和滴滴涕，不分析艾氏剂和狄氏剂，可选用浓硫酸磺化法净化；如果分析大批量土样的有机氯农药，建议使用固相萃取小柱（弗罗里硅柱或硅胶柱）净化法。

1. 萃取　土样有机氯农药加压流体萃取条件见表3-15。

表3-15　土样有机氯农药加压流体萃取条件

项目	要求	项目	要求
萃取剂	正己烷-丙酮混合溶剂（1+1）	载气压力	1.0MPa
萃取池压力	10～12MPa	加热温度	100℃
预加热平衡时间	5min	静态萃取时间	5min
溶剂淋洗体积	60%池体积	氮气吹扫时间	90s
循环次数	2次	加标方法	萃取前加标

2. 浓缩　一般情况下要求加热温度严格控制在40℃以下，且浓缩速度不可太快；将提取液体积浓缩至1～2mL，待净化。

3. 净化

（1）将小柱固定在萃取装置（SPE）上，用4mL正己烷淋洗净化小柱，再加入5mL正己烷，待柱内充满后关闭流速控制阀浸润5min，缓慢打开控制阀，弃去流出液。

（2）将浓缩后的提取液转移至小柱中，用2mL正己烷分次洗涤浓缩器皿，洗液全部转入小柱内。

（3）用9mL正己烷-丙酮混合溶剂（9+1）洗脱，收集全部洗脱液，待再次浓缩或定容备测。

4. 定容　如果用气相色谱仪测定，则直接将净化后的试样浓缩至1mL，即可上机分析；如果用气相色谱-质谱仪测定，则将试液浓缩至 1mL 以下后，加入适量内标物，定容至 1.00mL，待测。

5. 空白试样准备 用净化的硅藻土代替实际土样，按照与土样制备相同的步骤制备空白样。

（五）上机测试

1. 气相色谱-电子捕获法 气相色谱-电子捕获法（GC-ECD）具有灵敏度高、选择性强、操作简便、耗时少等优点，但存在定性能力差、容易出现假阳性等缺点，适用于杂质多的小批量土样有机氯含量分析。

2. 气相色谱-质谱仪法 气相色谱-质谱仪法（GC-MS）具有选择性好、干扰少、可同时完成定性与定量分析等优点，但存在进样口处 DDT（滴滴涕）降解和仪器昂贵易损等缺点，适用于定量分析同时需要定性、土样批量较大的情况。

3. 注意事项 绘制校准曲线配制标准溶液时，标准溶液有机氯农药、替代物和内标物含量应参照标准确定，也可根据仪器灵敏度或样品中目标化合物的浓度确定。

（六）结果计算与表示

在对目标物定性判断的基础上，根据定量离子的峰面积，采用内标法进行定量。当样品中目标化合物的定量离子有干扰时，可使用辅助离子定量。定量离子、辅助离子参见《土壤和沉积物 有机氯农药的测定 气相色谱-质谱法》（HJ 835—2017）之附录 B 中表 B.1 目标化合物的测定参考参数。

（七）质控要求

1. 空白 每批样品（不超过 20 个样）一个试剂空白，一个全程序空白。

2. 校准曲线 每 24h 分析一次曲线中间浓度点，要求相对标准偏差≤20%。

3. 平行 每批样品（$n \leqslant 20$）一对平行样，结果的相对偏差<35%。

4. 基体加标 每批样品（$n \leqslant 20$）一对基体加标，回收率控制在 40%～150%。

5. 替代物回收率 对 20～30 个样品进行统计，计算相对标准偏差 s，回收率 p 的数据控制在 $p \pm 3s$ 内。

（八）注意事项

1. 控制前处理温度 DDT（滴滴涕）在高温下很容易降解为 DDE（滴滴伊）和 DDD（滴滴滴），如果不注意控制样品前处理过程的温度，会显著影响测试准确性。

2. 控制替代物平均回收率 计算替代物回收率时，实验室应建立替代物加标回收率控制图，按同一批样品（20～30 个样）进行统计，剔除离群值，计算替代物的平均回收率 p 和相对标准偏差 s，回收率 p 的数据控制在 $p \pm 3s$ 内。

3. 确保净化效果 在土样前处理过程中，如果经过一次小柱净化后萃取溶液颜色仍然较深，则需要对其再进行一次净化。

4. 避免假阳性 当有物质检出时，应核对出峰时间、特征离子峰等信息，以避免假阳性。

5. 注意线性范围 当样品中待测物浓度过高，超过工作曲线线性范围时，需要用添加了与样品中同样浓度内标物的溶剂进行稀释；如果需要复测，则应适当减少称样量。

四、土壤苯并［a］芘测定

（一）土壤多环芳烃污染

多环芳烃（PAHs）是煤、石油、木材和烟草等有机高分子化合物不完全燃烧时产生的挥发性碳氢化合物，是目前备受关注的环境污染物。迄今已发现的PAHs有200多种，其中相当部分具有致癌性，如苯并［a］芘、苯并［a］蒽等。国际癌症研究中心（IARC）1976年列出了94种对实验动物致癌的化合物，其中15种属于PAHs。苯并［a］芘［Benzo（a）pyrene，BaP］（化学结构见图3-13）是第一个被发现的环境化学致癌物，其致癌性很强，常作为多环芳烃污染的典型代表。《土壤环境质量 农用地土壤污染风险管控标准（试行）》（GB 15618—2018）将BaP定为农用地土壤污染风险管控的选测项目，筛选值为0.55mg/kg。

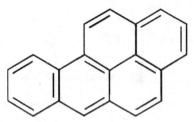

图3-13 苯并［a］芘化学结构

许多国家都进行过土壤BaP含量调查，其残留浓度取决于污染源的性质与距离。公路两旁的土壤中BaP含量为2.0mg/kg，炼油厂附近的土壤中BaP含量是200mg/kg，被煤焦油、沥青污染的土壤中BaP含量可以高达650mg/kg，食物中的BaP残留浓度取决于附近是否有工业区或交通要道。土壤BaP污染必然影响到作物的生长，蔬菜中BaP的含量以叶类蔬菜最多，根菜类和果实类蔬菜次之。

（二）土壤苯并［a］芘测定方法及原理

土壤苯并［a］芘测定，常用气相色谱-质谱法和高效液相色谱法，测定过程包括萃取、净化、浓缩、定容和上机检测。

1. 气相色谱-质谱法 见《土壤和沉积物 多环芳烃的测定 气相色谱-质谱法》（HJ 805—2016）。先用索氏提取法（或加压流体萃取法）提取待测物，再根据样品基体干扰情况选择净化方法（如铜粉脱硫法、硅胶层析柱法、硅酸镁小柱法或凝胶渗透色谱法）对提取液进行净化、浓缩和定容；取适量定容试样进行气相色谱分离、质谱检测；通过与标准物质质谱图、保留时间、碎片离子质荷比及其丰度比进行定性，用内标法定量。当取样量为20.0g、浓缩后定容体积为1.00mL时，如果用全扫描方式测定，则目标物检出限为0.08～0.17mg/kg，测定下限为0.32～0.68mg/kg。

2. 高效液相色谱法 见《土壤和沉积物 多环芳烃的测定 高效液相色谱法》（HJ 784—2016）。先用索氏提取法（或加压流体萃取法）提取待测物，再根据样品基体干扰情况选择净化方法（如硅胶层析柱法、硅胶固相萃取柱法或硅酸镁固相萃取柱法）对提取液进行净化、浓缩和定容；取适量定容试样，用配备紫外光/荧光检测器的高效液相色谱仪分离检测，以保留时间定性、外标法定量。当取样量为10.0g、定容体积为1.00mL时，用紫外检测器测定的检出限为3～5μg/kg，测定下限为12～20μg/kg；用荧光检测器测定的检出限为0.3～0.5μg/kg，测定下限为1.2～2.0μg/kg。

（三）样品制备与前处理

1. 制样 样品制备参见土壤有机氯测定。

2. 萃取 建议选用加压流体萃取法，土样苯并［a］芘加压流体萃取条件见表3-16。

表 3-16　土样苯并［a］芘加压流体萃取条件

项目	要求	项目	要求
萃取剂	正己烷-丙酮混合溶剂（1＋1）	载气压力	1.0MPa
萃取池压力	10～12MPa	加热温度	100℃
预加热平衡时间	5min	静态萃取时间	5min
溶剂淋洗体积	60%池体积	氮气吹扫时间	90s
循环次数	2次	加标方法	萃取前加标

3. 净化　多环芳烃净化方法比较见表 3-17。

表 3-17　多环芳烃净化方法比较

净化方法	吸附剂	条件	优缺点
硅胶柱层析	硅胶	硅胶需活化，净化过程在 400℃下进行 2h 或在 130℃下进行 16h	应用广泛
中性氧化铝柱层析	中性氧化铝	一般需要与硅胶按一定比例混合后制成层析柱使用	单用氧化铝纯化效果差
弗罗里硅土柱层析	弗罗里硅土	无水硫酸钠脱水，弗罗里硅土柱吸附纯化，二氯甲烷-正己烷浸泡洗脱	重现性好，操作简单；对高分子 PAHs 分离纯化效果好
凝胶渗透净化	疏水凝胶	按照分子体积大小对土样进行分离、分段收集，去除样品中大分子及小分子物质干扰	需要将待测物质从干扰物中分离出来
固相萃取小柱	硅酸镁	小柱需要用正己烷活化、吸附和纯化，用二氯甲烷-正己烷浸泡洗脱	可直接购买，操作简便，净化效果好

（四）结果计算与表征

在对目标物（苯并［a］芘）定性判断的基础上，根据定量离子的峰面积，采用内标法定量。当样品中的目标化合物的定量离子有干扰时，可以使用辅助离子定量。苯并［a］芘的物质数字识别码（CAS 号）：50-32-8；定量离子：252；辅助离子：253、250。

（五）质控要求

每批样品（不超过 20 个样）一个空白，一对平行，一对基体加标。每 24h 分析一次曲线中间点，要求相对标准偏差≤20%。绘制控制图，计算替代物的平均回收率 p 和相对标准偏差 s，替代物回收率应控制在 $p\pm3s$ 内。

五、土壤环境质量评价

土壤环境质量评价，涉及评价因子、评价标准和评价模式 3 个方面，评价因子数量及项目类型取决于监测目的和现实条件（如经济条件和技术条件），评价标准常采用国家或行业（部门）土壤环境质量标准、区域土壤背景值，评价模式常用污染指数法。农田土壤环境质量评价，包括监测项目评价和监测区域评价，评价参数有污染指数（分单项污染指数和综合污染指数）、污染超标倍数、污染积累指数、污染样本超标率、污染物分担率、污染面积超标率和污染超标面积等。一般以单项污染指数为主：指数小，污染轻；指数大，污染重。但当区域内土壤环境质量作为一个整体与外区域土壤比较，或一个区域内土壤环境质量在不同历史时段比较时，应选用综合污染指数评价。下面以农田土壤环境质量评价为例，介绍土壤内梅罗污染指数（P_N）评价法。

（一）评价单元与评价标准

1. 评价单元

（1）基本评价单元：土壤监测单元。

（2）统计评价单元：根据环境状况分析的需要，将各采样点进行分类，按类别进行统计评价。

2. 评价标准　目前，农田果园土壤环境质量评价，以《土壤环境质量　农用地土壤污染风险管控标准（试行）》（GB 15618—2018）为评价标准，对于没有评价标准的项目可用污染物背景值计算污染物积累指数。

（二）土壤污染指数计算

1. 土壤单项污染指数计算　计算公式见式（3-16）。

$$土壤单项污染指数 = \frac{土壤污染物实测值}{污染物质量标准} \tag{3-16}$$

2. 土壤综合污染指数计算　常用的土壤综合污染指数是土壤内梅罗指数，计算公式见式（3-17）。

$$土壤综合污染指数 = \sqrt{\frac{(平均单项污染指数)^2 + (最大单项污染指数)^2}{2}} \tag{3-17}$$

3. 土壤污染超标倍数计算　计算公式见式（3-18）。

$$土壤污染超标倍数 = \frac{土壤某污染物实测值 - 污染物的质量标准}{某污染物的质量标准} \tag{3-18}$$

4. 土壤污染累积指数计算　计算公式见式（3-19）。

$$土壤污染累积指数 = \frac{土壤污染物实测值}{污染物背景值} \tag{3-19}$$

5. 土壤污染样本超标率（％）计算　计算公式见式（3-20）。

$$土壤污染样本超标率 = \frac{土壤超标样本总数}{监测样本总数} \times 100\% \tag{3-20}$$

6. 土壤污染物分担率计算　计算公式见式（3-21）。

$$土壤污染物分担率（％） = \frac{土壤某项污染指数}{各项污染指数之和} \times 100\% \tag{3-21}$$

7. 土壤污染面积超标率计算　计算公式见式（3-22）。

$$土壤污染面积超标率（％） = \frac{超标点面积之和}{监测总面积} \times 100\% \tag{3-22}$$

8. 土壤污染超标面积　土壤污染超标面积是指监测区域内污染物含量超过农田土壤环境质量标准的面积，单位为 hm^2。

（三）农田土壤环境质量分级划定

土壤内梅罗污染指数（P_N），不仅全面反映了各污染物对土壤的不同作用，还突出高浓度污染物对土壤的影响，因此可按内梅罗污染指数（P_N）划定土壤污染等级、确定土壤环境质量等级。土壤内梅罗污染指数（P_N）评价标准见表 3-18。

表 3-18 土壤内梅罗污染指数（P_N）评价标准

等级划定	土壤内梅罗污染指数	污染等级	污染水平评价
Ⅰ	$P_N \leqslant 0.7$	安全	清洁
Ⅱ	$0.7 < P_N \leqslant 1.0$	警戒限	尚清洁
Ⅲ	$1.0 < P_N \leqslant 2.0$	轻度污染	土壤污染物超过背景值，视为轻污染，作物开始受到污染
Ⅳ	$2.0 < P_N \leqslant 3.0$	中度污染	土壤、作物均受到中度污染
Ⅴ	$P_N > 3.0$	重度污染	土壤、作物受污染已相当严重

六、土壤环境监测报告编写

（一）环境监测报告与环境质量报告书

环境监测报告，是环境监测工作质量的直接体现和最终产品，是环境管理和环境决策的重要依据。出具内容完整、信息全面、合法有效的监测报告，是各类环境监测机构（包括第三方检测企业、政府生态环境保护部门的环境监测站等）履行基本职责、承担社会义务和服务客户需求的重要工作之一。环境监测报告，按内容分为数据报告和文字报告，前者一般仅给出监测数据结果，而后者要对监测结果做出全面的分析、评价和建议。

1. 环境监测数据报告

（1）要求：①内容完整、格式统一，数据准确、结论合理；②监测结果的有效数字和法定计量单位正确；③报告封面要有监测单位的数据专用章和报告骑缝章。

（2）内容：①监测报告编号、总页数和每页编号；②委托单位、受检单位和监测单位的名称；③监测方法的名称、依据标准及标准编号；④主要仪器设备的名称及编号；⑤采样日期（或样品送检日期）和分析日期；⑥采样（监测）点和样品编号；⑦采样（监测）点位示意图；⑧监测项目名称、监测结果和计量单位；⑨报告编制人（或监测人）、校核人、审核人和授权签字人的签名；⑩不确定度、评价标准和评价结果等客户特别要求信息。

2. 环境监测文字报告 一般是在对环境监测方案进一步完善的基础上，对监测结果进行统计分析和评价，并提出合理建议。环境监测文字报告按内容一般分为环境质量现状评价报告、污染源排放污染物达标评价报告、建设项目竣工环保验收监测评价报告和污染源或污染事故对环境影响程度评价报告 4 种。这 4 种环境监测文字报告的主要内容分述如下。

（1）环境质量现状评价报告内容包括：①监测方案具体实施情况，质量保证和质量控制结果；②各监测点污染物的监测结果，不同时段污染物浓度的统计结果；③对照环境质量标准对污染物进行达标评价和达标率分析；④用环境质量指数法或综合污染指数法对环境质量进行污染程度评价；⑤分析环境中污染物浓度的空间变化和时间变化，绘制污染物浓度时间分布图和空间分布图；⑥污染原因分析。

（2）污染源排放污染物达标评价报告内容包括：①监测期间工况分析；②监测方案具体实施情况，质量保证和质量控制结果；③监测结果及评价；④污染物排放总量分析。

（3）建设项目竣工环保验收监测评价报告内容包括：①污染源排放污染物达标评价报告内容①~④；②列表对照说明环境影响评价报告书及其批复要求的落实情况；③按照监测方案环境管理检查内容说明检查结果；④监测结论与建议。

（4）污染源或污染事故对环境影响程度评价报告内容包括：①环境质量现状评价报告内容；②污染源排放污染物达标评价报告内容；③污染物在环境中的积累和扩散情况分析；④环境危害风险评估。

3. 环境质量报告书　环境质量报告书（environmental quality report）是政府各级生态环境保护行政主管部门向同级人民政府及上级人民政府生态环境保护行政主管部门定期上报的环境质量状况报告，因而可分为全国环境质量报告书、省级环境质量报告书、市级环境质量报告书和县级环境质量报告书。环境质量报告书是行政决策与生态环境管理的依据，是制定生态环境保护规划和各类生态环境管理制度、政策及信息发布的重要依据。环境监测报告书又可分为年度环境质量报告书和五年环境质量报告书，前者是定期提交的年度环境质量状况报告，后者是定期提交的对应国家规划时间段的五年环境质量状况报告。

（二）土壤环境监测报告内容

（1）基本情况。包括监测的实施及开展过程、采样区基本资料两部分。

（2）监测、评价技术方法。主要包括样品采集及前处理、样品处理及测定、数据分析及评价、质量保证与控制等。

（3）监测结果。

①土壤理化性质监测结果：包括 pH、阳离子交换量和有机质含量。

②土壤重金属监测结果：包括必测项目和选测项目。

（4）基本农田土壤环境质量状况评价。包括土壤环境质量状况评价、污染对比分析和污染成因分析三部分。

（5）质量保证与质量控制。

（6）结论与展望。

（三）土壤环境监测报告编写的注意事项

1. 完整性　一份完整的土壤环境监测报告，至少应包括以下基本内容。

（1）封面。封面中应有环境监测报告名称、报告编号、委托单位（全称）、监测类别、监测机构（全称）、报告日期。应加盖监测机构单位公章或监测业务专用章和 CMA（中国计量认证标志）章。

（2）内一页。内一页为统一说明事项，每个报告都应有。

（3）内二页。内二页为监测机构公正性声明，每个报告都应有。

（4）内三页。内三页为监测机构信息和委托单位信息。监测机构信息包括监测机构全称、地址、电话、传真、电子邮箱、网址、采样人员、分析人员、质量控制员、报告编写人、审核人、授权签字人、报告签发人、联系人、联系电话和电子邮箱。委托单位信息包括委托单位全称、地址、联系人和联系电话。若是送样的应写明送样人员和联系电话。

（5）内四页。内四页为有效的检验监测机构资质认定证书扫描件。

（6）报告正文。包括委托单位基本情况、监测目的、监测项目、采样（送样）日期、分析日期、执行标准、分析方法、分析仪器、样品信息、监测结果统计表、采样时工况调查（送样的此项从略）、质量控制、监测结果评价、监测结论、需要说明的事项和附件（文件类、图片图件类、与监测报告有关的其他类）16 项。

2. 有序性　以土壤采样点编号为序，将监测结果统计表有序列出，并写明采样点名称。

3. 逻辑性　一份完整有序的土壤环境监测报告必须注意逻辑性。具体要求为：①封面上有的监测类别，在正文必须有；②采样日期、分析日期与报告日期符合逻辑，采样日期不能晚于分析日期，分析日期不能晚于报告日期；③样品信息中的样品编号和监测结果统计表中的样品编号必须完全一致；④监测项目所列的指标在监测结果统计表中必须有；⑤监测项目所列的指标必须与监测方法和监测仪器一一对应；⑥监测结果统计表内项目在结论中必须一一对应；⑦若监测结果统计表内只有一个监测点或监测项目已超标，监测结论不可写成均达标；⑧文字表述、表格内容、附件佐证相同内容必须相一致。

▊▊ 技能训练

实训一　土壤环境质量监测方案制订

一、实训目的

（1）熟悉土壤环境质量监测方案制订的流程和注意事项，能完成指定地块土壤环境质量监测任务的方案制订。

（2）锻炼团队合作、组织协调和分析解决实际问题的能力。

二、方法原理

土壤环境质量监测方案一般包括 7 个方面的内容：①监测目的；②资料收集整理要求；③监测项目及分析方法；④采样时间、采样点及采样方法；⑤监测质量控制措施；⑥质量评价方法；⑦监测报告编制要求。

三、实训步骤

（一）监测目的确定

监测的目的一般是判断农用地土壤是否被污染以及被污染状况，为农用地污染风险评估和环境质量评价提供数据支撑。

（二）基础资料收集

1. 自然环境资料收集　包括地区土壤自然条件、地区土壤性状和地区土壤环境背景值等。

2. 社会环境资料收集　包括地区农业生产情况、地区环境污染状况和地区土壤污染的历史及现状等。

（三）监测项目确定及分析方法选择

1. 监测项目确定

①必测项目：包括镉、汞、砷、铅、铬、铜、镍、锌。

②选测项目：包括六六六、滴滴涕和苯并［a］芘，根据监测对象所在地区土壤污染特点和监测任务要求进行选择。

2. 监测项目分析方法选择　农用地土壤污染风险管控土壤污染物监测项目及分析方法见表 3-14。

（四）布点采样与样品制备

1. 采样点布设与采样深度　农田土壤环境质量监测的采样点布设，可根据监测地块调研勘查情况，选择对角线法、梅花点法、蛇形法、棋盘式法、功能区法等布点方法。一般采集耕作层土壤，种植蔬菜、粮食等一般农作物大田采 0～20cm 土层样品，种植果林类的果园林地采 0～60cm 土层样品。

2. 样品制备　样品制备依据监测项目及分析方法而定，参见《土壤环境监测技术规范》（HJ/T 166—2004）。

（五）监测质量控制措施

土壤环境监测的质量控制包括实验用仪器、量具、试剂、标准物质及监测人员素质等的质量控制，实验室内质量控制、实验室间质量控制、数据处理和监测结果表征等。

（六）土壤环境质量评价方法选择

根据本次监测任务的目的，选择适宜的质量评价方法，运用适宜的评价参数进行单项污染物污染状况评价、监测区域土壤污染状况评价和监测区域土壤环境质量等级判定。

（七）监测方案编写

编制××农田土壤环境质量现状监测方案。

四、实训成果

××农田土壤环境质量现状监测方案。

实训二　气相色谱法测定土壤六六六和滴滴涕含量

一、实训目的

（1）能完成土壤六六六和滴滴涕含量测定气相色谱法的样品前处理、上机测试、数据处理和结果表征。

（2）培养团队合作、一丝不苟和精益求精的检测实验工作习惯。

二、方法原理

土壤样品中的六六六（BHC）和滴滴涕被有机溶剂提取，经过液-液分配、浓硫酸净化（或者柱层析法净化）除去干扰物质，用电子捕获检测器（ECD）检测，根据色谱峰的保留时间定性，用外标法定量。该方法的最小检出浓度按式（3-23）计算。土壤六六六和滴滴涕不同组分的最小检测量和最小检测浓度见表3-19。

$$最小检出浓度（mg/kg）\frac{最小检出量（g）\times 样本溶液定容体积（mL）}{样本溶液进样体积（\mu L）\times 样品质量（g）}$$

$$(3-23)$$

表 3-19　土壤六六六和滴滴涕不同组分的最小检测量和最小检测浓度

序号	组分名称	最小检测量/g	最小检测浓度/（mg/kg）
1	α-BHC	3.57×10^{-12}	0.49×10^{-4}
2	β-BHC	3.73×10^{-12}	0.80×10^{-4}
3	γ-BHC	1.18×10^{-12}	0.74×10^{-4}
4	δ-BHC	9.79×10^{-13}	0.18×10^{-3}
5	p,p'-DDE	1.76×10^{-12}	0.17×10^{-3}
6	o,p'-DDT	7.56×10^{-12}	1.90×10^{-3}
7	p,p'-DDD	5.57×10^{-12}	0.48×10^{-3}
8	p,p'-DDT	1.47×10^{-12}	4.87×10^{-3}

三、实训准备

（一）试剂与材料

（1）载气。氮气，纯度 99.99%。

（2）标准样品。α-BHC、β-BHC、γ-BHC、δ-BHC、p,p'-DDE、o,p'-DDT、p,p'-DDD、p,p'-DDT，含量为 98.0%～99.0%，色谱纯。

（3）农药标准储备溶液制备。准确称取每种标准品 100.0mg，溶于异辛烷（或正己烷）中，转移至 100mL 容量瓶中定容，放入冰箱冷藏保存。注意：β-BHC 应先用少量苯溶解，再溶于异辛烷。

（4）农药标准中间溶液配制。用移液管分别取 8 种农药标准溶液，移至 100mL 容量瓶中，用异辛烷（或正己烷）定容；8 种贮备液的体积比为 $V_{\alpha\text{-BHC}} : V_{\beta\text{-BHC}} : V_{\gamma\text{-BHC}} : V_{\delta\text{-BHC}} : V_{p,p'\text{-DDE}} : V_{o,p'\text{-DDT}} : V_{p,p'\text{-DDD}} : V_{p,p'\text{-DDT}} = 1:1:3.5:1:3.5:5:3:8$，该比例适用于填充柱法。

（5）农药标准工作溶液配制。根据检测器的灵敏度及线性要求，用石油醚或正己烷稀释中间标液，配制成几种浓度的标准工作溶液，在 4℃ 下贮存。

（6）异辛烷（C_8H_{18}）。分析纯。

（7）正己烷（C_8H_{14}）。分析纯，沸程 67～69℃，重蒸。

（8）石油醚。分析纯，沸程 60～90℃，重蒸。

（9）丙酮（CH_3COCH_3）。分析纯，重蒸。

（10）石油醚-丙酮混合溶液。$V_{石油醚} : V_{丙酮} = 1:1$。

（11）苯（C_6H_6）。优级纯。

（12）浓硫酸。优级纯，$\rho(H_2SO_4) = 1.84g/mL$。

（13）无水硫酸钠（Na_2SO_4）。烘箱中 300℃ 烘 4h，放入干燥器中冷却，备用。

（14）硫酸钠溶液。$c(Na_2SO_4) = 20g/L$。

（15）硅藻土。分析纯。

（二）仪器

（1）提取分离装置。①索氏脂肪提取器；②旋转蒸发器；③振荡器；④水浴锅；⑤离心机。

（2）玻璃器皿。①样品瓶：磨口玻璃瓶；②300mL 分液漏斗；③300mL 具塞锥形瓶；④100mL 量筒；⑤250mL 平底烧瓶；⑥容量瓶：25mL、50mL 和 100mL 规格各数个。

（3）微量注射器。5μL 和 10μL 规格各数个。

（4）气相色谱仪。玻璃填充柱，带电子捕获检测器（^{63}Ni 放射源）。

（三）样品

1. 性状要求　样品种类为土样，样品状态为固体，要求土壤样品中六六六、滴滴涕化学性质稳定。

2. 采集制备　按照《农田土壤环境质量监测技术规范》（NY/T 395—2012）有关规定采集土样，鲜样风干去杂物，研磨，过孔径 0.25mm（60 目）筛，混匀，十字盘法缩分至 500g 左右，装瓶备用。

3. 保存　土样采集后应尽快分析；如暂不分析，应置于冷冻箱内 −18℃ 保存。

四、实训步骤

(一)提取

1. 称样并装入提取器 准确称取 20.00g 土样置于小烧杯中，加入蒸馏水 2.0mL、硅藻土 4g，充分混匀后无损地转移至滤纸桶内，上部盖一片滤纸，将滤纸桶装入索氏提取器中。

2. 提取 先向索氏提取器中加入 100mL 石油醚-丙酮 (1:1) 溶液，再用 30mL 石油醚-丙酮 (1:1) 溶液浸泡土样 12h，然后在 75~95℃ 恒温水浴锅中加热提取 4h，每次回流 4~6 次。

3. 分液 待提取液冷却后，将提取液移入 300mL 的分液漏斗中，用 10mL 石油醚分 3 次冲洗提取器及烧瓶，将冲洗液并入分液漏斗中，加入 100mL 硫酸钠溶液，振荡 1min，静置分层，弃去下层丙酮水溶液，留下石油醚提取液备用。

(二)净化

1. 浓硫酸净化法

(1) 在分液漏斗中加入一定体积 (约石油醚提取液体积 1/10) 的浓硫酸，振摇 1min，静置分层后，弃去硫酸层 (为防止爆炸，加入浓硫酸后，开始要慢慢振摇、不断放气，然后再较快振摇)；按上述步骤重复数次，直至加入的石油醚提取液两相界面清晰且均呈透明状为止。

(2) 向已弃去硫酸层的石油醚提取液中加入其体积一半左右的硫酸钠溶液，振摇 10 次，待静置分层后，弃去水层；如此重复数次 (一般 2~4 次)，直至提取液呈中性为止。

(3) 石油醚提取液再经装有少量无水硫酸钠的桶型漏斗脱水，滤入 250mL 平底烧瓶中，用旋转蒸发器浓缩至 5mL，定容至 10mL，备上机测定。

2. 层析柱法

(1) 层析柱的制备。玻璃层析柱中先加入无水硫酸钠 (约 1cm 高)，再加入 5% 脱活的弗罗里硅土 5g，最后加入无水硫酸钠 (约 1cm 高)，轻轻敲实，用 20mL 石油醚淋洗净化柱，弃去淋洗液，柱面要留有少量液体。

(2) 净化与浓缩。准确吸取样品提取液 2mL，加入已淋洗过的净化柱中，用 100mL 石油醚-乙酸乙酯 (95:5) 洗脱，收集洗脱液于蒸馏瓶中，于旋转蒸发仪上浓缩至近干，用少量石油醚多次溶解残渣于刻度离心管中，最终定容至 1.0mL，供气相色谱分析。

(三)气相色谱法测定

1. 硫酸净化法的仪器测定条件

(1) 柱。①2.0m×2mm (i. d) 玻璃柱，内涂有 1.5% OV-17＋1.95% QF-1 的 Chromosorb WAW-DMCS，80~100 目的担体；②2.0m×2mm (i. d) 玻璃柱，内涂有 1.5% OV-17＋1.95% OV-210 的 Chromosorb WAW-DMCS-HP，80~100 目的担体。

(2) 温度。①柱箱 195~200℃；②汽化室 220℃；③检测器 280~300℃。

(3) 气体流速。氮气 (N_2) 50~70mL/min，根据仪器情况选用。

(4) 检测器。电子捕获检测器 (ECD)。

2. 层析柱法的仪器测定条件

(1) 柱。石英弹性毛细管柱 DB-17，30m×0.25mm (i. d)。

(2) 温度。①柱温采用程序式升温，层析柱柱温提升过程见图 3-14；②进样口 220℃；③检测器温度 320℃。

（3）气体流速。氮气（N₂）1.0mL/min，尾吹气流 37.25mL/min。

（4）检测器。电子捕获检测器（ECD）。

$$150℃ \xrightarrow{\text{恒温1min；8℃/min}} 280℃ \xrightarrow{\text{恒温280min}} 280℃$$

图 3-14　层析柱柱温提升过程

3. 气相色谱中使用农药标准样品的条件

（1）标准样品的进样体积与试样体积相同，标准样品的响应值接近试样的响应值。

（2）当一个标样连续注射进样两次，其峰高（或峰面积）相对偏差不大于 7％，即认为仪器处于稳定状态。

（3）在实际测定时，标准样品和试样应交叉进样分析。

4. 进样　用注射器进样，进样量一般为 1～4μL。

5. 色谱图　色谱图因所选分离柱的不同而不同，填充柱分离的六六六、滴滴涕气相色谱图见图 3-15，毛细管柱分离的六六六、滴滴涕气相色谱图见图 3-16。

6. 定性分析

（1）组分色谱峰顺序为 α-BHC、γ-BHC、β-BHC、δ-BHC、p,p'-DDE、o,p'-DDT、p,p'-DDD 和 p,p'-DDT。

（2）为克服杂物干扰，一般采用双柱定性，即用一根色谱柱（如 1.5％OV-17＋1.95％QF-1/Chromosorb WAW-DMCS，80～100 目担体）测定后，再用另一根色谱柱（1.5％ OV-17＋1.95％ OV-210 的 Chromosorb WAW-DMCS-HP，80～100 目担体）进行确定检验色谱分析，可确定六六六、滴滴涕及杂质干扰状况。

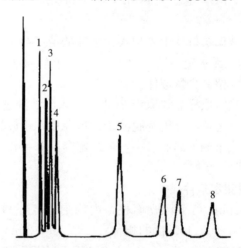

图 3-15　填充柱分离的六六六、滴滴涕气相色谱图

1. α-BHC　2. γ-BHC　3. β-BHC　4. δ-BHC　5. p,p'-DDE
6. o,p'-DDT　7. p,p'-DDD　8. p,p'-DDT

7. 定量分析

（1）吸取 1μL 混合标准溶液注入气相色谱仪，记录色谱峰的保留时间和峰高（或峰面积），再吸取 1μL 试样注入气相色谱仪，记录色谱峰的保留时间和峰高（或峰面积）。

（2）根据色谱峰的保留时间，用外标法定性；根据色谱峰的峰高（或峰面积），用外标法定量。

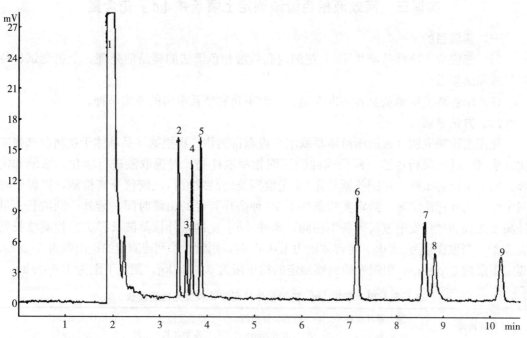

图 3-16 毛细管柱分离的六六六、滴滴涕气相色谱图
1. 试剂　2. α-BHC　3. γ-BHC　4. β-BHC　5. δ-BHC
6. p, p'-DDE　7. o, p'-DDT　8. p, p'-DDD　9. p, p'-DDT

（3）计算公式见式（3-24）。

$$X=\frac{C_{is}\times V_{is}\times H_i\times V}{V_i\times H_{is}\times m} \quad 或 \quad X=\frac{C_{is}\times V_{is}\times S_i\times V}{V_i\times S_{is}\times m} \tag{3-24}$$

式中：X——样本中农药残留量，mg/kg；

　　　C_{is}——标准溶液中 i 组分农药的浓度，μg/mL；

　　　V_{is}——标准溶液进样体积，μL；

　　　V——样本溶液最终定容体积，mL；

　　　V_i——样本溶液进样体积，μL；

　　　H_{is}——标准溶液中 i 组分农药的峰高，mm；

　　　H_i——样本溶液中 i 组分农药的峰高，mm；

　　　S_{is}——标准溶液中 i 组分农药的峰面积，mm^2；

　　　S_i——样本溶液中 i 组分农药的峰面积，mm^2；

　　　m——称样质量，g。

（四）结果表示

1. 定性结果表示　根据标准样品的色谱图中各组分的保留时间，确定测试样中出现的六六六和滴滴涕各组分的数目和组分名称。

2. 定量结果表示　根据式（3-24）计算各组分含量，以 mg/kg 表示。

五、实训成果

××土样六六六和滴滴涕含量检测报告。

实训三 高效液相色谱法测定土壤苯并 [a] 芘含量

一、实训目的

（1）能完成土壤样品苯并 [a] 芘测定高效液相色谱法的样品前处理、上机测试、数据处理和结果表征。

（2）培养环境检测从业者实事求是、一丝不苟和精益求精的务实精神。

二、方法原理

先用索氏提取法（或加压流体萃取法）提取待测物，再根据样品基体干扰情况选择净化方法（如硅胶层析柱法、硅胶或硅酸镁固相萃取柱法）对提取液进行净化、浓缩和定容；取适量定容试样，用配备紫外光/荧光检测器的高效液相色谱仪分离检测，以保留时间定性，用外标法定量。给定实验条件下 16 种多环芳烃的出峰时间、紫外检测波长、最佳激发波长和最佳发射波长等各不相同，苯并 [a] 芘的紫外检测波长和荧光检测波长见表 3-20。当取样量为 10.0g、定容体积为 1.0mL 时，用紫外检测器测定的检出限为 $5\mu g/kg$，测定下限为 $20\mu g/kg$；用荧光检测器测定的检出限为 $0.4\mu g/kg$，测定下限为 $1.6\mu g/kg$。

表 3-20　苯并 [a] 芘的紫外检测波长和荧光检测波长

特征指标	最大紫外吸收波长/nm	推荐紫外吸收波长/nm	推荐激发波长（λ_{ex}）/发射波长（λ_{ex}）	最佳激发波长（λ_{em}）/发射波长（λ_{em}）
参数值	296	290	305/430	296/408

三、实训准备

（一）试剂与材料

（1）原试剂。

①乙腈（CH_3CN）：HPLC 级。

②正己烷（C_6H_{14}）：HPLC 级。

③二氯甲烷（CH_2Cl_2）：HPLC 级。

④丙酮（CH_3COCH_3）：HPLC 级。

（2）丙酮-正己烷混合液（1+1）。将丙酮与正己烷按体积比 1∶1 比例混合。

（3）二氯甲烷-正己烷混合液（2+3）。将二氯甲烷与正己烷按体积比 2∶3 混合。

（4）二氯甲烷-正己烷混合液（1+1）。将二氯甲烷与正己烷按体积比 1∶1 混合。

（5）苯并 [a] 芘标准贮备液。$\rho=100\sim2\ 000mg/L$。购买市售有证标准溶液于 4℃下避光保存，或参照标准溶液证书要求进行保存，使用时应恢复至室温并摇匀。

（6）苯并 [a] 芘标准使用液。$\rho=10.0\sim200.0mg/L$。移取 1.0mL 苯并 [a] 芘标准贮备液于 10mL 棕色容量瓶中，用乙腈定容至刻度，摇匀，转移至密实瓶中于 4℃下冷藏，避光保存。

（7）干燥剂。无水硫酸钠（Na_2SO_4）在马弗炉中 400℃条件下烘烤 4h，冷却后置于磨口玻璃瓶中密封保存。

（8）硅胶。粒径 $0.75\sim0.15mm$（200～100 目）。使用前，应置于平底托盘中，以铝箔松覆，130℃下活化至少 16h。

（9）玻璃层析柱。内径 20mm，长 10～20cm，带聚四氟乙烯活塞。

（10）硅胶固相萃取柱。每 6mL 容积填充 1 000mg 硅胶填料。

（11）硅酸镁固相萃取柱。每 6mL 容积填充 1 000mg 硅酸镁填料。

（12）石英砂。粒径 0.15～0.83mm。使用前必须检验，确认无干扰。

（13）玻璃棉或玻璃纤维滤膜。在马弗炉中 400℃烘烤 1h，冷却后置于磨口玻璃瓶中密封保存。

（14）氮气（N₂）。纯度大于 99.999%。

（二）仪器和设备

（1）高效液相色谱仪。配备紫外检测器或荧光检测器，具有梯度洗脱功能。

（2）色谱柱。填料为 5μm 粒径的十八烷基硅烷键合硅胶（ODS）；柱长 250mm，柱内径 4.6mm；反相色谱柱。

（3）提取装置：索氏提取器。

（4）浓缩装置：氮吹浓缩仪。

（5）固相萃取装置。

（6）土壤检测实验室常用仪器和设备。

（三）硅胶层析柱制备

（1）先向玻璃层析柱［20mm×（10～20cm），带聚四氟乙烯活塞］底部加入石英玻璃棉，再填入无水硫酸钠，然后用少量二氯甲烷冲洗。

（2）在玻璃柱上端口置入一玻璃漏斗，加入二氯甲烷直至充满层析柱，漏斗内留存部分二氯甲烷；称取约 10g 活性硅胶经漏斗加入玻璃柱，用玻璃棒轻轻敲层析柱，除去气泡，使硅胶填实。

（3）放出二氯甲烷，在层析柱上部加入 10mm 厚度的无水硫酸钠。

层析柱见图 3-17。

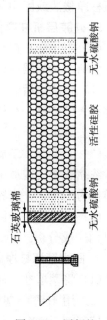

图 3-17　层析柱

（四）样品

1. 样品采集　按照《土壤环境监测技术规范》（HJ/T 166—2004）的相关要求采集和保存土壤样品。样品应于洁净的棕色磨口玻璃瓶中保存，运输过程中应避光、密封、冷藏。采样后如不能及时分析，应将鲜样于 4℃以下冷藏，避光密封保存，保存时间不超过 7d。

2. 土壤干物质含量测定　按《土壤　干物质和水分的测定　重量法》（HJ 613—2011）实施，土壤样品采集与制备详见项目三任务一。

四、实训步骤

（一）试样制备

1. 试样去杂脱水　先除去样品中的枝棒、叶片和石子等异物，再称取土样 10.00g，加入适量的无水硫酸钠，研磨均化成流沙状。如果采用加压流体提取，则用粒状硅藻土脱水。

2. 提取

（1）将制备好的试样放入玻璃套管或纸质套管内，将提取液过滤到浓缩器中。

（2）用适量内酮-正己烷混合液（1＋1），以每小时不少于 4 次的回流速率提取 16～18h。

3. 过滤和脱水

（1）在玻璃漏斗上垫一层玻璃棉或玻璃纤维滤膜，加入 5g 无水硫酸钠，将提取液过滤到浓缩器中。

（2）用适量丙酮-正己烷混合液（1＋1）洗涤提取容器 3 次，再用适量丙酮-正己烷混合液（1＋1）冲洗漏斗，洗液并入浓缩器皿中。

4. 浓缩（氮吹浓缩法）

（1）开启氮气至溶剂表面有气流波动（避免形成气涡），用正己烷多次洗涤氮吹过程中已经露出的浓缩器器壁，将过滤和脱水后的提取液浓缩至 1mL。

（2）如果不需要净化，则加入约 3mL 乙腈，然后浓缩至 1mL，将溶剂完全转化为乙腈。

（3）如果需要净化，则加入约 5mL 正己烷，然后浓缩至约 1mL，重复此浓缩过程 3 次，将溶剂完全转化为正己烷，再浓缩至 1mL，待净化。浓缩试液的净化，可选择硅胶层析柱净化法或固相萃取柱净化法。

5. 硅胶层析柱净化

（1）用 40mL 正己烷，以 2mL/min 的流速预淋洗层析柱，在顶端无水硫酸钠暴露于空气之前，关闭层析柱底端聚四氟乙烯活塞，弃去流出液。

（2）将浓缩后的约 1mL 提取液移入层析柱，用 2mL 正己烷分 3 次洗涤浓缩器，洗液全部移入层析柱，在柱顶端无水硫酸钠暴露于空气中之前，加入 25mL 正己烷，继续淋洗，弃去流出液。

（3）用 25mL 二氯甲烷-正己烷混合液（2＋3）洗脱，洗脱液收集于浓缩器皿中，用氮吹浓缩法将洗脱液浓缩至约 1mL，加入约 3mL 乙腈，再浓缩至 1mL 以下，将溶剂完全转换为乙腈，并定容至 1.00mL，待测。

（4）净化后的待测液，如果不能及时上机测试，应于 4℃下冷藏、避光、密闭保存，30 d 内完成分析。

6. 固相萃取柱净化

（1）将萃取柱（硅胶或硅酸镁填料）固定在固相萃取装置上。

（2）用 4mL 二氯甲烷冲洗净化柱，用 10mL 正己烷平衡净化柱，待柱内充满后关闭流速控制阀，浸润 5min 后，打开流速控制阀，弃去流出液。

（3）在溶剂流干之前，将浓缩后的约 1mL 提取液移入柱内，用 3mL 正己烷分 3 次洗涤浓缩器，洗液全部移入柱内，用 10mL 二氯甲烷-正己烷混合液（2＋3）洗脱，待洗脱液浸满净化柱后关闭流速控制阀，浸润 5min，再打开控制阀，接收洗脱液至完全流出。

（4）用氮吹浓缩法将洗脱液浓缩至约 1mL，加入 3mL 乙腈，再浓缩至 1mL 以下，将溶剂完全转换为乙腈，并定容至 1.0mL，待测。

（5）净化后的待测液，如果不能及时分析，应在 4℃下冷藏、避光密闭保存，30 d 内完成分析。

（二）空白试样准备

用石英砂代替实际样品，按照与试样制备相同的步骤制备空白试样。

（三）开机与校准

1. 仪器参考条件 ①进样量：$10\mu L$；②柱温：$35℃$；③流速：$1.0mL/min$；④流动相：流动相 A 是乙腈，流动相 B 是水；⑤梯度洗脱程序：见表 3-21；⑥检测波长：参见表 3-20。仪器是紫外检测器的选择适宜的紫外吸收波长，仪器是荧光检测器的选择适宜的荧光波长。

表 3-21　梯度洗脱程序

时间/min	0	8	18	28	28.5	35
流动相 A/%	60	60	100	100	60	60
流动相 B/%	40	40	0	0	40	40

2. 校准曲线绘制

（1）分别量取适量的苯并 [a] 芘标准使用液，用乙腈稀释，制备至少 5 个浓度点的标准系列溶液，苯并 [a] 芘的质量浓度分别为 $0.04\mu g/mL$、$0.10\mu g/mL$、$0.50\mu g/mL$、$1.00\mu g/mL$ 和 $5.00\mu g/mL$；贮存于棕色进样瓶中，待测。

（2）由低浓度到高浓度依次对标准系列溶液进样，以标准系列溶液中目标组分浓度为横坐标，以其对应的峰面积（或峰高）为纵坐标，建立校准曲线；校准曲线的相关系数应大于等于 0.995，否则应重新绘制校准曲线。

3. 标准样品色谱图　紫外检测器下 17 种多环芳烃组分色谱图见图 3-18，其中标号 "14" 的峰是苯并 [a] 芘；荧光检测器下 15 种多环芳烃组分色谱图见图 3-19，其中标号 "12" 的峰是苯并 [a] 芘。

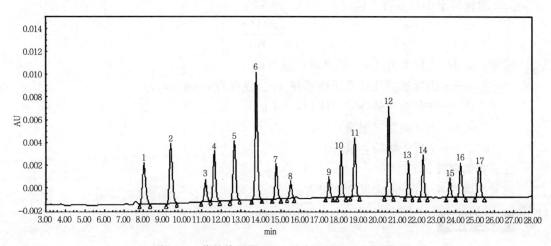

图 3-17　紫外检测器下 17 种多环芳烃组分色谱图

1. 萘　2. 苊烯　3. 苊　4. 芴　5. 菲　6. 蒽　7. 荧蒽　8. 芘　9. 十氟联苯
10. 苯并 [a] 蒽　11. 䓛　12. 苯并 [b] 荧蒽　13. 苯并 [k] 荧蒽　14. 苯并 [a] 芘
15. 二苯并 [a，h] 蒽　16. 苯并 [g，h，i] 芘　17. 茚并（1，2，3-c，d）芘

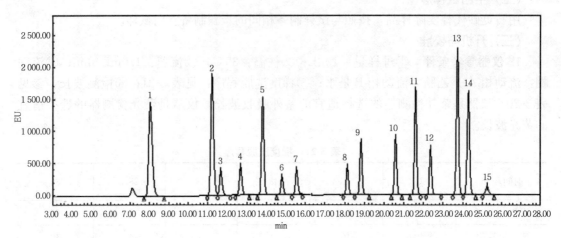

图 3-19　荧光检测器下 15 种多环芳烃组分色谱图

1. 萘　2 苊　3. 芴　4. 菲　5. 蒽　6. 荧蒽　7. 芘　8. 苯并［a］蒽　9. 䓛

10. 苯并［b］荧蒽　11. 苯并［k］荧蒽　12. 苯并［a］芘　13. 二苯并［a，h］蒽

14. 苯并［g，h，i］苝　15. 茚并（1，2，3-c，d）芘

（注：苊烯和十氟联苯用荧光检测器检测时不出峰）

（四）上机测定

1. 试样测定　按照与绘制校准曲线相同的仪器条件进行测定。

2. 空白试样的测定　按照与试样测定相同的仪器条件进行空白试样的测定。

（五）结果计算与表示

1. 目标化合物的定性分析　以目标化合物苯并［a］芘的保留时间定性，必要时可采用标准样品添加法、不同波长下的吸收比、紫外谱图扫描等方法辅助定性。

2. 土样苯并［a］芘含量（μg/kg）计算　按式（3-25）计算。当测定结果大于等于 10μg/kg 时保留至小数点后 1 位。

$$\omega = \frac{\rho \times V}{m \times W_{dm}} \tag{3-25}$$

式中：ω——土样苯并［a］芘含量，μg/kg；

　　　ρ——由标准曲线计算所得苯并［a］芘浓度，μg/mL；

　　　V——样品溶液最终定容体积，mL；

　　　m——土样质量（湿重），kg；

　　W_{dm}——土样干物质含量，%。

五、实训成果

××土壤苯并［a］芘含量检测报告。

课程思政

推动禁用有机氯农药的中共党员蔡道基院士

蔡道基，1935.6.1—，浙江温岭人，中共党员。1957 年毕业于南京农学院，农药环境毒理学专家。早期在中国科学院南京土壤研究所从事农业化学研究，后调至生态环境部

南京环境科学研究所工作，历任研究员、室主任、学术委员会主任等职，兼任"土壤与农业可持续发展"和"国家环境保护农药环境安全评价与污染控制"等重点实验室学术委员会主任。2001 年当选为中国工程院院士。

自 20 世纪 70 年代起，蔡道基一直从事农用化学品对生态环境影响研究，重点研究农药的环境行为特征与生态效应。在我国创建了农药环境毒理学学科领域，建立了化学农药生态环境安全评价体系、安全评价试验准则和国家环境保护农药环境安全评价与污染控制重点实验室，为我国新农药开发、农药安全使用和生态环境保护提供了重要科学支撑。在 20 世纪 70—80 年代，为对我国生态环境和农畜产品造成全国性严重污染的有机氯农药的全面禁用工作做出了突出贡献；在"八五"与"九五"期间曾负责国家科技攻关项目 6 项，对我国新农药开发中对生态环境安全性预测进行了深入研究，并通过开展国际合作在防止农药对地下水污染和防止农药对水生生物危害以及制定农药安全使用标准等方面做了大量研究工作，为保护生态环境安全取得了显著成绩。曾长期负责全国农药登记生态环境安全性评审工作，为防止有害农药的生产和使用起到了把关作用。所著的《农药环境毒理学研究》《土壤环境质量标准详解》等成为环保领域经典著作。曾先后荣获中国科学院重大科技成果奖 1 项、农业部科技进步一等奖 1 项、环境保护部科技进步二等奖 2 项、国家科技进步三等奖 2 项。1956 年，蔡道基加入中国共产党，一生致力于"替环境解毒、为健康减负"的伟大事业。他率先提出禁用有机氯农药，促使其在我国全面禁用，被誉为绿色生命的守护者。

（摘自中国工程院网站）

思与练

一、知识技能

(1) 简述土壤环境质量监测方案和检测报告一般应包括哪些内容。

(2) 简述土壤六六六和滴滴涕测定气相色谱法样品处理、测试及表征的要点。

(3) 简述土壤苯并 [a] 芘测定高效液相色谱法样品前处理和试液测试要点。

二、思政

(1) 请查阅资料并简述蔡道基院士的先进事迹、巨大贡献和伟大精神。

(2) 简述蔡院士立足岗位报效祖国、服务人民的先进事迹对你的影响和启示。

任务四　土壤与有机肥重金属检测

学习目标

1. 能力目标　能完成土壤和有机肥样品的采集、制备和重金属指标测定。

2. 知识目标　能简述土壤与有机肥样品的前处理方法和汞、砷、铅、镉测定原理。

3. 思政目标　了解土壤学家孙铁珩院士为我国污染生态学与环境土壤学研究做出的伟大贡献，学习、感悟孙先生的科学精神与家国情怀。

📖 **知识学习**

一、土壤与有机肥重金属污染

（一）土壤重金属污染

随着农业集约化、市场化程度的不断提高，农药、肥料等农用化学物质的用量逐年剧增，使得农田土壤重金属污染与农产品安全等问题已经成为人们关注的焦点。畜禽粪便有机肥是我国农业生产的重要肥源，但超标畜禽粪肥农用亦是目前我国农田土壤重金属污染的主要原因之一。2014 年 4 月 17 日国土资源部和国家环境保护部联合发布的《全国土壤污染状况调查公报》显示，全国土壤污染物超标率为 16.1%，无机污染物超标点位数占全部超标点位数的 82.8%，我国农田土壤环境质量不容乐观，以无机型污染为主。重金属是土壤无机污染的主要污染物，包括镉、汞、砷、铜、铅、铬、锌和镍 8 种。砷为类金属，但因其污染属性与重金属相似，故作重金属处理。

（二）畜禽粪肥重金属污染的危害

施用重金属超标的畜禽粪肥，会导致农用地土壤重金属污染，影响农作物生长发育和产量，引发农产品重金属含量超标、使用价值降低，威胁人类粮食安全。蔬菜是最容易从土壤中"吸收"重金属元素的农作物，诸多研究表明，滥用粪肥能使青菜重金属含量超标。李秀兰等研究发现，上海宝山区市售蔬菜曾受到重金属污染，尤其以铅和镉污染最为严重，分别超标 81.97% 和 54.1%。Zhou 等研究发现，施用畜禽粪肥后，随着土壤中铜和锌含量增加，萝卜和白菜中重金属含量也随着增加，部分处理萝卜地上部位的锌含量超过我国食品标准规定限值（20mg/kg），达到 28.7mg/kg。可见，重金属超标畜禽粪肥农用的污染风险控制问题亟待解决。

（三）我国畜禽粪肥重金属污染特征

1. 畜禽粪便产量逐年剧增　据统计，我国畜禽粪便产量 1988 年为 18.8 亿 t，而 1995 年、2000 年、2010 年和 2020 年分别达到 24.9 亿 t、36.4 亿 t、32 亿 t 和 31.4 亿 t；我国畜禽粪便还田量 2020 年为 24 亿 t，2021 年为 25 亿 t。畜禽粪便的总体土地负荷警戒值 R，2016 年我国已超过 0.49（$R<0.4$ 时，表示其对环境不造成威胁）。

2. 饲料添加剂是畜禽粪肥重金属超标的主要元凶　有些饲料生产企业因片面强调添加剂的促生长作用而违规增大添加量，而这些无机重金属元素在畜禽体内的消化吸收利用率极低，在排泄物粪便中含量却很高。据报道，我国目前微量元素添加剂年使用量在 35 万 t 左右，其中约有 95% 以上未被畜禽吸收利用而随粪尿排出体外。因此，解决好畜禽粪肥的重金属超标及其危害控制问题意义重大。

3. 污染情况因畜禽种类不同而异　通过对我国部分地区规模化养殖畜禽粪便中主要重金属含量分析，发现猪粪和鸡等家禽粪便是有机肥重金属污染的重灾区，含量超标最为普遍的是铜和锌。猪粪重金属污染程度普遍高于禽类粪便，牛羊等反刍动物粪便重金属污染情况不突出。

4. 有机肥国家标准重金属限值不合理问题亟待解决　王飞等调查华北地区商品化畜禽粪便有机肥后发现，有机肥中重金属镉、铬、铜、铅、锌、镍、砷和汞的含量分别达到 0.21mg/kg、45.42mg/kg、69.22mg/kg、87.40mg/kg、274.58mg/kg、16.50mg/kg、

3.21mg/kg 和 0.33mg/kg；参照我国有机肥行业标准（NY/T 525—2021），除铅（超标率高达 74.8%）外的其余元素不超标；但若参照德国标准，则除砷外的其余元素均超标，铬、铜、铅、锌、镍和汞的超标率分别为 8.33%、13.89%、16.67%、19.44%、2.78% 和 11.11%。可见，综合考虑食品安全、土壤环境安全和畜牧业可持续发展等因素，制定科学合理、经济可行的农田土壤和畜禽粪肥产品的重金属污染风险控制限值，极具现实意义。

（四）有机肥安全施用

1. 有机肥安全施用原则　畜禽粪便作肥料施用，应不对环境和作物产生不良后果，应不使农产品的产量和品质受到威胁。畜禽粪肥施于农田，其卫生学指标、重金属含量及施用量应达到相关标准的要求。畜禽粪料单独施用或与其他肥料配施时，应满足作物对营养元素的需要，适量施肥以保持或提高土壤肥力及土壤活性。根据《有机肥料》（NY/T 525—2021）和《畜禽粪便堆肥技术规范》（NY/T 3442—2019），畜禽粪便堆肥产品重金属限量阈值如表 3-22 所示。根据《畜禽粪便还田技术规范》（GB/T 25246—2010），不同 pH 土壤施用畜禽粪便有机肥重金属含量限值见表 3-23。各项指标都符合标准的畜禽粪肥，不合理施用亦会造成土壤污染和农产品品质下降。因此，畜禽粪肥还田，应选择合适的施用方法、确定科学的施用量。

表 3-22　畜禽粪便堆肥产品重金属限量阈值

检测项目	总砷（As）	总汞（Hg）	总铅（Pb）	总镉（Cd）	总铬（Cr）
限值/（mg/kg）	≤15	≤2	≤50	≤3	≤150

表 3-23　不同 pH 土壤施用畜禽粪便有机肥重金属含量限值

重金属	作物	土壤 pH		
		<6.5	6.5～7.5	>7.5
砷（As）/（mg/kg）	旱田作物	50	50	50
	水稻	50	50	50
	果树	50	50	50
	蔬菜	30	30	30
铜（Cu）/（mg/kg）	旱田作物	300	600	600
	水稻	150	300	300
	果树	400	800	800
	蔬菜	85	170	170
锌（Zn）/（mg/kg）	旱田作物	2 000	2 700	3 400
	水稻	900	1 200	1 500
	果树	1 200	1 700	2 000
	蔬菜	500	700	900

2. 施用方法

（1）基施。秋施比春施效果好，施用方法有撒施、条施、穴施和环状施肥（轮状施肥）等。撒施是在耕地前将肥料均匀撒于地表，结合耕地把肥料翻入土中，使肥土相融，适用于水田作物、大田作物及蔬菜作物。条施（沟施）是结合犁地开沟，将肥料按条状集中施于作物播种行内，适用于大田作物、蔬菜作物。穴施是在作物播种或种植穴内施肥，适用于大田作物、蔬菜作物。环状施肥是在入冬前或春季，以作物主茎为圆心，沿株冠垂直投影边缘外侧开沟，将肥料施入沟中并覆土，适用于多年生果树施肥。注意：畜禽粪肥不能在饮用水源保护区施用，基施应避开雨季，裸露农田施用 24h 内应翻耕入土。

（2）追施。有条施、穴施、环施和根外追肥等方法。条施方法同"基施"中的"条施"，适用于大田作物、蔬菜作物；穴施是在苗期按株或在两株间开穴施肥，适用于大田作物、蔬菜作物；环施方法同"基施"中的环状施肥，适用于多年生果树；根外追肥是指在作物生育期间向叶面喷施畜禽粪便发酵沼液。

3. 施用量　以地定产、以产定肥。根据土壤肥力，确定作物预期产量（能达到的目标产量），计算作物单位产量的养分吸收量。结合畜禽粪便中营养元素含量、作物当季（或当年）利用率和重金属有害物质含量等，计算"基施"或"追施"畜禽粪便有机肥的用量。一般情况下，农作物（小麦、水稻和玉米）大田、果园和菜地的畜禽粪便有机肥施用限量不同，具体施用量应参照《畜禽粪便还田技术规范》（GB/T 25246—2010）计算。

二、土壤重金属含量测定

镉、汞、砷、铅、铬、铜、镍和锌 8 种重金属是农用地土壤污染风险管控的必测项目〔见《土壤环境质量　农用地土壤污染风险管控标准（试行）》（GB 15618—2018）〕，砷是类金属，因危害特性与重金属类似而作重金属处理。重金属分析用土样，应按照《土壤环境监测技术规范》（HJ/T 166—2004）等标准的相关规定，进行布点采样、风干、破碎、过筛和保存。

（一）土壤铜、锌、镉、铬、铅、镍测定样品的微波消解

1. 消解过程

（1）称取过孔径 0.15mm 筛的风干土样 0.25～0.5g（精确至 0.000 1g），置于消解罐中，用少量纯水（电导率≤0.01mS/m，下同）润湿。

（2）在通风橱中，向消解罐内依次加入 6mL 浓硝酸〔ρ（HNO$_3$）＝1.42g/mL，下同〕、3mL 浓盐酸〔ρ（HCl）＝1.19g/mL，下同〕、2mL 浓氢氟酸〔ρ（HF）＝1.16g/mL，下同〕，使样品和消解液充分混匀。若有剧烈化学反应，待反应结束后再加盖拧紧。

（3）将消解罐装入消解罐支架后放入微波消解装置的炉腔中，确认温度传感器和压力传感器工作正常；按照表 3-24 的升温程序进行微波消解，程序结束后冷却。

表 3-24　土壤铜、锌、镉、铬、铅、镍测定样品微波消解升温程序

升温阶段	升温时间/min	消解温度/℃	保持时间/min
1	7	室温→120	3
2	5	120→160	3
3	5	160→190	25

（4）待罐内温度降至室温后，在通风橱中取出消解罐，缓缓泄压放气，打开消解罐盖；将消解罐中的溶液转移至聚四氟乙烯坩埚中，用少许实验用水洗涤消解罐和盖子后一

并倒入坩埚。

（5）将坩埚置于温控加热设备（温度控制精度±5℃）上，在微沸的状态下进行赶酸；待液体呈黏稠状时，取下稍冷。

（6）用滴管取少量稀硝酸（1+99，下同）冲洗坩埚内壁，利用余温溶解附着在坩埚壁上的残渣，之后转入25mL容量瓶中，再用滴管吸取少量稀硝酸重复上述步骤，洗涤液一并转入容量瓶中，然后用稀硝酸定容至标线，混匀，静置60min，取上清液待测。

2. 注意事项

（1）微波消解后若有黑色残渣，表明碳化物未被完全消解，应在温控加热设备上向坩埚中补加2mL浓硝酸、1mL浓氢氟酸和1mL浓高氯酸，微沸状态下加盖反应30min后，揭盖继续加热至高氯酸白烟冒尽，液体呈黏稠状；上述过程反复进行直至黑色碳化物消失。

（2）由于不同土壤的有机质差异较大，因而微波消解的酸用量应根据实际情况酌情增加。

（3）对于待测元素含量低的土样，应将称样量提高到1g左右，酸加入量也应按比例酌情增加，或增加消解次数。

（4）消解罐必须冷却至室温后才能开盖，以避免消解液损失和事故伤害。

（二）土壤汞、砷测定的样品微波消解

1. 方法

（1）称取过孔径0.15mm筛的风干土样0.25～0.5g（精确至0.0001g）置于消解罐中，用少量纯水润湿。

（2）在防酸通风橱中，向消解罐内依次加入2mL浓硝酸、6mL浓盐酸，使样品和消解液充分混匀。若有剧烈化学反应，待反应结束后再加盖拧紧。

（3）将消解罐装入消解罐支架后放入微波消解装置的炉腔中，确认温度传感器和压力传感器工作正常。按照表3-25的升温程序进行微波消解，程序结束后冷却。待罐内温度降至室温后在防酸通风橱中取出消解罐，缓缓泄压放气，打开消解罐盖。

（4）将消解罐中的溶液转移至25mL容量瓶中，用少许纯水洗涤消解罐和盖子后一并倒入容量瓶中，然后用纯水定容至标线，混匀，静置60min，取上清液待测。

表3-25　土壤汞、砷测定样品微波消解升温程序

升温阶段	升温时间/min	消解温度/℃	保持时间/min
1	7	室温→120	3
2	10	120→180	15

2. 注意事项

（1）实验所用的器皿需先用洗涤剂洗净，然后用稀硝酸溶液（1+1）浸泡24h，再进行自来水荡洗和纯水润洗，最后倒置并自然干燥。

（2）土样消解过程中，如果出现消解罐内压力过大而泄压，则该批次样品消解失败。

3. 质量控制

（1）空白试验的测定结果应小于方法检出限。

（2）每20个样品进行一个平行样测定，样品数量少于20个时，应至少做一个平行双样。

（3）每 20 个样品应测定一个土壤或沉积物有证标准样品或有证标准物质，其测定值应在保证值范围内。

（三）土壤重金属有效态提取方法

土壤重金属有效态是指规定条件下土样被 DTPA（二乙三胺五乙酸）、纯水、0.1mol/L HCl 或其他电解质溶液浸提出的那部分重金属。土壤有效态重金属，亦指土壤中能被植物直接吸收利用的重金属。

1. DTPA 浸提法　适用于土壤有效态铅和镉的测定。步骤为：①称取 5.00g 通过孔径 2mm 尼龙筛的风干土样，置于 100mL 具塞锥形瓶中，加入 DTPA 提取液 25.00mL；放入水平往复式振荡器中，在（25±2）℃下，以 180 次/min 速率振荡提取 2h。②取出锥形瓶，离心或干过滤，将最初的 5～6mL 滤液弃去，之后的滤液备上机测试用。③用与样品提取相同的试剂和步骤，每批样品至少同时制备 2 个以上的空白溶液。④注意：土壤有效镉含量大于等于 0.5mg/kg，应选用火焰原子吸收法；土壤有效镉含量小于 0.5mg/kg，应选用石墨炉原子吸收法。

2. 稀盐酸（0.1mol/L HCl）浸提法　适用于酸性土壤有效态的镉、铜、锌等重金属测定。称取过孔径 0.9mm 筛（20 目筛）的风干土样 10.00g，置于 150mL 锥形瓶中，加入 0.1mol/L HCl 浸提液 50.0mL，水平振荡器上振荡 1.5h，过滤，滤液用于分析。

3. 纯水浸提法　适用于土壤有效硼测定。先称取过孔径 0.9mm 筛的风干土样 10.00g，置于 250mL 石英锥形瓶中，加入 20.0mL 无硼水，再将锥形瓶连接到回流冷却装置中，煮沸 5min，停止加热并用冷却水冷却。冷却后，加入 0.5mol/L $CaCl_2$ 溶液 4 滴，移入离心管中，离心分离，上清液备测定分析用。

（四）土壤重金属测定分析方法

1. 火焰原子吸收光谱法测定土壤铜、锌、铅、镍和铬　一般是先将土样用酸消解成试液，再用火焰原子吸收光谱法（AAS 法）测定试液的重金属含量，计算得之。土壤样品消解成试液，试液中的铜、锌、铅、镍和铬在空气-乙炔火焰中原子化，其基态原子分别对铜、锌、铅、镍和铬的特征谱线产生选择性吸收，其吸收强度在一定范围内与试样铜、锌、铅、镍和铬的浓度成正比。铜、锌、铅、镍和铬的特征光波长不同，分别为 324.7nm、213.0nm、283.3nm、232.0nm 和 357.9nm，因此 AAS 法可实现在同一试样中分别测定多种元素。当取样量为 0.2g、消解后定容体积为 25mL 时，铜、锌、铅、镍和铬的检出限分别为 1mg/kg、1mg/kg、10mg/kg、3mg/kg 和 4mg/kg，测定下限分别为 4mg/kg、4mg/kg、40mg/kg、12mg/kg 和 16mg/kg。

2. 石墨炉原子吸收光谱法测定土壤总铅和总镉　先将土样用盐酸-硝酸-氢氟酸-高氯酸消解，使土样中的待测元素全部进入试液，再用石墨炉 AAS 法测定试液铅、铬含量，计算得土壤总铅和总镉含量。试液注入石墨炉后，经过干燥、灰化和原子化等处理使其共存基体成分蒸发除去，同时铅、镉化合物离解为基态原子蒸气，并对空心阴极灯发射的特征谱线产生选择性吸收。在选择的最佳测定条件下，通过背景扣除，测定试液中铅、镉的吸光度，用标准曲线法或标准加入法定量。

3. 土壤总汞和总砷的测定　一般是先把土壤样品用微波消解成试样溶液，再用原子荧光分光光度法测定试样溶液汞和砷的浓度，从而计算出土样总汞和总砷的含量。样品经微波消解后，试液进入原子荧光光度计，其中的砷离子被硼氢化钾溶液还原生成砷化氢气体，汞离子被还原成原子态（气态汞单质），在氩氢火焰中形成基态原子，在元素灯（砷灯、汞灯）发射光的激发下产生原子荧光，原子荧光强度与试液中元素含量成正比。当取样量为 0.5g、消解后定容体积为 50mL 时，汞和砷的检出限分别为 0.002mg/kg 和 0.01mg/kg，测定下限分别为 0.008mg/kg 和 0.04mg/kg。

三、畜禽粪肥重金属含量测定

（一）畜禽粪便有机肥样品采集与制备

畜禽粪便堆肥产品检测的样品采集、制备和保存应按照《畜禽粪便监测技术规范》（GB/T 25169—2010）执行。

1. 样品采集 分畜禽舍内粪便采样和堆放粪便采样，这里以堆放粪便采样为例。在每个堆放畜禽粪便的采样点，分别由底部自下而上每 20cm 取样 1 次，每次采样约 500g，装入样品混合盆中，混匀后用四分法取 2 份样品，分别编号，每份样品约 1 kg。其中一份直接用于含水率、粪大肠菌群和蛔虫卵的测定；另一份按每 100g 样品添加 10mL 硫酸 $[c\ (H_2SO_4)＝9.0mol/L]$ 进行现场固定处理，用于测定重金属等其他指标。如果只测定重金属，则只取一份样，按后者处理。

2. 样品制备 经过现场固定处理的粪便样品，应及时在牛皮纸上摊开自然风干，风干后先粗磨过孔径 2mm 尼龙筛，再经过非金属器具细磨后过孔径 0.25mm 尼龙筛；过筛样装瓶保存，备用。

3. 样品保存 新鲜样，可避光、冷藏（<4℃）保存 7 d；风干样，可常温、干燥、避光保存 180 d；制备样，可常温、干燥、避光保存 365 d。

（二）畜禽粪便有机肥重金属测定试液制备

畜禽粪便堆肥产品重金属测定的试样溶液制备，即对样品进行消解或浸提处理以获得待测试液的过程，操作方法按照《肥料中砷、镉、铬、铅、汞含量的测定》（GB/T 23349—2020）和《有机无机复混肥料》（GB 18877—2020）中相关要求执行，亦可参考土壤和沉积物重金属测定相关方法标准的试样制备方法。

1. 畜禽粪便堆肥砷、汞、铅、镉、铬测定试液制备

（1）称取过孔径 0.25mm 尼龙筛的风干样 5～8g（精确至 0.001g）于 400mL 高型烧杯中，加入 30mL 浓盐酸 $[\rho\ (HCl)＝1.19g/mL，下同]$ 和 10mL 浓硝酸 $[\rho\ (HNO_3)＝1.42g/mL，下同]$，盖上表面皿，在电热板上徐徐加热（当反应激烈产生泡沫时，应自电热板上移开冷却片刻），待激烈反应结束后，稍微移开表面皿继续加热，使酸全部蒸发至近干涸，以赶尽硝酸。

（2）冷却后，加入 50mL 盐酸溶液（1＋5），加热溶解，冷却至室温后转移至 250mL 容量瓶中，加纯水至容量瓶刻度线，混匀。

（3）干过滤，弃去最初过滤的 5～6mL 滤液，之后滤液装瓶备测定分析用。

（4）做空白试验。空白试样溶液制备除了不加试样外，其他步骤同试样溶液的制备。

2. 畜禽粪便堆肥铜、锌、铅、铬、镍、镉测定试液制备

（1）称取过孔径 0.25mm 尼龙筛的风干畜禽粪便样品 0.5g（精确至 0.000 1g）于聚四氟乙烯管中，用水润湿后加入 20mL 浓盐酸，静置过夜。

（2）次日低温消解，当酸剩余 2～3mL 时，取下稍冷，加入浓硝酸 5mL、氢氟酸 $[\rho$（HF）$=1.49\text{g}/\text{mL}]$ 10mL 和高氯酸 $[\rho$（$HClO_4$）$=1.68\text{g}/\text{mL}]$ 5mL，加盖后中温消解 1h。

（3）开盖，赶酸，当白烟冒尽且内容物呈黏稠状时，取下冷却，加 2mL（1+1）硝酸溶解残渣，转移至 50mL 容量瓶中，用纯水定容至标线，混匀。

（4）干过滤，弃去最初过滤的 5～6mL 滤液，之后滤液装瓶备测定分析用。

（5）做空白试验，空白试样溶液制备除了不加试样外，其他步骤同试样溶液的制备。

（三）畜禽粪便堆肥产品消解试液重金属测定

1. 砷测定　畜禽粪便堆肥产品砷的测定，一般用二乙基二硫代氨基甲酸银分光光度法，检出限为 0.8mg/kg。在酸性介质中，五价砷通过碘化钾、氯化亚锡及初生态氢还原为砷化氢（AsH_3），用二乙基二硫代氨基甲酸银的吡啶溶液吸收，生成红色可溶性胶态银，在波长 540nm 处测定其吸光度，吸光度大小与砷含量成正比，用标准曲线法定量。如果需同时分析砷、汞两种元素的含量，可参见《土壤和沉淀物　汞、砷、硒、铋、锑的测定　微波消解/原子荧光法》（HJ 680—2013），用微波消解/原子荧光法。

2. 汞测定　畜禽粪便堆肥产品汞的测定，一般用氢化物发生-原子吸收分光光度法，检出限为 0.1mg/kg。用硼氢化钾将试样溶液中的汞还原成金属汞，再用氮气气流将汞蒸气吹脱载入冷原子吸收仪（或冷原子吸收测汞仪）。汞原子蒸气对波长 253.7nm 紫外光具有强烈吸收作用，吸光度的大小与汞蒸气浓度成正比，即与试样溶液中汞离子含量成正比，用标准曲线法定量。

3. 铜、锌、铅、铬、镍和镉的测定　畜禽粪便及其堆肥产品的消解试样溶液中铜、锌、铅、铬和镍含量的测定用火焰原子吸收分光光度法，消解试样溶液镉含量的测定用石墨炉原子吸收分光光度法。试液中的镉（或铜、锌、铅、铬、镍），经原子化器将其转变为原子蒸气，产生的原子蒸气吸收从镉（或铜、锌、铅、铬、镍）空心阴极灯射出的特征波长 228.8nm（或铜 324.7nm，锌 213.0nm，铅 283.3nm，铬 357.9nm、镍 232.0nm）的光，吸光度大小与镉（或铜、锌、铅、铬、镍）基态原子浓度成正比，用标准曲线法定量。

（四）畜禽粪便堆肥产品质量重金属达标情况评定方法

1. 评定依据　主要有《有机无机复混肥》（GB 18877—2020）、《有机肥料》（NY 525—2021）和《畜禽粪便堆肥技术规范》（NY/T 3442—2019）。

2. 检验类型及项目　有机肥产品检验分为出厂检验和型式检验；出厂检验由生产企业质量监督部门进行，检验项目包括有机质含量、总养分、水分含量、酸碱度、种子发芽率、机械杂质含量和氯离子含量 7 个；型式检验项目包括原料、产品外观（目视、鼻嗅测定；要求外观均匀、粉状或颗粒状，无恶臭）、产品技术指标（有机质含量、氮磷钾总养分含量、水分含量、酸碱度、种子发芽率和机械杂质含量 6 个）和限量指标（总砷、总汞、总铅、总镉、总铬、粪大肠菌群、蛔虫卵死亡率、氯离子质量分数和杂草种子活性 9 个）。可见，畜禽粪便有机肥重金属含量检测，一般属于型式检验中的产品限量指标检测。

3. 实施型式检验的情况　①正式生产时，原料、工艺等发生变化；②正常生产时，定期或积累到一定量后，每半年至少进行一次检验；③停产再复产时；④国家质量监督部门提出型式检验要求时；⑤出现重大争议或双方认为有必要进行检验时。

技能训练

实训一　微波消解/原子荧光法测定土壤汞和砷

一、实训目的

（1）能完成土壤汞和砷测定微波消解/原子荧光法的样品消解和试液制备。

（2）能完成土壤汞和砷测定微波消解/原子荧光法的试样测定和数据处理。

（3）培养提升团结协作、求真务实、一丝不苟的职业习惯。

二、方法原理

本实训项目依据《土壤和沉积物　汞、砷、硒、铋、锑的测定　微波消解/原子荧光法》（HJ 680—2013）和《肥料汞、砷、铅、铬含量的测定》（NY/T 1978—2010）编制，亦可供畜禽粪便堆肥产品总汞、总砷测定借鉴。样品经微波消解后，试液进入原子荧光光度计，其中的砷离子被硼氢化钾溶液还原生成砷化氢气体，汞离子被还原成原子态（气态汞单质），在氩氢火焰中形成基态原子，在元素灯（砷灯、汞灯）发射光的激发下产生原子荧光，原子荧光强度与试液中元素含量成正比，标准曲线法定量。当取样量为 0.5g、消解后定容体积为 50mL 时，汞和砷的检出限分别为 0.002mg/kg 和 0.01mg/kg，测定下限分别为 0.008mg/kg 和 0.04mg/kg。

三、实训准备

（一）试剂和材料

（1）纯水。新制备的去离子水或亚沸腾蒸馏水，25 ℃电导率≤0.01mS/m。

（2）浓盐酸。ρ（HCl）=1.19g/mL，优级纯。

（3）浓硝酸。ρ（HNO$_3$）=1.42g/mL，优级纯。

（4）盐酸溶液（5+95）。移取 25mL 盐酸于烧杯中，用纯水稀释至 500mL。

（5）盐酸溶液（1+1）。移取 500mL 盐酸于烧杯中，用纯水稀释至 1 000mL。

（6）硼氢化钾溶液（10g/L）。ρ（KBH$_4$）=10g/L。称取 0.5g 氢氧化钾（KOH，优级纯）放入盛有 100mL 纯水的烧杯中，用玻璃棒搅拌至完全溶解，再加入 1.0g 硼氢化钾（KBH$_4$，优级纯）搅拌溶解；当日配制，用于测定汞。

（7）硼氢化钾溶液（20g/L）。ρ（KBH$_4$）=20g/L。称取 0.5g 优级纯氢氧化钾放入盛有 100mL 纯水的烧杯中，用玻璃棒搅拌至完全溶解，再加入 2.0g 优级纯硼氢化钾搅拌溶解；当日配制，用于测定砷。

（8）硫脲-抗坏血酸混合溶液。称取硫脲（CH$_4$N$_2$S，分析纯）、抗坏血酸（C$_6$H$_8$O$_6$，分析纯）各 10g，用 100mL 纯水溶解，混匀，装瓶备用；使用当日配制。

（9）汞标准固定液。即 5% HNO$_3$-0.05% K$_2$Cr$_2$O$_7$ 溶液。将 0.5g 重铬酸钾溶于 950mL 纯水中，加入 50mL 浓硝酸，混匀。

（10）汞标准贮备液。ρ（Hg）=100.0mg/L。准确称取在硅胶干燥器中放置过夜的氯化汞（HgCl$_2$）0.135 4g 置于烧杯中，加入适量纯水搅拌溶解后移入 1 000mL 容量瓶中，用汞标准固定液定容，混匀，备用。亦可购买商品汞标准贮备液（即汞单元素、溶液标准物质）。

（11）汞标准中间液。ρ（Hg）=1.00mg/L。准确移取汞标准贮备液 5.00mL 置于

500mL 容量瓶中，用汞标准固定液定容至标线，混匀，备用。

（12）汞标准使用液。ρ（Hg）＝10.0μg/L。准确移取汞标准中间液 5.00mL 置于 500mL 容量瓶中，用汞标准固定液定容至标线，混匀，备用；此溶液用时现配。

（13）砷标准贮备液。ρ（As）＝100.0mg/L。准确称取经过 105℃烘干 2h 并在硅胶干燥器中冷却至室温的三氧化二砷（As_2O_3，优级纯）0.135 4g 置于烧杯中，加入 1mol/L 氢氧化钠溶液 5mL，搅拌溶解后滴加酚酞溶液 3～5 滴（此时溶液呈红色），再加入 1mol/L 盐酸溶液至溶液红色退去，然后转移溶液至 1 000mL 容量瓶中，用纯水定容，混匀，备用。亦可购买商品砷标准贮备液（即砷单元素、溶液标准物质）。

（14）砷标准中间液。ρ（As）＝1.00mg/L。准确移取砷标准贮备液 5.00mL 置于 500mL 容量瓶中，加入盐酸溶液（1＋1）100mL，用纯水定容，混匀备用。

（15）砷标准使用液。ρ（As）＝100.0μg/L。准确移取砷标准中间液 10.00mL 置于 100mL 容量瓶中，加入盐酸溶液（1＋1）20mL，用纯水定容，混匀，备用；此溶液用时现配。

（16）载气和屏蔽气。氩气，纯度≥99.99％。

（17）慢速定量滤纸。

（二）仪器和设备

（1）微波消解仪。具有温度和程序升温功能，温度精度可达±2.5℃。

（2）原子荧光光度计。符合《原子荧光光谱仪》（GB/T 21191—2007）规定，具有汞、砷的元素灯。

（3）恒温水浴装置。

（4）分析天平。精度为 0.000 1g。

（5）土壤检测实验室常用设备。

（三）样品准备

1. 样品采集与制备 按照《土壤环境监测技术规范》（HJ/T 166—2004）相关规定进行土壤样品的采集、风干、破碎、过筛（孔径 0.15mm 尼龙筛）和保存。测定汞和砷的土壤样品，应过孔径 0.15mm 尼龙筛，保存于玻璃瓶中加盖保存，在＜4℃的干燥环境中可保存 28d；如果只测定砷，可保存 180d。

2. 样品干物质（或水分）含量测定 土壤样品干物质含量测定按照《土壤 干物质和水分测定 重量法》（HJ 613—2011）规定进行。

四、实训步骤

（一）土样消解

1. 器皿编号 准备 5 个干净的消解罐，分别标记"样 1""样 2""样 3""空 1""空 2"编号；准备 5 个用稀硝酸（1＋1）浸泡过的 50mL 容量瓶，用记号笔分别标记"样 1""样 2""样 3""空 1""空 2"。

2. 称样

（1）分别准确称取 0.1～0.5g（精确至 0.1mg）土样 3 份置于消解罐"样 1""样 2""样 3"中，用少量纯水湿润。

（2）分别向"空 1""空 2"的两个消解罐中，加入与（1）土样湿润等量的少量纯水。

3. 初步消解 在通风橱中，先慢慢加入 6mL 浓盐酸，再慢慢加入 2mL 浓硝酸，混匀，使样品和消解液充分接触；若有剧烈化学反应，待反应结束后加盖拧紧。

4. 微波消解 将消解罐装入消解罐支架后放入微波消解装置的炉腔中，确认温度传感器和压力传感器工作正常；按照表 3-26 的升温程序进行微波消解，程序结束后冷却；待罐内温度降至室温后，在通风橱中取出，缓缓泄压放气，打开消解罐盖。

表 3-26 土壤汞和砷测定样品微波消解升温程序

升温阶段	升温时间/min	目标温度/℃	保持时间/min
1	5	100	2
2	5	150	3
3	5	180	25

5. 转移定容 将玻璃小漏斗插于 50mL 容量瓶的瓶口，用慢速定量滤纸将消解后的溶液过滤、转移入容量瓶中，用纯水洗涤溶样杯及沉淀，将所有洗涤液并入容量瓶中，用纯水定容，混匀，备用。

（二）试液制备

1. 器皿编号 准备 10 个用稀硝酸（1+1）浸泡过的 50mL 容量瓶，用记号笔分别标记编号"汞样 1""汞样 2""汞样 3""汞空 1""汞空 2""砷样 1""砷样 2""砷样 3""砷空 1""砷空 2"。

2. 测汞试液制备 分别取 10.00mL 土样消解试液置于对应编号（"汞样 1""汞样 2""汞样 3"）的 50mL 容量瓶中，加入 2.5mL 浓盐酸，混匀，室温放置 30min（如果室温低于 15℃，则置于 30℃水浴中保温 20min），用纯水定容，混匀备用。

3. 测汞空白试液制备 分别取 10.00mL 土样消解空白试液置于对应编号（"汞空 1""汞空 2"）的 50mL 容量瓶中，加入 2.5mL 浓盐酸，混匀，室温放置 30min（如果室温低于 15℃，则置于 30℃水浴中保温 20min），用纯水定容，混匀备用。

4. 测砷试液制备 分别取 10.00mL 土样消解试液置于对应编号（"砷样 1""砷样 2""砷样 3"）的 50mL 容量瓶中，加入 5.0mL 浓盐酸和 10.0mL 抗坏血酸混合溶液，混匀，室温放置 30min（如果室温低于 15℃，则置于 30℃水浴中保温 20min），用纯水定容，混匀，备测定砷用。

5. 测定砷空白试液制备 分别取 10.00mL 土样消解空白试液置于对应编号（"砷空 1""砷空 2"）的 50mL 容量瓶中，加入 5.0mL 浓盐酸和 10.0mL 抗坏血酸混合溶液，混匀，室温放置 30min（如果室温低于 15℃，则置于 30℃水浴中保温 20min），用纯水定容，混匀，备测定砷用。

（三）标准系列溶液配制

1. 汞标准系列溶液配制

（1）准备 7 个用稀硝酸（1+1）浸泡过的 50mL 容量瓶，用记号笔分别标记编号"汞标 0""汞标 1""汞标 2""汞标 3""汞标 4""汞标 5""汞标 6"。

（2）先依编号升序依次向容量瓶中加入 0.01μg/mL 汞标准使用液 0.00mL、0.50mL、1.00mL、2.00mL、3.00mL、4.00mL 和 5.00mL，再加入浓盐酸 2.5mL，用纯水定容至标线，混匀，备用；该标准系列溶液的汞含量分别为 0.00μg/L、0.10μg/L、0.20μg/L、0.40μg/L、0.60μg/L、0.80μg/L 和 1.00μg/L。

2. 砷标准系列溶液配制

（1）准备 7 个用稀硝酸（1+1）浸泡过的 50mL 容量瓶，用记号笔分别标记编号"砷标 0""砷标 1""砷标 2""砷标 3""砷标 4""砷标 5""砷标 6"。

（2）先依编号升序依次向容量瓶中加入 0.10μg/mL 砷标准使用液 0.00mL、0.50mL、1.00mL、2.00mL、3.00mL、4.00mL 和 5.00mL，再分别加入浓盐酸 5.0mL、硫脲-抗坏血酸混合溶液 10.0mL，室温放置 30min（如果室温低于 15℃，则置于 30℃水浴中保温 20min），用纯水定容至标线，混匀，备用；该标准系列溶液的砷含量分别为 0.00μg/L、1.00μg/L、2.00μg/L、4.00μg/L、6.00μg/L、8.00μg/L 和 10.00μg/L。

（四）上机测试

1. 仪器调试 原子荧光光度计开机预热，按照仪器使用说明书设定灯电流、负高压、载气流量、屏蔽气流量等工作参数，原子荧光光度计的工作参数见表 3-27。

表 3-27 原子荧光光度计的工作参数

元素名称	灯电流/mA	负高压/V	原子化器温度/℃	载气流量/(mL/min)	屏蔽气流量/(mL/min)	灵敏线波长/nm
Hg	15~40	230~300	200	400	800~1 000	253.7
As	40~80	230~300	200	300~400	800	193.7

2. 汞试液上机测定

（1）按照表 3-27 调整仪器工作参数至适合测汞的状态，以 10g/L 硼氢化钾溶液为还原剂，盐酸溶液（5+95）为载流，用标准系列的零浓度溶液（编号"标 0"的容量瓶溶液）调节仪器零点，由低浓度到高浓度依次测定标准系列溶液的原子荧光强度。

（2）用同法以实验用水代替试液，连续上机测定 1~3 次。

（3）用同法依编号顺序先测定空白试样的原子荧光强度，再测定汞试样溶液的原子荧光强度。

（4）用同法以实验用水代替试液，连续上机测定 1~3 次。

3. 砷试液上机测定 按照表 3-27 调整仪器工作参数至适合测砷的状态，以 20g/L 硼氢化钾溶液为还原剂，盐酸溶液（5+95）为载流，用与汞测定同样的步骤，完成标准系列溶液、空白试样和砷试样溶液的原子荧光强度测定。

五、结果计算

（一）数据记录

如果仪器配有计算机、测试软件和打印机，具备自动记录数据、绘制标准曲线和打印结果等功能，则测试过程和结果由打印机打印即可。否则，参考表 3-28 设计数据记录表，人工记录测定数据并计算测定结果。

（二）标准曲线建立

1. 汞标准曲线 以汞标准系列质量浓度为横坐标，相应的原子荧光强度为纵坐标，建立试样汞含量-原子荧光强度的标准曲线。

2. 砷标准曲线 以砷标准系列质量浓度为横坐标，相应的原子荧光强度为纵坐标，建立试样砷含量-原子荧光强度的标准曲线。

表 3-28　汞和砷试样测定结果记录

容量瓶编号	汞		砷	
	含量/（μg/L）	原子荧光强度	含量/（μg/L）	原子荧光强度
标 0	0.00		0.00	
标 1	0.10		1.00	
标 2	0.20		2.00	
标 3	0.40		4.00	
标 4	0.60		6.00	
标 5	0.80		8.00	
标 6	1.00		10.00	
空白 1				
空白 2				
空白 3				
样 1				
样 2				
样 3				

（三）结果计算

土壤中汞和砷含量 w_i（mg/kg）按式（3-26）计算。测定结果小于 1mg/kg 时，小数点后数字最多保留至三位；测定结果大于或等于 1mg/kg 时，结果保留三位有效数字。

$$w_i = \frac{(\rho - \rho_0) \times V_0 \times V_2}{m \times w_{dm} \times V_1} \times 10^{-3} \tag{3-26}$$

式中：w_i——土壤中元素 i 的含量，mg/kg；

ρ——由校准曲线查得测定试液中元素 i 的质量浓度，μg/L；

ρ_0——空白试样中元素 i 的测定浓度，μg/L；

V_0——微波消解后试样的定容体积，mL；

V_1——分取试液的体积，mL；

V_2——分取后测定试液的定容体积，mL；

m——称取土壤样品的质量，g；

w_{dm}——土壤样品中干物质含量，%。

六、注意事项

（1）每批样品至少做 2 个全程空白，空白样与样品的消解过程应一致，空白值应低于方法测定下限；每次分析应建立校准曲线，其相关系数应≥0.999。

（2）若样品消解过程产生压力过大造成泄压而破坏其密闭系统，则此样品数据不应采用。

（3）硝酸和盐酸具有强腐蚀性，样品消解过程应在通风橱内进行，实验人员应注意佩戴防护器具。

（4）实验所用的玻璃器皿均需用（1+1）硝酸溶液浸泡 24h 后，依次用自来水、实验用水（纯水）洗净。

（5）按要求进行消解罐的日常清洗和维护。

①先在消解罐中加入 6mL 浓盐酸，再慢慢加入 2mL 浓硝酸，混匀，去除内衬管和密封盖上的残留。

②用水和软刷仔细清洗内衬管和压力套管。

③将内衬管和陶瓷外套管放入烘箱，在 200～250℃ 温度下加热至少 4h，然后在室温下自然冷却。

七、实训成果

××土壤总汞和总砷含量检测报告。

实训二　火焰原子吸收法测定土壤铜、锌、铅、铬

一、实训目的

（1）能完成土壤铜、锌、铅、铬测定微波消解-火焰原子吸收分光光度法的样品消解、试样制备、上机测试和数据处理。

（2）培养提升团结协作、求真务实、科学严谨等环境检测实验工作习惯。

二、方法原理

实训项目依据《土壤和沉积物　铜、锌、铅、镍、铬的测定　火焰/原子吸收分光光度法》（HJ 491—2019）、《肥料汞、砷、铅、铬含量的测定》（NY/T 1978—2010）和《土壤和沉积物　金属元素总量的消解　微波消解法》（HJ 832—2017）编制，亦可供畜禽粪便堆肥产品铜、锌、铅、铬测定借鉴。土壤样品经酸消解后，试样中的铜、锌、铅、铬在空气-乙炔火焰中原子化，其基态原子分别对铜、锌、铅、铬的特征谱线产生选择性吸收，其吸收强度在一定范围内与试样铜、锌、铅、铬的浓度成正比。铜、锌、铅、铬的特征谱线及火焰类型见表 3-29。当取样量为 0.2g，消解后定容体积为 25mL 时，铜、锌、铅、铬的检出限分别为 1mg/kg、1mg/kg、10mg/kg、4mg/kg，测定下限分别为 4mg/kg、4mg/kg、40mg/kg、16mg/kg。

表 3-29　铜、锌、铅、铬的特征谱线及火焰类型

元素	灯电流/mA	测定波长/nm	通带宽度/nm	火焰类型
Cu	5.0	324.7	0.5	中性
Zn	5.0	213.0	1.0	中性
Pb	8.0	283.3	0.5	中性
Cr	9.0	357.9	0.2	还原性

三、实训准备

（一）试剂和材料

（1）纯水。去离子水或亚沸腾蒸馏水，25℃电导率≤0.01mS/m。

（2）浓盐酸。ρ（HCl）=1.19g/mL，优级纯。

（3）浓硝酸。ρ（HNO₃）=1.42g/mL，优级纯。

（4）氢氟酸。ρ（HF）=1.49g/mL，优级纯；或 ρ（HF）=1.16g/mL（见 HJ 832—2017）。

（5）稀盐酸（1+1）。V（HCl）：V（H₂O）=1:1。

（6）稀硝酸（1+1）。V（HNO_3）：V（H_2O）=1：1。

（7）稀硝酸（1+99）。V（HNO_3）：V（H_2O）=1：99。

（8）铜标准贮备液。ρ（Cu）=1 000mg/L。准确称取 1.000 0g 光谱纯铜粉，用 30mL 稀硝酸（1+1）加热溶解，冷却后用纯水定容至 1L，贮存于聚乙烯试剂瓶中，4℃ 下冷藏保存，有效期两年；也可购买市售有证标准溶液。

（9）锌标准贮备液。ρ（Zn）=1 000mg/L。准确称取 1.000 0g 光谱纯锌粉，用 40mL 浓盐酸加热溶解，冷却后用纯水定容至 1L，贮存于聚乙烯试剂瓶中，4℃下冷藏保存，有效期两年；也可购买市售有证标准溶液。

（10）铅标准贮备液。ρ（Pb）=1 000mg/L。准确称取 1.000 0g 光谱纯铅粉，用 30mL 稀硝酸（1+1）加热溶解，冷却后用纯水定容至 1L，贮存于聚乙烯试剂瓶中，4℃ 下冷藏保存，有效期两年；也可购买市售有证标准溶液。

（11）铬标准准备液。ρ（Cr）=1 000mg/L。准确称取 1.000 0g 光谱纯铬粉，用 30mL 稀盐酸（1+1）加热溶解，冷却后用纯水定容至 1L，贮存于聚乙烯试剂瓶中，4℃ 下冷藏保存，有效期两年；也可购买市售有证标准溶液。

（12）铜标准使用液。ρ（Cu）=100mg/L。准确移取铜标准贮备液 10.00mL 于 100mL 容量瓶中，用稀硝酸（1+99）定容至标线，摇匀，贮存于聚乙烯试剂瓶中，4℃ 下冷藏保存，有效期一年。

（13）锌标准使用液。ρ（Zn）=100mg/L。准确移取锌标准贮备液 10.00mL 于 100mL 容量瓶中，用稀硝酸（1+99）定容至标线，摇匀，贮存于聚乙烯试剂瓶中，4℃ 下冷藏保存，有效期一年。

（14）铅标准使用液。ρ（Pb）=100mg/L。准确移取铅标准贮备液 10.00mL 于 100mL 容量瓶中，用稀硝酸（1+99）定容至标线，摇匀，贮存于聚乙烯试剂瓶中，4℃ 下冷藏保存，有效期一年。

（15）铬标准使用液。ρ（Cr）=100mg/L。准确移取铬标准贮备液 10.00mL 于 100mL 容量瓶中，用稀硝酸（1+99）定容至标线，摇匀，贮存于聚乙烯试剂瓶中，4℃ 下冷藏保存，有效期一年。

（二）仪器和设备

（1）火焰原子吸收分光光度计。不同型号仪器的使用环境、仪器参数和操作方法略有不同，应按照其使用说明书操作。

（2）光源。铜、锌、铅和铬元素的锐线光源，即铜空心阴极灯、锌空心阴极灯、铅空心阴极灯和铬空心阴极灯。

（3）压缩乙炔气瓶。内装纯度≥99.5%的乙炔，用作燃气。

（4）微波消解装置。功率 600～1 500W，配备微波消解罐。

（5）聚四氟乙烯消解罐。50mL 规格。

（6）分析天平。电子分析天平，感量为 0.1mg。

（7）土壤检测实验室常用器皿和设备。所用器皿均先用稀硝酸（1+1）浸泡 24h 以上，使用前用纯水冲洗干净，待用。

（三）样品准备

1. 样品采集、制备和保存　按照《土壤环境监测技术规范》（HJ/T 166—2004）相关规定实施土样采集、风干、破碎、过筛和保存；将过孔径 0.15mm 尼龙筛的风干样置于聚乙烯或玻璃瓶中加盖保存，在＜4℃的干燥环境中可保存 180d；备用。

2. 土样干物质含量测定 按照《土壤 干物质和水分的测定 重量法》（HJ 613—2011）的相关规定进行。

四、实训步骤

（一）样品试液制备

1. 编号 准备 5 个干净的消解罐，分别标记编号"样1""样2""样3""空1""空2"。

2. 称样

分别准确称取 0.2～0.3g（精确至 0.1mg）土样 3 份，置于编号为"样1""样2""样3"的消解罐中，加入少量纯水湿润。

3. 空白样 不取土样，直接向编号为"空1""空2"的消解罐中加入少量纯水湿润。

4. 加酸 在防酸通风橱中，分别向 5 个消解罐中依次加入 6mL 浓硝酸、3mL 浓盐酸和 2mL 氢氟酸，使样品与消解液充分混匀。如果有剧烈化学反应，则待反应结束后再加盖拧紧。

5. 消解 将消解罐装入消解罐支架后放入微波消解装置的炉腔中，确认温度传感器和压力传感器工作正常；按照表 3-30 的升温程序进行微波消解，程序结束后冷却。

表 3-30 土壤铜、锌、镉、铬、铅测定样品微波消解升温程序

升温阶段	升温时间/min	消解温度/℃	保持时间/min
1	7	室温→120	3
2	5	120→160	3
3	5	160→190	25

6. 转移 待罐内温度降至室温后，在防酸通风橱中取出消解罐，缓缓泄压放气，打开消解罐盖，将消解罐中的溶液转移至聚四氟乙烯坩埚中，用少许纯水洗涤消解罐和盖子后一并倒入坩埚中。

7. 赶酸 将坩埚置于温控加热设备（温度控制精度±5℃）上，在微沸的状态下进行赶酸，待液体呈黏稠状时，取下稍冷。

8. 定容 用滴管取少量稀硝酸（1+99）冲洗坩埚内壁，利用余温溶解附着在坩埚壁上的残渣，之后转入 25mL 容量瓶中，再用滴管吸取少量稀硝酸（1+99）重复上述步骤，洗涤液一并转入对应编号的容量瓶中，用稀硝酸（1+99）定容，混匀，静置 60min，取上清液待测。该试液应 30d 内完成测定。

（二）标准系列溶液准备

1. 编号 准备 6 个用稀硝酸（1+1）浸泡过的 100mL 容量瓶，用记号笔分别标记编号"标0""标1""标2""标3""标4""标5"。

2. 加标液

（1）按编号升序依次加入 0.00mL、0.10mL、0.50mL、1.00mL、3.00mL 和 5.00mL 铜标准使用溶液。

（2）同法加入 0.00mL、0.10mL、0.20mL、0.30mL、0.50mL 和 0.80mL 的锌标准使用液。

（3）同法加入 0.00mL、0.50mL、1.00mL、5.00mL、8.00mL 和 10.00mL 的铅标准使用液。

（4）同法加入 0.00mL、0.10mL、0.50mL、1.00mL、3.00mL 和 5.00mL 的铬标准使用液。

（5）用稀硝酸（1+1）定容至 100mL，混匀，则得表 3-31 所示的一组多元素混合标准系列溶液。

表 3-31　混合标准系列溶液各元素含量（mg/L）

元素	标 0	标 1	标 2	标 3	标 4	标 5
铜	0.00	0.10	0.50	1.00	3.00	5.00
锌	0.00	0.10	0.20	0.30	0.50	0.80
铅	0.00	0.50	1.00	5.00	8.00	10.00
铬	0.00	0.10	0.10	1.00	3.00	5.00

3. 注意

（1）上述步骤 2 也可按照表 3-32 用稀硝酸（1+1）稀释各元素标准使用液配制 4 组标准系列溶液。

（2）可根据仪器灵敏度或试样的浓度调整标准系列范围，但要求含零浓度点，至少配制 6 个浓度点。

表 3-32　铜、锌、铅、铬元素的标准系列溶液配制

元素	标准使用液加入量/mL					
	标 0	标 1	标 2	标 3	标 4	标 5
铜	0.00	0.10	0.50	1.00	3.00	5.00
锌	0.00	0.10	0.20	0.30	0.50	0.80
铅	0.00	0.50	1.00	5.00	8.00	10.00
铬	0.00	0.10	0.10	1.00	3.00	5.00

（三）上机测试

1. 开机调试仪器　根据仪器操作说明书，参考表 3-33，调节仪器至最佳工作状态。注意：测定铬时，应调节燃烧器高度，使光斑通过火焰的亮蓝色部分。

表 3-33　铜、锌、铅、铬测定仪器参考条件

元素	光源（锐线光源）	灯电流/mA	测定波长/nm	通带宽度/nm	火焰类型
Cu	铜空心阴极灯	5.0	324.7	0.5	中性
Zn	锌空心阴极灯	5.0	213.0	1.0	中性
Pb	铅空心阴极灯	8.0	283.3	0.5	中性
Cr	铬空心阴极灯	9.0	357.9	0.2	还原性

2. 试液铜含量测定

（1）按照仪器测量条件，用标准系列的零浓度溶液（编号"标0"的容量瓶）调节仪器零点，由低浓度到高浓度依次测定铜标准系列溶液的吸光度。

（2）同法，以实验用水代替试液，连续上机测定1～3次。

（3）同法，依编号顺序先测定空白试样的吸光度，再测定土样试样的吸光度。

（4）同法，以纯水代替试液，连续上机测定1～3次。

3. 试液锌含量测定 换锌光源，调整检测波长至铅特征波长，用与铜测定同样的步骤，完成锌标准系列溶液、空白试样和土样试样的吸光度测定。

4. 试液铅含量测定 换铅光源，调整检测波长至铅特征波长，用与铜测定同样的步骤，完成铅标准系列溶液、空白试样和土样试样的吸光度测定。

5. 试液铬含量测定 换铬光源，调整检测波长至锌特征波长，调节燃烧器高度使光斑通过火焰的亮蓝色部分，用与铜测定同样的步骤，完成铬标准系列溶液、空白试样和土样试样的吸光度测定。

五、数据记录与结果计算

1. 数据记录 如果仪器配有计算机、测试软件和打印机，具备自动记录数据、绘制标准曲线和打印结果等功能，则测试过程和结果由打印机打印即可，否则参考表3-34进行人工记录测定数据和计算测定结果。

表3-34 试液铜、锌、铅、铬测定的结果记录

容量瓶编号	铜		锌		铅		铬	
	含量/(mg/L)	吸光度A	含量/(mg/L)	吸光度A	含量/(mg/L)	吸光度A	含量/(mg/L)	吸光度A
标0								
标1								
标2								
标3								
标4								
标5								
空白1								
空白2								
样1								
样2								
样3								

2. 标准曲线建立 以各元素标准系列质量浓度为横坐标，相应的吸光度为纵坐标，建立标准曲线；或以各元素标准系列质量浓度为x，相应的吸光度为y，计算一元一次回归方程。

3. 结果计算 土壤中铜、锌、铅、铬的质量分数w_i（mg/kg）按式（3-27）计算。

当测定结果小于 100mg/kg 时，保留至整数位；当测定结果大于或等于 100mg/kg 时，保留三位有效数字。

$$w_i = \frac{(\rho_i - \rho_{0i}) \times V}{m \times w_{dm}}$$ (3-27)

式中：w_i——土壤中元素的质量分数，mg/kg；

ρ_i——试样中元素 i 的质量浓度，mg/L；

ρ_{0i}——空白试样中元素 i 的质量浓度，mg/L；

V——消解后试样的定容体积，mL；

m——土壤样品的称样质量，g；

w_{dm}——土壤样品中干物质含量，%。

六、注意事项

（1）每批样品至少做 2 个实验空白，空白中锌的测定结果应低于测定下限，其余元素的测定结果应低于方法检出限；每次分析应建立标准曲线，其相关系数应≥0.999。

（2）样品消解时应注意各种酸的加入顺序，空白试液制备的加酸量要与土样试液保持一致。

（3）如果样品基体复杂，可适当提高试液酸度，并使标准系列溶液酸度与试液酸度保持一致，测定时需采用仪器背景校正功能。

七、实训成果

××土壤总铜、总锌、总铅和总铬含量检测报告。

 课程思政

污染生态学开拓者中共党员孙铁珩院士

孙铁珩，1938 年 3 月 22 日—2013 年 7 月 2 日，辽宁海城人，中共党员，土壤学家、环境工程与生态学家。1963 年毕业于沈阳农业大学土壤农化系，曾任中国科学院沈阳应用生态研究所污染生态研究室主任、所长、学术委员会主任，沈阳大学校长。2001 年当选为中国工程院院士。

孙院士长期致力于污染生态学与生态恢复工程技术研究，在建立与发展污水土地处理和污染土壤生物修复为主体的污染生态环境工程技术体系等方面做出了突出贡献。①开展有机、无机污染物在土壤-植物系统生态过程研究，发展了我国土壤复合污染生态学；②根据土壤的净化功能和环境同化容量，建立了污水土地处理技术体系，为在我国实施污水人工处理与自然处理并行的水处理政策提供技术支撑；③通过对石油、多环芳烃与重金属污染的土壤开展清洁与生物修复研究，在土壤生态毒理诊断与建立特异工程菌，生物泥浆反应与预制床等方面，取得重要成果。出版《污染生态学》《土壤-植物系统污染生态研究》《城市污水自然生态处理与资源化利用技术》等著作 15 部，发表论文 200 余篇，获国家专利 9 项，培养博士、硕士研究生 35 人。获国家科技进步二、三等奖各 1 项，中科院科技进步一等奖 1 项、二等奖 4 项。被评为国家中青年有突出贡献专家、国家环境保护杰出贡献者、中国科学院优秀博士生导师、辽宁省优秀科技专家、辽宁省及沈阳市优秀科技工作者、沈阳市劳动模范、辽宁省五一劳动奖章获得者。1991 年，孙铁珩加入中国共产

党，他一生勤奋不辍、学风治学、务实求真、锐意创新，将毕生精力献给了党和国家的科研教育事业。

（摘自中国工程院网站）

⚛ 思与练

一、知识技能

（1）简述畜禽粪便有机肥重金属检测时样品采集、制备和保存的技术要点。

（2）简述土壤总汞和总砷测定微波消解-原子荧光光度法土样前处理、试液测定、数据处理的技术要点和注意事项。

（3）简述土壤总铅和总铬测定微波消解-火焰原子吸收分光光度法的技术要点及注意事项。

二、思政

（1）请查阅资料并简述孙铁珩院士的先进事迹、巨大贡献和伟大精神。

（2）简述孙院士立足岗位报效祖国、服务人民的先进事迹对你的影响和启示。

项目四

农产品产地空气监测

为什么在没有重金属污染的土壤上种茶树，而茶叶铅含量超标了呢？答案是，茶园空气污染导致茶叶重金属超标。类似现象在叶菜类农产品生产中是常见事故，诸如 SO_2、HF、Cl_2、O_3 和颗粒物等许多大气污染物，都显著影响作物的生长发育，造成减产、品质减低甚至食用价值丧失。可见，产地空气监测，是高品质农产品生产行业不可或缺的工作。该项目通过引导学习者完成环境空气监测方案制订、环境空气颗粒物监测、环境空气二氧化硫和氮氧化物测定、大气降水监测 4 个学习任务，帮助大家掌握农产品产地空气监测的工作流程、监测方案制订方法和检测报告撰写要求，具备检测空气悬浮颗粒物、二氧化硫、二氧化氮和降水 pH 的能力。学习、感悟空气监测控制领域先辈大师立足岗位服务社会的杰出贡献和家国情怀。

任务一　环境空气监测方案制订

学习目标

1. 能力目标　能完成监测对象调查、监测点布设、采样时间和频率确定、监测指标及分析方法选择等工作，会制订农产品产地空气监测方案。

2. 知识目标　能简述产地空气监测方案制订、监测点布设、采样时间和频率确定、空气污染物含量表征等工作的技术要点。

3. 思政目标　了解唐孝炎院士为我国光化学烟雾控制和臭氧层保护事业做出的杰出贡献，学习、感悟唐先生立足岗位服务社会的职业精神与家国情怀。

知识学习

一、空气污染及其表征

（一）大气、环境空气及其污染

1. 大气与空气　大气是指包围在地球周围，随地球一起运动，厚度为 1 000～1 400km 的空气层。根据大气层气体热运动的垂直分布不同，把大气层分成对流层、平流层、中间层、热层和逸散层，其中近地面 10km 范围被称作对流层。对流层集中了整个大气层质量的 95%，对人类及地球生物生存发挥最重要作用，该层大气常被称为空气。环境科学中，

大气与空气常作为同义词使用，《环境空气质量标准》（GB 3095—2012）中，环境空气是指人群、植物、动物和建筑物所暴露的室外空气。

2. 正常空气组成　清洁干燥的空气（没有水蒸气和其他杂质），主要由 78.06％的氮气、20.95％氧气、0.93％的氩气组成，它们占大气总体积的 99.94％，其余十余种成分的体积总和占比不足 0.1％。空气中水蒸气含量随地理位置和气象条件不同而不同，干燥地区空气水蒸气体积分数约为 0.02％，而湿润地区可高达 40％。空气中的杂质是人类活动或地球自然运动带入的成分，其含量水平亦与人类生产、生活活动，以及火山爆发、地震等地球运动密切相关。

3. 空气污染　空气污染是指进入空气中的污染物质超过了空气的环境容量，以致破坏生态系统和人类正常生存及发展的条件，从而对人类生活、生产和健康等造成不良影响的现象。可见，人类生产、生活活动，或火山爆发等地球自然过程，向空气中排放污染物，只有排入量足够大（污染物浓度达到一定限度）、维持时间够长，对人类及其他生物的生存产生不良影响，才认定为空气污染；污染物浓度高、持续时间长和造成危害是判断形成空气污染的三大要点。烟尘、硫氧化物、氮氧化物等空气污染物，有的是火山爆发、森林火灾及动植物腐烂等自然原因造成的，有的是工农业生产、交通运输、居民生活等人为原因造成的。目前备受关注的空气污染物，有 100 多种；随着人类不断研发新物质，污染物的种类会越来越多，其引发的空气污染会给自然生态和人类社会造成各种危害。

4. 空气污染对农业的危害　空气污染不仅危害人体健康，而且对植物造成不同程度伤害。高浓度空气污染对植物产生急性伤害，如使叶面伤斑（坏死斑），甚至叶枯萎脱落；低浓度空气污染长期作用会对植物产生慢性伤害，如叶片褪绿、严重减产等；更低浓度空气污染可能对植物产生不可见伤害（无表观症状），如生理机能改变、收获物品质降低甚至丧失原有使用价值等。空气污染除了对植物外形和植物生长发育产生直接影响外，还会减弱植物生长势、降低对病虫害的抵抗力，使病虫害加重。

5. 空气污染降低农产品品质案例　1996 年在距离希腊塞萨洛尼基市工业区 1～2km 处的蔬菜种植园，叶菜中铅、锌、铬和锰含量很高，但其土壤中这些元素的含量却很低。经深入研究发现：该蔬菜种植园空气的颗粒物中锌、镉、铅和锰含量很高；在距离铅锌矿区分别为 100m、500m 和 1 000m 处的同一土壤上进行蔬菜栽培研究，45d 后 100m 处生长的白菜的铅含量，是 500m 处的 1.4 倍，是 1 000m 处的 1.9 倍；当试验田上方（1m）与四周用农膜（塑料膜）隔离后栽培时，白菜叶片的铅含量显著降低，而且铅含量与距离远近无关，表明铅、锌矿区附近大气沉降对白菜地上部分（菜叶）的重金属（镉、铅和汞等）积累存在极显著影响。实验表明，空气污染条件下，叶片自空中吸收的污染物量甚至高于自土壤吸收的污染物量。

（二）空气中污染物的存在状态

污染物在空气中的存在状态，由其自身理化性质及形成过程决定，同时受气象条件影响。空气污染物，主要分为分子态污染物和颗粒态污染物两类。

1. 分子态污染物　二氧化硫、氮氧化物、一氧化碳、氯化氢、氯气和臭氧等低沸点物质，在常温、常压下以气体分子形式分散于大气中。苯、苯酚等，虽然在常温、常压下是液体或固体，但因其挥发性强，常以蒸气态进入大气中。无论是气体分子还是蒸气分子，都具有运动速度高、扩散快、在大气中分布均匀等特点。分子状态污染物的扩散情况与自身相对密度有关，相对密度大者向下沉降，如汞蒸气等；相对密度小者向上飘浮，并受气象条件的影响，可随气流扩散到远方。

2. 颗粒态污染物 颗粒态污染物是分散于空气中粒径为 $0.01\sim100\mu m$ 的微小液体和固体颗粒的总称，常以气溶胶的形式存在。根据沉降特性不同，空气颗粒物分为降尘和飘尘。降尘是指粒径大于 $10\mu m$ 能较快地沉降到地面上的颗粒物，一般用自然降尘量 $[t/(km^2 \cdot 30d)]$ 表征。飘尘是指粒径小于 $10\mu m$ 可长期飘浮在大气中的颗粒物，用 PM_{10}（mg/m^3）表征。飘尘亦称为可吸入颗粒（IP），易随呼吸进入肺，在肺泡内积累，对健康危害大。表征不同空气颗粒物的"术语"如下：

（1）烟。烟是由固体物质高温蒸发或升华变成气体逸散于空气中，再遇冷凝聚成微小颗粒悬浮于大气中构成的，粒径一般为 $0.01\sim1\mu m$。高温熔融的铅、锌，可迅速挥发并氧化成氧化铅和氧化锌的微小固体颗粒。

（2）雾。雾是由悬浮在空气中粒径 $10\mu m$ 以下的微小液滴构成的，有分散型气溶胶和凝聚型气溶胶两类。分散型气溶胶是常温下液体因飞溅、喷射等原因雾化而形成的；凝聚型气溶胶是液体受热汽化逸散到大气中后，遇冷凝结成小液滴聚集而成的。

（3）烟雾。烟雾是固、液混合态气溶胶，如硫酸烟雾、光化学烟雾等。煤炭燃烧排放的高浓度二氧化硫、煤烟及其二次污染物（硫酸雾）混合形成硫酸烟雾污染。夏季晴朗白天，汽车尾气排入空气中的氮氧化物、一氧化碳和碳氢化合物等在强阳光照射下发生一系列光化学反应，导致臭氧、过氧乙酰硝酸酯和甲醛等强氧化性物质的生成累积引发光化学烟雾污染。

（4）尘。尘是分散在空气中的固体微粒，如车辆行驶时所带起的地面扬尘、固体破碎时产生的粉尘，以及煤炭燃烧释放的烟尘等。

（三）空气污染物含量表征方法

1. 单位体积质量浓度 单位体积质量浓度是指单位体积空气中所含污染物的质量数，常用 mg/m^3 或 $\mu g/m^3$ 表示，多用于气态污染物含量表征。单位体积质量浓度易受温度和压力变化影响，为提高浓度单位可比性，我国空气质量标准采用参比状态（25℃，101.325kPa）下体积。非参比状态下的气体体积可用气态方程式换算成参比状态下的体积，换算式如下：

$$V_S = V_t \times \frac{298}{273+t} \times \frac{P}{101.325} \qquad (4\text{-}1)$$

式中：V_S——参比状态（298K，101.325kPa）下的采样体积，L；

V_t——现场状况下的采样体积，L；

t——采样时的环境温度，℃；

P——采样时的环境大气压，kPa。

2. 体积比浓度 体积比浓度是指 100 万体积空气中含污染气体或蒸气的体积数，常用 mL/m^3 和 $\mu L/m^3$ 表示。显然这种表示方法仅适用于气态或蒸气态物质，体积比浓度不受空气温度和压力变化的影响。

3. 两种浓度单位的换算 单位体积质量浓度和体积比浓度两种浓度单位之间的换算公式如下：

$$C_v = \frac{22.4}{M} \times C_m \times \frac{273}{298} \qquad (4\text{-}2)$$

式中：C_v——以 mL/m³ 表示的气体浓度；

$\qquad C_m$——参比状态，（298K，101.325kPa）下，以 mg/m³ 表示的气体浓度；

$\qquad M$——气态物质的摩尔质量，g/mol；

$\qquad$22.4——标准状态（273K，101.325kPa）下气体的摩尔体积，L/mol。

二、空气污染监测方案制订

（一）现场调查及资料收集

1. 污染源分布及排放情况 调查清楚监测区域内工矿企业、生活炉灶、机动车等污染源的类型、数量、位置和主要污染物，以及主要污染物的排放量和排放规律等。

2. 气象、环境和植物生长情况 调查监测区域内当时的风向、风速、气温、气压、降水量、日照时间、相对湿度、温度垂直梯度和逆温层底部高度等气象资料；调查地形地貌、植被情况和所处地理位置等环境条件资料；调查监测区域内敏感植物、抗性植物的损伤情况和生长情况，以确定空气污染监测指示植物。

3. 土地利用及功能分区情况 水果蔬菜种植区、粮食种植区、绿植花卉种植区和农产品加工区等不同功能区对空气质量要求不同，设置监测点时必须分别予以考虑。注重收集监测区域的行政区划、人口分布、工业布局和人畜健康等资料，认真调查种植区规划和农业生产现状等信息。

4. 任务背景和历史资料 调查收集监测区域内大气质量基础水平、污染状况及其对农业生产的危害，分析提取有用信息后，将收集到的污染现状及污染历史方面的资料分类整理、归档保存。

（二）监测项目选择

根据实际情况和优先监测原则确定监测项目，并同步观测有关气象参数。目前，我国农区空气污染监测项目见表 4-1。重点项目是指《环境空气质量》（GB 3095—2012）中的基本项目、《绿色食品 产地环境技术条件》（NY/T 391—2021）中的空气质量要求项目和对农作物危害较大的污染物，一般项目是 GB 3095—2012 的其他项目和对农作物生长有害的污染物。

表 4-1 我国农区空气污染监测项目

类别	重点项目	一般项目
空污染物监测	总悬浮颗粒物（TSP）、二氧化硫（SO_2）、二氧化氮（NO_2）、氟化物（F）、氮氧化物（NO_x）、一氧化碳（CO）、臭氧（O_3）、可吸入颗粒物（PM_{10}）、细颗粒物（$PM_{2.5}$）	铅（Pb）、氨（NH_3）、苯并［a］芘（BaP）、氯（Cl_2）、氯化氢（HCl）
大气降水监测	pH、电导率	K^+、Na^+、Ca^{2+}、Mg^{2+}、NH_4^+、SO_4^{2-}、NO_3^-、Cl^-

（三）监测点布设

1. 布点原则

（1）依据产地环境调查分析结论和产品工艺特点确定是否进行空气质量监测。

（2）根据当地生物生长期内的主导风向，重点监测可能对产地环境造成污染的污染源的下风向。

（3）各监测点的设置条件应尽可能一致或标准化，满足国家农业环境监测网络要求，使各个监测点所得数据具有可比性。

（4）监测点位置一经确定不宜轻易变动，以保证监测数据的连续性和可比性。

2. 采样点数量确定　应根据监测范围大小、污染物空间分布、地形地貌和经济条件等综合考虑。大田空气监测，样点布设数应考虑产地布局、污染源情况和生产工艺等因素，不同产地类型空气采样点数见表4-2，同时还应根据空气质量稳定性和污染物对农作物生长的影响程度适当增减，有些类型产地可以减免布设点数，减免布设空气采样点的区域见表4-3。

表 4-2　不同产地类型空气采样点数

产地类型	布设点数
布局相对集中，面积较小，无工矿污染源	1～3 个
布局较为分散，面积较大，无工矿污染源	3～4 个

表 4-3　减免布设空气采样点的区域

产地类型	减免情况
产地周围5km，主导风向的上风向20km范围内无工矿污染源的种植业区	免测
设施农业种植区	只测温室大棚外空气
养殖业区	只测养殖原料生产区域的空气
矿泉水等水源地	免测
食用盐原料产区	免测

3. 采样点布设方法

（1）网格布点法。此法多用于有多个污染源，且污染源分布较均匀的地区。将监测区域地面划分成若干均匀网状方格，采样点设在两条直线的交点处或方格中心，见图4-1。网格大小视污染源强度、人口分布及人力、物力条件等确定。若主导风向明显，下风向设点应多一些，一般约占采样点总数的60%。

（2）同心圆布点法。此法主要用于多个污染源构成污染群，且大污染源较集中的地区。先找出污染群的中心，以此为圆心在地面上画若干个同心圆，再从圆心作若干条放射线，将放射线与圆周的交点作为采样点，见图4-2。不同圆周上的采样点数目不一定相等或均匀分布，常年主导风向的下风向比上风向多设一些点。例如，同心圆半径分别取4km、10km、20km和40km，从里向外各圆周上分别设4个、8个、8个和4个采样点。

（3）扇形布点法。此法适用于孤立的高架点源，且主导风向明显的地区。以点源所在位置为顶点，主导风向为轴线，在下风向地面上划出一个扇形区作为布点范围。扇形的角度一般为45°，也可更大些，但不能超过90°。采样点设在扇形平面内距点源不同距离的若干弧线上，见图4-3。每条弧线上设3～4个采样点，相邻两点与顶点连线的夹角一般取10°～20°。在上风向应设对照点。

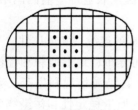

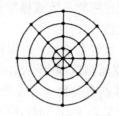

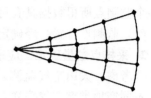

图 4-1　网格布点法　　　图 4-2　同心圆布点法　　　图 4-3　扇形布点法

4. 注意事项

（1）监测采样点的周围应开阔，采样口水平线与周围建筑物的夹角应不大于 30°，监测采样点周围无局部污染源并避开树木及吸附能力强的建筑物；距采样装置 5～15m 范围内不应有炉灶、烟囱等污染源，并远离公路；采样口周围（水平面）应有 270° 以上的自由空间。

（2）对于空旷地带和边远地区，应适当降低采样点布设密度，而在污染源主导风向的下风向方位应适当增大布设密度。

（3）了解烟囱或排气管道排出的气态或气溶胶态污染物对环境空气产生的影响，用同心圆布点法或扇形布点法布点。

（4）采用同心圆布点法和扇形布点法时，同心圆或弧线不宜等距离划分，而是靠近最大浓度值的地方密一些，以免漏测最大浓度的位置，因为在不计污染物本底浓度时，点源处的污染物浓度为零，随着距离增加，很快出现浓度最大值，然后按指数规律下降。

5. 采样高度

（1）SO_2、NO_x 和 TSP 监测的采样高度一般为 3～15m，以 5～10m 为宜；氟化物监测的采样高度一般为 3.5～4.0m，采样口与基础面应有 1.5m 以上的相对高度（以减少扬尘的影响）。

（2）种植园空气监测的采样高度应与所种植的农作物高度相同。

（3）特殊地形地区可视情况选择适当的采样高度。

（四）采样频率和采样时间确定

采样频率是指在一个时段内的采样次数，采样时间是指单个样品采集从开始到结束所持续的时间，二者应根据监测目的、污染物分布特征、分析方法灵敏度等因素而定。空气质量变化趋势监测一般采用连续（或间歇）自动采样测定，污染事故等应急监测的采样时间应尽量短。农田空气环境质量状况监测，一般每日采样时间以早晨 8：00 为起始时间，其采样频率及时长因污染物不同而异；采样频率和采样时间，依据《环境空气质量标准》（GB 3095—2012）之"空气污染物监测数据的统计有效性规定"（表 4-4）的要求确定。

表 4-4　空气污染物监测数据的统计有效性规定

污染物项目	平均时间	数据的统计有效性规定
SO_2、NO_2、NO_x、PM_{10}、$PM_{2.5}$	年平均	每年至少有 324 个日平均值，每月至少有 27 个日平均值（二月至少有 25 个日平均值）
TSP（总悬浮颗粒物）、Pb、苯并 [a] 芘	年平均	每年至少有分布均匀的 60 个日平均值，每月至少有分布均匀的 5 个日平均值

（续）

污染物项目	平均时间	数据的统计有效性规定
铅（Pb）	季平均	每季至少有分布均匀的 15 个日平均值，每月至少有分布均匀的 5 个日平均值
SO_2、NO_2、CO、PM_{10}、$PM_{2.5}$、NO_x	24h 平均	每日至少有 20h 平均值或采样时间
TSP、苯并［a］芘、Pb	24h 平均	每日应有 24h 的采样时间
O_3	8h 平均	每 8h 至少有 6h 平均值
SO_2、NO_2、CO、O_3、NO_x	1h 平均	每小时至少有 45min 的采样时间

（五）采样方法和监测方法选择

1. 采样方法选择　在综合考虑污染物的状态、浓度、物理化学性质及所用分析方法等因素后选择空气样品采集方法。当空气中被测组分浓度较高或测定方法灵敏度较高时，一般采用直接采样法，如注射器采样法、塑料袋采样法、采气管法和真空瓶法等。如果空气中被测组分浓度较低（$10^{-9}\sim10^{-6}$ 数量级），直接采样不能满足分析方法的测定限要求，应采用浓缩采样法，如溶液吸收法、滤料阻留法和自然积集法等。

2. 监测方法选择　农区环境空气监测项目及分析方法见表 4-5。

表 4-5　农区环境空气监测项目及分析方法

监测项目	分析方法	方法来源
二氧化硫（SO_2）	甲醛吸收-副玫瑰苯胺分光光度法	HJ 482
二氧化氮（NO_2）	盐酸萘乙二胺分光光度法 Saltzman 法	HJ 479 GB/T 15436
氟化物（F）	滤膜采样/氟离子选择性电极法	HJ 955
总悬浮颗粒物（TSP）	重量法	GB/T 15432
臭氧（O_3）	靛蓝二磺酸钠分光光度法 紫外分光光度法	HJ 504 HJ 590
PM_{10}、$PM_{2.5}$	重量法	HJ 618
一氧化碳（CO）	非分散红外光度法	GB/T 9801
苯并［a］芘	高效液相色谱法	HJ 956
铅（Pb）	火焰原子吸收分光光度法	GB/T 15264
氨（NH_3）	纳氏试剂比色法 离子选择性电极法 次氯酸钠-水杨酸分光光度法	GB/T 14668 GB/T 14669 HJ 534
氯（Cl_2）	比长式检测管法	HJ 871
氯化氢（HCl）	比长式检测管法 离子色谱法	HJ 871 HJ 549

（六）数据记录

采样过程测定的每一个数据、获取的每一个信息都是监测结果分析的重要参数，都必须及时规范填写，确保采样记录、样品标签和样品登记表信息完整。农产品产地环境空气质量监测采样记录参见表4-6，环境空气监测采样容器标签见图4-4，农产品产地环境空气质量监测样品登记见表4-7。农区空气样品编号由类别代号和顺序号组成：类别代号用农区环境空气关键字中文拼音的1~2个大写字母表示，即"Q"表示农区环境空气样品；顺序号用阿拉伯数字表示不同采样地点采集的样品；样品编号从Q001号开始，一个顺序号为一个采样点采集的样品。对照点和背景点样品编号时，在编号后加"CK"字样。注意，样品的登记编号、运转编号应与采样时的编号一致，以防混淆。

```
┌─────────────────────────────────────────┐
│            环境空气样品标签                │
│                                           │
│  样品编号_____  业务代号_____  │
│                                           │
│  样品名称_____  │
│                                           │
│  采样地点_____  │
│                                           │
│  监测项目_____  │
│                                           │
│  起止时间_____  样气体积_____  │
│                                           │
│  采 样 人_____  采样日期_____  │
└─────────────────────────────────────────┘
```

图 4-4　环境空气监测采样容器标签

表 4-6　农产品产地环境空气质量监测采样记录

采样日期：_____年___月___日　　　　天气：_____　　　　共_____页，第_____页

项目名称						受检单位				
采样地点	_____省（自治区、直辖市）_____县（市、区）_____乡（镇）_____村_____组 或_____公司（农庄）_____种植园（区）									

样品编号	吸收液或滤膜编号	采样时间				气温/℃	气压/kPa	采样流量/(L/min)	采样体积/L	参比体积/L	待测项目	备注
		开始	结束	间隔/min	时长/min							

采样现场情况记录：　　　　　　　　　　　　　　采样点位示意图：

采样人：_____　记录人：_____　审核人：_____

表 4-7　农产品产地环境空气质量监测样品登记

监测业务代号：_____　　　　　　　　　　　　　共___页，第___页

样品编号	采样地点	吸收液或滤膜编号	采样日期	采样起止时间	参比状态样品体积/L	待测项目	备注

收样人：_____　送样人：_____　采样人：_____
收样时间：____年___月___日；送交时间：____年___月___日；采样时间：____年___月___日

（七）样品运输与保存

1. SO₂ 和 NOₓ 样品运输保存　样品采集后，迅速将吸收液转移至10mL比色管中，避光、冷藏保存；详细核对编号，确保比色管的编号与采样瓶编号、采样记录上的编号相对

应。样品应当天运回实验室进行测定，NO_x 吸收液存放时间不能超过 3d。样品在保存和运输过程中，谨防洒、漏与混淆。

2. 总悬浮颗粒物和氟化物样品的运输保存 采集 TSP 和氟化物的滤膜，先将每一张（氟化物样为每 2 张）装在一个小纸袋或塑料袋中，再装入密封盒中保存（注意勿折、勿揉搓）。采样滤膜运回实验室后，置于干燥器内保存。

3. 样品交接 样品送交实验室时应履行交接验收手续，交样人和接样人均应签名。发现有标号错乱、标签缺损、字迹不清、数量不对等情况，应立即报告负责人，以及时采取补救措施。采样记录应与样品一并交实验室统一管理。

（八）数据处理、结果表述与质量保证

1. 数据处理 原始数据根据有效数字保留规则书写，数据运算遵循运算规则。出现可疑数据，首先从技术上查明原因，再统计检验处理，经验证属离群数据应剔除，否则应保留。

2. 结果表述 根据污染物状态，选择体积质量浓度或体积比浓度表征。

3. 结果统计 农区环境空气质量监测结果报表见表 4-8，农区环境空气质量结果统计报表见表 4-9。

4. 质量保证 监测过程质量保证程序与控制方法见项目五。

表 4-8 农区环境空气质量监测结果报表

序号	采样地点	SO_2/ (mg/m³)	NO_2/ (mg/m³)	TSP/ [t/(km²·月)]	氟化物/ [μg/(km²·月)]	……
01						
02						
……						

表 4-9 农区环境空气质量监测结果统计报表

监测区域	监测面积/ hm²	TSP				SO_2			
		监测点数/ 个	浓度范围/ [t/(km²·月)]	均值/ [t/(km²·月)]	超标率/ %	监测点数/ 个	浓度范围/ (mg/m³)	均值/ (mg/m³)	超标率/ %
01									
02									
……									

三、空气环境质量评价

环境空气质量评价是以《环境空气质量标准》（GB 3095）为依据对某空间范围内的环境空气质量进行定性或定量评价的过程，包括环境空气质量的达标情况判断、变化趋势分析和空气质量优劣比较。农产品产地空气质量现状调查与评价：一是调查农产品生产区域空气质量达标情况；二是调查评价范围内有空气环境质量标准的评价因子的空气质量监测数据（或进行补充监测），评价农产品生产区域污染物的环境质量现状。评价技术要求见《环境影响评价技术导则 大气环境》（HJ 2.2—2018）、《环境空气质量评价技术规范（试行）》（HJ 663—2013）和《环境空气质量指数（AQI）技术规范（试行）》（HJ 633—2012）。

（一）评价指标选择

HJ 2.2—2018 规定城市环境空气质量达标情况评价指标为 SO_2、NO_2、PM_{10}、$PM_{2.5}$、CO 和 O_3，六项污染物全部达标即为城市环境空气质量达标。HJ 663—2013 规定，六个基本评价项目（SO_2、NO_2、PM_{10}、$PM_{2.5}$、CO 和 O_3）和四个其他评价项目（TSP、NO_x、Pb 和 BaP）全部达标即为环境空气质量达标。NY/T 391—2021 规定绿色食品种植产地空气环境质量评价项目是总悬浮颗粒物（TSP）、二氧化硫（SO_2）、二氧化氮（NO_2）和氟化物 4 项。

（二）评价标准选择

农产品产地空气评价的依据是《环境空气质量标准》（GB 3095—2012）、《绿色食品产地环境质量》（NY/T 391—2021）和《有机产品 生产、加工、标识与管理体系要求》（GB/T 19630—2019）。对于无质量标准的监测项目，可先用环境背景值计算污染物积累指数进行比较说明，再同步进行气象观测，以准确、全面分析环境空气状况。GB 3095—2012 将环境空气质量功能区分为两类，一类区为自然保护区、风景名胜区和其他需要特殊保护的地区，二类区为居住区、商业交通居民混合区、文化区、工业区和农村地区。一类区执行一级标准，二类区执行二级标准；有机农产品生产基地环境空气不低于 GB 3095—2012 的二级标准。环境空气各项污染物的浓度限值见表 4-10。

表 4-10　环境空气污染物的浓度限值

类别	序号	污染物名称	取值时间	浓度限值		单位
				一级标准	二级标准	
基本项目	1	二氧化硫（SO_2）	年平均	20	60	$\mu g/m^3$
			24h 平均	50	150	
			1h 平均	150	500	
	2	二氧化氮（NO_2）	年平均	40	40	
			24h 平均	80	80	
			1h 平均	200	200	
	3	一氧化碳（CO）	24h 平均	4	4	mg/m^3
			1h 平均	10	10	
	4	臭氧（O_3）	日最大 8h 平均	100	160	
			1h 平均	160	200	
	5	颗粒物（PM_{10}）	年平均	40	70	$\mu g/m^3$
			24h 平均	50	150	
	6	颗粒物（$PM_{2.5}$）	年平均	15	35	
			24h 平均	35	75	
其他项目	1	总悬浮颗粒物（TSP）	年平均	80	200	$\mu g/m^3$
			24h 平均	120	300	
	2	氮氧化物（NO_x）	年平均	50	50	
			24h 平均	100	100	
			1h 平均	250	250	
	3	铅（Pb）	年平均	0.5	0.5	
			季平均	1	1	
	4	苯并[a]芘	年平均	0.001	0.001	
			24h 平均	0.002 5	0.002 5	

（三）环境空气质量评价

1. 绿色农产品产地空气质量的单项目评价 适用于对单点和区域内不同评价时段各基本评价项目及其他评价项目的达标情况进行评价。依据评价标准对各评价指标进行达标情况判断，超标的评价项目计算其超标倍数。补充监测数据应分别对各监测点位不同污染物的短期浓度进行达标情况判断；超标的污染物应计算其超标倍数和超标率。绿色食品产地空气的各项污染指标均不得超过 NY/T 391—2021 之空气质量要求限值。达标者适宜发展绿色农产品种植，否则不适宜发展绿色农产品种植。

（1）超标倍数计算方法。计算公式见式（4-3）。在年度评价时，SO_2 和 NO_2 应分别计算年平均浓度和 24h 平均的特定百分位数浓度相对于年均值标准和日均值标准的超标倍数。

$$B_i = \frac{C_i - S_i}{S_i} \tag{4-3}$$

式中：B_i——超标项目 i 的超标倍数；

C_i——超标项目 i 的浓度值；

S_i——超标项目 i 的浓度限值标准，即 NY/T 391—2021 之空气质量要求限值。

（2）达标率计算方法。评价项目 i 的小时（1h）达标率、日达标率按式（4-4）计算。

$$D_i = \frac{A_i}{B_i} \times 100\% \tag{4-4}$$

式中：D_i——评价项目 i 的达标率，%；

A_i——评价时段内评价项目 i 的达标天数或达标小时数，d 或 h；

B_i——评价时段内评价项目 i 的有效监测天数或有效监测小时数，d 或 h。

（3）百分位数计算方法。首先，将污染物浓度序列按数值从小到大排序，排序后的浓度序列为（X_i，$i = 1$，2，…，n），然后按照式（4-5）计算第 p 百分位数 m_p 的序数 k；再根据式（4-6）计算污染物浓度序列的第 p 百分位数 m_p。

$$k = 1 + (n-1) \times p\% \tag{4-5}$$

式中：k——$p\%$ 位置对应的序数；

n——污染物浓度序列中的浓度值数量。

$$m_p = X_S + (X_{S+1} - X_S) \times (k - S) \tag{4-6}$$

式中：S——k 的整数部分，当 k 为整数时，S 与 k 相等。

2. 绿色农产品产地空气质量的多项目综合评价 适用于对单点和区域内不同评价时段全部基本评价项目达标情况的综合分析。评级时段内所有基本评价项目均达标，则多项目综合评价达标；其结果包括空气质量达标情况、超标污染物及超标倍数（按照大小顺序排列）。进行年度评价时，同时统计日综合评价达标天数和达标率，以及各项污染物的日评价达标天数和达标率。多项目日综合评价的达标率参照式（4-4）计算。

3. 环境空气质量评价 为保护农业生产一线人员的身心健康，还应该关注种植园环境空气质量安全的监测评价。目前，我国环境空气质量优劣，多采用空气质量指数（AQI）法评价。AQI 是定量描述空气质量状况的无量纲指数，空气质量分指数（IAQI）是指单项污染物的空气质量指数。首要污染物是指 AQI 大于 50 时 IAQI 最大的空气污染物。超标污染物是指浓度超过 GB 3095 二级标准限值的污染物，即 IAQI 大于 100 的污染物。评价方法如下：

（1）根据空气质量指数及对应的污染物项目浓度限值（表 4-11）计算各污染物的 IAQI；当某种污染物实测质量浓度（C_p）处于两个浓度限值之间时，按式（4-7）计算其 IAQI$_p$。

（2）根据式（4-8）计算该空气 AQI，即各项污染物 IAQI 的最大值。

（3）若 AQI＞5，IAQI 最大的污染物为首要污染物；若 IAQI＞100，则该污染物属于超标污染物。

$$IAQI_p = \frac{IAQI_{Hi} - IAQI_{Lo}}{BP_{Hi} - BP_{Lo}} (C_p - BP_{Lo}) + IAQI_{Lo} \tag{4-7}$$

式中：$IAQI_p$——污染物 p 的空气质量分指数；

C_p——污染物 p 的实测质量浓度值；

BP_{Hi}，BP_{Lo}——分别为表 4-11 中与 C_p 相近的污染物 p 的浓度限值的高位值和低位值；

$IAQI_{Hi}$，$IAQI_{Lo}$——分别为表 4-11 中与 BP_{Hi}、BP_{Lo} 对应的空气质量分指数。

$$AQI = \max \{IAQI_1, IAQI_2, IAQI_3, \cdots, IAQI_n\} \tag{4-8}$$

表 4-11 空气质量分指数及对应的污染物项目浓度限值

	空气质量分指数（IAQI）	0	50	100	150	200	300	400	500
污染物项目浓度值	SO$_2$ 的 24h 均值/（$\mu g/m^3$）	0	50	150	475	800	1 600	2 100	2 620
	SO$_2$ 的 1h 均值/（$\mu g/m^3$）[a]	0	150	500	650	800	b	b	b
	NO$_2$ 的 24h 均值/（$\mu g/m^3$）	0	40	80	180	280	565	750	940
	NO$_2$ 的 1h 均值/（$\mu g/m^3$）	0	100	200	700	1 200	2 300	3 090	3 840
	PM$_{10}$ 的 24h 均值/（mg/m^3）	0	50	150	250	350	420	500	600
	PM$_{2.5}$ 的 24h 均值/（mg/m^3）	0	35	75	115	150	250	350	500
	CO 的 24h 均值/（m/m^3）	0	2	4	14	24	36	48	60
	CO 的 1h 均值/（mg/m^3）	0	5	10	35	60	90	120	150
	O$_3$ 的 8h 滑动均值/（$\mu g/m^3$）	0	100	160	215	265	800	c	c
	O$_3$ 的 1h 滑动均值/（$\mu g/m^3$）	0	160	200	300	400	800	1 000	1 200

注：a. SO$_2$、NO$_2$ 和 CO 的 1h 平均浓度限值仅用于实时报，在日报中须使用相应污染物的 24h 平均浓度限值。

　　b. SO$_2$ 的 1h 平均浓度值高于 800$\mu g/m^3$ 的，不再进行其空气质量分指数计算，而按 24h 平均浓度计算分指数报告。

　　c. O$_3$ 的 8h 平均浓度值高于 800$\mu g/m^3$ 的，不再进行其空气质量分指数计算，而按 1h 平均浓度计算分指数报告。

4. 环境空气质量等级划分 空气质量指数（AQI）级别划分见表 4-12。AQI 数值越大，空气质量越差。根据 AQI 大小，把环境空气质量分为 6 个等级，不同质量等级空气对人体健康的影响情况和建议采取的措施不同。

表 4-12 空气质量指数（AQI）级别划分

空气质量指数（AQI）	AQI 级别	质量类别及表示颜色		对人体健康的影响情况	建议采取的措施
0～50	一级	优	绿	令人满意，基本无污染	各类人群可正常活动
51～100	二级	良	黄	可接受，某些污染物可能对敏感人群健康有弱影响	极少数异常敏感人群应减少户外活动

（续）

空气质量指数（AQI）	AQI级别	质量类别及表示颜色		对人体健康的影响情况	建议采取的措施
101~150	三级	轻度污染	橙	易感人群症状轻度加剧，健康人群出现刺激症状	儿童、老人及心脏病、呼吸系统病患者减少长时间、高强度的户外锻炼
151~200	四级	中度污染	红	易感人群症状进一步加剧，可能对健康人群的心脏和呼吸系统有影响	儿童、老人及心脏病、呼吸系统病患应避免长时间、高强度户外锻炼，一般人群适量减少户外活动
201~300	五级	重度污染	紫	心脏病和肺病患者症状加剧，运动耐受力降低，健康人群普遍出现症状	儿童、老人及心脏病、肺病患者应停止户外活动，一般人群减少户外活动
>300	六级	严重污染	橘红	健康人群耐受力降低，有明显强烈症状，提前出现某些疾病	儿童、老人和病人停止户外活动，一般人群避免户外活动

技能训练

实训　××农区环境空气监测方案制订

一、实训目的

（1）能完成农产品产地空气环境监测方案制订的资料收集、采样点布设、样品采集运输预案、采样记录表编制和监测方案编制等工作。

（2）培养实训者团结协作、主动担当和务实求真的职业习惯。

二、实训原理

某种植园预申报绿色食品（农产品）产地认证，请制订《××农业种植园空气监测方案》。首先成立监测小组，进行分工，在完成现场调查和资料收集的基础上，确定采样点、采样时间、采样频率和采样方法，选择检测指标及分析方法，最后制订监测方案，撰写《××农业种植园空气监测方案》。

三、实训步骤

（一）现场调查及资料收集

（1）调查污染源分布及排放情况。参见表 4-13 设计污染源调查表，并将调查结果填入。

表 4-13　××农区空气污染源调查

序号	污染源名称	数量	主要污染物	排放方式	排放量	治理措施及效果	备注
01							
02							
……							

（2）调查气象、环境和植物生长情况。

（3）调查土地利用及功能分区情况。

（4）调查任务背景、收集历史资料。

（二）监测项目选择

目前，我国农区空气污染监测项目见表 4-1，本次实训建议选择 TSP、SO_2、NO_2 和氟化物 4 个指标。

（三）监测点布设

1. 采样点位置 可根据当地生物生长期内的主导风向，重点监测可能对产地环境造成污染的污染源的下风向；各监测点的设置条件应尽可能一致或标准化，满足国家农业环境监测要求，使各个监测点所得数据具有可比性；根据实际情况，灵活运用网格布点法、同心圆布点法和扇形布点法确定采样点位置；监测点位置一经确定不宜轻易变动，以保证监测数据的连续性和可比性。

2. 采样点数量 农产品产地大田环境空气监测，样点布设点数应充分考虑产地布局、工矿污染源情况和生产工艺等特点，按表 4-2 规定执行，同时还应根据空气质量稳定性以及污染物对农作物（原料）生长的影响程度适当增减，有些类型产地可以减免布设点数，具体要求详见表 4-3。

3. 采样高度 农作物生长区空气监测采样高度应与所种植的农作物高度相同，特殊地形地区可视情况选择适当的采样高度。

（四）采样频率和采样时间确定

为全面了解农田大气环境质量状况而开展的监测采样，一般每日采样时间均以早晨8：00 为起始时间，其采样频率及时长因污染物不同而异，见表 4-4。

（五）采样方法和监测方法选择

1. 采样方法选择 一般采用浓缩采样法，如溶液吸收法、滤料阻留法和自然积集法等。

2. 监测方法选择 监测项目及分析方法按表 4-5 确定。

（六）数据记录

1. 采样记录 参见表 4-6 制作采样记录表。

2. 样品标签 空气监测采样容器标签参见图 4-4 设计。

3. 采样登记表 农区空气监测采样登记表参见表 4-7 设计。

4. 样品编号 样品编号由类别代号和顺序号组成，如"Q001"，其中"Q"表示农区环境空气样品，"001"表示不同采样地点采集的样品顺序号。对照点和背景点样品在编号后加"CK"字样。样品登记的编号、样品运转的编号与采集样品时的编号应一致，以防混淆。

（七）样品运输与保存

二氧化硫、氮氧化物样品运输保存与总悬浮颗粒物、氟化物样品的运输保存方法略有不同，详见"知识学习"。

（八）数据处理和结果表述

参考表 4-8 设计农区环境空气质量监测结果报表，参考表 4-9 设计农区环境空气质量监测结果统计报表。

（九）环境空气质量评价

根据监测结果，对照《环境空气质量标准》（GB 3095—2012）之二级标准和《绿色食品产地环境质量》（NY/T 391—2021）的相应参数对监测区域空气质量进行评价，判断该地区是否适宜绿色农产品种植。

四、实训成果

××农区环境空气质量监测方案。

 **课程思政**

<h2 style="text-align:center">一生与大气污染为敌的唐孝炎院士</h2>

唐孝炎，1932.10.16—，女，江苏太仓人，环境科学专家。1953年毕业于北京大学化学系，现任北京大学环境科学与工程学院教授、博士生导师，曾任国际纯粹与应用化学联合会（IUPAC）大气化学委员会衔称委员（常务委员）、联合国环境署（UNEP）臭氧层损耗环境影响评估组共同主席、中国环境学会副理事长、教育部环境科学教学指导委员会主任等。1995年当选为中国工程院院士。

唐院士，1972年起开创了我国大气环境化学领域的系统研究和教学。在国内首次设计组织了光化学烟雾大规模综合观测研究，证实光化学烟雾在我国存在并发现不同于国外的成因，由此制定的防治措施，使兰州夏季严重的光化学污染显著缓解。在酸雨输送成因和致酸氧化剂方面取得的成果，为确定我国酸雨研究和防治方向起了主导作用。针对我国城市大气污染的特点，在大气细颗粒物的来源、形成及对城市大气污染的作用方面有深入研究，积极参与全球关注的臭氧层保护工作，主持编写的《中国消耗臭氧层物质逐步淘汰国家方案》获得国际组织的高度评价。创建了我国的环境化学专业，率先开设了环境概论、"三废"治理、环境化学和大气化学等课程。主编的《大气环境化学》先后获教育部、国家环保局优秀教材一等奖。曾获国家科技进步一等奖1次、二等奖3次，国家教委科技进步一等奖，"何梁何利"科学技术进步奖，环境保护部臭氧层保护个人特别金奖，北京市政府首都环保之星奖；美国国家环境保护局平流层臭氧保护奖，联合国环境署和世界气象组织维也纳公约20周年纪念奖。在先生八十寿辰之际，其学生发起并捐资设立了"北京大学唐孝炎环境科学创新奖学金"，先生本人也向基金注资，用于激励全国在环境科学领域具有创新精神、独特见解、杰出表现的优秀学生，以鼓励中国青年一代投身于环境保护事业。一生执着一件事的唐先生，86岁依然坚持为本科一年级学生讲授"环境问题"课程。

（摘自中国工程院网站）

思与练

一、知识技能

（1）农产品产地环境空气质量监测的目的是什么？监测方案应包括哪些内容？

（2）农产品产地空气质量监测采样点布设方法有哪些？各适合于什么情况？

（3）简述农产品产地空气质量监测的监测项目、分析方法及依据。

二、思政

（1）查阅资料并简述唐孝炎院士的杰出贡献和感人事迹。

（2）简述唐孝炎院士立足岗位、报效祖国的感人事迹对你的影响和启示。

任务二　环境空气颗粒物监测

学习目标

1. 能力目标　会操作空气颗粒物采样器，能完成农产品产地空气总悬浮颗粒物、PM_{10}、$PM_{2.5}$ 和铅检测的样品处理、指标测定、数据处理及报告编制。

2. 知识目标　能简述空气颗粒物检测的采样方法、采样器工作原理和结果表征方法。

3. 思政目标　了解王文兴院士为我国煤烟型城市空气污染的监测控制做出的杰出贡献，学习、感悟王文兴先生立足岗位服务社会的职业精神与家国情怀。

知识学习

一、总悬浮颗粒物测定

总悬浮颗粒物（TSP）是指悬浮在空气中空气动力学直径≤$100\mu m$ 的颗粒物，以每立方米空气中颗粒物的质量计，是空气质量评价的重要指标。TSP 测定，目前常用重量法［参见《环境空气　总悬浮颗粒的测定　重量法》（HJ 1263—2022）］。

（一）方法原理

通过具有一定切割特性的采样器，以恒速抽取一定体积的空气，则空气中粒径小于 $100\mu m$ 的悬浮颗粒物被截留在已恒重的滤膜上，根据采样前后滤膜重量之差及采样体积，即可计算 TSP 的质量浓度（$\mu g/m^3$）。滤膜经处理后，可进行化学组分测定。该方法适合于使用大流量或中流量总悬浮颗粒物采样器进行空气中总悬浮颗粒物的测定。使用大流量采样器和万分之一天平，采样体积为 1 512m^3 时，或使用中流量采样器和十万分之一天平，采样体积为 144m^3 时，该方法的检出限为 7$\mu g/m^3$。

（二）空气颗粒物采样器

根据《总悬浮颗粒物采样器技术要求及检测方法》（HJ/T 374—2007）规定，总悬浮颗粒物采样器是指能够采集空气动力学直径≤$100\mu m$ 颗粒物的采样器。空气动力学直径指密度为 1 000kg/m^3 的球形粒子直径。空气颗粒物采样器，按采气流量不同，分为大流量采样器（图 4-5）和中流量采样器（图 4-6），大流量采样器是指工作点流量为 1.05m^3/min 的采样器，中流量采样器是指工作点流量为 0.10m^3/min 的采样器。

1. 空气颗粒物采样器的组成　空气颗粒物采样器主要由收集器、采样动力、流量计、控制系统和固定架五部分组成。

（1）收集器。也称切割器，是运用空气动力学原理将空气中悬浮的颗粒物（空气动力学直径≤$100\mu m$）与较大直径颗粒物"分割"开来，并进行收集的装置。

（2）采样动力。应根据所需采样流量、采样体积、所用收集器及采样点的条件进行选择。一般要求抽气动力的流量范围较大，抽气稳定，造价低，噪声小，便于携带和维修。

（3）流量计。测量气体流量（计算采集气样体积的参数）的仪器；当用抽气泵作抽气动力时，通过流量计的读数和采样时间可以计算所采空气的体积。常用的流量计有孔口流量计、转子流量计和限流孔流量计等，均须定期校正。

（4）控制系统。由集成电路、显示屏、操作按钮等组成，用于设置采样器工作程序。

（5）固定架。固定收集器、流量计、动力系统和控制系统的位置，保障其按 HJ/T 374 要求工作的金属架。

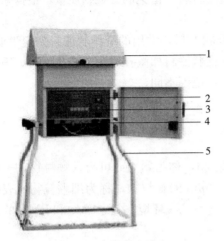

图 4-5　大流量采样器
1. 收集器　2. 采样动力　3. 流量计
4. 控制系统　5. 固定架

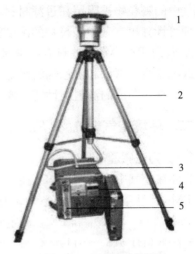

图 4-6　中流量采样器
1. 收集器　2. 固定架　3. 采样动力
4. 控制系统　5. 流量计

2. 大流量采样器　大流量采样器外形尺寸见图 4-7。其采样口宽度要求为（4±0.1）cm，采样口方向向下，沿采样器主体四周均匀分布。大流量采样器应具有良好的密封性能，安放滤膜夹的边框应平整，不漏气。顶盖与主体间应有紧固装置。滤膜夹应附有保护盖，以保护滤膜。每个采样器应提供两套滤膜夹。

3. 中流量采样器　中流量采样器采样口方向向下，沿采样器主体四周均匀分布，中流量采样器外形尺寸见图 4-8。中流量采样器采用圆形滤膜，直径 90mm，有效滤膜直径 80mm。采样口以下的采样头外壳体表面应平滑；采样口宽度应均匀，其相对变化不超过±2%。采样器应具有良好的密封性能，安放滤膜的边框及滤膜托网应平整，不漏气；采样头应便于拆卸和更换滤膜。

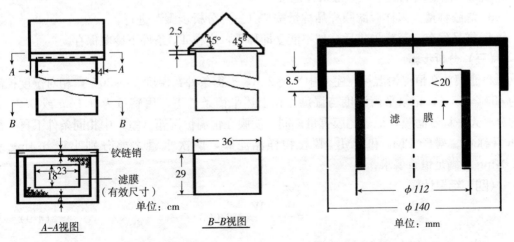

图 4-7　大流量采样器外形尺寸　　　　图 4-8　中流量采样器外形尺寸

（三）空气颗粒物的采样与测定方法

1. 采样与测定方法　将过滤材料（滤纸、滤膜等）放在采样夹上，用抽气装置抽气，则空气中的颗粒物被阻留在过滤材料上，称量过滤材料上富集的颗粒物质量，根据采样体积，即可计算出空气中颗粒物的浓度。

2. 常用滤料　常用滤料有纤维状滤料和筛孔状滤料，常用的纤维状滤料如定量滤纸、玻璃纤维滤膜（纸）和氯乙烯滤膜等，常用的筛孔状滤料如微孔滤膜、核孔滤膜、银薄膜等。不同材料制成的滤料，性能不同，适用的气体范围不同。

二、环境空气 PM_{10} 和 $PM_{2.5}$ 的测定

（一）方法原理

悬浮在空气中空气动力学直径 $\leq 10\mu m$ 的颗粒物，称为飘尘或可吸入颗粒物，表征指标为 PM_{10}。悬浮在空气中的空气动力学直径 $\leq 2.5\mu m$ 的颗粒物，称为细颗粒物，表征指标为 $PM_{2.5}$。空气 PM_{10} 和 $PM_{2.5}$ 测定常用重量法〔参见《环境空气　PM_{10} 和 $PM_{2.5}$ 的测定重量法》（HJ 618—2011）〕。

分别通过具有一定切割特性的采样器，以恒速抽取定量体积空气，使环境空气中 PM_{10} 和 $PM_{2.5}$ 被截留在已知重量的滤膜上，根据采样前后滤膜的重量差和采样体积，计算出空气 PM_{10} 和 $PM_{2.5}$ 浓度。

（二）采样方法

1. 采样要求　按《环境空气质量手工监测技术规范》（HJ 194—2017）的要求确定采样环境及采样频率。采样时，采样器入口距地面高度不得低于 1.5m。采样不宜在风速大于 8m/s 的天气条件下进行。采样点应避开污染源及障碍物。采用间断采样方式测定日平均浓度时，其采样次数不应少于 4 次，累积采样时间不应少于 18h。

2. 采样方法　采样时，将已称重的滤膜用镊子放入洁净采样夹内的滤网上，滤膜毛面应朝进气方向。将滤膜牢固压紧至不漏气。测定任何一次浓度，每次需更换滤膜；测定日平均浓度，样品可采集在一张滤膜上。采样结束后，用镊子取出滤膜。将有尘面两次对折，放入样品盒或纸袋中，做好采样记录。

3. 滤膜称量　采样后滤膜样品称量按"（三）分析步骤"进行。

4. 样品保存　滤膜采集后，如不能立即称重，应在 4℃ 条件下冷藏保存。

（三）分析步骤

将滤膜放在恒温恒湿箱（室）中平衡 24h，平衡条件：温度 15～30℃，相对湿度控制为 45%～55%，记录平衡温度与湿度。在上述平衡条件下，用感量为 0.1mg 或 0.01mg 的分析天平称量滤膜，记录滤膜重量。同一滤膜在恒温恒湿箱（室）中相同条件下再平衡 1h 后称重。对于 PM_{10} 和 $PM_{2.5}$ 颗粒物样品滤膜，两次重量之差分别小于 0.4mg 和 0.04mg 为满足恒重要求。

（四）结果计算

$$\rho = \frac{W_2 - W_1}{V} \times 1\,000 \tag{4-9}$$

式中：ρ——PM_{10} 或 $PM_{2.5}$ 浓度，mg/m^3；

　　　W_2——采样后滤膜的重量，g；

W_1——采样前滤膜的重量，g；

V——实际采样体积，m^3。

三、空气中铅及其测定方法

（一）空气铅污染及危害

我国从 2000 年开始全面推广无铅汽油，期望从根本上解决汽车尾气引发空气铅污染的问题。无铅汽油是指含铅量在 0.013g/L 以下的汽油，只是在提炼过程中不添加四乙基铅抗震爆剂，而原油中的铅依然存在。目前，我国汽车拥有量猛增，致使汽车尾气引发空气铅污染问题不容轻视。此外，煤炭燃烧释放的烟尘、含铅矿石开采及冶炼过程的废气、含铅材料加工产生的粉尘等都可能是空气铅污染的重要污染源。分析 2001—2010 年天津市环境空气铅浓度发现，环境空气铅浓度水平与 PM_{10}、TSP、降尘和大气污染源烟尘排放量呈现较好的相关性。铅是植物的非必需元素，其接触植物组织后会对植物产生毒害，轻则引发植物生理代谢紊乱、生长发育受到抑制，重则导致植物死亡。长期生长在低浓度铅污染空气中的叶菜类农作物，其品质会明显下降，甚至丧失食用价值。因此，空气铅含量是绿色产品和有机农产品产地认证的必测项目。

（二）测定方法及原理

环境空气铅的测定，主要有火焰原子吸收分光光度法［参见《环境空气　铅的测定　火焰原子吸收分光光度法》（GB/T 15264—1994）］和石墨炉原子吸收分光光度法［参见《环境空气　铅的测定　石墨炉原子吸收分光光度法》（HJ 539—2015）］。现以石墨炉原子吸收分光光度法为例，介绍空气铅测定技术。

用石英纤维等滤膜采集环境空气中的颗粒物样品，经消解后，注入石墨炉原子化器中，经过干燥、灰化和原子化，其基态原子对 283.3nm 处的谱线产生选择性吸收，其吸光度值与铅的质量浓度成正比，用标准曲线法定量。如果加入磷酸二氢铵作为基体改进剂，可消除基体干扰。高浓度的钙、硫酸盐、磷酸盐、碘化物、氟化物或者醋酸会干扰铅测定，可通过标准加入法来校正。背景干扰可通过扣背景的方式来消除。该方法适用于环境空气中铅的测定；如果采集环境空气 $10m^3$，样品定容至 50mL，则检出限为 $0.009\mu m/m^3$，测定下限为 $0.036\mu m/m^3$。

● 技能训练

实训一　空气总悬浮颗粒物测定

一、实训目的

（1）会安装操作颗粒物采样器，能完成指定区域空气总悬浮颗粒物测定的样品采集、测定、数据处理和报告撰写。

（2）培养提升团结协作能力及科学严谨、一丝不苟的职业习惯。

二、方法原理

见"知识学习"之"一、总悬浮颗粒物测定"。

三、实训准备

（1）中流量采样器。流量 50～150L/min，切割器直径 8～10cm。

（2）流量校准装置。经过罗茨流量计校准的孔口校准器。

（3）气压计。

（4）滤膜。超细玻璃纤维或聚氯乙烯滤膜，滤膜直径 8～10cm。

（5）滤膜贮存袋及贮存盒。

（6）电子分析天平。感量 0.1mg。

（7）恒温恒湿箱。

四、实训步骤

（一）采样器的流量校准

1. 采样器流量校准要求　新购置或维修后的采样器在启用前，需要进行流量校准；正常使用的采样器，应每月进行一次流量校准。

2. 采样器流量校准方法

（1）计算采样器工作点的流量：采样器应以规定的采气流量工作，该流量称为其工作点。如果采样器采样口的抽气速度 W 为 0.3m/s、采样器采样口截面积为 A（m^2），则中流量采样器工作点的流量 Q_M（L/min）为 60 000$W \times A$。

（2）进行采样器工作点流量校准：①打开采样头的采样盖，按正常采样位置，放一张干净的采样滤膜，将孔口流量计的接口与采样头密封连接，孔口流量计的取压口接好压差计。②接通电源，开启采样器，待工作正常后，调节采样器流量使孔口流量计压差值达到理论计算值。

3. 注意事项　校准流量时，要确保气路密封连接；流量校准后，如发现滤膜上尘的边缘轮廓不清晰或滤膜安装歪斜等情况，可能造成漏气，应重新进行校准。校准合格的采样器，即可用于采样，不得再改动调节器状态。

（二）滤膜准备

1. 检查与编号　每张滤膜均需用 X 光看片机进行检查，不得有针孔或有任何缺陷。在选中的滤膜光滑表面的两个对角上打印编号，滤膜袋上打印同样编号。

2. 温湿度平衡　将滤膜放在恒温恒湿箱中平衡 24h，平衡温度取 15～30℃中任一点，记录下平衡温度与湿度。

3. 滤膜称重　在上述平衡条件下称量滤膜重量，中流量采样器滤膜称量精确到 0.1mg，记录下滤膜重量 W_0（g）。

4. 滤膜装盒　称量好的滤膜平展地放在滤膜保存盒中，采样前不得将滤膜弯曲或折叠。

（三）安装滤膜及采样

1. 擦拭滤膜夹　打开采样头顶盖，取出滤膜夹。用清洁干布擦去采样头内及滤膜夹的灰尘。

2. 安装滤膜　将已编号并称量过的滤膜绒面向上，放在支持网上，放上滤膜夹，对正，拧紧，使不漏气，安好采样头顶盖。

3. 开机采样　按照采样器使用说明书及监测方案，设置好采样时间，即可启动采样。

4. 取膜装袋　采样完成后，打开采样头，用镊子轻轻取下滤膜，采样面向里，将滤膜对折，放入号码相同的滤膜袋中。取滤膜时，如发现滤膜损坏，或滤膜上尘的边缘轮廓不清晰、滤膜安装歪斜（说明漏气），则本次采样作废，需重新采样。

（四）尘膜的平衡及称量

1. 尘膜平衡　尘膜放在恒温恒湿箱中，在与干净滤膜平衡条件相同的温度、湿度条件下，平衡 24h。

2. 尘膜称重　在上述平衡条件下称量滤膜重量，滤膜称量精确到 0.1mg，记录下滤膜重量 W_1（g）；注意采样滤膜增重不小于 10mg。

五、数据记录与结果计算

1. TSP 采样数据记录　参考表 4-14 设计采样记录表，及时记录数据。

表 4-14　总悬浮颗粒物采样记录

采样点：

日期	采样器编号	滤膜编号	采样起始时间	采样终了时间	累积采样时间 t/min
备注：					

检测单位：　　　　　　　　　　　　　　　测试人（签字）：

2. TSP 测定数据记录　参考表 4-15 设计测定数据记录表，及时记录数据。

3. 结果计算　将采样数据及测定数据代入式（4-10）中计算采样点空气 TSP 含量。

$$\text{TSP 含量}(\mu g/\text{m}^3) = \frac{K \times (W_1 - W_0)}{Q_a \times t} \tag{4-10}$$

式中：W_1——采样后滤膜（尘膜）质量，g；

W_0——采样前滤膜（空膜）质量，g；

Q_a——采样器平均抽气流量，L/min，中流量采样器，$Q_a = Q_M = 60\,000 w \times A$（$w$ 为采样器采样口的抽气速度，一般为 0.3 m/s；A 为采样器采样口面积，m^2）；

t——累积采样时间，min；

K——常数，大流量采样器 $K = 1 \times 10^6$；中流量采样器 $K = 1 \times 10^9$。

表 4-15　总悬浮颗粒物（TSP）含量测定记录

日期	滤膜编号	采样流量 Q_a/（L/min）	累积采样时间 t/min	累积采样体积 V/L	滤膜质量/g			TSP 含量/（μg/m³）
					空膜 W_0	尘膜 W_1	差值 $W_1 - W_0$	

检测单位：　　　　　　　　　　　　　　　测试人：

六、注意事项

1. 采样器选择　本实验是根据中流量采样器（流量 150L/min）设计的，如采用大流量采样器采样，请参照《环境空气　总悬浮颗粒物的测定　重量法》（HJ 1263—2022）要求对称量精度、滤膜增重要求、计算公式等进行调整。

2. 滤膜称重质量控制　取清洁滤膜若干张，在平衡室内平衡 24h，称重。每张滤膜称 10 次以上，则每张滤膜的平均值为该张滤膜的原始重量，此为"标准滤膜"。每次称清洁滤膜或样品滤膜的同时，称量两张"标准滤膜"，若称出的重量在原始重量±5mg 范围内，则认为该批样品滤膜称量合格，否则应检查称量环境是否符合要求，并重新称量该批样品滤膜。

3. 检查采样头　要经常检查采样头是否漏气，当滤膜上颗粒物与四周白边之间的界线逐渐模糊时，表明应更换面板密封垫。

4. 消除静电　称量不带衬纸的聚氯乙烯滤膜，在取放滤膜时，用金属镊子触一下天平盘，以消除静电的影响。

七、实训成果

××空气 TSP 检测报告。

实训二　环境空气铅的测定

一、实训目的

（1）能利用中流量采样器仪器、微波消解器和原子吸收分光度计等完成指定区域空气铅含量测定。

（2）培养提升团结协作能力及科学严谨、一丝不苟的职业习惯。

二、方法原理

见"知识学习"之"三、空气中铅及其测定方法"。

三、实训准备

（一）试剂准备

（1）纯水。要求电导率小于等于 $0.05\mu s/cm$。

（2）浓硝酸。ρ（HNO_3）$=1.42g/mL$，优级纯。

（3）浓盐酸。ρ（HCl）$=1.19g/mL$，优级纯。

（4）过氧化氢。φ（H_2O_2）$=30\%$，优级纯。

（5）硝酸溶液（1＋9）。用优级纯 ρ（HNO_3）$=1.42g/mL$ 的硝酸配制。

（6）硝酸溶液 $[\varphi$（HNO_3）$=1\%]$。用优级纯 ρ（HNO_3）$=1.42g/mL$ 的硝酸配制。

（7）铅标准贮备液 $[\rho$（Pb）$=1.00mg/mL]$。称取 1.000 0g 光谱纯金属铅置于 100mL 烧杯中，于通风橱内加入 1.42g/mL 硝酸 15mL，在电热板上缓慢加热，直至完全溶解，转移至 1 000mL 容量瓶中，用 1％硝酸定容至标线。转入聚乙烯塑料试剂瓶内，于冰箱中冷藏保存，至少可稳定保存 30d。铅标准贮备液也可使用市售有证标准溶液。

（8）铅标准使用液 $[\rho$（Pb）$=0.5\mu g/mL]$。将 1.00mg/mL 铅标准贮备液用 1％ HNO_3 溶液逐级稀释后，配制成含铅 0.5μg/mL 的标准使用溶液。

（9）基体改进剂。称取 5g 磷酸二氢铵溶于 100mL 的 1％硝酸溶液中，配制成 5％的磷酸二氢铵溶液。

（二）仪器准备

（1）TSP 切割器。切割粒径（分级效率等于 50％时对应的粉尘粒径）Da50＝（100±0.5）μm，其他性能和技术指标符合 HJ/T 374—2007 的规定。

（2）中流量采样器。流量范围 80～130L/min，工作点流量一般为 0.100m^3/min，其他性能和技术指标符合 HJ/T 374—2007 的规定。

（3）石英纤维滤膜。对于粒径大于 $0.3\mu m$ 颗粒物的截留效率≥99％，本底浓度值满足测定要求。

(4) 石墨炉原子吸收分光光度计。

(5) 电热板或微波消解器。要求具备程式化功率设定功能，精度可控。

(6) 氩气。纯度不低于 99.99％。

(7) 环境监测实验室常用器皿。全部器皿在使用前要用（1+9）硝酸溶液浸泡过夜或用（1+1）硝酸溶液浸泡 40min，以除去器壁上吸附的铅。

四、实训步骤

（一）样品采集于保存

1. 样品的采集 按《环境空气 总悬浮颗粒物的测定 重量法》（GB/T 15432—1995）和《环境空气质量手工监测技术规范》（HJ 194—2017）中颗粒物采样要求执行，在采样的同时应详细记录采样环境条件。

2. 样品的保存 采集样品后的滤膜及全程序空白滤膜，对折放入干净纸袋或膜盒中，放入干燥器中保存。

（二）试样制备

根据实验室条件，选择电热板消解或微波消解。

1. 电热板消解

(1) 将滤膜剪成小块后置于锥形瓶中，再依次加入浓硝酸 10mL、浓盐酸 5mL 和 30％双氧水 3mL 后静置 20～30min，待初始反应趋于平静后，于电热板上加热至微沸腾。

(2) 待蒸至近干后再加入浓硝酸 5mL 和 30％双氧水 1.5mL，加热至近干，冷却。

(3) 加入（1+9）硝酸溶液 5mL 溶解，溶液过滤，滤液转移至 50mL 容量瓶中，用 1％稀硝酸溶液洗涤滤膜至少 3 次，洗涤滤膜后的溶液并入容量瓶，再用 1％稀硝酸溶液定容至标线，混匀备测。

2. 微波消解

(1) 将滤膜剪成小块后置于消解罐中，依次加入 1.42g/mL 浓硝酸 8mL、1.19g/mL 浓盐酸 2mL 和 30％双氧水 1mL 后静置 2～3h，待初始反应趋于平静后，进行消解。待消解完成后转移至烧杯中，加入（1+9）硝酸溶液 5mL 稍加热溶解，溶液过滤，滤液转移至 50mL 容量瓶中。

(2) 用 1％稀硝酸溶液洗涤滤膜至少 3 次，洗涤滤膜后的溶液并入容量瓶，再用 1％稀硝酸溶液定容至标线，混匀备测。微波消解条件见表 4-16。

表 4-16 微波消解条件

消解时间 t/min	消解功率 E/W	消解温度 T_1/℃	罐外温度 T_2/℃
15	1 000	120	100
5	1 250	185	120
30	1 250	185	120
10	0	100	100

（三）空白试样制备

1. 全程序空白 将同批次的两张滤膜带至采样现场，不采样；采样结束后，带回实验室，按试样的制备步骤操作一遍。

2. 实验室空白 将同批次的两张滤膜按试样的制备步骤操作一遍。

（四）石墨炉原子吸收分光光度计工作条件

仪器测量参数可参考说明书进行选择，工作条件见表 4-17。

表 4-17 石墨炉原子吸收分光光度计工作条件

项目	条件	项目	条件
波长	283.3nm	干燥温度与时间	90℃，15s；120℃，15s 两级干燥
灯电流	8mA	灰化温度与时间	700℃，20s
狭缝	0.5nm	原子化温度与时间	1 400℃，5s
氩气流速	0.2L/min	清洗温度与时间	2 500℃，5s
进样量	20μL	原子化阶段是否停气	是
基体改进剂	2μL	背景扣除方式	塞曼效应

（五）校准曲线

1. 标准系列的配制 取 6 支 50mL 容量瓶，按表 4-18 配制铅标准系列溶液。用 1% 硝酸溶液稀释至标线，摇匀。

2. 绘制标准曲线 由低浓度到高浓度，依次向石墨管中注入铅标准溶液，加入 2μL 磷酸二氢铵基体改进剂，按照选定的仪器工作条件，测定铅标准系列溶液的吸光度，绘制校准曲线或计算线性回归方程。

表 4-18 铅标准系列溶液配制方法

项目	瓶号					
	标 0	标 1	标 2	标 3	标 4	标 5
铅标准使用液体积/mL	0.00	1.00	2.00	3.00	4.00	5.00
铅含量/（μg/L）	0.00	10.0	20.0	30.0	40.0	50.0

（六）试样和空白测定

按校准曲线绘制时的仪器工作条件和步骤，测定样品和空白样试液的吸光度，测定标准系列溶液与样品试液之间、样品与空白之间应加测 2～3 次纯水。

五、数据记录与计算

1. 数据记录 参考表 4-14、表 4-15 和表 4-19 设计数据记录表，及时记录测定数据。

表 4-19 空气铅含量测定数据记录

样品滤膜总面积 S_t/cm^2			测定时所取样品滤膜 面积 S_a/cm^2							实际采样体积 V/m^3		
容量瓶编号	标 0	标 1	标 2	标 3	标 4	标 5	样 1	样 2	样 3	空 1	空 2
铅含量/（μg/L）	0	10	20	30	40	50					
吸光度 A											
回归方程：											
空气铅含量 ρ（Pb）/（μg/m^3）										—	

2. 结果计算 根据所测的吸光度值，由线性回归方程计算出试样和空白样中铅的质量浓度，并由式（4-11）计算环境空气中铅的质量浓度。

$$\rho\ (\text{Pb}) = \frac{(\rho_1 - \rho_0)\ \times 50}{V \times 1\ 000} \times \frac{S_t}{S_a} \tag{4-11}$$

式中：ρ（Pb）——环境空气中铅的质量浓度，$\mu g/m^3$；

ρ_1——试样中铅的浓度，$\mu g/L$；

ρ_0——实验室空白试样中铅浓度的平均值，$\mu g/L$；

50——试样溶液体积，mL；

S_t——样品滤膜总面积，cm^2；

S_a——测定时所取样品滤膜面积，cm^2；

V——实际采样体积，m^3。

六、实训成果

××空气铅含量检测报告。

根植大地守护蓝天的王文兴院士

王文兴，1927.10.17—，安徽萧县人，环境化学家。1952 年毕业于山东大学化学系，现任山东大学环境研究院院长、教授、博士生导师，中国环境科学研究院学术顾问。兼任国家环境咨询委员会委员、《中国环境科学》主编、国际 ASAAQ 组织委员。1999 年当选为中国工程院院士。

王院士，早年从事催化研究，建立了流动循环法和放射性[14]C 示踪法，探明了一些有机物氧化反应的机理和动力学，编著出版了我国第一本工业催化领域的著作。1976 起从事环境化学研究。在大气光化学、降水化学、大气 $PM_{2.5}$ 和区域霾化学方面，领导和参与完成了多项国家科技项目。建立了国内首套带有真空系统、长光程 FTIR 光化学烟雾箱；野外观测发现 O_3 浓度随边界层高度变化规律；得到了全国酸沉降时空分布规律，并在东北地面和山上首次发现强酸性降水，查明了来源与成因，推动了我国大气环境立法。创建了环境量子化学计算团队和研究新领域，阐明了一系列污染物降解和生成机理。发表论文 270 多篇，获国家科技进步奖一等奖 1 项、二等奖 3 项、三等奖 1 项等。2014 年获第十届光华工程科技奖。王院士是中国环境科学研究院的创建者之一，是中国大气环境科学的开创者之一。他常说："国家和人民培养了我，我只是在回报，用我的智慧和汗水，竭尽全力，鞠躬尽瘁"，先生精神犹如百年老树，植根大地、守护蓝天。

（摘自中国工程院网站）

思与练

一、知识技能

（1）空气颗粒物采样器由哪几部分组成？各组成部分的作用是什么？

（2）什么是总悬浮颗粒物？简述重量法测定空气 TSP 的原理和主要步骤。

（3）简述石墨炉原子吸收分光光度法测定空气颗粒物铅含量的原理及步骤。

二、思政

（1）查阅资料并简述王文兴院士的杰出贡献和感人事迹。

（2）简述王文兴院士立足岗位、报效祖国的感人事迹对你的影响和启示。

任务三 环境空气二氧化硫和氮氧化物测定

学习目标

1. 能力目标 会操作气态污染物采样器，能完成空气二氧化硫和二氧化氮的测定。

2. 知识目标 能简述环境空气氟化物、二氧化硫和二氧化氮测定的方法、原理及技术要点。

3. 思政目标 了解任阵海院士为我国区域性大气环境监测技术发展做出的杰出贡献，学习、感悟任先生立足岗位服务社会的职业精神与家国情怀。

知识学习

一、空气样品采集方法及采样器

（一）直接采样法

待测组分浓度较高或者所用监测方法十分灵敏时用直接采样法，如注射器采样法、塑料袋采样法等。

1. 注射器采样法 用 50mL 或 100mL 带有惰性密封头的玻璃（或塑料）注射器作为收集器。在采样现场，先抽取空气将注射器清洗 3~5 次，再采集现场空气，然后将进气端密闭。在运输过程中，应将进气端朝下，注射器活塞在上方，保持近垂直状态。利用注射器活塞本身的重量，使注射器内空气样品处于正压状态，以防外界空气渗入注射器，影响空气样品的浓度或使其被污染。气相色谱（GC）分析项目常用该法采样。

2. 塑料袋采样法 在采样现场，用注射器或二联球将现场空气注入塑料袋内，清洗塑料袋 3~5 次后，排尽残余空气；再注入现场空气，密封袋口，带回实验室分析。采样用塑料袋，要既不吸附空气检测物、不解吸空气检测物，也不与所采集的空气检测物发生化学反应，通常使用 50~1 000mL 铝箔复合塑料袋、聚乙烯袋、聚氯乙烯袋、聚四氟乙烯袋和聚酯树脂袋。使用前应检查采气袋的气密性，并对待测物在采气袋中的稳定性进行试验。采气袋应采气和取气方便、能反复使用，死体积不大于总体积 5%。

（二）富集采样法

当待测污染物浓度很低、直接采样不能满足分析方法要求时，应选用富集采样法，即采取措施浓缩大气中的污染物，使之满足分析方法要求。该法所得结果反映污染物在浓缩采样时间内的平均浓度。常用浓缩采样法有以下几种。

1. 溶液吸收法 用抽气装置使待测空气以一定的流量通入装有吸收液的吸收管，待测组分与吸收液发生化学反应或物理作用，使待测污染物溶解于吸收液中。采样结束后，取出吸收液，分析吸收液中被测组分含量。根据采样体积和测定结果计算大气污染物质的浓度。溶液吸收法的吸收效率主要取决于吸收速度和样品气体与吸收液的接触面积。一般通过选择合适的吸收液来提高吸收速度，通过选择适宜的吸收瓶来扩大样品气体与吸收液的接触面积，最终达到提高采样吸收效率的目的。常用气体吸收管（瓶）有气泡式吸收管、冲击式吸收管、多孔筛板吸收管（瓶），见图 4-9。

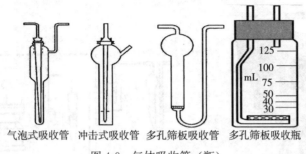

气泡式吸收管　冲击式吸收管　多孔筛板吸收管　多孔筛板吸收瓶

图 4-9　气体吸收管（瓶）

（1）气泡式吸收管。主要用于吸收气态、蒸气态物质。管内装有 5～10mL 吸收液，进气管插至吸收管底部，气体在穿过吸收液时，形成气泡，增大了气体与吸收液的界面接触面积，有利于气体中污染物质的吸收。

（2）冲击式吸收管。适宜采集气溶胶态物质。因吸收管进气管喷嘴孔径小、距瓶底近（二者决定吸收效率），当被采气样快速从喷嘴喷出冲向管底时，气溶胶颗粒因惯性作用冲击到管底被分散而被吸收液吸收。因气体分子惯性小、快速抽气时容易随空气一起逃逸，故该吸收管不适合采集气态和蒸气态物质。

（3）多孔筛板吸收管（瓶）。用于采集气态、蒸气态和气溶胶态物质。气体经过多孔筛板后形成极小气泡，同时气体阻留时间延长，显著增加了气体与液体的接触面积，提高了吸收效果。应根据阻力要求选择不同孔径的多孔筛板吸收管（瓶）。

2. 填充柱阻留法　填充柱，见图 4-10a，是用一根长 6～10cm、内径 3～5mm 的玻璃管或塑料管，内装颗粒状填充剂制成。填充柱阻留法如图 4-10b 所示。采样时，让气样以一定流速通过填充柱，欲测组分因吸附、溶解或化学反应等作用被阻留在填充剂上，达到浓缩采样目的；采样后，通过解吸或溶剂洗脱，使被测组分从填充剂上释放出来进行测定。

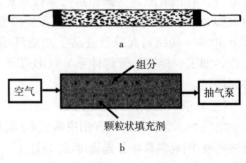

图 4-10　填充柱及填充柱阻留法示意
a. 填充柱　b. 填充柱阻留法

3. 自然积集法　该法是利用物质的自然重力、空气动力和浓差扩散作用采集大气中的被测物质（如自然降尘量、氟化物等）的样品采集方法。

（三）气态污染物采样器

环境空气监测的气态污染物采样器，主要基于溶液吸收法设计，采样流量一般为 0.5～2.0L/min（属于小流量采样器）。便携式小流量空气采样器，一般可用交流、直流两种电源，实物见图 4-11，工作原理见图 4-12。空气采样器主要由收集器、流量计、采样动力和控制系统4部分组成。对于便携式小流量空气采样器而言，收集器是收集待测污染物的装置，主要是吸收瓶；流量计是测量采气流量的装置（通过流量计读数和采样时间计算所采空气的体积），常用转子流量计；采样动力采用抽气稳定、噪声小、便于携带的抽气泵；控制系统是由集成电路、显示屏、操作按钮组成的用于设置采样器工作程序的装置。

图 4-11　便携式小流量空气采样器

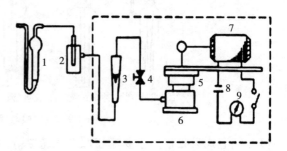

图 4-12　便携式小流量空气采样器工作原理
1. 吸收管　2. 滤水阱　3. 流量计　4. 流量调节阀
5. 抽气泵　6. 稳流器　7. 电动机　8. 电源　9. 定时器

二、空气中的二氧化硫及其测定方法

（一）空气二氧化硫污染及危害

二氧化硫（SO_2）是一种无色、有刺激性气味的气体，1992年被世界卫生组织国际癌症研究机构列入三类致癌物清单。SO_2 是最常见的空气污染物，是"伦敦烟雾"的主要成分之一，也是"酸雨"的主要形成原因之一。其来源除火山爆发等自然源外，还有电力、有色冶炼、钢铁和焦化等行业企业煤炭燃烧排放的工业废气。空气 SO_2 超标，对人类及动植物都会造成慢性伤害、急性伤害或致死。SO_2 是《环境空气质量标准》（GB 3095—2012）、《绿色食品　产地环境质量》（NY/T 391—2013）和《有机产品生产、加工、标识与管理体系》（GB/T 19630—2019）（2013版）等的基本控制项目或必测项目。

（二）空气二氧化硫测定方法

空气 SO_2 含量测定，常用甲醛吸收-副玫瑰苯胺分光光度法（HJ 482—2009）和四氯汞钾吸收-副玫瑰苯胺分光光度法（HJ 483—2009），因为四氯汞钾有剧毒，这里重点介绍前者。

1. 方法及原理　SO_2 被甲醛缓冲溶液吸收后，生成稳定的羟甲基磺酸加成化合物，在样品溶液中加入氢氧化钠使加成化合物分解，释放出的 SO_2 与副玫瑰苯胺、甲醛作用，生成紫红色化合物，用分光光度计在波长577nm处测量吸光度，用标准曲线法定量。

2. 适用范围　适用于环境空气 SO_2 测定。当使用10mL吸收液、采样体积为30L时，检出限为 $0.007mg/m^3$，测定范围为 $0.028\sim0.667mg/m^3$。当使用50mL吸收液、采样体积为288L、试份为10mL时，检出限为 $0.004mg/m^3$，测定范围为 $0.014\sim$

$0.347mg/m^3$。

3. 干扰及消除 主要干扰物为氮氧化物、臭氧及某些重金属元素。采样后放置一段时间可使臭氧自行分解；加入氨磺酸钠溶液可消除氮氧化物的干扰；吸收液中加入磷酸及环己二胺四乙酸二钠盐可以消除或减少某些金属离子的干扰。当10mL样品溶液中含有小于等于$50\mu g$钙、镁、铁、镍、镉、铜等金属离子及小于等于$5\mu g$二价锰离子时，对本方法测定不产生干扰。当10mL样品溶液中含有$10\mu g$二价锰离子时，可使样品的吸光度降低27%。

三、空气中的二氧化氮及其测定方法

（一）空气二氧化氮污染及危害

二氧化氮（NO_2）是空气中最主要的氮氧化物（NO_x）之一，是一种有刺激性气味、易溶于水的红棕色气体。NO_2对人和动物的呼吸系统具有强烈的刺激性和腐蚀性，NO_2及其衍生物对植物的新生芽叶等可能造成腐蚀性伤害。NO_2的污染源，除闪电、火山爆发等自然源外，主要是含氮燃料燃烧产生的废气，如汽车尾气、石油冶炼废气、焦化废气等。NO_2是《环境空气质量标准》（GB 3095—2012）的基本控制项目，也是《绿色食品　产地环境质量》（NY/T 391—2021）和《有机产品　生产、加工、标识与管理体系要求》（GB/T 19630—2019）等标准规定的必测项目。

（二）空气二氧化氮测定方法

空气二氧化氮测定常用盐酸萘乙二胺分光光度法（HJ 479—2009）。该方法还可用于测定环境空气中的氮氧化物和一氧化氮。

1. 方法及原理 空气中的二氧化氮被吸收瓶中的吸收液吸收并反应生成粉红色偶氮染料，该偶氮染料在波长540nm处的吸光度与二氧化氮的含量成正比。测定吸收瓶中样品的吸光度，用标准曲线法定量。

2. 干扰及消除 空气中SO_2质量浓度大于等于NO_x的30倍时，或者O_3浓度超过$0.25mg/m^3$时，NO_2测定结果偏低；过氧乙酰硝酸酯（PAN）会使测定结果偏高。采样时在采样瓶入口端串联15～20cm长的硅橡胶管，可排除干扰。

（三）盐酸萘乙二胺分光光度法测定空气氮氧化物

1. 原理 氮氧化物（NO_x）指空气中以NO和NO_2等形式存在的氮的氧化物（以NO_2计）。空气中的NO_2被串联的第一支吸收瓶中的吸收液吸收并反应生成粉红色偶氮染料。空气中的NO不与吸收液反应，通过氧化管时被酸性高锰酸钾溶液氧化为NO_2，被串联的第二支吸收瓶中的吸收液吸收并反应生成粉红色偶氮染料。生成的偶氮染料在波长540nm处的吸光度与二氧化氮的含量成正比。分别测定第一支和第二支吸收瓶中样品的吸光度，计算两支吸收瓶内NO_2和NO的质量浓度，二者之和即为NO_x质量浓度（以NO_2计）。

2. 检出限与测定范围 该方法测定空气NO_x的检出限为$0.36\mu g/10mL$吸收液。当吸收液总体积为10mL、采样体积为24L时，空气NO_x检出限为$0.015mg/m^3$。当吸收液总体积为50mL、采样体积为288L时，空气NO_x检出限为$0.006mg/m^3$。用该方法测定空气NO_x的测定范围为0.024～$2.0mg/m^3$。

四、空气氟化物及其测定方法

（一）空气氟化物污染及对植物的危害

空气中的气态氟化物主要是 HF，也可能有 SiF_4 和 CF_4。空气氟粉尘主要是冰晶石（Na_3AlF_6）、萤石（CaF_2）、氟化铝（AlF_3）、氟化钠（NaF）及磷灰石等。氟化物属高毒类物质，由呼吸道进入人或动物体内，会引起黏膜刺激、中毒等症状，对植物的生长、发育也产生危害。HF 被叶表面吸收后经薄壁细胞间隙进入导管中，并随蒸腾流到达叶的边缘和尖端，使叶绿素和各种酶遭到损害，导致光合作用被抑制。因此，叶 HF 损害首先是叶子尖端和边缘呈棕黄色，症状先呈带状或环带状，然后向叶中间扩展，严重时整个叶片枯焦脱落。

（二）空气氟化物测定方法及原理

1. 方法及原理 环境空气监测中的"氟化物"是指环境空气中气态氟化物及溶于盐酸溶液 $[c(HCl)=0.25mol/L]$ 的颗粒态氟化物（以氟计）。目前常用滤膜采样/氟离子选择电极法（HJ 955—2018）测定空气氟化物含量。环境空气中气态或颗粒态氟化物通过磷酸氢二钾浸渍的滤膜时，氟化物被固定或阻留在滤膜上；滤膜上的氟化物用盐酸溶液浸溶后，用离子选择性电极法测定，溶液中氟离子活度的对数与电极电位呈线性关系，用标准曲线法定量。

2. 适用范围 当采样流量 50L/min、采样时间 1h 时，检出限为 $0.5\mu g/m^3$，测定下限为 $2.0\mu g/m^3$；当采样流量 16.7L/min、采样时间 24h 时，检出限为 $0.06\mu g/m^3$，测定下限为 $0.24\mu g/m^3$。

 **技能训练**

实训一 空气二氧化硫含量测定

一、实训目的
（1）会操作中、小流量空气采样器，能完成空气二氧化硫含量测定。

（2）培养提升团结协作能力及科学严谨、一丝不苟的职业习惯。

二、方法原理
见"知识学习"之"二、空气中的二氧化硫及其测定方法"。

三、实训准备

（一）试剂准备

（1）氢氧化钠溶液（1.5mol/L）。称取 NaOH 固体 6.0g，溶于 100mL 水中。

（2）环己二胺四乙酸二钠（CDTA）溶液（0.05mol/L）。称取 1.82g 反式 CDTA，加入 1.50mol/L 氢氧化钠溶液 6.5mL，溶解后用水稀释至 100mL。

（3）甲醛缓冲吸收贮备液。量取 36%～38%甲醛溶液 5.5mL、0.05mol/L 的 CDTA 溶液 20.00mL；称取邻苯二甲酸氢钾 2.04g，溶于少量水中；将 3 种溶液合并，再用水稀释至 100mL，冰箱冷藏贮存，可保存 1 年。

（4）氨磺酸钠溶液（6.0g/L）。称取 0.60g 氨磺酸（H_2NSO_3H），加入 1.5mol/L 氢氧化钠溶液 4.0mL，搅拌至完全溶解后稀释至 100mL，摇匀。此溶液密封可保存 10d。

（5）碘贮备液 $[c(1/2\ I_2)=0.10\text{mol/L}]$。称取 12.7g 碘于烧杯中，加 40g 碘化钾和 25mL 水，搅拌至完全溶解，用水稀释至 1 000mL，贮存于棕色细口瓶中。

（6）碘溶液 $[c(1/2\ I_2)=0.010\text{mol/L}]$。量取 0.10mol/L 碘贮备液 50mL，用水稀释至 500mL，贮于棕色细口瓶中。

（7）淀粉溶液（5.0g/L）。称取 0.5g 可溶性淀粉于 150mL 烧杯中，用少量水调成糊状，慢慢倒入 100mL 沸水，继续煮沸至溶液澄清，冷却后贮存于试剂瓶中。

（8）碘酸钾基准溶液 $[c(1/6\ \text{KIO}_3)=0.100\ 0\text{mol/L}]$。称取 3.566 7g 碘酸钾（优级纯，经 110℃ 干燥 2h）溶于水，移入 1 000mL 容量瓶中，用纯水定容，摇匀。

（9）盐酸溶液（1+9）。量取 100mL 浓盐酸，加到 900mL 水中。

（10）硫代硫酸钠标准贮备液（0.10mol/L）。称取 25.0g 硫代硫酸钠（$\text{Na}_2\text{S}_2\text{O}_3 \cdot 5\text{H}_2\text{O}$），溶于 1 000mL 新煮沸但已冷却的水中，加入 0.2g 无水碳酸钠，贮存于棕色细口瓶中，放置一周后备用。如溶液呈现浑浊，必须过滤。

标定方法：吸取 3 份 20.00mL 碘酸钾基准溶液（0.100 0mol/L）分别置于 250mL 碘量瓶中，加 70mL 新煮沸但已冷却的水，加 1g 碘化钾，振摇至完全溶解后，加 10mL 盐酸溶液（1+9），立即盖好瓶塞，摇匀。于暗处放置 5min 后，用硫代硫酸钠标准溶液（欲标定）滴定溶液至浅黄色，加 2mL 淀粉溶液（5.0g/L），继续滴定至蓝色刚好褪去为终点。硫代硫酸钠标准溶液的浓度按式（4-12）计算：

$$c_1 = \frac{0.100\ 0 \times 20.00}{V} \qquad\qquad (4\text{-}12)$$

式中：c_1——硫代硫酸钠标准溶液的浓度，mol/L；

0.100 0——碘酸钾标准溶液的浓度，mol/L；

20.00——碘酸钾标准溶液的体积，mL；

V——滴定所耗硫代硫酸钠标准溶液的体积，mL。

（11）硫代硫酸钠标准溶液（$c \approx 0.010\ 00\text{mol/L}$）。吸取 50.0mL 硫代硫酸钠贮备液置于 500mL 容量瓶中，用新煮沸但已冷却的水稀释至标线，摇匀。

（12）乙二胺四乙酸二钠盐（$\text{Na}_2\text{EDTA} \cdot 2\text{H}_2\text{O}$）溶液（0.50g/L）。称取 0.25g 乙二胺四乙酸二钠盐溶于 500mL 新煮沸但已冷却的水中；临用时现配。

（13）亚硫酸钠标准溶液。称取 0.20g 亚硫酸钠（Na_2SO_3），溶于 200mL 乙二胺四乙酸二钠盐溶液中，轻轻摇匀（避免振荡，以防充氧）使其溶解。放置 2~3h 后标定。此溶液每毫升相当于含 320~400μg 二氧化硫。标定方法如下：

①取 6 个 250mL 碘量瓶（A_1、A_2、A_3、B_1、B_2、B_3），在 A_1、A_2、A_3 内各加入 25mL 乙二胺四乙酸二钠盐溶液（0.50g/L），在 B_1、B_2、B_3 内加入 25.00mL 亚硫酸钠溶液（欲标定），分别加入 50.0mL 碘溶液（0.010mol/L）和 1.00mL 冰乙酸，盖好瓶盖，摇匀。

②立即吸取 2.00mL 亚硫酸钠溶液（欲标定）加到一个已装有 40~50mL 甲醛吸收液的 100mL 容量瓶中，并用甲醛吸收液稀释至标线，摇匀。此溶液即为二氧化硫标准贮备溶液，在 4~5℃ 下冷藏，可稳定 6 个月。

③将 A_1、A_2、A_3、B_1、B_2 和 B_3 6 个瓶子于暗处放置 5min 后，用硫代硫酸钠标准溶

液（c_1）滴定至浅黄色，加 5mL 淀粉指示剂（5.0g/L），继续滴定至蓝色刚刚消失。平行滴定所用硫代硫酸钠溶液的体积之差应不大于 0.05mL。

二氧化硫标准贮备溶液的质量浓度由式（4-13）计算：

$$\rho(SO_2) = \frac{(\overline{V}_0 - \overline{V}) \times c_2 \times 32.02 \times 10^3}{25.00} \times \frac{2.00}{100} \qquad (4\text{-}13)$$

式中：$\rho(SO_2)$——二氧化硫标准贮备溶液的质量浓度，$\mu g/mL$；

$\overline{V}_0$——空白滴定所用硫代硫酸钠标准溶液的体积，mL；

$\overline{V}$——样品滴定所用硫代硫酸钠标准溶液的体积，mL；

c_2——硫代硫酸钠标准溶液的浓度，mol/L。

（14）二氧化硫标准溶液（1.00$\mu g/mL$）。用甲醛吸收液将二氧化硫标准贮备溶液稀释成每毫升含 1.0μg 二氧化硫的标准溶液。此溶液用于绘制标准曲线，在 4～5℃下冷藏，可稳定 1 个月。

（15）盐酸副玫瑰苯胺贮备液（2g/L）。称取 0.20g 经提纯的盐酸副玫瑰苯胺（PRA，即对品红），溶解于 100mL 的 1.0mol/L 盐酸溶液中。

（16）盐酸副玫瑰苯胺使用液（0.5g/L）。吸取 2g/L 盐酸副玫瑰苯胺贮备液 25.00mL 于 100mL 容量瓶中，加 85% 浓磷酸 30mL、浓盐酸 12mL，用水稀释至标线，摇匀，放置过夜后使用。避光密封保存。

（17）盐酸-乙醇清洗液。由三份（1+4）盐酸和一份 95% 乙醇混合配制而成，用于清洗比色管和比色皿。

（二）仪器与设备准备

（1）分光光度计。

（2）多孔玻板吸收管。10mL 多孔玻板吸收管，用于短时间采样；50mL 多孔玻板吸收管，用于 24h 连续采样。

（3）恒温水浴。0～40℃，控制精度为 ±1℃。

（4）具塞比色管（10mL）。用过的比色管和比色皿应及时用盐酸-乙醇清洗液浸洗，否则红色难以洗净。

（5）空气采样器。用于短时间采样的普通空气采样器，流量范围 0.1～1L/min，应具有保温装置。用于 24h 连续采样的采样器，应具有恒温、恒流、计时、自动控制开关的功能，流量范围 0.1～0.5L/min。

（6）环境监测实验室常用仪器。避免用硫酸-铬酸洗液洗涤该实验的玻璃器皿，否则要先用盐酸溶液（1+1）浸洗，再用水充分洗涤。

四、实训步骤

（一）样品采集与保存

1. 短时间采样　采用内装 10mL 吸收液的多孔玻板吸收管，以 0.5L/min 的流量采气 45～60min。吸收液温度保持在 23～29℃的范围。

2. 长时间（24h）连续采样　用内装 50mL 吸收液的多孔玻板吸收瓶，以 0.2L/min 的流量连续采样 24h。吸收液温度保持在 23～29℃。

3. 现场空白　将装有吸收液的采样管带到采样现场，除了不采气之外，其他环境条件与样品相同。

（二）校准曲线的绘制

（1）取 14 支 10mL 具塞比色管，分 A、B 两组，每组 7 支，分别对应编号。A 组按表 4-20 配制校准系列溶液。

表 4-20　二氧化硫校准系列溶液配制方法

项目	管号						
	0	1	2	3	4	5	6
SO_2 标准溶液量/mL	0	0.5	1.00	2.00	5.00	8.00	10.00
甲醛吸收液量/mL	10.00	9.50	9.00	8.00	5.00	2.00	0
SO_2 含量/μg	0	0.5	1.0	2.0	5.0	8.0	10.0

（2）在 A 组各管中分别加入 0.5mL 氨磺酸钠溶液和 0.5mL 氢氧化钠溶液，混匀。

（3）在 B 组各管中分别加入盐酸副玫瑰苯胺使用液（0.5g/L）1.00mL。

（4）将 A 组各管的溶液迅速地全部倒入对应编号并盛有盐酸副玫瑰苯胺使用液（0.5g/L）的 B 管中，立即加塞混匀后放入恒温水浴装置中显色。在波长 577nm 处，用 10mm 比色皿，以水为参比测量吸光度。

（5）以空白校正后各管的吸光度为纵坐标，以二氧化硫的含量（μg）为横坐标，用最小二乘法建立校准曲线的回归方程。

（6）显色温度与室温之差不应超过 3℃。根据季节和环境条件按表 4-21 选择合适的显色温度与显色时间。

表 4-21　显色温度与显色时间

显色温度/℃	10	15	20	25	30
显色时间/min	40	25	20	15	5
稳定时间/min	35	25	20	15	10
试剂空白吸光度（A_0）	0.030	0.035	0.040	0.050	0.060

（三）样品测定

（1）样品溶液中如有浑浊物，则应离心分离除去。

（2）样品应放置 20min，以使臭氧分解。

（3）短时间采集样品的测定。将吸收管中的样品溶液移入 10mL 比色管中，用少量甲醛吸收液洗涤吸收管，洗液并入比色管中并稀释至标线。加入 0.5mL 氨磺酸钠溶液，混匀，放置 10min 以除去氮氧化物干扰。以下步骤同"校准曲线绘制（2）～（4）"。

（4）连续 24h 采集样品的测定。将吸收瓶中样品移入 50mL 容量瓶（或比色管）中，用少量甲醛吸收液洗涤吸收瓶后再倒入容量瓶（或比色管）中，并用吸收液稀释至标线。吸取适当体积的试样（视浓度高低而决定取 2～10mL）于 10mL 比色管中，再用吸收液稀释至标线，加入 0.5mL 氨磺酸钠溶液，混匀，放置 10min 以除去氮氧化物的干扰，以下步骤同"校准曲线的绘制（2）～（4）"。

五、数据记录与结果计算

1. 数据记录　参考表 4-22 和表 4-23 设计数据记录表，及时记录实验数据。

表 4-22 气态污染物现场采样记录

采样点名称：_____ 采样日期：_____
采样方法：_____ 方法依据：_____
采样仪器型号：_____ 测定项目：_____

样品编号	采样时间		累计采样时间/min	气温/℃	大气压/kPa	采样流量/(L/min)	采样体积V_s/L	天气状况
	开始	结束						
备注：								

采样人：_____ 记录人：_____ 校核人：_____

表 4-23 空气二氧化硫测定原始数据记录

样品种类：_____ 测定方法：_____ 测定日期：_____

标准曲线	编号		标0	标1	标2	标3	标4	标5	标6	标液浓度：
	标液量	mL								
		mg								回归方程：
	A									
	$A-A_0$									检出限：

样品测定	样品编号	取样量/mL	定容体积/mL	A	$A_校$	回归方程计算结果/μg	SO_2含量/(mg/m³)	计算公式：
	样1							
	样2							
	样3							
	空白			算术均值				

标准化记录	仪器名称及编号	显色温度/℃	参比溶液	波长/nm	比色皿/mm	室温/℃	湿度/%

检测员：_____ 校对人：_____ 审核人：_____

2. 结果计算 按式（4-14）计算空气二氧化硫质量浓度，结果保留三位小数。

$$\rho(SO_2) = \frac{A - A_0 - a}{b \times V_s} \times \frac{V_t}{V_a} \tag{4-14}$$

式中：$\rho(SO_2)$——空气中二氧化硫的质量浓度，mg/m³；

A——样品溶液的吸光度；

A_0——试剂空白溶液的吸光度；

b——校准曲线的斜率，吸光度/μg；

a——校准曲线的截距，一般要求小于 0.005；

V_t——样品溶液的总体积，mL；

V_a——测定时所取试样的体积，mL；

V_s——换算成参比状态下（298K，101.325kPa）的采样体积，L。

六、注意事项

（1）样品采集、运输和贮存过程应避免阳光照射；放置在室内的 24h 连续采样器，进气口应连接符合要求（具备恒温、恒流、计时和自动控制开关等功能，流量范围 0.1～0.5L/min）的空气质量集中采样管路系统，以减少 SO_2 进入吸收瓶前的损失。

（2）采样时，吸收液温度在 23～29℃时，吸收效率为 100%；在 10～15℃时，吸收效率偏低 5%；在高于 33℃或低于 9℃时，吸收效率偏低 10%。

（3）每批样品至少测定两个现场空白，即将装有吸收液的采样管带到采样现场，除了不采气之外，其他环境条件与样品相同。

（4）当空气 SO_2 浓度高于测定上限时，可以适当减少采样体积或者减少试料的体积；如果样品溶液的吸光度超过标准曲线的上限，可用试剂空白液稀释，在数分钟内再测定吸光度，但稀释倍数不要大于 6。

（5）温度低，显色慢，稳定时间长；温度高，显色快，稳定时间短。应根据显色温度、显色时间和稳定时间三因素严格控制反应条件。

（6）测定样品时的温度与绘制校准曲线时的温度之差不应超过 2℃；校准曲线斜率应为 0.042±0.004，样品测定试剂空白吸光度和绘制标准曲线时的空白吸光度波动范围不超过±15%。

七、实训成果

××空气二氧化硫含量检测报告。

实训二 空气二氧化氮含量测定

一、实训目的

（1）熟练操作空气采样器，能完成指定区域空气二氧化氮含量测定。

（2）养成团结协作、科学严谨、一丝不苟的职业习惯。

二、方法原理

见"知识学习"之"三、空气中二氧化氮及其测定方法"，本次训练短时间采样技术。

三、实训准备

（一）试剂和材料准备

（1）纯水。纯水是指不含亚硝酸根的三级及以上纯度的蒸馏水或去离子水。必要时，实验用水可在全玻璃蒸馏器中以每升水加入 0.5g 高锰酸钾（$KMnO_4$）和 0.5g 氢氧化钡 [$Ba(OH)_2$] 重蒸。

（2）盐酸羟胺溶液（$\rho=0.2～0.5g/L$）。

（3）硫酸溶液 [$c(1/2H_2SO_4)=1mol/L$]。取 15mL 浓硫酸（1.84g/mL），徐徐加到 500mL 水中，搅拌均匀，冷却备用。

（4）盐酸萘乙二胺贮备液 {$\rho[C_{10}H_7NH(CH_2)_2NH_2 \cdot 2HCl]=1.00g/L$}。称取 N-（1-萘基）乙二胺盐酸盐 0.50g 于 500mL 容量瓶中，用水溶解稀释至刻度。此溶液贮存于密闭的棕色瓶中，在冰箱中冷藏，可稳定保存 3 个月。

（5）显色液。称取 5.0g 对氨基苯磺酸（$NH_2C_6H_4SO_3H$）溶解于约 200mL 热水（40～50℃）中，将溶液冷却至室温，全部移入 1 000mL 容量瓶中，加入 50mL 盐酸萘乙二胺贮备液（1.00g/L）和 50mL 冰乙酸，用水稀释至刻度。此溶液贮存于密闭的棕色瓶中，在 25℃以下暗处存放可稳定 3 个月。若溶液呈现淡红色，应弃之重配。

（6）吸收液。使用时将显色液和纯水按 4∶1 的比例（V/V）混合，即为吸收液。吸收液的吸光度应小于等于 0.005。

(7) 亚硝酸盐标准贮备液 $[\rho(NO_2^-)=250\mu g/mL]$。准确称取 0.375 0g 亚硝酸钠 $[NaNO_2$，优级纯，使用前在 (105 ± 5)℃ 干燥至恒重] 溶于水，移入 1 000mL 容量瓶中，用水稀释至标线。此溶液贮存于密闭棕色瓶中于暗处存放，可保存 3 个月。

(8) 亚硝酸盐标准工作液 $[\rho(NO_2^-)=2.5\mu g/mL]$。准确吸取 1.00mL 亚硝酸盐标准贮备液（250μg/mL）于 100mL 容量瓶中，用水稀释至标线。临用现配。

（二）仪器和设备准备

(1) 分光光度计。

(2) 空气采样器。流量范围 0.1～1.0L/min；采样流量为 0.4L/min 时，相对误差小于±5%。

(3) 吸收瓶。可装 10mL 吸收液的多孔玻板吸收瓶，液柱高度不低于 80mm。吸收瓶的玻板阻力、气泡分散的均匀性及采样效率按《环境空气　氮氧化物（一氧化氮和二氧化氮）的测定　盐酸萘乙二胺分光光度法》(HJ 479—2009) 附录 A 检查。使用棕色吸收瓶或采样过程中吸收瓶外罩黑色避光罩。新的多孔玻板吸收瓶或使用后的多孔玻板吸收瓶，应该先用（1+1）HCl 溶液浸泡 24h 以上，再用清水洗净。

四、实训步骤

（一）样品采集与保存

1. 采样方法　取两只内装 10.0mL 吸收液的多孔玻板吸收瓶，用尽量短的硅橡胶管将吸收瓶与采样器连接，以 0.4L/min 流量采气 4～24L。

2. 现场空白　将装有吸收液的吸收瓶带到采样现场，与样品在相同的条件下保存、运输，直至送交实验室分析，运输过程中应注意防止污染。要求每次采样至少做 2 个现场空白测试。

3. 采样要求

(1) 采样前应检查采样系统的气密性，用皂膜流量计进行流量校准，采样流量的相对误差应小于±5%。

(2) 采样期间，样品运输和存放过程中应避免阳光照射；气温超过 25℃ 时，长时间（8h 以上）运输和存放样品应采取降温措施。

(3) 采样结束时，为防止溶液倒吸，应在采样泵停止抽气的同时，闭合连接在采样系统中的止水夹或电磁阀。

4. 样品保存　样品采集、运输及存放过程中应避光保存，样品采集后尽快分析。若不能及时测定，将样品于低温暗处存放，样品在 30℃ 暗处存放，可稳定 8h；在 20℃ 暗处存放，可稳定 24h；于 0～4℃ 冷藏，至少可稳定 3d。

（二）标准系列溶液配制

1. 标准系列溶液配制

(1) 取 6 支 10mL 具塞比色管，用记号笔编号标记。

(2) 根据表 4-24 向 6 支 10mL 具塞比色管中依次加入相应量的亚硝酸盐标准工作液，再依次加入相应量的纯水，摇匀。

2. 标准系列溶液显色　向 6 支 10mL 具塞比色管中分别依次加入 0.8mL 显色液，摇匀，于暗处放置 20min（室温低于 20℃ 时放置 40min 以上）。

表 4-24　亚硝酸盐（NO_2^-）标准系列溶液配制方法及浓度

管号	亚硝酸盐标准工作液/mL	纯水/mL	显色液/mL	NO_2^- 质量浓度/（μg/mL）
标 0	0.00	2.00	0.80	0.00
标 1	0.40	1.60	0.80	0.10
标 2	0.80	1.20	0.80	0.20
标 3	1.20	0.80	0.80	0.30
标 4	1.60	0.40	0.80	0.40
标 5	2.00	0.00	0.80	0.50

（三）试液处理

1. 空白试液　以测定现场空白样或实验室内未经采样的空白吸收液（实验室空白）为空白试液。

2. 样品试液　样品采集后放置 20min，室温 20℃ 以下时放置 40min 以上，用水将采样瓶中吸收液的体积补充至标线，混匀。

（四）吸光度测定

1. 标准系列溶液吸光度测定　在波长 540nm 处，以水为参比测量吸光度，记录数据。注意：标准曲线斜率控制在 0.180～0.190（吸光度·mL/μg），截距控制在 ±0.003。

2. 空白试液吸光度测定　同法先测定 1～3 次纯水吸光度，再测定空白试液吸光度。

3. 样品试液吸光度测定　同法测定样品试液吸光度。

4. 注意事项

（1）现场空白与实验室空白相差过大，应查找原因，重新采样。

（2）实验室空白吸光度 A_0 在显色规定条件下波动范围不超过 ±15%。

（3）若样品的吸光度超过标准曲线的上限，应先用实验室空白试液稀释，再测定其吸光度，但稀释倍数不得大于 6。

五、数据记录与结果计算

1. 数据记录　参考表 4-22 和表 4-23 绘制数据记录表，及时记录实验数据。

2. 绘制标准曲线　以标准系列溶液的校正吸光度 $A_校$（扣除 0 号管的吸光度）为纵坐标（y），对应 NO_2^- 的质量浓度 ρ（NO_2^-）（μg/mL）为横坐标（x），绘制标准曲线；或用最小二乘法计算回归方程（$y = a + bx$）。

3. 空气二氧化氮含量计算　将数据代入式（4-15），计算空气二氧化氮含量。

$$\rho（NO_2）= \frac{(A_1 - A_0 - a) \times V \times D}{b \times f \times V_r} \tag{4-15}$$

式中：ρ（NO_2）——空气中二氧化氮含量，mg/m³；

　　　　A_1——吸收瓶中样品的吸光度；

　　　　A_0——实验室空白的吸光度；

　　　　b——标准曲线的斜率，（吸光度·mL）/μg；

　　　　a——标准曲线的截距；

　　　　V——采样用吸收液体积，10.0mL；

　　　　V_r——换算为参比状态（298.15K，101.325kPa）的采样体积，L；

D—— 样品的稀释倍数；

f——Saltzman 实验系数，0.88（当空气中二氧化氮质量浓度高于 $0.72mg/m^3$ 时，f 取值 0.77）。

六、实训成果

××空气二氧化氮含量检测报告。

一生都在"补漏洞"的任阵海院士

任阵海，1932.11.7—，出生于河北大名，原籍河南新乡，大气环境科学专家。1955 年毕业于北京大学大气物理专业，现任国家生态环境部气候影响研究中心总工，曾任中国科学院大气物理研究所副研究员、中国环境科学研究院某研究所所长。1995 年当选为中国工程院院士。

任院士，20 世纪 50 年代参加战略作物防寒害工程，发现致害诱因；从事云雾催化工程，筛选催化剂，实施最早云中催化。60 年代受命组织军事环境研究，负责核试验场边界层污染实验。"三线"建设时期，负责十余座山区及临海基地的选址及环境规划实验，与团队撰写了最早的山区空气污染专著等。负责组织我国首次中尺度区域性大气环境综合立体观测，设计建立的多手段综合观测系统（包括地面监测网多要素同步监测、超低空航测、远红外探测、声雷达布阵等多种先进手段）在多个重要城市地区实施，并用于我国酸沉降及生态环境影响的研究。组织发展探测实验技术、研发多普勒声雷达（批量生产），等容气球及其甚高频多普勒多目标跟踪系统，最早组织大气颗粒物沉降速度测量和 SO_2 转化率实验，填补了当时该领域的空白。倡议组建大气环境实验基地，参加总体设计建立我国首座大气环境监测专用铁塔，迄今仍为国内高度最高并装配探测技术设备。最早利用辐射监测资料反演大气颗粒物时空分布特征。建立大气环境容量理论，解决了环境规划控制的难点，并应用于多个区域性经济与环境的调控对策；首次揭示我国与跨国大气输送宏观规律，为应对国际争端提供科学依据。创立了大气环境资源背景场。主持气候变化对我国环境影响的研究，并向联合国提交国家报告。组织卫星资料反演研究，参加沙尘暴研究。带领研究团队建立了大气环境过程概念，发现大气污染汇聚带，建立三律（累积、输送、清除）方法。同化有关资料构建欧拉场确定地区的污染范围及输送通道。通过研究实践，认为大气环境污染的实质是中尺度问题，发展滤波技术，揭示中尺度地区性污染特征等。先后荣获国家科学技术进步一等、二等和三等奖各 1 次，2011 年在第 18 届中国大气环境科学与技术大会上获得终身成就奖。任院士常说"我一生都在'补漏洞'，国家需要我去哪里，我就去哪里"，任先生把个人理想融入国家发展伟业之中，在科技前沿领域孜孜探索、不断突破。

（摘自中国工程院院士馆网站）

思与练

一、知识技能

（1）直接采样法和浓缩采样法各适用于什么情况？常用浓缩采样法有哪些？

(2) 简述甲醛吸收-副玫瑰苯胺分光光度法测定空气二氧化硫的原理和步骤。

(3) 简述盐酸萘乙二胺分光光度法测定空气二氧化氮的原理和步骤。

二、思政

(1) 查阅资料并简述任阵海院士的杰出贡献和感人事迹。

(2) 简述任阵海院士立足岗位、报效祖国的感人事迹对你的影响和启示。

任务四 大气降水监测

学习目标

1. 能力目标 能完成大气降水监测的采样点布设、样品采集和 pH 测定。

2. 知识目标 能简述大气降水监测的采样点布设、采样时间及频率确定、样品采集和主要指标检测的方法要点。

3. 思政目标 了解郝吉明院士为我国酸雨污染控制做出的杰出贡献，学习、感悟郝吉明先生立足岗位服务社会的职业精神与家国情怀。

知识学习

《绿色食品 产地环境质量》（NY/T 391—2021）虽没有将大气降水列入控制项目，但对灌溉水的 pH、重金属和氟化物等有明确要求，不达标降水对作物生长和农田土壤安全的确存在显著影响。

一、大气降水采样点布设

（一）布设原则

根据监测区域的气象、水文、植被、地貌等自然条件，以及城市布局、工业布局、大气污染源位置与排污强度等布设；污染严重区布设密集，非污染区布点稀疏；尽量与现有雨量观测站结合，按现有雨量站的 1%～3% 进行布设。

（二）采样点数目

根据监测工作的目的和监测区域具体情况确定。常规监测（例行监测），一般 50 万以上人口的城市布设 3 个采样点，50 万以下人口的城市布设 2 个采样点。农产品产地降水监测，采样点数目应重点考虑不同敏感程度农作物种植区数量。

（三）采样点位置

采样点位置要兼顾城区、农村和清洁对照点，考虑气象、地形、地貌和工业分布等因素；应避开局部污染源（如酸碱物质、粉尘、交通源）、四周无遮挡雨雪的高大树木和建筑物。农产品产地降水监测，采样点位置应重点考虑敏感农作物种植区。

二、大气降水采样

（一）采样器及其清洗

1. 采样器 大气降水采样器，分为大气降雨采样器和大气降雪采样器两种，亦可分为大气降水人工采样器（图 4-13）和大气降水自动采样器（图 4-14）。采样器材质有聚乙烯塑料、玻璃和搪瓷等，聚乙烯采样器适用于无机项目监测分析，玻璃采样器和搪瓷采样器适用于有机项目监测分析。大气降水样品采集，可用降水自动采样器，或用聚乙烯小桶（上口直径 40cm，高 20cm）。大气降雪样品采集，用上口内径和深度皆不小于 50cm 的聚乙烯塑料容器。大气降水自动采样器，是一种带有湿度的传感器，是降水时自动打开，降水停后自动关闭的采样装置。

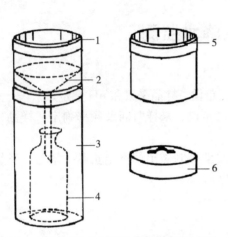

图 4-13 大气降水人工采样器

1. 盛水器 2. 漏斗 3. 储水筒 4. 储水瓶
5. 承雪口 6. 筒盖

图 4-14 大气降水自动采样器

2. 采样器清洗 采样器在第一次使用前，先用 10% 的盐酸或硝酸浸泡一昼夜，然后用自来水洗至中性，再用去离子水冲洗多次，最后加少量去离子水振摇，用离子色谱法检查其 Cl⁻ 含量，若与去离子水相同，即为合格。晾干，加盖保存在清洁的橱柜内。采样器每次使用后，都要先用去离子水冲洗干净，晾干，然后加盖保存。

（二）大气降水采样

1. 采样时间与采样频率 降水样品要在降水初期采集，特别是干旱后的第一次降水；不同季节盛行风向不同时，需在不同季节采样；当降水量在非汛期大于 5mm、汛期大于 10mm、雪量大于 2mm 时采样。全国重点基本站每年采样 4 次，每季度各一次；大气污染严重地区每年采样 12 次，每月一次。

2. 采样方法

（1）降水采样器应高于基础面 1.2m 以上。

（2）每次降雨（雪）开始，立即将采样器放置在预定采样点的支架上，打开盖子开始采样，并记录开始采样时间。不得在降水前打开盖子采样，以防干沉降的影响。

（3）取每次降水的全过程样（降水开始至结束）；若一天中有几次降水过程，可合并为一个样品测定。若连续几天降水，则收集上午 8：00 至次日上午 7：59 的连续 24h 降水样品为一次样品。

3. 样品处理与保存 样品采集后，尽快过滤（0.45μm 滤膜）；应移入洁净干燥的聚乙烯塑料瓶中，密封保存。测试电导率和 pH 的样品不得过滤，且应先测电导率，后测 pH。过滤器在第一次使用前应按照降水采样容器清洗方法清洗。全国重点基本站大气降水监测项目、分析方法及样品保存要求见表 4-25。

表 4-25　全国重点基本站大气降水监测项目、分析方法及样品保存要求

测定项目	贮存容器	贮存方式	保存期限	分析方法（GB 13580.x）
电导率	聚乙烯瓶	3～5℃冷藏	24h	电极法
pH	聚乙烯瓶	3～5℃冷藏	24h	电极法
NO_2^-	聚乙烯瓶	3～5℃冷藏	24h	离子色谱法、盐酸萘乙二胺比色法
NO_3^-	聚乙烯瓶	3～5℃冷藏	24h	离子色谱法、紫外比色法
NH_4^+	聚乙烯瓶	3～5℃冷藏	24h	离子色谱法、纳氏比色法
F^-	聚乙烯瓶	3～5℃冷藏	24h	离子色谱法、氟试剂比色法
Cl^-	聚乙烯瓶	3～5℃冷藏	1个月	离子色谱法、硫氰酸汞比色法
SO_4^{2-}	聚乙烯瓶	3～5℃冷藏	1个月	离子色谱法
K^+	聚乙烯瓶	3～5℃冷藏	1个月	原子吸收分光光度法
Na^+	聚乙烯瓶	3～5℃冷藏	1个月	原子吸收分光光度法
Ca^{2+}	聚乙烯瓶	3～5℃冷藏	1个月	原子吸收分光光度法
Mg^{2+}	聚乙烯瓶	3～5℃冷藏	1个月	原子吸收分光光度法

4. 标签和记录　样品采集后，应立即给样品瓶贴上标签、标上编号，完成采样记录。记录内容包括采样地点、日期、起止时间、降水量和处理措施。

5. 注意事项　降水的发生有偶然性、水质随时变化，应特别注意采样代表性。样品量应满足监测项目、分析方法的需样量和备用量的要求。

三、大气降水监测项目及测定方法

（一）监测项目

1. Ⅰ级测点的监测项目　主要有 pH、电导率、K^+、Na^+、Ca^{2+}、Mg^{2+}、NH_4^+、SO_4^{2-}、NO_2^-、NO_3^-、F^- 和 Cl^- 12 项；有条件时应加测有机酸（甲酸和乙酸）。对于 pH 和降水量，要做到逢雨必测；连续降水超过 24h 时，每 24h 采集一次降水样品进行分析。在当月有降水的情况下，每月测定不少于一次，可随机选择一个或几个降水量较大的样品分析上述项目。

2. Ⅱ级和Ⅲ级测点的监测项目　省、市监测网络中的Ⅱ级、Ⅲ级测点视实际需要和可能，决定测定项目。

（二）主要监测项目的分析方法

大气降水Ⅰ级测点的 12 个监测项目的分析方法见表 4-25。

四、大气降水主要监测指标测定方法概述

（一）pH 的测定

pH 是酸雨调查最重要的项目。被 CO_2 饱和的雨水，pH 为 5.6～5.7，雨水 pH＜5.6 即为酸雨。测定方法为 pH 玻璃电极法（GB/T 13580.4 和 HJ 1147—2020）。

（二）电导率的测定

雨水的电导率大体上与降水中所含离子的浓度成正比，测定雨水的电导率能够快速地推测雨水中溶解物质总量。一般用电导率仪测定，参见《大气降水电导率的测定方法》（GB/T 13580.3—1992）。

（三）硫酸根的测定

降水中的硫酸根（SO_4^{2-}）主要来自气溶胶和颗粒物中可溶性硫酸盐及气态 SO_2 经催化氧化形成的硫酸雾，一般浓度范围为 $1\sim100mg/L$。该指标用于反映大气被含硫化合物污染状况，测定方法有铬酸钡-二苯碳酰二肼分光光度法（GB/T 13580.6）、硫酸钡比浊法（GB/T 13580.6）、离子色谱法等（GB/T 13580.5）。

（四）亚硝酸根和硝酸根的测定

降水中的亚硝酸根（NO_2^-）和硝酸根（NO_3^-）来源于空气中氮氧化物（NO_x），是导致降水 pH 降低的主要原因之一，其测定方法有离子色谱法（GB/T 13580.5）、盐酸萘乙二胺分光光度法（GB/T 13580.7）和紫外分光光度法（GB/T 13580.8）等。

（五）氟离子的测定

降水中氟离子（F^-）含量是反映局部地区氟污染的指标，其测定方法有离子色谱法（GB/T 13580.5）、氟离子选择性电极法和氟试剂分光光度法（GB/T 13580.10）。

（六）氯离子的测定

氯离子（Cl^-），是衡量大气中氯化氢导致降水 pH 降低和判断海盐粒子影响的标志，正常降水氯离子含量一般为 $1\sim100mg/L$。测定方法有硫氰酸汞-高铁分光光度法（GB/T 13580.9）、离子色谱法（GB/T 13580.5）等。

（七）铵离子的测定

空气中的氨（NH_3）进入降水中形成铵离子（NH_4^+），能中和酸雾，对抑制酸雨是有利的。然而，其随降水进入河流、湖泊后，增加了水中富营养组分。降水铵离子测定方法有钠氏试剂分光光度法（GB/T 13580.11）、次氯酸钠-水杨酸分光光度法（GB/T 13580.11）和离子色谱法（GB/T 13580.5）等。

（八）钾、钠、钙、镁等离子的测定

降水 K^+ 和 Na^+ 含量测定用原子吸收分光光度法（GB/T 13580.12）；降水 Ca^{2+} 和 Mg^{2+} 含量的测定常用原子吸收分光光度法（GB/T 13580.13）。

 技能训练

实训　大气降水 pH 测定

一、实训目的
（1）会操作 pH 计，能完成大气降水 pH 监测的样品采集保存和 pH 测定。
（2）巩固学习者团结协作、科学严谨、一丝不苟的职业习惯。

二、方法原理

以玻璃电极为指示电极，饱和甘汞电极为参比电极，组成测量电池。在 25℃下，溶液中每变化一个 pH 单位，电位差变化 59mV，见式（4-16）。在仪器上直接以 pH 读数表示。温度变化引起差异直接用仪器温度补偿调节。

$$E = K - 0.059 \times \lg [c(H^-)] = K + 0.059pH \qquad (4-16)$$

式中：E——玻璃电极与参比电极间的电位差，mV；

　　　K——与内外参比电极和内参比溶液 H^+ 活度有关，当实验条件一定时为常数。

　　　pH——电导池电解质溶液的 pH。

三、实训准备

（一）试剂准备

（1）纯水。电导率应小于 $2\mu S/cm$，临用前煮沸数分钟（赶 CO_2），冷却。

（2）pH＝4.008 的缓冲溶液。称取 10.21g 在 105℃烘干 2h 的邻苯二甲酸氢钾溶于水中，并稀释至 1 000mL。

（3）pH＝6.856 的缓冲溶液。称取 3.38g 在 105℃烘干 2h 的磷酸二氢钾和 3.53g 磷酸氢二钠，溶于水中，并稀释至 1 000mL。

（4）pH＝9.180 的缓冲溶液。称取 3.81g 四硼酸钠溶于水中，并稀释至 1 000mL。

（二）仪器准备

（1）pH 计。测量精度为 0.02pH 的 pH 计。

（2）玻璃电极的选择。用相对校准法检验，在 25℃下用 pH＝4.00 的标准溶液定位，然后测量 pH＝6.86 的标准溶液，计算测定值与标准值之差。其误差小于 0.1pH 的电极即可使用。

三、实训步骤

（一）采样

（1）将降水采样器置于预定采样点处距地面相对高度 1.2m 以上的支架上。

（2）降水开始后，立即打开盖子开始采样，并记录开始采样时间。

（3）降水结束后，立即关闭采样器盖子，取降水开始至结束的全过程样。如果一天中有几次降水过程，可合并为一个样品测定；如果遇连续几天降雨，可收集上午 8:00 至次日上午 7:59 的 24h 连续降水为一个样品。

（二）pH 计调试

（1）按照仪器的使用说明书进行调试。玻璃电极在使用前应在水中浸泡 24h。

（2）开启仪器电源，预热大约 0.5h。

（3）用 pH＝4.00 和 pH＝6.86 两种 pH 标准缓冲溶液对仪器进行定位和校正。

（三）样品测定

（1）用纯水冲洗 pH 电极 2～3 次，用滤纸把水吸干。

（2）将电极插入样品中，搅动样品至少 1min，停止搅拌，待读数稳定后记录 pH；如此重复两次，取其平均值作为测定结果。

四、数据记录与结果计算

1. 设计数据记录表　参见表 4-26 设计数据记录表，及时记录数据。

表 4-26　降水 pH 测定数据记录

采样日期：＿＿＿＿＿　测定日期：＿＿＿＿＿　仪器型号：＿＿＿＿＿

采样点编号	采样点名称	第一次测定结果	第二次测定结果	算数均值

采样人：＿＿＿＿＿　测试人：＿＿＿＿＿　审核人：＿＿＿＿＿

2. 结果计算　两次测定数据的均值表示水样 pH 测定结果。

五、实训成果

××区域××时间大气降水 pH 检测报告。

 课程思政

科技报国创新为民的郝吉明院士

郝吉明，1946.8.25—，山东梁山人，1970 年毕业于清华大学给排水工程专业，大气污染防治专家。现任清华大学教授、博士生导师、环境科学与工程研究院院长，兼任世界工程组织联合会工程与环境委员会委员。2005 年当选为中国工程院院士，2018 年当选美国工程院外籍院士。

郝吉明院士，30 年系统研究在酸雨控制规划方面取得的成果，为确定我国酸雨防治对策起了主导作用。建立了城市机动车污染控制规划方法，推动我国机动车污染控制的进程。针对我国大气污染的特点，发展了特大城市空气质量改善的理论与技术方法，推动我国区域性大气复合污染的联防联控。代表性著作有《燃烧源可吸入颗粒物的物理化学特征》《大气污染控制工程》《燃煤二氧化硫污染控制技术手册》《酸沉降临界负荷及其应用》《城市机动车排放污染控制》等。获国家科技进步一等奖 1 项、二等奖 2 项，国家自然科学二等奖 1 项；获国家级教学成果一等奖 2 项。2006 年被评为国家级教学名师。2020 年 12 月获"最美科技工作者"称号。"尽管已经 74 岁，但我还是要为打赢蓝天保卫战贡献力量，这是我的专业，也是我的责任。"郝吉明说，科技工作者首先要有家国情怀，要面向国家重大需求，为改善人民生活做研究。

（摘自中国工程院院士馆网站）

思与练

一、知识技能

(1) 监测农产品种植区大气降水有什么意义？Ⅰ级测点的监测项目有哪些？

(2) 要测定某大气降水的 pH 和电导率，样品应如何处理？应先测哪个指标？

(3) 简述玻璃电极法测定大气降水 pH 的原理和主要步骤。

二、思政

(1) 查阅资料并简述郝吉明院士的杰出贡献和感人事迹。

(2) 简述郝吉明院士立足岗位、报效祖国的感人事迹对你的影响和启示。

项目五

环境监测质量控制

对于环境监测工作而言，错误数据比没有数据更可怕。只有合乎质量要求的监测数据才能得出客观、正确的监测结论，才能正确指导人们认识、评价和管理环境，才能避免环保工作盲目性给国家和人民造成巨大损失。该项目通过环境监测质量保证与质量控制、数据处理和结果表述、实验室间质量控制方法、实验室内质量控制方法4个任务，帮助学习者熟悉环境监测质量保证系统和质量控制措施，掌握环境监测数据的统计处理和结果表述方法，完成实验室内质量控制和实验室间质量控制措施的落实工作，能运用统计计算器和计算机 Excel 软件完成实验数据的统计分析工作。养成潜心钻研、与时俱进，务实求真、科学严谨的职业习惯。认识中国共产党在"生态文明"和"三农"领域的百年实践及历史经验，感悟中国共产党全心全意为人民服务的初心使命。

任务一　环境监测质量保证与质量控制

学习目标

1. 能力目标　能用科学计算器完成监测数据的误差、偏差和均值的计算。

2. 知识目标　能辨析环境监测质量控制常用术语，能简述环境质量保证体系与质量控制常用措施。

3. 思政目标　了解刘源张院士为我国管理科学与管理工程发展做出的杰出贡献，学习、感悟刘先生立足岗位服务社会的职业精神与家国情怀。

知识学习

一、环境监测质量管理

（一）环境监测数据的"五性"

监测数据是监测工作的"产品"，兼具代表性、准确性、精密性、可比性和完整性等"五性"，是环境监测数据具有"价值"的基本要求，达到"五性"质量指标的监测结果才具有权威性。

1. 代表性　代表性是指监测样品在时间和空间分布上的代表性程度，即所采集样品必须能反映环境总体的真实状况，监测数据能真实代表某污染物在环境中的实际状态。

2. 准确性 准确性亦称为准确度，是指测定值与真实值的符合程度，一般用误差或回收率来表征；准确度大小决定着分析结果的可靠性，受到从样品采集、固定、保存、传输，到实验室分析等环节的诸多因素影响。

3. 精密性 精密性亦称为精密度，是指均一样品重复测定多次的符合程度，一般用极差或偏差来表征；精密性与准确性同属监测分析结果的固有属性。

4. 可比性 可比性是指在监测方法、环境条件、表达方式等可比条件下所得监测数据的一致程度，亦指用不同分析方法测定同一环境样品的某污染物时，所得出结果的吻合程度。可比性不仅要求各实验室之间对同一样品的监测结果相互可比，也要求每个实验室对同一样品的监测结果应达到相关项目之间的数据可比，相同项目在没有特殊情况时历年同期的数据也应可比。

5. 完整性 完整性是指取得有效数据的总数满足预期计划要求的程度，即保证按预期计划取得有系统性和连续性的有效样品，而且无缺漏地获得这些样品的监测结果及有关信息。

（二）环境监测质量管理

环境监测质量管理就是为满足监测数据"五性"要求而在环境监测过程中实施的全部活动和措施，包括质量策划、质量保证、质量控制、质量改进和质量监督等内容。简言之，环境监测质量管理就是为保证环境监测工作质量所实施的各种措施、行为的总和。目前，我国环境监测质量管理工作依据的技术文件是《环境监测质量管理技术导则》（HJ 630—2011）。

二、环境监测质量保证

（一）环境监测质量保证的定义

环境监测质量保证是为保证环境监测数据可靠性的全部活动和措施，是对整个监测过程的全面质量管理；包括制订合理的监测计划，根据需要和可能确定监测指标及数据的质量要求，规定相应的分析检测系统等。

（二）环境监测质量保证的意义

1. 实施实验室协作的必然要求 环境监测对象成分复杂、时空分布跨度大，且随机多变、不易准确测量，故各协作实验室提供的数据须满足"五性"要求。

2. 避免监测数据矛盾的必然要求 避免出现调查资料互相矛盾、数据无法利用现象，将仪器故障等干扰因素导致的数据损失降至最低，避免环境监测过程中人力、物力和财力的浪费。

3. 确保监测数据权威性的必然要求 保证监测结果正确可靠、具备法律意义，避免错误监测数据导致环保对策失误。

4. 实验室实力提升的必然要求 质量保证水平是衡量环境监测实验室综合实力的重要标志。

（三）环境监测质量保证的主要内容

环境监测质量保证过程如图 5-1 所示。环境监测质量保证的内容可归纳为以下九个方面：①样品的采集、预处理、贮存和运输；②仪器、设备和器皿的选择及校准；③试剂、溶剂和基准物质的选用；④测量方法统一；⑤数据的记录和整理；⑥质量控制程序；⑦各类人员的要求和技术培训；⑧实验室的清洁度和安全；⑨有关文件、指南和手册的编写。

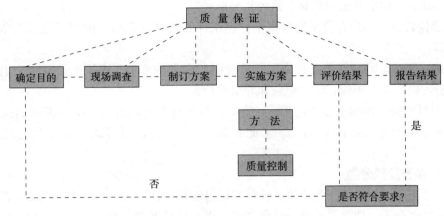

图 5-1 环境监测质量保证过程

三、环境监测质量控制

(一) 环境监测质量控制的定义

环境监测质量控制是为达到环境监测质量保证要求而采取的作业技术和操作措施, 主要包括质量控制系统设计和质量控制技术选用两个方面。

(二) 环境监测质量控制的内容

主要包括基础条件要求、采样系统控制、测试系统控制和结果输出 4 个部分, 其中基础条件主要指对实验室用水、试剂、药品、仪器、人员和管理制度等的要求, 环境监测过程及其质量控制要点见表 5-1。

表 5-1 环境监测过程及其质量控制要点

监测过程	质量控制要点	质量控制目的
布点	(1) 监测目标系统控制 (2) 监测点位、点数的优化控制	空间代表性、可比性
采样	(1) 采样次数和采样频率优化控制 (2) 采样工具及方法的统一规范控制	时间代表性、可比性
样品保存与运输	(1) 样品运输过程控制 (2) 样品固定保存控制	可靠性、代表性
分析测试	(1) 分析方法准确度、精密度和检测范围控制 (2) 分析人员素质及实验室间质量控制	准确定、精密性 可靠性、可比性
数据处理	(1) 数据整理、处理及精密度检验控制 (2) 数据分布、分类管理制度的控制	可靠性、可比性 完整性、科学性
综合评价	(1) 信息量控制 (2) 成果表达控制 (3) 结论完整性、透彻性及对策控制	真实性、完整性 科学性、适用性

四、误差及其表示方法

(一) 真值

真值是指在某一时刻和某一位置或状态下, 某量的效应体现出的客观值或实际值。真值有理论真值、约定真值和相对真值等几种形式。

1. 理论真值　理论真值是指根据某种理论计算得到的真值，例如三角形内角之和等于180°等。

2. 约定真值　约定真值是指由国际单位制所定义的真值。由国际计量大会定义的国际单位制，包括基本单位、辅助单位和导出单位。

3. 相对真值　即标准器（包括标准物质）的相对真值，当高一级标准器的误差为低一级标准器或普通仪器误差的 1/5（或 1/20～1/3）时，则可认为前者是后者的相对真值。

（二）误差及其分类

误差是测量值与真值间的差值。任何测试过程都会产生误差，任何检测结果都存在误差，即误差存在于一切测量的整个过程之中。误差虽是客观存在、不可消灭的，但我们绝不能对之放任自流，而应该积极采取措施把误差控制在一定范围内。分析误差产生原因、误差种类及各类误差的特性规律，采取相应措施减小误差，尽量使检测结果（测量值）接近客观真实（真值）。根据产生原因和性质的不同，误差一般可分为系统误差、随机误差和过失误差。

1. 系统误差　又称为恒定误差、可测误差或偏倚，是指在测量（试）过程中由某些固定原因所造成的测量结果与真值间的差异（偏大或偏小）。根据产生原因不同，其又可分为方法误差、仪器误差、试剂误差、操作误差和环境误差等。系统误差具有再现性（在多次重复测定中重复出现）和单向性特质，且其大小、正负可预先估计。

2. 随机误差　又称为偶然误差，是指由测量过程中的各种随机因素（偶然因素）共同作用造成的误差。例如，温度、压力、湿度等外界条件的突然不规则变化，仪器性能的微小波动，操作中的不可控制因素等，这些不可避免的偶然因素，都能使测定结果在一定范围内波动而引起误差。随机误差具有有界性、单峰性、对称性和抵偿性。有界性是指在一定条件下对同一量进行有限次测量，误差绝对值不会超过一定界限。单峰性是指绝对值小的误差出现概率大，绝对值大的误差出现概率小，极大误差出现概率极小。对称性是指在测量次数足够多时绝对值相近的正、负误差出现的概率相等。抵偿性是指在一定条件下对同一客观事物的指标值进行测量，随机误差的代数和随着测量次数的无限增大而趋于零。

3. 过失误差　又称为粗差，是指测量过程犯了不应该的错误造成的误差。过失误差的产生，大多是测量者粗心大意或不遵守操作规程造成的。例如，溶液溅失，刻度误读等。过失误差会导致测量结果明显地歪曲被测量对象的实际情况，一经发现必须立即停止测量，查明原因并及时改正。确定含有过失误差的测量数据必须弃除。含有过失误差的检测数据常表现为离群数据（离群值），提高检测者专业技术水平、规范操作，可显著降低过失误差的产生概率。

（三）误差消减方法

1. 系统误差消减方法

（1）仪器校准。在测定分析前，预先对仪器进行校准，并对测量结果进行修正。

（2）空白实验。对样品进行测试时增加空白样测试，并用空白试验结果修正真实样的测量结果，以消除试验过程某因素引起的误差。

（3）标准物质对比分析。将实际样品与标准物质（标样）在完全相同的条件下进行测定分析，当标准物质的测定值与其保证值一致时认为测量的系统误差基本消除。或者将同一样品用不同分析方法（另一方法为已公认的经典方法）测定，比较两种分析方法所得测定结果的一致性；若一致性很好，则证明非经典方法所得测定结果的系统误差可忽略。

（4）回收率试验。将实际样品分为相同的两份，向其中一份中加入已知量的标准物质，再将两份样品在相同条件下测定，计算加标回收率，分析回收率达标情况，必要时可用回收率作校正因子。

2. 随机误差消减方法

（1）严格控制实验测试条件，规范执行操作规程。

（2）增加平行测量次数（平行数），用多次测量值的算术平均值作为测量结果。平行测定次数小于等于 10 时，随机误差随测定次数的增加而迅速减小，即随机误差可通过增加平行测定而消减。平行测定次数过大，不仅浪费时间，而且试剂耗量过大，因而应在满足准确度要求下尽量减少平行测定次数。

3. 过失误差避免方法

（1）提高检测人员的知识修养和测量技术水平，规范测量操作。

（2）提高测量者心理素质和职业操守，营造安静舒心的工作氛围。

（3）发现检测结果明显地歪曲实际情况，立即停止测量，查明原因并及时改正。

（4）及时弃除经统计检验确定的离群数据和过失误差数据。

（四）误差表示方法

1. 绝对误差　是测量值（单一测量值或多次测量值均值）与真值之差，见式（5-1）。

$$绝对误差（E）=个别测定值（x_i）-真值（\mu）\quad 或\quad E=\bar{x}-\mu \qquad (5-1)$$

2. 相对误差　是绝对误差与真值的比值，见式（5-2），常以百分数表示。

$$相对误差（RE）=\frac{绝对误差（E）}{真值（\mu）}\times100\% \qquad (5-2)$$

［例 5-1］有一氯化物的标准水样，浓度为 110mg/L，以银量法测定 5 次，其值为 112mg/L、115mg/L、114mg/L、113mg/L、115mg/L，请计算测定结果的绝对误差和相对误差。

解：（1）测定结果 5 次测定值的算数均值为：

$$\bar{x}=\frac{112+115+114+113+115}{5}=113.8（mg/L）$$

（2）已知真值 $\mu=110mg/L$，故绝对误差为：$E=\bar{x}-\mu=113.8-110=3.8（mg/L）$

（3）相对误差为：$RE_i=\frac{E}{\mu}\times100\%=\frac{3.8}{110}\times100\%=3.5\%$

五、偏差及其表示方法

（一）均值

在日常检测工作中，常将多次测量值的均值视作真值（相对真值）。根据计算方法及适用情况不同，均值分为算术均值、加权均值、几何均值和调和均值等。

1. 算术均值   适用于等精度试验值和试验值符合正态分布的情况，按式（5-3）计算。

$$\bar{x} = \frac{x_1 + x_2 + \cdots + x_n}{n} = \frac{\sum\limits_{i=1}^{n} x_i}{n} \tag{5-3}$$

式中：x_1，x_2，$\cdots$，x_n——对同一测量对象 n 次重复测量（或平行测量）的测量值。

2. 加权平均值   适合不同试验值的精度或可靠性不一致时，按式（5-4）计算。

$$\bar{x}_w = \frac{w_1 x_1 + w_2 x_2 + \cdots + w_n x_n}{w_1 + w_2 + \cdots + w_n} = \frac{\sum\limits_{i=1}^{n} w_i x_i}{\sum\limits_{i=1}^{n} w_i} \tag{5-4}$$

式中：w_i——权重。

3. 几何均值   适用于一组测量值取对数后所得数据的分布曲线更加对称时，按式（5-5）计算。

$$\bar{x}_G = \sqrt[n]{x_1 x_2 \cdots x_n} = (x_1 x_2 \cdots x_n)^{\frac{1}{n}} \tag{5-5}$$

4. 调和均值   又称为倒数平均数（H），即观测值（x_i）倒数算数均值的倒数；常用于涉及与一些量的倒数有关的场合。

$$\frac{1}{H} = \frac{\frac{1}{x_1} + \frac{1}{x_2} + \cdots + \frac{1}{x_n}}{n} = \frac{\sum\limits_{i=1}^{n} \frac{1}{x_i}}{n} \tag{5-6}$$

（二）偏差及表示方法

偏差是指个别测量值与多次测量均值的偏离。根据表示方法和用途不同，分为以下几种。

1. 绝对偏差（d_i）   指某一次测量值（x_i）与多次测量值的均值（$\bar{x}$）之差。

$$d_i = x_i - \bar{x} \tag{5-7}$$

2. 相对偏差（Rd_i）   是绝对偏差（d_i）与均值（$\bar{x}$）的比值，以百分数表示。

$$Rd_i = \frac{d_i}{\bar{x}} \times 100\% \tag{5-8}$$

3. 平均偏差（$\bar{d}$）   是绝对偏差绝对值之和的平均值。

$$\bar{d} = \frac{|x_1 - \bar{x}| + |x_2 - \bar{x}| + \cdots + |x_n - \bar{x}|}{n} \tag{5-9}$$

4. 相对平均偏差   是平均偏差与测量均值的比值，常用百分数表示。

$$相对平均偏差 = \frac{\bar{d}}{\bar{x}} \times 100\% \tag{5-10}$$

5. 极差（R） 是一组测量值中的最大值（$x_{\max}$）与最小值（$x_{\min}$）之差。

$$R = x_{\max} - x_{\min} \tag{5-11}$$

6. 标准偏差（s）   又称为标准差，是离均差平方和与自由度比值的二次均方根，用以表征较大偏差的存在对测量结果的影响。

$$s=\sqrt{\frac{\sum(x_i-\bar{x})^2}{n-1}}=\sqrt{\frac{\sum d_i^2}{n-1}} \qquad (5\text{-}12)$$

7. 相对标准偏差　又称为变异系数（C_v），是样本标准偏差在样本平均值中所占的百分数。

$$变异系数（C_v）=\frac{s}{x}\times100\% \qquad (5\text{-}13)$$

［例 5-2］有一氯化物的标准水样，浓度为 110mg/L，以银量法测定 5 次，其值分别为 112mg/L、115mg/L、114mg/L、113mg/L 和 115mg/L，求算术均数、几何均数、绝对偏差、平均偏差、极差、标准偏差和相对标准偏差。

解：（1）算术均值：

$$\bar{x}=\frac{112+115+114+113+115}{5}$$
$$=113.8（mg/L）$$

（2）几何均值：

$$\bar{x}_G=(112\times115\times114\times113\times115)^{\frac{1}{5}}$$
$$=113.8（mg/L）$$

（3）绝对偏差：以 $x_i=112$ 为例，其绝对偏差 $d_i=x_i-\bar{x}=112-113.8=-1.8$（mg/L）。

（4）平均偏差：

$$\bar{d}=\frac{|112-113.8|+|115-113.8|+|114-113.8|+|113-113.8|+|115-113.8|}{5}$$
$$=1.04（mg/L）$$

（5）极差：$R=115-112=3$（mg/L）

（6）标准偏差：先计算离均差平方和 ss 与自由度 df，再计算标准偏差 s，即 $ss=(-1.8)^2+(1.2)^2+(0.2)^2+(-0.8)^2+(1.2)^2=6.80$，$df=n-1=5-1=4$，故

$$s=\sqrt{\frac{\sum(x_i-\bar{x})^2}{n-1}}=\sqrt{\frac{\sum d_i^2}{n-1}}=(6.80/4)^{1/2}=1.3（mg/L）$$

（7）相对标准偏差：

$$C_v=\frac{s}{x}\times100\%=\frac{1.3}{113.8}\times100\%=1.1\%$$

■ 技能训练

科学计算器计算误差及偏差技术

一、实训目的

（1）熟悉科学计算器面板结构及主要按键功能，会设置计算器功能模式。

（2）能利用科学计算器完成检测数据的误差、偏差等误差分析指标计算。

（3）养成潜心钻研、与时俱进、务实求真、科学严谨的职业习惯。

二、方法原理

电子计算器是检测分析人员常用的计算工具，目前主要有算术型、科学型和程序型 3 类，这里主要介绍科学计算器统计计算功能。

（一）科学计算器功能面板及模式设置

科学计算器的操作面板因品牌型号不同有所差异，但基本如图 5-2 所示。上起第一行居中的是方向键，其左边的两个键分别是 SHIFT 键（第 2 功能键）和 ALPHA（第 3 功能键），其右边两个键分别是 MODE 键（模式设置键）和 ON 键（开机键）。SHIFT 键和 ON/OFF 键用法与普通算数计算器相同，ALPHA（第 3 功能键）在统计分析计算中使用很少，故这里主要介绍 MODE 键。

按一下 MODE 键，会出现指定计算模式："1（COMP）""2（STAT）""3（TABLE）"，COMP 是基本算术运算（一般计算器的初始缺省计算模式为 COMP 模式），STAT 是统计和回归计算，TABLE 是在表达式基础上生成数表。基本算数运算也就是加减乘除，有时也包括比较高级的运算，例如百分比、平方根等。标准差计算模式几乎可以做统计参数的计算。回归计算是确定两个或两个以上变量的数值间相关性定量关系的一种统计分析方法。

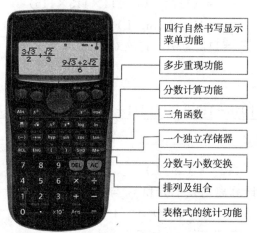

图 5-2　科学计算器操作面板

注意，计算器上用黄色字写的"CLR"键是数据清除按钮，不同品牌或型号计算器的启动方式不同。如果需要将 CASIO fx-82ES PLUSA 计算器初始化并将计算模式和设定返回初始的缺省设定（基本算术运算），可按下述步骤操作：先按 SHIFT 键，再按"9（CLR）"键，再按"3（ALL）"键，最后按"＝（Yes）"。注意：此操作还将清除当前计算器存储中的所有数据。

（二）进入统计模式和数据输入方法

1. 进入统计模式　先按一下"MODE"键，进入计算模式设置状态，显示"1：COMP；2：STAT；3：TABLE"。

2. 按一下数字"2"键　屏幕显示如图 5-3 所示，1 是单变量的统计模式，2～8 都是可进行回归分析的双变量；其中 2 是线性回归（$y=A+Bx$），3 是二次回归（$y=A+Bx+Cx^2$），4 是对数回归（$y=A+B\ln x$），5 是 e 指数回归（$y=Ae^{Bx}$），6 是 AB 指数回归（$y=AB^x$），7 是乘方回归（$y=Ax^B$），8 是逆回归（$y=A+B/x$）。

3. 按一下数字"1"键 选择"1：1-VAR"，即单变量 x 统计计算，计算机显示如图 5-4 所示。

图 5-3 统计模式计算器屏幕显示

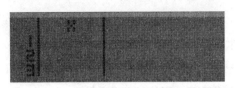

图 5-4 单变量统计计算屏幕显示

4. 输入样本数据 先按一下数字键"1"，再按一下"＝"键，即数字"1"已输入计算器；再先按一下数字键"2"，再按一下"＝"键，即数字"2"已输入计算器；同法操作，直至数据输入完毕。

（三）误差分析参数计算方法

（1）计算样本平方和（$\sum x^2$）和样本和（$\sum x$）。先按"AC"键，再按"SHIFT"键＋"1"键，再按"3（Sum）"键进入求和计算界面。先"1（$\sum x^2$）"或"2（$\sum x$）"键，再按"＝"键，输出所选统计量的计算结果。

（2）计算样本的容量（n）均值、总体标准差（δ_x）和样本标准差（S_x）。先按"AC"键，再按"SHIFT"键＋"1"键，再按"4（Var）"键进入样本统计量计算界面。根据需要，先选择按"1（n）""2（$\bar{x}$）""3（δ_x）"或"4（S_x）"键，再按"＝"键，即输出所选统计量的计算结果。

（四）统计模式退出方法

计算另一样本时，必须先退出统计模式。退出"统计模式"、进入"基本算术运算模式"的方法为：先按一下"MODE"键，然后按一下数字"1"键，输出"COMP"即可。

三、实训准备

（1）科学计算器。是带有统计计算和回归计算功能的计算器，这里以"CASIO fx-82ES PLUSA 学生用计算器为例。

（2）计算器软件。计算机、平板电脑或手机的计算器软件。

四、实训步骤

（一）科学计算器误差分析计算技术训练

［例 5-3］有一氯化物的标准水样，浓度为 110mg/L，以银量法测定 5 次，其值分别为 112mg/L、115mg/L、114mg/L、113mg/L、115mg/L；请用科学计算器求出样本总和、样本平方和、算术均数、样本容量、总体标准偏差和样本标准偏差。

1. 开机进入统计模式

（1）开机：按下"ON"键。

（2）进入统计模式：先按一下"MODE"键，进入计算模式设置状态；再按一下数字"2"键，屏幕状态栏显示如图 5-3 所示，即进入统计模式。

2. 按一下数字"1"键 选择"1：1-VAR"，即单变量 x 统计计算，计算机显示如图 5-4 所示。

3. 输入样本数据 先按一下数字键"112"，再按一下"＝"键，即数字"112"已输入计算器；再先按一下数字键"115"，再按一下"＝"键，即数字"115"已输入计算器；

同法操作，直至数据输入完毕。

4. 计算样本平方和（$\sum x^2$）和样本和（$\sum x$）

（1）先按"AC"键，再按"SHIFT"键＋"1"键，再按"3（Sum）"键进入求和计算界面。先"1（$\sum x^2$）"键，再按"＝"键，输出"$\sum x^2 = 64759$"。

（2）先按"AC"键，再按"SHIFT"键＋"1"键，再按"3（Sum）"键进入求和计算界面；再按"2（$\sum x$）"键，再按"＝"键，输出"$\sum x = 569$"。

5. 计算样本的容量（n）均值、总体标准差（δ_x）和样本标准差（S_x）

（1）按"AC"键，再按"SHIFT"键＋"1"键，再按"4（Var）"键进入样本统计量计算界面。先按"1（n）"键，再按"＝"键，即输出"$n = 5$"。

（2）同（1）步骤进入样本统计量计算界面后，先按"2（$\bar{x}$）"键，再按"＝"键，即输出"$\bar{x} = 113.8$"。

（3）同（1）步骤进入样本统计量计算界面后，先按"3（δ_x）"键，再按"＝"键，即输出"$\delta_x = 1.166\,190\,379$"。注意，记录结果时根据需要选择有效数值个数，故这里的计算结果应记录为"1.17"。

（4）同（1）步骤进入样本统计量计算界面后，先按"4（S_x）"键，再按"＝"键，即输出"$S_x = 1.303\,840\,481$"。同理，这里的计算结果应记录为"1.30"。

6. 退出统计模式 先按一下"MODE"键，然后按一下数字"1"键，输出"COMP"，即进入基本算术运算模式。如果要清除当前计算器存储中的所有数据，应先按"SHIFT"键，再按"9（CLR）"键，再按"3（ALL）"键，最后按"＝（Yes）"。

（二）计算机"科学计算器"软件误差分析计算技术训练

［例5-4］用红外分光光度法测定污水油含量，共进行了9次平行测定，测定结果分别为 1.1mg/L、1.3mg/L、1.4mg/L、1.5mg/L、1.5mg/L、1.0mg/L、0.9mg/L、1.2mg/L 和 1.2mg/L，请用计算机 Windows 系统自带"计算器"功能计算测定结果的样本总和、平方和、算术均数、样本容量、总体标准偏差和样本标准偏差。

1. 打开 WIN7 系统计算器软件，进入"统计"界面

（1）打开 WIN7 界面开始按钮，在"附件"菜单里打开"计算器"，显示计算器标准型界面，见图5-5。

（2）点击"查看（V）"菜单栏，选择"统计信息（A）"，显示计算器统计信息型界面，见图5-6。

图 5-5 计算器标准型界面　　图 5-6 计算器统计信息型界面

2. 输入样本数据　先按"1.1"，再点击"add"，即第 1 个数据"1.1"输入计算器，见图 5-7；再先按一下"1.3"，再按一下"add"，即第 2 个数据"1.3"输入计算器；同法操作，直至最后一个数据"1.2"输入计算器，见图 5-8，数据输入完毕。

3. 计算样本总和　点击"$\sum x$"键，显示计算样本总和"11.1"，见图 5-9。

图 5-7　第一个数"1.1"输入计算器　　图 5-8　最后一个数"1.2"输入计算器

4. 计算样本平方和　点击"$\sum x^2$"键，显示样本平方和"14.05"，见图 5-10。

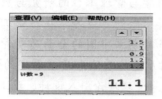

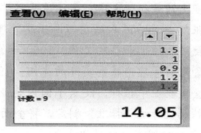

图 5-9　计算样本总和

图 5-10　计算样本平方和

5. 计算算术均数　按"$\bar{x}$"键，显示算术均值"1.2333……"，见图 5-11。

6. 计算总体标准偏差　按"δ_n"键，显示总体标准偏差"0.2"，见图 5-12。

7. 计算样本标准偏差　按"δ_{n-1}"键，显示标准偏差"0.212……"，见图 5-13。

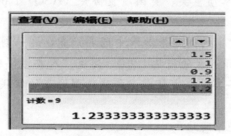

图 5-11　算术均数

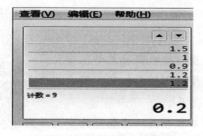
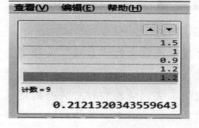

图 5-12　总体标准偏差　　　　　图 5-13　样本标准偏差

8. 注意

（1）单击"C"键可从列表中删除某个特定值。

（2）单击"CAD"键可以删除所有值。

五、实训成果

科学计算器计算误差及偏差的技术总结。

少壮常怀强国志的中共党员刘源张院士

刘源张，1925.01.01—2014.04.03，出生于山东青岛，原籍安徽六安，管理科学和管理工程专家，中共党员。1941 年 9 月考入燕京大学（12 月太平洋战争爆发学校关闭），1949 年 3 月获日本京都大学经济学学士学位，1955 年 1 月获美国加利福尼亚大学伯克利分校运筹学博士学位。1956 年 8 月回国，应钱学森先生之邀入中国科学院力学研究所运筹学研究室工作，先后任力学研究所副研究员、数学研究所研究员、系统科学研究所副所长，兼任亚太质量组织主席、国际质量科学院院士。2001 年当选为中国工程院院士。

刘源张院士，1956 年始在国内开展管理科学与管理工程的研究与应用以来，长期在企业从事试点、培训和普及工作。1960 年著作出版的《运筹学在纺织工业中的应用》开启了我国管理科学理论联系实际的先河。1976 年创立中国的全面质量管理体系，经国务院采纳在全国企业中推行，改变了国内企业对质量的看法和质量管理的做法。1978 年参与《建筑结构设计统一标准》制定，将全面质量管理理论引入设计、施工、建材的协调处理。1989 年主持国家自然科学基金第一个管理科学重大项目《我国工业生产率理论的方法研究》，从管理上开创劳动生产率的新研究，被评为管理科学研究的成功案例。先后荣获中国科学院重大科技成果一等奖、全国劳动模范称号、国家科技进步二等奖、亚太质量组织费根堡姆终身荣誉奖和 HarringtoN-Ishikawa 奖、中国工程院光华科技奖工程奖、复旦管理学终身成就奖、国家质量奖、美国质量协会（ASQ）Lancaster Medal（兰卡斯特奖）等。

1986 年 7 月 1 日，61 岁的刘源张加入中国共产党，这一刻他等了 22 年。2011 年 5 月刘源张出版自传《感恩录：我的质量生涯》，写道"人要懂得感恩，不懂得感恩的人是不能成功的"。原国家经济委员会主任袁宝华送给刘源张的字联写道"少壮常怀强国志，华巅犹抱济时心"。

（摘自中国工程院院士馆网站）

思与练

一、知识技能

（1）环境监测数据的"五性"是指哪五方面特性？简述其具体含义。

（2）什么是环境监测质量保证？什么是环境监测质量控制？简述二者关系。

（3）简述真值、误差和相对误差的定义及用途。

（4）简述均值、偏差、平均偏差、标准偏差和相对标准偏差的定义及用途。

二、思政

（1）查阅资料并简述刘源张院士的杰出贡献和感人事迹。

（2）简述刘源张院士立足岗位、报效祖国的感人事迹对你的影响和启示。

任务二　数据处理和结果表述

学习目标

1. 能力目标　能完成检测数据的有效数字修约及可疑值取舍，会监测结果的精密度、准确度检验，能用科学计算器完成线性相关与回归分析计算。

2. 知识目标　能简述环境监测数据修约规则和可疑值取舍要求，能简述一元线性相关分析和回归分析关键技术。

3. 思政目标　理解生态文明的含义，感悟中国共产党领导人民建设社会主义生态文明的英明与伟大。

知识学习

一、有效数字及运算规则

（一）有效数字

有效数字是检测分析中实际检测（测量）到的数字，包括直读获得的准确数字和最后一位估计数字。测量结果的有效数字与检测仪器精度有关；如用最小刻度为 0.1mm 的直尺测某物体长度得测量结果为"14.56mm"，则小数点后面第一位的"5"是准确数字，小数点后第二位的"6"是估计数字。在进行环境指标监测过程中，为了取得准确分析结果，不仅要正确测量，还要规范记录测量结果。检测数据中"0"的位置不同，作用不同：一般或是"定位作用"，或是"有效数字"。前者如 0.048 中的"0"，后者如 1 700.320 中的 3 个"0"。

测量值有效数字位数越多，测量的相对不确定度越小；反之越大。可见，有效数字可以粗略地反映测量结果的不确定度。测量结果的有效数字位数为其有效数字数之和，如 0.456 8 有 4 位有效数字，0.048 0 有 3 位有效数字，1 700.320 有 7 位有效数字。以"0"结尾的正整数的有效数字位数不确定，如 5 500 的有效数字位数可能是 2 位（5.5×10^3），可能是 3 位（5.50×10^3），也可能是 4 位。记录检测数据应兼顾检测仪器（计量器具）的精密度、准确度和读数误差。检定合格的计量器具有效数字记录到最小分度值，最多保留一位不确定数字。

（二）数值修约规则

数值修约是指通过省略原数值的最后若干位数字，调整所保留的末位数字，使最后所得到的值最接近原数值的过程。经数值修约后的数值称为原数值的修约值。环境监测中测试和计算的各种数值，应按《数值修约规则与极限数值的表示和判定》（GB/T 8170—2008）修约。

1. 数值修约规则　有效数字修约规则是"四舍六入五考虑，五后非零应进一，五后皆零视奇偶，五前为偶应舍去，五前为奇应进一"，具体操作如下。

（1）四舍六入五考虑。拟舍弃数字的最左一位数字小于 5，则舍去，保留其余各位数字不变，例如将 12.14 修约到保留一位小数，修约值为 12.1。拟舍弃数字的最左一位数字大于 5，则进一，例如将 1268 修约为两位有效数字，修约值为 1.3×10^3。

（2）五后非零应进一。拟舍弃数字的最左一位数字等于 5，且其后有非 0 数字时进一，即保留数字的末位数字加 1，例如将 10.500 2 修约到保留两位有效数字，修约值为 11。

（3）五后皆零视奇偶，五前为偶应舍去。拟舍弃数字的最左一位数字为"5"，且其后无数字或皆为"0"时，若所保留的末位数字为偶数则舍去，例如将 12.500 修约到保留两位有效数字，修约值为 12。

（4）五后皆零视奇偶，五前为奇则进一。拟舍弃数字的最左一位数字为"5"，且其后无数字或皆为"0"时，若所保留的末位数字为奇数则进一，即保留数字的末位数字加 1，例如将 11.500 修约到保留两位有效数字，修约值为 12。

2. 修约注意事项　在遵守以上修约规则外，还须注意以下问题。

（1）负数修约时应先将它的绝对值按上述规则进行修约，然后在所得值前面加上负号。例如将 -355 修约为两位有效数字，修约值为 -3.6×10^2。

（2）拟修约数字指定修约数位后应一次修约获得结果。例如将 97.46 修约为两位有效数字，正确的做法是"97.46 修约为 97"。

（3）如果测试部门先将获得数值按指定的修约数位多一位或几位报出，而后由其他部门判定，则为了避免产生连续修约的错误，应按下述步骤进行：①报出数值最右的非零数字为 5 时，应在数值右上角加"＋"或加"－"或不加符号，以分别表明已进行过"舍、进或未舍未进"。如"16.50^+"表示实际值大于 16.50，经修约舍弃为 16.50；"16.50^-"表示实际值小于 16.50，经修约进一为 16.50。②报出值需进行修约时，如果拟舍弃数字的最左一位数字为 5，且其后无数字或皆为零时，则数值右上角有"＋"者进一，有"－"者舍去，其他仍按原规则进行。例如实测值为 15.454 6，报出值为"15.5^-"，则修约值为"15"；如实测值为 16.520，报出值为"16.5^+"，则修约值为"17"。

（4）0.5 单位修约与 0.2 单位修约。在对数值进行修约时，若有必要，也可采用 0.5 单位修约（半个单位修约）或 0.2 单位修约。0.5 单位修约是指按指定修约间隔对拟修约的数值 0.5 单位进行的修约，就是将拟修约数值 X 乘以 2，按指定修约间隔对 $2X$ 修约，所得数值（$2X$ 修约值）再除以 2。0.2 单位修约是指按指定修约间隔对拟修约的数值 0.2 单位进行的修约，就是先将拟修约数值 X 乘以 5，再按指定修约间隔对 $5X$ 依规定修约，最后将所得数值（$5X$ 修约值）再除以 5。

（三）运算规则

在进行检测结果计算时，每个测量值的误差都会传递到检测结果中。因此，必须根据误差传递规律，按照有效数字的运算法则正确取舍，以保证检测结果准确度的正确表达。在进行检测结果计算过程中，涉及的各测量值的有效数字可能不同，为了保证最终的结果仍保留 1 位可疑数字，应遵守以下运算规则。

1. 加减运算规则　加减运算计算结果有效数字的保留取决于各数据中绝对误差最大者，即以参与计算数据中小数点后位数最少的数据为准，先修约再计算，结果位数亦按小数点后位数最少的修约。如 $50.1 + 1.46 + 0.552\ 1 = 50.1 + 1.5 + 0.6 = 52.2$。

2. 乘除运算规则　计算结果有效数字的保留取决于各数据中相对误差最大者，即以数据中有效数字位数最少的数据为根据，先把参与运算的其他数据修约后再运算。如 $2.1 \times 2.577 \div 50.6 = 2.1 \times 2.6 \div 51 = 0.11$。

3. 乘方、开方和对数的运算规则 乘方运算和开方运算的结果，其有效数字位数不变。对数计算结果尾数的位数应与真数的有效数字位数相同。

4. 注意

（1）"先修约再计算"与"先计算再修约"两种情况下得到的结果有时会不一样。为了避免出现此种情况，保证既提高运算速度又不使修约误差累积，可在运算过程中将参与运算的各数修约到比该数应有的有效数字位数多一位（多取的数字称为安全数字），然后进行计算。

（2）在连续多步的计算中，在得到最终结果之前，分步的计算结果亦要多保留一位有效数字，以免出现修约误差累积。

（3）运用电子计算器运算时，要对其运算结果进行修约，保留适当的位数，不可将显示的全部数字作为结果。

（4）进行乘除运算的数据，如果第一位数字大于等于8，则其有效数字位数可多算一位。

（5）在计算式中的常数 π、e 等以及乘除因子，1/6 之类的数值的有效数字可以认为是无限的，可视需要来选取。

（四）检测结果有效数字位数的确定

1. 不同含量水平有效数字位数不同 在实际测量表征分析结果时，组分含量（质量分数）>10%的要求四位有效数字，在1%～10%的要求三位有效数字，<1%的要求两位有效数字。表示误差大小和表征 pH 时，有效数字常取1～2位；有关化学平衡的计算，一般保留2～3位有效数字。

2. 均值、偏差、标准偏差和自由度的有效数字 在计算准确度相同4个或4个以上的测定值的平均值时，其结果的有效数字位数可以增加一位。标准偏差等表示测量精度数值的修约，一般只取两位有效数字，测量次数大于50次时可多取一位。标准差等的修约规则是"只进不舍"；如将测定结果的标准偏差0.213修约为两位有效数字，则应修约为0.22，以保证修约后的精度不提高。自由度只取整数部分，舍去小数部分；如 $df=14.7$ 则应取"14"。

3. 精密度、斜率和截距的有效数字 一般情况下，精密度只取1位或2位有效数字。校准曲线相关系数只舍不入，保留到小数点后第一个非9数字；如果小数点后多于4个9，最多保留4位。校准曲线斜率的有效位数，应与自变量的有效数字位数相等；校准曲线截距的最后一位数，应与因变量的最后一位数取齐。

二、可疑数据取舍

离群值是指对同一样品多次重复测定的检测值中明显偏离正常值，而且经统计检验确定与正常值间存在显著差异的检测值。可疑值是指对同一样品多次重复测定的检测值中相对值偏大或偏小而被怀疑离群的值。环境监测中，当同一样品多次重复测定的检测值中出现一个或数个"可疑值"时，应根据误差显著性检验结果判定"可疑值"是"正常值"或"离群值"，前者保留，后者剔除。在一组监测数据中离群值最好不要超过1个，超过3个应立即停止测定，并考虑该组数据取舍。可疑值判断常用 Dixon 检验法（Q 检验法）或 Grubbs（格鲁布斯）检验法（T 检验法）。Dixon 检验法用于检测值个数较小（样本容量

$n=3\sim10$)的情况。Grubbs 检验法用于两种情况，一是离群值个数不大于 1，检测值个数较小（$n=3\sim10$）；二是检测值个数较大（$n>10$）且呈正态分布。Grubbs 检验法多用于检验一组或多组观测值中可疑数据取舍的判定。

（一）Dixon 检验法

1. 检验步骤

（1）排序。将测定值按由小到大顺序排列，即 x_1，x_2，$\cdots$，x_n。

（2）计算可疑值与最临近值之差。如计算 x_2-x_1 或 x_n-x_{n-1}。

（3）计算统计量 $Q_计$。检测值个数（n）不同，对应 $Q_计$ 计算公式不同；一般 $n=3\sim7$ 时，按式（5-14）计算；$n=8\sim10$ 时，按式（5-15）计算。

（4）查表。根据给定的显著性水平 α 和检测值个数 n，查 Dixon 检验临界值表（表 5-2），获得临界值 $Q_{a,n}$。

（5）判定。若 $Q_计 \geqslant Q_{a,n}$，可疑值为离群值应舍去，否则为正常值应保留。

$$Q_计 = \frac{x_2-x_1}{x_n-x_1} \text{ 或 } Q_计 = \frac{x_n-x_{n-1}}{x_n-x_1} \tag{5-14}$$

$$Q_计 = \frac{x_2-x_1}{x_{n-1}-x_1} \text{ 或 } Q_计 = \frac{x_n-x_{n-1}}{x_n-x_2} \tag{5-15}$$

表 5-2　Dixon 检验的统计量 $Q_{a,n}$ 临界值

n	3	4	5	6	7	8	9	10
$\alpha=0.10$	0.94	0.76	0.64	0.56	0.51	0.47	0.44	0.41
$\alpha=0.05$	1.53	1.05	0.86	0.76	0.69	0.64	0.60	0.58

2. 案例

[例 5-5] 一组测定值为 14.65、14.90、14.90、14.92、14.95、14.96、15.00、15.00、15.01 和 15.02，请问检测值 14.65 是否为离群值？

解：当 $n=10$ 时，检验可疑值 $x_1=14.65$ 是否为离群值：

$Q_计 = \dfrac{x_2-x_1}{x_{n-1}-x_1} = \dfrac{14.90-14.64}{15.01-14.65} = 0.69$，查 Dixon 检验统计量 $Q_{a,n}$ 临界值（表 5-2）可知 $Q_{0.05,10}=0.58$。

因为 $Q_计 > Q_{0.05,10}$，所以在 95% 置信概率下可疑值 14.65 为离群值，应舍弃。

（二）Grubbs 检验法

1. 检验步骤

（1）排序。将检测数据按由小到大顺序排列：x_1，x_2，$\cdots$，x_n。

（2）计算。计算检测数据的算数均值 $\bar{x}$、标准偏差 s 和统计量 $G_计$ [计算式见式（5-16）]。

（3）查临界值。根据给定的显著性水平 α 和测定次数 n，查表 5-3 获得临界值 $G_{a,n}$。

（4）判定。如果 $G_计 > G_{a,n}$，判定 x_1 或 x_n 为离群值，应舍弃；否则为正常值，应保留。

$$G_计 = G_计 = \frac{\bar{x}-x_1}{s} \text{ 或 } \frac{x_n-\bar{x}}{s} \text{ 或} \tag{5-16}$$

表 5-3　Grubbs 检验临界值 $G_{\alpha,n}$

n	$G_{0.05}$	$G_{0.01}$	n	$G_{0.05}$	$G_{0.01}$
3	1.153	1.155	22	2.603	2.939
4	1.463	1.492	23	2.624	2.963
5	1.672	1.749	24	2.644	2.987
6	1.822	1.944	25	2.663	3.009
7	1.938	2.097	26	2.681	3.029
8	2.032	2.221	27	2.698	3.049
9	2.110	2.323	28	2.714	3.068
10	2.176	2.410	29	2.730	3.085
11	2.234	2.485	30	2.745	3.103
12	2.285	2.550	31	2.759	3.119
13	2.331	2.607	32	2.773	3.135
14	2.371	2.695	33	2.786	3.150
15	2.409	2.705	34	2.799	3.164
16	2.443	2.747	35	2.811	3.178
17	2.475	2.785	36	2.823	3.191
18	2.504	2.821	37	2.835	3.204
19	2.532	2.854	38	2.846	3.216
20	2.557	2.884	30	2.857	3.228
21	2.580	2.912	40	2.866	3.240

2. 案例

［例 5-6］9 个实验室分析同一土壤样品总砷含量（mg/kg），各实验室 5 次测定的算数均值分别为 10.74、10.77、10.77、10.77、10.81、10.82、10.73、10.86 和 10.81，请检验 95％置信概率下 10.86 是否为离群值。

解：（1）将检测数据按由小到大顺序排列为 10.73、10.74、10.77、10.77、10.77、10.81、10.81、10.82 和 10.86。

（2）计算检测数据的算数均值、标准偏差和统计量：$\bar{x}=10.79$，$s=0.04$，$G_{计}=\dfrac{x_n-\bar{x}}{s}=\dfrac{10.86-10.79}{0.04}=1.75$。

（3）查表 5-3 可知，$n=9$、$\alpha=0.05$ 时，$G_{0.05,9}=2.11$。

（4）因为 $G_{计}<G_{0.05,9}$，故 95％置信概率下可疑值 10.86 为正常值，应保留。

三、监（检）测结果表述

进行空气、水和土壤等样品的污染物含量测定时，一般很难获得真值，常用有限次数检测数据的统计量表征检测结果。

（一）用算术均值表示

在检测过程中排除了系统误差和过失误差后，仅存在随机误差，根据正态分布原理，当测定次数无限多（$n \to \infty$）时，反映数据集中趋势的算数均值 $\bar{x}$ 与真值 μ 无限接近。但现实是，一般实际测定次数是有限的。因此有限测定次数下，检测值的算术平均值 $\bar{x}$ 是表示检测结果最常用的方式。

（二）用算术均值和标准偏差表示

算术均值 $\bar{x}$ 代表数据的集中趋势，标准偏差可表征数据离散程度。算术均值的代表性优劣与标准偏差的大小有关，一般标准偏差大，则算术均数代表性差，反之亦然。因此，监测结果常以（$\bar{x} \pm s$）表示，以反映其精密度。

（三）用算术均值、标准偏差和变异系数共同表示

标准偏差的大小，除了与随机误差大小有关外，还与所测均数水平或测量单位有关。不同水平或单位的测定结果之间，其标准偏差是无法比较的，而变异系数是相对值，故可在一定范围内用来比较不同水平或单位测定结果之间的变异程度。为了使监测结果表达信息更完整，有时表述为（$\bar{x} \pm s$，C_v）。

（四）用置信水平和置信区间表示

置信水平，也称置信度，是指总体参数值落在样本统计值某一区间内的概率。置信区间是指在某一置信水平下样本统计值与总体参数值间误差范围。置信区间越大，置信水平越高。在环境监测中，常用样品有限次数测定值的平均值估计真值，或用有限容量样本测定均值估计总体均值，二者关系见式（5-17）。

$$\mu = \bar{x} \pm \frac{ts}{\sqrt{n}} \qquad (5\text{-}17)$$

式中：μ——真值或总体均值；

    $\bar{x}$——测定数据的算术平均值；

    s——标准偏差；

    n——测定次数；

    t——在选定的某一置信度下的概率系数。

在选定置信水平下期望真值在以测定均值为中心的某一范围出现。均值不是真值，但可使真值落在一定区间内，并在一定范围内可靠。根据分析结果均值估计真值的置信区间时，其有效数字要考虑均值的标准偏差的数值，要将结果修约到标准偏差能影响到的那位。例如某土样含水量的 4 次测定值的算术均值 $\bar{x}=36.6\%$、标准偏差 $s=0.4\%$，当置信度取 95% 时，$t_{0.05,3}=3.18$，则该土样含水量真值的置信区间为 $36.6 \pm$（3.18×0.4）$/2=36.6 \pm 0.7$（%）。

（五）检测值低于检出限时的检测结果表示

如果检测值低于检测方法的检出限，则不能将该数据作为最终表达结果，因为其可信度不足。此时，检测结果用"＜检出限（具体数字）"表示；如某分析方法的检出限为 0.023mg/L，而该法测定某样品的检测结果是 0.015mg/L，在编制检测报告时应该写"＜0.023mg/L"或"未检出"。

四、测定结果的统计检验（精密度与准确度检验）

环境监测中，常需要比较检测数据，以分析检测结果的"五性"。如一组测定数据的均值与其标准值比较、某人用不同分析方法测定某样品同一指标所得两组数据的一致性比

较、不同实验室（或不同检测人员）用同一方法分析某样品同一指标的测定结果比较等，都属于不同检测结果间的一致性检验，其本质是精密度检验或准确度检验。

（一）F 检验法分析精密度

1. F 检验的意义　F 检验是通过比较两组数据方差（s^2 或 S）的一致性来确定二者精密度是否存在显著性差异的检验方法。精密度达到要求是讨论检测数据准确度达标的前提，因而在进行两个总体（研究对象）均值（检测结果）差异性检验之前，应先进行二者方差一致性检验（精密度一致性检验）；在进行检测结果与真值一致性（准确度）检验之前，应先进行平行数据变异系数达标与否检验（一组测定数据的精密度检验）。

2. F 检验步骤　以两组检测数据"x_1，x_2，x_3，…，x_n"和"y_1，y_2，y_3，…，y_m"的精密度差异性检验为例。

（1）计算算数均值、标准偏差、方差和自由度。分别计算各组检测数据的算术均值（$\bar{x}$、$\bar{y}$）、标准偏差（s_x、s_y）、方差（s_x^2、s_y^2）和自由度（$df_x = n_x - 1$，$df_y = n_y - 1$），并判断二者方差大小。

（2）计算 F 统计值。假定 $s_x^2 > s_y^2$，则根据式（5-18）计算统计量 $F_计$。

$$F_计 = \frac{s_x^2}{s_y^2} \tag{5-18}$$

（3）查临界值。根据给定显著水平 α（或置信度 $p = 1 - \alpha$）和自由度（df_x，df_y）查表 5-4 得到临界值 $F_{\alpha,(df_x,df_y)}$。

（4）判断：如果 $F_计 < F_{\alpha,(df_x,df_y)}$，则两组数据的方差无显著性差异；否则，两组数据的方差有显著性差异。

表 5-4　**F 检验临界值（置信度 95%）**

分母 df_y	分子 df_x									
	1	2	3	4	5	6	7	8	9	10
1	161.45	199.50	215.71	224.58	230.16	233.99	236.77	238.88	240.54	241.88
2	18.51	19.00	19.16	19.25	19.30	19.33	19.35	19.37	19.38	19.40
3	10.13	9.55	9.28	9.12	9.01	8.94	8.89	8.85	8.81	8.79
4	7.71	6.94	6.59	6.39	6.26	6.16	6.09	6.04	6.00	5.96
5	6.61	5.79	5.41	5.19	5.05	4.95	4.88	4.82	4.77	4.74
6	5.99	5.14	4.76	4.53	4.39	4.28	4.21	4.15	4.10	4.06
7	5.59	4.74	4.35	4.12	3.97	3.87	3.79	3.73	3.68	3.64
8	5.32	4.46	4.07	3.84	3.69	3.58	3.50	3.44	3.39	3.35
9	5.12	4.26	3.86	3.63	3.48	3.37	3.29	3.23	3.18	3.14
10	4.96	4.10	3.71	3.48	3.33	3.22	3.14	3.07	3.02	2.98
11	4.84	3.98	3.59	3.36	3.20	3.09	3.01	2.95	2.90	2.85
12	4.75	3.89	3.49	3.26	3.11	3.00	2.91	2.85	2.80	2.75
13	4.67	3.81	3.41	3.18	3.03	2.92	2.83	2.77	2.71	2.67

（续）

分母 df_y	分子 df_x									
	1	2	3	4	5	6	7	8	9	10
14	4.60	3.74	3.34	3.11	2.96	2.85	2.76	2.70	2.65	2.60
15	4.54	3.68	3.29	3.06	2.90	2.79	2.71	2.64	2.59	2.54
16	4.49	3.63	3.24	3.01	2.85	2.74	2.66	2.59	2.54	2.49
17	4.45	3.59	3.20	2.96	2.81	2.70	2.61	2.55	2.49	2.45
18	4.41	3.55	3.16	2.93	2.77	2.66	2.58	2.51	2.46	2.41
19	4.38	3.52	3.13	2.90	2.74	2.63	2.54	2.48	2.42	2.38
20	4.35	3.49	3.10	2.87	2.71	2.60	2.51	2.45	2.39	2.35

3. 案例

［例 5-7］A、B 两个实验室用同一种方法测定同一样品的某物质含量（mg/kg），A实验室测定了 6 次，检测数据为 2.01、2.10、1.86、1.92、1.94 和 1.99；B 实验室测定了 5 次，检测数据为 1.88、1.92、1.90、1.97 和 1.94。请问 95％置信概率下 A、B 两实验室检测结果的精密度是否一致？

解：（1）计算均值、方差和自由度。A 实验室 $\bar{x}=1.97$，$s_x=0.083$，$df_x=n_x-1=6-1=5$。

B 实验室 $\bar{y}=1.92$，$s_y=0.035$，$df_y=n_y-1=5-1=4$

（2）计算统计量。$F_{\text{计}}=\dfrac{s_x^2}{s_y^2}=\dfrac{0.083\times0.083}{0.035\times0.035}=5.62$。

（3）查临界值。查 F 检验临界值（表 5-4）可知 $F_{0.05(5,4)}=6.26$。

（4）判断。因为 $F_{\text{计}}<F_{0.05(5,4)}$（5.62<6.26），所以 A、B 两个实验室检测结果的精密度一致（无显著性差异）。

（二）t 检验法分析准确度

1. 测量均值与真值一致性检验　检测技能考核时，常会让应考人员测定标准物质某组分含量（真值 μ 已知，即总体均值已知、总体标准差 σ 未知），通过分析其测量值均值与真值（标准物质该组分含量给定值）的一致性，判断该检测人员的技能水平。如果标准物质待测组分含量值为 μ，应考人员 n 次测定的检测数据为 x_1，x_2，$\cdots$，x_n，分析该应考人员检测技能水平是否达标，就是用 t 检验法分析其测定均值 $\bar{x}$ 与给定真值 μ 的差异显著性。

（1）检验步骤。第一步，计算测定均值 $\bar{x}$ 和标准偏差 s 和自由度 df。第二步，根据式（5-19）计算统计量 t 计。第三步，根据给定置信概率 p（或显著水平 α）和自由度 df 从表 5-5 查得临界值 $t_{a,df}$。第四步，判断，如果 $t_{\text{计}}<t_{a,df}$，则测定均值 $\bar{x}$ 与给定真值 μ 差异不显著，测定结果准确度达到要求；否则，测定均值 $\bar{x}$ 与给定真值 μ 差异显著，测定结果准确度没有达到要求。

$$t=\frac{|\bar{x}-\mu|}{\frac{s}{\sqrt{n}}} \tag{5-19}$$

式中：$\bar{x}$——测定数据的算术平均值；

　　　μ——真值；

　　　s——标准偏差；

　　　n——测定次数。

（2）案例。

［例 5-8］已知标准物质铝（Al）含量为 10.77mg/kg，某实验室对其 9 次检测的数据为 10.74、10.77、10.77、10.77、10.81、10.82、10.73、10.86 和 10.81mg/kg，请问 95％置信度下该实验室检测结果准确度是否达标。

解：因为 $\mu=10.77$、$\bar{x}=10.97$、$df=n-1=8$、$s=0.042$，所以统计量 $t_{计}$ 为：

$$t_{计}=\frac{|\,10.79-10.77\,|}{\dfrac{0.042}{\sqrt{9}}}=1.43$$

查表 5-5 可知 $t_{0.05,8}=2.31$；又因 $t_{计}<t_{0.05,8}$，故测定结果与真值间差异不显著，即在 95％置信度下该实验室检测结果的准确度达标。

表 5-5　t 分布临界值（双侧概率）

df	α		df	α		df	α		df	α	
	0.05	0.01		0.05	0.01		0.05	0.01		0.05	0.01
1	12.7	63.66	15	2.13	2.95	29	2.05	2.76	43	2.02	2.70
2	4.30	9.92	16	2.12	2.92	30	2.04	2.75	44	2.02	2.69
3	3.18	5.84	17	2.11	2.90	31	2.04	2.74	45	2.01	2.69
4	2.78	4.60	18	2.10	2.88	32	2.04	2.74	46	2.01	2.69
5	2.57	4.03	19	2.09	2.86	33	2.04	2.73	47	2.01	2.68
6	2.45	3.71	20	2.09	2.84	34	2.03	2.73	48	2.01	2.68
7	2.36	3.50	21	2.08	2.83	35	2.03	2.72	49	2.01	2.68
8	2.31	3.36	22	2.07	2.82	36	2.03	2.72	50	2.01	2.68
9	2.26	3.25	23	2.07	2.81	37	2.03	2.72	55	2.00	2.67
10	2.23	3.17	24	2.06	2.80	38	2.02	2.71	60	2.00	2.66
11	2.20	3.11	25	2.06	2.79	39	2.02	2.71	70	1.99	2.65
12	2.18	3.06	26	2.06	2.78	40	2.02	2.70	80	1.99	2.64
13	2.16	3.01	27	2.05	2.77	41	2.02	2.70	90	1.99	2.63
14	2.14	2.98	28	2.05	2.76	42	2.02	2.70	100	1.98	2.63

2. 两组测量数据平均值的一致性检验　即对两个总体进行小样本抽样分析，以比较两个总体均值差异的显著性。例如对两个不同来源样品的同一组分含量进行分析比较，以确定这两个样品该组分含量是否存在显著性差异。

（1）两个样品的检测次数相同（样本容量相同）。第一步，计算两组数据的均值

$(\bar{x}_1, \bar{x}_2)$ 和方差 (s_1^2, s_2^2)。第二步，计算统计量 t，当 $n_1 = n_2$ 时，根据式（5-20）计算。第三步，查表获得临界值 $t_{\alpha,df}$。第四步，判断，如果 $t_{计} < t_{\alpha,df}$，则两个样品测定均值 $\bar{x}_1$ 与 $\bar{x}_2$ 差异不显著，可在一定置信度下判定两个不同来源样品该组分含量差异不显著；否则，两样品测定均值 $\bar{x}_1$ 与 $\bar{x}_2$ 差异显著，可在一定置信度下判定两个不同来源样品该组分含量不同。

$$t = \frac{|(\bar{x}_1 - \bar{x}_2) - (\mu_1 - \mu_2)|}{\sqrt{\frac{(n_1-1)s_1^2 + (n_2-1)s_2^2}{n_1 + n_2 - 2}} \times \sqrt{\frac{1}{n_1} + \frac{1}{n_2}}} = \frac{|\bar{x}_1 - \bar{x}_2|}{\sqrt{\frac{s_1^2 + s_2^2}{n}}} \tag{5-20}$$

（2）两个样品的检测次数不同（样本容量不同）。检验步骤同上，只是统计量 t 计算公式为式（5-21）。

$$t = \frac{|(\bar{x}_1 - \bar{x}_2) - (\mu_1 - \mu_2)|}{\sqrt{\frac{s_1^2}{n_1} + \frac{s_2^2}{n_2}}} \tag{5-21}$$

3. 成对测量数据均值的比较　如用不同方法对同一样品多次检测的测定结果进行比较，会得出多组成对的测量值，此时应采用 t 检验。两组检测数据分别为"x_{1-1}，x_{1-2}，…，x_{1-m}"和"x_{2-1}，x_{2-2}，…，x_{2-m}"，其均值一致性检验如下。

（1）计算差值，即得到"$x_1 = x_{1-1} - x_{2-1}$，$x_2 = x_{1-2} - x_{2-2}$，…，$x_n = x_{1-m} - x_{2-m}$"。

（2）根据"x_1，x_2，…，x_n"和式（5-19）计算统计量 t，再查表 5-5 得 $t_{\alpha,df}$。

（3）判断，若 $t_{计} < t_{\alpha,df}$，则 $\bar{x}_1$ 与 $\bar{x}_2$ 间差异不显著，否则差异显著。

五、直线相关和回归分析

（一）两变量线性相关分析

两变量 x 和 y 之间的数值关系，除了函数关系和无关系外，还存在介于二者之间的相关关系，如农田土壤锌含量与该农田小麦籽粒锌含量间的数量关系、水体水质硝酸盐含量与其总氮含量的数量关系等。两变量相关关系中相对简单、常用的是直线相关关系。定量表征两个变量 x 和 y 之间线性相关关系显著性的指标是相关系数 (r)，其计算式见式（5-22）。

$$r = \frac{\sum(x-\bar{x})\sum(y-\bar{y})}{\sqrt{\sum(x-\bar{x})^2 \sum(y-\bar{y})^2}} \tag{5-22}$$

1. 相关系数与相关性　相关系数 r 的数值常介于 $-1 \sim +1$；$r > 0$，表示正相关；$r < 0$，表示负相关；$r = 0$，称零相关，即无直线关系。而当 $r = 1$ 时，x 和 y 完全相关，存在函数关系。一般 r 的绝对值越接近 1，相关性越好；越接近 0，相关性越差。

2. 相关性检验　将实际计算的相关系数 $(r_{计})$ 与表 5-6 中查得的相关系数临界值 (r_α) 比较，以确定其相关性。如果 $r_{计} > r_\alpha$，则两个变量 x 和 y 间存在显著的线性相关关系；否则，x 与 y 间线性相关性不显著。此外，两变量间线性相关判定性也可以用 t 检验。首先，根据式（5-23）计算统计量 t；再查 t 分布值表获得临界值 $t_{\alpha,n-2}$；最后判定相关显著性。如果 $t > t_{\alpha,n-2}$，则两个变量 x 和 y 间线性相关关系显著，否则不显著。

表 5-6 相关系数临界值（r_a）

n	α		n	α		n	α	
	0.05	0.01		0.05	0.01		0.05	0.01
3	0.996 9	0.999 9	11	0.602 1	0.734 8	19	0.455 5	0.575 1
4	0.950 0	0.990 0	12	0.576 0	0.707 9	20	0.443 8	0.561 4
5	0.878 3	0.958 7	13	0.552 9	0.683 5	21	0.432 9	0.548 7
6	0.811 4	0.917 2	14	0.532 4	0.661 4	22	0.422 7	0.536 8
7	0.754 5	0.874 5	15	0.513 9	0.641 1	23	0.380 9	0.486 9
8	0.706 7	0.834 3	16	0.497 3	0.622 6	24	0.349 4	0.448 7
9	0.666 4	0.797 7	17	0.482 1	0.605 5	42	0.273 2	0.393 2
10	0.631 9	0.764 6	18	0.468 3	0.589 7	52	0.250 0	0.354 1

$$t = \mid r \mid \sqrt{\frac{n-2}{1-r^2}} \tag{5-23}$$

3. 散点图 在直角坐标系中把 (x_1, y_1)，(x_2, y_2)，…，(x_n, y_n) 所代表的点标出，形成散点图，分析散点图各标出点的分布趋势，可大致看出两变量 x 和 y 间的线性相关性。

（二）直线回归

表征线性相关的两个变量（x 与 y）之间数量关系的方程称为直线回归方程，获取两个变量直线回归方程的过程称为直线回归分析。直线回归分析的主要目的是定量描述两变量 x 与 y 的线性相关关系。

1. 直线回归方程 在两变量 x 与 y 中，如果 x 改变时 y 也随之相应改变，则称 x 为自变量，y 为因变量。两变量 x 与 y 的直线回归方程一般为：

$$y = a + bx \tag{5-24}$$

式中：b——回归系数，即回归直线的斜率，表示变量 x 每增加（或减少）1 个单位，
  y 平均改变 b 个单位，可根据式（5-25）计算获得；

$$b = \frac{\sum (x-\bar{x}) \sum (y-\bar{y})}{\sum (x-\bar{x})^2} = \frac{n \sum x_i y_i - \sum x_i \sum y_i}{n \sum x_i^2 - (\sum x_i)^2} \tag{5-25}$$

  a——回归直线在 y 轴上的截距，可根据式（5-26）计算获得，$a > 0$ 表示回归
     直线与 y 轴的交点在原点上方，$a < 0$ 表示回归直线与 y 轴的交点在原
     点下方，$a = 0$ 表示回归直线通过原点。

$$a = \bar{y} - b\bar{x} \tag{5-26}$$

2. 案例

[例 5-9] 用 4-氨基安替比林分光光度法测定某酚标准系列溶液的吸光度，测定数据见表 5-7，请计算吸光度与酚浓度的直线回归方程，并检验相关显著性。

表 5-7 酚标准系列溶液吸光度测定原始数据记录

序次 n	1	2	3	4	5	6
酚浓度/（mg/L）	0.005	0.010	0.020	0.030	0.040	0.050

（续）

序次 n	1	2	3	4	5	6
吸光度	0.020	0.046	0.100	0.120	0.140	0.180

解：（1）绘制散点图。设酚浓度为 x、吸光度为 y，根据表 5-7 绘制散点图，见图 5-14，从图知酚浓度 x 与吸光度 y 间可能存在显著性线性相关关系。

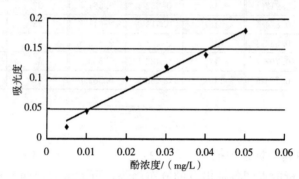

图 5-14　酚浓度与吸光度的散点图

（2）求回归方程，

$$\sum x_i = 0.155, \quad \bar{x} = 0.025\,8, \quad \sum y_i = 0.606, \quad \bar{y} = 0.101$$

$$\sum x_i^2 = 0.005\,52, \quad \sum y_i^2 = 0.078\,9, \quad \sum x_i y_i = 0.020\,8$$

$$b = \frac{6 \times 0.020\,8 - 0.155 \times 0.606}{6 \times 0.005\,52 - 0.155^2} = 3.4$$

$$a = 0.101 - 3.4 \times 0.025\,8 = 0.013$$

故酚浓度 x 与吸光度 y 的回归方程为：$y = 0.013 + 3.4x$

（3）显著性检验。

$$r = \frac{s_{xy}}{\sqrt{s_{xx} s_{yy}}} \frac{0.005\,14}{\sqrt{0.001\,52 \times 0.017\,7}} = 0.990\,4$$

根据 $n = 6$、$\alpha = 0.01$ 查表知 $r_{0.01} = 0.917\,2$，因 $r > r_a$（$0.990\,4 > 0.917\,2$），所以酚浓度与吸光度间有极显著的线性相关关系。

 技能训练

实训　用科学计算器进行线性相关与回归分析

一、实训目的

（1）能用计算器完成回归方程和线性相关系数计算。

（2）养成潜心钻研、与时俱进、务实求真、科学严谨的职业习惯。

二、方法原理

回归是确定两个及两个以上的变量间定量关系的方法。科学计算器操作面板见图5-2。按一下"ON"键，使 CASIO fx82ES PLUSA 计算器开机后，再通过三步进入一元线性回归运算模式：

（1）按"MODE"键，进入运算模式选择界面，屏幕显示见图 5-15a；

（2）按"3"键，进入回归模式，屏幕显示见图 5-15b；

（3）按"2"键，进入"一元线性回归"模式，屏幕显示见图 5-15c。

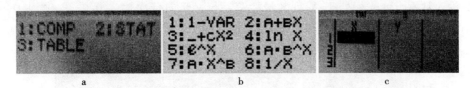

图 5-15　CASIO fx82ES PLUSA 回归计算示例

a. 运算模式选择界面　b. 回归模式选择界面　c. 一元线性回归数据界面

图 5-15a 中，"1"是基本算术运算模式，"2"是统计模式，"3"是表格模式。图 5-15b 中，"1"是单变量的统计模式，"2~8"都是可进行回归分析的双变量；其中"2"是线性回归（$y=A+Bx$），"3"是二次回归（$y=A+Bx+Cx^2$），"4"是对数回归（$y=A+B\ln x$），"5"是 e 指数回归（$y=Ae^{Bx}$），"6"是 ab 指数回归（$y=AB^x$），"7"是乘方回归（$y=Ax^B$），"8"是逆回归（$y=A+B/x$）。

三、实训准备

（1）科学计算器。带有回归功能的计算器；此处以 CASIO fx82ES PLUS 科学计算器或学生计算器为例。

（2）计算器软件。计算机、平板电脑或手机的计算器软件。

四、实训内容

（一）任务分析

已知某水样正磷酸盐含量为 1~10mg/L，用钼酸盐分光光度法测定其正磷酸盐含量。做法如下：

（1）分别吸取 2.0μg/mL 磷标准使用液 0.001mL、1.00mL、2.00mL、3.00mL、4.00mL、5.00mL 和 6.00mL 于 7 支 50mL 比色管中，用纯水定容至 25.00mL。

（2）分别取 2 份 2.00mL 过滤水样于 2 支 50mL 比色管中，用纯水定容至 25.00mL。

（3）向上述 9 支比色管中依次分别加入 10%抗坏血酸溶液 1mL，摇匀，静置 30s。

（4）向上述 9 支比色管中依次分别加入钼酸盐溶液 2mL，摇匀，静置显色 15min。

（5）用可见光光度计在波长 700nm 处，以纯水为参比测定吸光度，测定结果见表 5-8。请用计算器先计算磷标准系列溶液磷含量 m（微克数）与吸光度 A 的回归方程和相关系数，再根据水样吸光度计算水样正磷酸盐含量（mg/L）。

表 5-8　某水样正磷酸盐含量检测数据记录

项目	比色管编号								
	0	1	2	3	4	5	6	样 1	样 2
磷标准使用液加入量/mL	0.00	1.00	2.00	3.00	4.00	5.00	6.00	—	—
磷含量 m/μg	0.0	2.0	4.0	6.0	8.0	10.0	12.0		
溶液吸光度 A	0.001	0.045	0.891	0.133	0.176	0.219	0.264	0.218	0.217
空白吸光度 A	0.001								
校正吸光度 A	0.000	0.044	0.089	0.132	0.175	0.218	0.263	0.217	0.216

（二）实训步骤

1. 开机进入回归模式 先按"MODE"，进入运算模式选择界面；再按"3"，进入回归计算模式；然后按"2"，进入"一元线性回归"计算模式。

2. 输入数据 使光标处于 X 列数量栏第一行，竖向依次输入 0.0、2.0、4.0、6.0、8.0、10.0 和 12.0；再使光标处于 Y 列数量栏第一行，竖向依次输入 0.000、0.044、0.089、0.132、0.175、0.218 和 0.263；屏幕显示如图 5-16 所示。

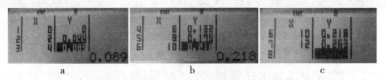

图 5-16　CASIO fx82ES PLUS 计算器回归计算数据输入屏幕显示

a. 第三组数据输入　b. 第 6 组数据输入　c. 第 7 组数据输入

3. 进入回归方程及回归系数计算界面 先按"AC"键，再按"SHIFT"键，再按"STAT"键，然后按"5"键，则进入回归方程参数计算界面，见图 5-17。

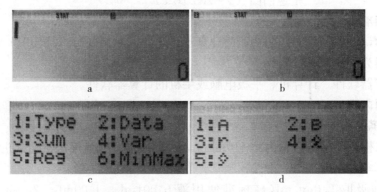

图 5-17　CASIO fx82ES PLUS 计算器回归方程参数计算界面

a. 按"AC"键后显示　b. 按"SHIFT"键后显示　c. 按"STAT"键后显示　d. 按"5"键后显示

4. 回归方程参数及回归系数计算

（1）斜率。先按"1"，再按"="显示回归方程"$Y=A+BX$"的"A"值，见图 5-18。

（2）截距。先重复"步骤 3"操作，再按一下"2"键，再按"="显示回归方程"$Y=A+BX$"的"B"值，见图 5-19。

（3）相关系数（r）。先重复"步骤 3"操作，再"3"键，再按一下"="显示回归方程"$Y=A+BX$"的"r"值，见图 5-20。

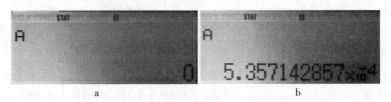

图 5-18　CASIO fx82ES PLUS 计算器回归方程截距"A"值显示

a. 按"1"键后显示　b. 按"="键后显示

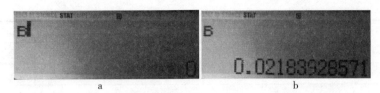

图 5-19　CASIO fx82ES PLUS 计算器回归方程斜率"B"值显示

a. 按"2"键后显示　b. 按"＝"键后显示

图 5-20　CASIO fx82ES PLUS 计算器回归方程相关系数"r"值显示

a. 按"3"键后显示　b. 按"＝"键后显示

5. 根据 $\hat{y}$ 值计算 x 值　先重复"步骤 3"操作，按一下"4"键，再将光标移至待计算参数的左侧，然后输入 $\hat{y}$ 值"0.217"，按一下"＝"显示 $\hat{y}=0.217$ 时的 x 值，见图 5-21。同法计算 $\hat{y}=0.216$ 时的 x 值。

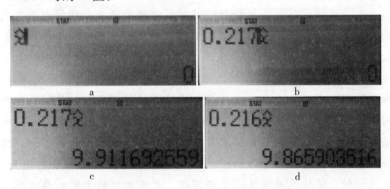

图 5-21　CASIO fx82ES PLUS 计算器回归计算数据输入屏幕显示

a. 按"4"键后显示　b. 移光标至最左侧并输入"0.217"

c. 按"＝"键后显示　d. 计算 $\hat{y}=0.216$ 时的 x 值

6. 计算水样正磷酸盐含量　"样 1"正磷酸盐含量为 $9.91/2.00＝4.96(\text{mg/L})$，"样 2"正磷酸盐含量为 $9.87/2.00＝4.94(\text{mg/L})$，则该水样正磷酸盐含量为 $(4.96＋4.94)/2＝4.95(\text{mg/L})$。

五、实训成果

1. 回归方程　根据计算结果，将磷标准系列溶液磷含量 $m(\mu\text{g})$ 与校正吸光度 A 的线性回归方程及线性相关系数 r 值填入表 5-9。

表 5-9　××水样正磷酸盐含量检测数据处理

项目	比色管编号							样 1	样 2
	0	1	2	3	4	5	6		
$m/\mu\text{g}$	0.0	2.0	4.0	6.0	8.0	10.0	12.0		
A	0.000	0.044	0.089	0.132	0.175	0.218	0.263	0.217	0.216

（续）

项目	比色管编号							样1	样2
	0	1	2	3	4	5	6		
回归方程								—	—
相关系数								—	—
试样中水样用量 V/mL								2.00	2.00
水样的 2 个平行样磷含量 $C_{样}$/（mg/L）									
水样磷含量 C/（mg/L）									

2. 水样磷含量　先将水样的 2 个平行样的磷含量 $m_{样}$（μg）和 $C_{样}$（mg/L）填入表 5-9；再将水样磷含量 C（mg/L）测定结果填入表 5-9。

3. 实训报告　用科学计算器进行线性相关与回归分析的技术总结。

 课程思政

中国共产党领导人民建设社会主义生态文明

生态文明是工业文明发展到一定阶段的产物，是超越工业文明的新型文明境界，是在对工业文明带来严重生态安全问题进行深刻反思基础上逐步形成和正在积极推动的一种文明形态，是人与自然和谐的社会形态。生态文明建设是关系中华民族永续发展的根本大计。中华民族向来尊重自然、热爱自然，绵延五千多年的中华文明孕育着丰富的生态文化。党的十八大以来，中国把生态文明建设作为统筹推进"五位一体"总体布局的重要内容，生态文明理念深入人心。在新时代，中国共产党领导人民建设社会主义生态文明的主要任务和途径在于：树立尊重自然、顺应自然、保护自然的生态文明理念，增强绿水青山就是金山银山的意识，坚持节约资源和保护环境的基本国策，坚持节约优先、保护优先、自然恢复为主的方针，坚持生产发展、生活富裕、生态良好的文明发展道路。着力建设资源节约型、环境友好型社会，实行最严格的生态环境保护制度，形成节约资源和保护环境的空间格局、产业结构、生产方式、生活方式，为人民创造良好生产生活环境，实现中华民族永续发展。

（摘自国家教材〔2021〕5 号《国家教材委员会关于印发〈"党的领导"相关内容进大中小学课程教材指南〉的通知》之附件："党的领导"相关内容要点）

思与练

一、知识技能

（1）什么是有效数字？举例说明有效数字位数确认方法。

（2）举例说明环境监（检）测数据有效数字的修约规则和运算规则。

（3）某猪场废水样铜含量 10 次测定结果为 0.251、0.250、0.250、0.263、0.235、0.240、0.260、0.290、0.262 和 0.234mg/L，请问 0.290 和 0.234 是否为离群值？

（4）用火焰原子吸收分光光度法测定某土壤浸提液的铅含量，测定结果如表 5-10 所示。请用科学计算器计算铅标准系列溶液铅含量 m（μg）与其吸光度 A 的线性回归方程，

并根据浸提液吸光度计算其铅含量。

表 5-10　某土壤浸提液铅含量测定数据记录

项目	容量瓶编号								
	0	1	2	3	4	5	样 1	样 2	样 3
铅含量 $m/\mu g$	0.0	15.0	25.0	35.0	45.0	55.0	—	—	—
吸光度 A	0.000	0.163	0.269	0.376	0.483	0.580	0.480	0.481	0.479

二、思政

(1) 查阅资料简述我国开展社会主义生态文明建设的必要性和现实意义。

(2) 简述中国共产党领导人民建设社会主义生态文明的主要任务和途径，并举例说明。

任务三　实验室间质量控制方法

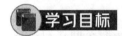 **学习目标**

1. 能力目标　能完成环境监（检）测实验室质量考核的准备和应考，能用 Excel 图表和函数功能计算线性回归方程。

2. 知识目标　能简述实验室质量保证目的和基本要求，能讲述实验室质量考核、误差测验等实验室外部质量控制技术的工作程序及要点。

3. 思政目标　学习宣传《中华人民共和国农产品质量安全法》（2022 修订），感悟中国共产党依法治国和人民政府落实"四个最严"要求保障人民群众"舌尖上的安全"的英明伟大。

知识学习

一、实验室质量控制概述

（一）实验室质量控制的定义和分类

1. 定义　分析测试系统质量控制，是环境监测过程质量控制的重点，一般通过实验室质量控制实施。实验室质量控制是指将分析测试结果的误差控制在允许限度内所采取的措施。

2. 分类　分为实验室内质量控制和实验室外质量控制。实验室内质量控制也称为内部质量控制，分自控（分析人员自设质控措施）和他控（内部质控人员设定质控措施）两种实施方式，现实中主要是实验室自控。实验室外质量控制，也称为实验室间质量控制，主要以他控方式实施。

（二）实验室内质量控制的目的和方法

1. 定义与目的　实验室内质量控制是实验室分析人员对分析测试质量进行自我控制及内部质控人员对其实施质量控制技术管理的过程。其目的是将监测分析人员的实验室误差控制在允许限度之内，使检测结果的精密度和准确度在给定置信水平下达到规定的质量要求。

2. 方法　在设有质量控制专设机构或专职人员的情况下，实验室内质量自控的手段和方法，主要有空白试验值和检出限核查、平行双样分析、加标回收率测定、标准物质对比分析、方法比较实验，以及使用质量控制图等。常用于他控的实验室质控方法有密码样（亦可用平行双份）测定、密码加标样分析、密码方式的标准物质比对分析、室内互检和室间外检等。

（三）实验室间质量控制的目的和方法

1. 定义与目的　实验室间质量控制是指检测机构的质量管理部门对各个实验室，或者上级环境检测机构（行政主管部门）对下级机构，或者参与协作检测业务的单位（实验室）商定聘请有资质的第三方机构，对监（检）测活动实施质量控制技术管理的过程。实验室间质量控制以实验室内质量受控为前提，其目的是检查承担检测任务的各个实验室间是否存在系统误差，提高检测数据的可比性。

2. 用途　常用于实验室间协作试验，包括方法标准化协作试验（方法验证）、标准物质协作定值（确定保证值）、实验室间分析结果争议仲裁（仲裁实验）、特定的协作研究项目中的实验室互校（互校研究实验）、实验性能评价和实验室间分析人员的技术评价（质控考核）等。

3. 方法　主要有实验室间比对、能力验证和测量审核等，其中实验室间比对法应用最为广泛。实验室间比对是按照预先规定的条件，由两个或多个实验室对相同或类似的样品进行测定的组织、实施和评价的活动。能力验证是利用实验室间比对试验，按照预先确定的准则来评价参加者能力的活动。测量审核是指实验室先对给定被测量物进行实际测试，再将测试结果与参考值进行比较分析，从而确定实验室检测能力的活动。

二、实验室质量控制基本要求

（一）人员要求

所有从事监测活动的人员应具备与其承担工作相适应的能力，并按照国家环境保护行政主管部门的相关要求持证上岗。持有合格证的人员，方能从事相应的监测工作。未取得合格证者，只能在持证人员的指导下开展工作，监测质量由持证人员负责。特殊岗位的人员应根据国家相关法律、法规的要求进行专项资格确认。应建立所有监测人员的技术档案，档案中至少包括学历证明、从事专业技术工作的简历及资格、技术培训经历等。

（二）设施和环境要求

（1）环境监测的设施和环境条件应满足相关法律、法规和标准的要求。

（2）实验室区域间应采取有效隔离措施防止交叉污染。①有毒有害废物应妥善处理，或交有资质的单位处置。②应建立并保持安全作业管理程序，确保危险化学品、有毒物品、有害生物、辐射、高温、高压、撞击以及水、气、火、电等危及安全的因素和环境得到有效控制，并有相应的应急处理措施，危险化学品储存应执行其相关规定。③应制定并实施有关实验室安全和人员健康的程序，并配备相应的安全防护设施。

（3）现场条件满足监测工作要求。现场监测时，监测时段的气象等环境条件，水、电和气供给等工作条件，企业工况及污染物变化（稳定性）条件应满足监测工作要求。应有确保人员和仪器设备安全的措施。

（三）监测方法选择要求

1. 优先选择标准方法 环境监测应按照相关标准或技术规范要求，选择能满足监测工作需求和质量要求的方法。原则上优先选择国家环境保护标准、其他的国家标准和其他行业标准方法，也可采用国际标准和国外标准方法，或者公认权威的监测分析方法，所选用的方法应通过实验验证，并形成满足方法检出限、精密度和准确度等质量控制要求的相关记录。

2. 方法确认 对超出预定范围使用的标准方法、自行扩充和修改过的标准方法应通过实验进行确认，以证明该方法适用于预期的用途，并形成方法确认报告。确认内容包括：①样品采集、处置和运输程序；②方法的检出限、测定范围、精密度和准确度；③方法的选择性和抗干扰能力等。

3. 作业指导书受控、有效 与监测工作有关的标准和作业指导书都应受控（能满足监测工作需要和质量要求）、现行有效（依据的标准和技术规范现行有效），并便于取用。

（四）仪器设备要求

1. 规范管理程序 建立仪器设备（含自动在线等集成的仪器设备系统）的管理程序，确保其购置、验收、使用和报废的全过程均受控。所有仪器设备都应有明显的标志表明其状态。

2. 量值溯源影响监测结果准确性或有效性的仪器设备 对监测结果的准确性或有效性有影响的仪器设备，包括辅助测量设备，应有量值溯源计划并定期实施，在有效期内使用。量值溯源方式包括检定和校准两种；对于列入国家强制检定目录，且国家有检定规程的仪器，应经有资质的机构检定；对于未列入国家强制检定目录或尚没有国家检定规程的仪器，可由有资质的机构进行校准，也可自校准。自校准时，应有相关工作程序，编制作业指导书，保留相关校准记录，编制自校准或比对测试报告，必要时给出不确定度。校准结果应进行内部确认。当校准产生了一组修正因子时，应确保其得到正确应用。

3. 校准或核查影响监测结果准确性或有效性的仪器设备 对监测结果的准确性或有效性有影响的仪器设备，在使用前、维修后恢复使用前、脱离实验室直接控制返回后，均应进行校准或核查。现场监测仪器设备带至现场前或返回时，应进行校准或检查。

4. 核查稳定性差和使用频繁的仪器设备 对于稳定性差、易漂移或使用频繁的仪器设备，经常携带到现场检测以及在恶劣环境条件下使用的仪器设备，应在两次检定或校准间隔内进行期间核查。

5. 所有仪器设备都应建立档案并实行动态管理 档案包括购置合同、使用说明书、验收报告、检定或校准证书、使用记录、期间核查记录、维护和维修记录、报废单等以及必要的基本信息。基本信息包括名称、规格型号、出厂编号、管理（固定资产）编号、购置时间、生产厂商、使用部门、放置地点和保管人等。

（五）实验用水、化学试剂和器皿要求

1. 实验用水 检测分析实验用水，一般要求专门制备、检验合格后使用。特殊用水则按《分析实验室用水规格和试验方法》（GB/T 6682—2008）有关规定制备，检验合格后使用。应定期清洗盛水容器，防止容器污染影响实验用水的质量。

2. 化学试剂 应采用符合分析方法所规定等级的化学试剂。取用试剂应遵循"量用为出、只出不进"原则，取用后及时盖紧试剂瓶盖，分类保存，严格防止试剂被污染。经常检查试剂质量，一经发现变质、失效，应及时废弃。应根据使用情况适量配制试液，并选用合适材质、容积和规格的试剂瓶盛装。用工作基准试剂标定标准滴定溶液浓度时，须两人进行实验，分别各做四平行，以两人八平行测定结果的平均值为标准滴定溶液浓度。

3. 实验器皿　根据监测项目需要，选用合适材质的器皿，必要时按监测项目固定专用，避免交叉污染。使用后应及时清洗、晾干，防止灰尘污染。

三、实验室间质量控制的程序与方法简介

（一）实验室间质量控制程序

1. 建立工作机构　通常由上级单位的实验室或专门组织的专家技术组（第三方）负责主持该项工作。

2. 制订计划方案　按照工作目的和要求制订工作计划。计划方案应包括实施范围、实施内容、实施方式、实施日期、数据报表、结果评价方法和结果评价标准等。

3. 标准溶液校准　在分发标准样品之前，由领导机构（上级实验室或聘请的第三方机构）先向各实验室发放一份标准物质（包括标准溶液等）与各自实验室的基准进行比对分析。为发现和消除系统误差，标准溶液校准，一般是使用接近分析方法上限浓度的标准来进行。测定实验完成后，用 t 检验法检验两份样品的测定结果有无显著性差异。

4. 统一样品的测试　在上级机构规定的期限内进行样品测试，包括平行样测定、空白试验等，并按要求上报测试结果。

5. 实验室间质量控制考核报表及数据处理　领导或主管机构在收到各实验室统一样品测定结果后，及时进行登记整理、统计和处理，以制订的误差范围评价各实验室数据的质量（一般采用扩展标准偏差或不确定度来评价）。绘制质量控制图，检查各实验室间是否存在系统误差。

6. 向参加单位通知测试结果　一般由负责单位（主持单位或主持机构）对各实验室数据进行统计处理后做出综合评价，并予以公布。

（二）实验室间质量控制常用方法简介

1. 密码平行样　质量管理人员根据实际情况，按一定比例随机抽取样品作为密码平行样，交付监测人员进行测定。若平行样测定偏差超出规定允许偏差范围，应在样品有效保存期内补测；若补测结果仍超出规定的允许偏差，说明该批次样品测定结果失控，应查找原因，纠正后重新测定，必要时重新采样。

2. 密码质量控制样及密码加标样　由质量管理人员使用有证标准样品（或标准物质）作为密码质量控制样品，或在随机抽取的常规样品中加入适量标准样品（或标准物质）制成密码加标样，交付监测人员进行测定。如果质量控制样品的测定结果在给定的不确定度范围内，则说明该批次样品测定结果受控。反之，该批次样品测定结果作废，应查找原因，纠正后重新测定。

3. 实验室间比对　一般用于证明各实验室间的监（检）测数据的可比性，有比对测试、能力验证和质量控制考核 3 种方式。实验室间比对测试最常用方法是实验室间标准溶液比对。

4. 人员比对　不同分析人员采用同一分析方法、在同样的条件下对同一样品进行测定，比对结果应达到相应的质量控制要求。

5. 留样复测　对于稳定的、测定过的样品保存一定时间后，若仍在测定有效期内，可进行重新测定。将两次测定结果进行比较，以评价该样品测定结果的可靠性。

四、实验室间标准溶液的比对

（一）实验室比对用标准参考溶液

1. 标准物质　一级标准物质由中国环境监测总站将国家市场监督管理总局确认的标准物质分发给各省、自治区、直辖市的环境监测中心，作为环境监测质量保证的基准使用。二级标准物质由各省、自治区、直辖市的环境监测中心按规定配制并检验证明其浓度参考值、均匀度和稳定性，并经中国环境监测总站确认后，方可分发给各实验室作为质量考核的基准使用。

2. 统一样品　如果标准样品系列不够完备而有特定用途时，各省、自治区、直辖市在具备合格实验室（国家二级环境监测站）和合格分析人员条件下，可自行配制所需的统一样品（各验证实验室按照统一要求配制的基质相同的样品），分发给下辖监测站和协作实验室，供质量保证活动使用。

3. 标准参考溶液　国家一、二级环境监测站要配备本实验室的标准参考溶液，可用购买的经国家鉴定的商品化标准物质或用自制的标准物质配制标准参考溶液，并与上一级监测站的标准参考物进行比对和量值追踪。上级监测站或负责实验室间质控的中心实验室，负责将比对定值的标准参考溶液分发放给下一级监测站（参与质控比对的实验室）使用。

（二）实验室标准溶液与标准参考溶液比对实验的实施方法

1. 取样测定　将上级监测站（中心实验室）发放的标准参考溶液（A）与本实验室配制的相同浓度的标准溶液（B）同时各取 n 份样品测定。

2. 测定值一致性检验　将标准参考溶液测定值（A_1，A_2，…，A_n）、平均值（$\overline{A}$）和标准差（S_A），以及实验室标准溶液测定值（B_1，B_2，…，B_n）、平均值（$\overline{B}$）和标准差（S_B）带入式（5-27）计算统计量 t，并对测定值做 t 检验。查 t 值表，获得临界值 $t_{(0.05, n-1)}$ 并比较统计量 t 与临界值大小关系；如果 $t \leqslant t_{(0.05, n-1)}$，则二者无显著差异；如果 $t \geqslant t_{(0.05, n-1)}$，则二者间存在显著性差异。

$$t = -\frac{|\overline{A} - \overline{B}|}{s_{A\text{-}B} \cdot \sqrt{\dfrac{n}{2}}} \tag{5-27}$$

其中

$$s_{A\text{-}B} = \sqrt{\frac{(n-1)(s_A^2 + s_B^2)}{2n-2}} \tag{5-28}$$

3. 结论　如果实验室标准溶液与标准参考溶液比对实验的结果差异不显著，则实验室标准溶液可用，否则实验室标准溶液与标准参考溶液间存在系统误差，应查找原因纠正，或重新配制标准溶液。

五、实验室间的质量考核

（一）环境监测质量考核制度

环境监测质量考核，一般由上一级监测站（实验室）组织下一级监测站（实验室）进行质量考核，每年考核一次。

（二）考核办法

首先，由组织考核的监测站负责制订考核计划和实施方案，分发考核样品。参加考核的实验室在规定的日期内完成考核工作，并遵照考核方案的要求如期报出上报的全部数据和资料。然后，组织考核单位对各上报的考核数据及时进行汇总，统计处理和检验后，做出评价结论。最后，组织考核单位将考核结果通知被考核单位。

（三）实验室间误差测试方法

1. 实施目的　不同实验室之间肯定存在误差，其中起支配作用的误差通常为系统误差；为保证参加协作实验的实验室间监测数据的可比性，必须监控其误差的大小、性质和影响显著性。进行实验室间误差测试的目的主要有：①检查参加考核的各实验室间存在的误差是否为系统误差；②检查参加考核各实验室间的系统误差对其检测分析结果的可比性是否有显著影响。

2. 测试方法　将两个浓度不相同但较相近（约±5％）的样品同时分发给各实验室（检测机构或监测站）分别对其做单次测定，并要求在规定日期内上报测定结果。

3. 数据处理方法　有双样图系统误差检查法、误差分析法和方差分析法 3 种方法，前两种方法主要用于检查参加考核的各实验室间存在的误差是否为系统误差，而方差分析法可以检查参加考核各实验室间的系统误差对其检测分析结果的可比性的影响是否显著。一般地，只有经过双样图法或误差分析法确认存在系统误差后，才有必要进行方差分析。

（四）双样图系统误差检查法

绘制双样图，可检查实验室间是否存在系统误差，确定误差的大小和方向，初步预估误差对结果可比性的影响；可不定期地对有关实验室进行误差检查，以及时发现问题、及时纠正。

1. 双样图绘制方法

（1）将两个浓度不同（浓度分别为 x_i、y_i，二者相差 5％）但很类似的样品同时分发给各实验室，分别对其做单次测定，并在规定日期内上报测定结果 x_i、y_i。

（2）计算每一浓度（x_i、y_i）样品测定结果的均值（$\overline{x}$，$\overline{y}$），在方格纸（直角坐标纸）上画出 $x=\overline{x}$ 垂直线和 $y=\overline{y}$ 水平线。

（3）将各实验室测定结果（x_i、y_i）点在图中，即得到双样图，见图 5-22。

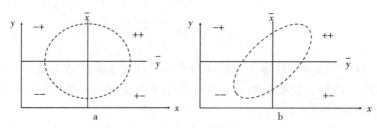

图 5-22　双样图

a. 各实验室间不存在系统误差　b. 各实验室间存在系统误差

2. 双样图用法

（1）如果各实验室间不存在系统误差，则代表各实验室测定值的点应随机地分布在

4 个象限中，并大致构成一个以代表两均值的直线交点为中心的圆形，见图 5-22a。

（2）如果各实验室间存在系统误差，则实验室测定值双双偏高或双双偏低，即测定点分布在＋＋或－－象限内，形成一个与纵轴方向约成 45°倾斜的椭圆，见图 5-22b。

（3）根据此椭圆的长轴与短轴之差及其位置，可估计实验室间系统误差的大小和方向；根据各点（x_i、y_i）的分散程度，可估计各实验室间的精密度和准确度。

（五）误差分析法

误差分析法就是用标准偏差分析来判断是否存在系统误差，即分别计算各实验室测定数据的总标准差 s 和随机标准差 s_r；如果 $s_r＝s$，则实验室间不存在系统误差；如果 $s_r＜s$；则需要进一步做方差分析。误差分析法操作步骤如下。

（1）将各对数据（x_i、y_i）分别做如下计算。

组号 i	和值 T_i	差值 D_i
1	$T_1＝x_1+y_1$	$D_1＝\mid x_1-y_1\mid$
2	$T_2＝x_2+y_2$	$D_2＝\mid x_2-y_2\mid$
…	…	…
n	$T_n＝x_n+y_n$	$D_n＝\mid x_n-y_n\mid$

（2）取和值 T_i 计算各实验室数据分布的标准偏差，见式（5-29），其中分母乘以 2 是因为 T_i 值中包括两个类似样品的测定结果而含有两倍的误差。

$$s＝\sqrt{\frac{\sum T_i^2-\frac{(\sum T_i)^2}{n}}{2(n-1)}} \tag{5-29}$$

（3）取差值 D_i 计算随机标准偏差。因为标准偏差可分解为系统标准偏差和随机标准偏差，两个类似样品测定结果相减使系统标准偏差消除，见式（5-30）。

$$s_r＝\sqrt{\frac{\sum D_i^2-\frac{(\sum D_i)^2}{n}}{2(n-1)}} \tag{5-30}$$

（4）结论。如果 $s＝s_r$，即总标准偏差只包含随机标准偏差，表明实验室间不存在系统误差。

（六）方差分析

在实验室误差测试中，如果经过双样图误差检查法或误差分析法确定参加考核的各实验室间存在系统误差，且需要检验该系统误差对其数据可比性的影响是否显著，可进行实验室间误差的方差分析。该方法步骤如下。

1. 计算统计量 F 值　计算式见式（5-31）。

$$F＝\frac{s^2}{s_r^2} \tag{5-31}$$

2. 查方差分析 F 值表　根据给定显著性水平（$\alpha＝0.05$）、s、s_r 和自由度（f_1，f_2），查方差分析 F 数值表，获得临界值 $F_{0.05,(f_1,f_2)}$。

3. 结论

（1）如果 $F\leqslant F_{0.05,(f_1,f_2)}$，表明在 95％置信水平下，实验室间的系统误差对分析结果的可比性无显著性影响，即各实验室分析结果之间不存在显著性差异。

（2）如果 $F>F_{0.05,(f_1,f_2)}$，则实验室间所存在的系统误差将显著影响分析结果的可比性，应找出原因并采取相应的校正措施。

技能训练

实训　用 Excel 图表和函数功能计算线性回归方程

一、实训目的

（1）会用 Excel 绘制散点图，能用 Excel 图表功能和函数功能计算线性回归方程和相关系数。

（2）养成潜心钻研、与时俱进、务实求真、科学严谨的职业习惯。

二、实训原理

运用计算机统计软件处理环境监测数据可使工作变得轻松。常用统计分析软件有 SAS、DPS、SPSS、Excel 等，其中 Excel 最常用。简装版 OFFICE Excel 在没有数据分析工具栏时，也可用其图表功能进行一元线性回归方程计算。

三、实训准备

（1）计算机。装有 Excel 的 OFFICE 软件。

（2）用于回归分析训练的检测数据，见表 5-11 [数据来源见"本项目任务二　技能训练（一）任务分析"]。标准系列和样品试液的定容体积为 25.00mL；"样 1"和"样 2"代表水样的 2 个平行，原水样用量皆为 2.00mL。请用 Excel 图表和函数功能计算线性回归方程，计算水样正磷酸盐含量。

表 5-11　某水样正磷酸盐含量测定结果记录

项目	比色管编号								
	0	1	2	3	4	5	6	样 1	样 2
磷含量 $m/\mu g$	0.0	2.0	4.0	6.0	8.0	10.0	12.0	—	—
吸光度 A	0.000	0.044	0.089	0.132	0.175	0.218	0.263	0.217	0.216

四、实训步骤

（一）用散点图功能进行数据回归分析

1. 数据输入　打开 Excel 软件，将表 5-11 数据按要求输入到 Excel 表格中，见图 5-23。

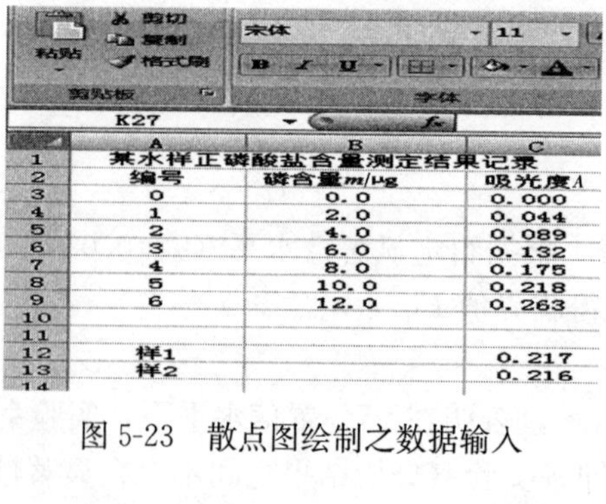

图 5-23　散点图绘制之数据输入

2. 绘制散点图   以磷标准系列溶液的磷含量 m 为横坐标、吸光度 A 为纵坐标作散点图，先选择绘图的数据区域，再选择散点图即可，数据区域选择与子图表类型选择见图5-24，散点图出图效果见图5-25。

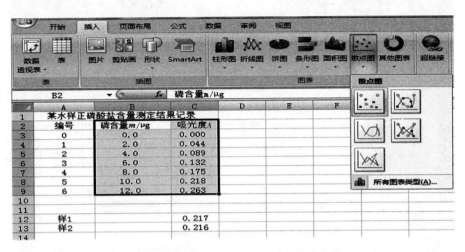

图 5-24   数据区域选择与子图表类型选择

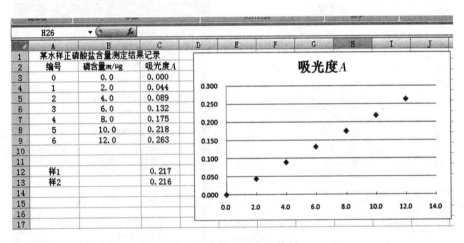

图 5-25   散点图出图效果

3. 添加趋势线   先将光标移动至散点图中的任意一个数据点，点击右键，出现对话框，选择"添加趋势线（R）"，见图5-26；再在"趋势线格式"中的"趋势线选项"中选择"线性"，在"显示公式"和"显示 R 平方值"选项前打"√"，最后点击"关闭"，见图5-27。

4. 计算相关系数   将散点图趋势线（图5-27）中显示的决定系数 R^2 开平方，既得标准系列溶液磷含量 m 与吸光度 A 的相关系数 r，即 $r = (R^2)^{1/2} = 0.9989$。

（二）用内置函数进行数据回归分析

1. 用函数 SLOPE 计算线性回归方程的斜率

（1）先将光标移至拟显示回归方程斜率的单元格处，再点击" f_x "，再选择函数 SLOPE，然后点击确定，见图5-28。

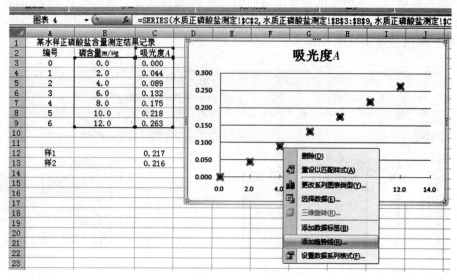

图 5-26　给散点图添加趋势线

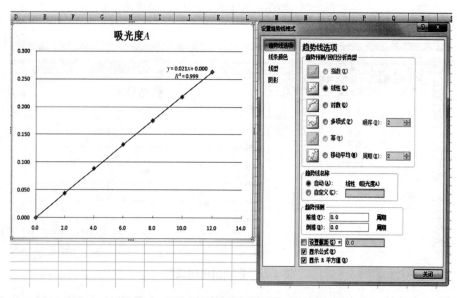

图 5-27　散点图趋势线选项处理及显示效果

（2）根据提示分别将 y 数据（吸光度 A 数据 C3～C9）和 x 数据（磷含量 m 数据 B3～B9）扫入对应区域，见图 5-29，然后按"确定"，即可在设定区域显示 $m-A$ 回归方程的斜率，见图 5-30。

2. 用函数 INTERCEPT 计算线性回归方程的截距　先将光标移至拟显示回归方程截距的单元格处，再点击【fx】，再选择函数 INTERCEPT，然后点击确定；根据提示分别将 y 数据（吸光度 A 数据 C3～C9）和 X 数据（磷含量 m 数据 B3～B9）扫入对应区域，然后按确定，即可在设定区域显示 $m-A$ 回归方程的截距，见图 5-31。

3. 用函数 CORREL 计算线性回归方程的相关系数　先将光标移至拟显示回归方程相关系数的单元格处，点击"fx"，再选择函数 CORREL，然后点击"确定"；根据提示分

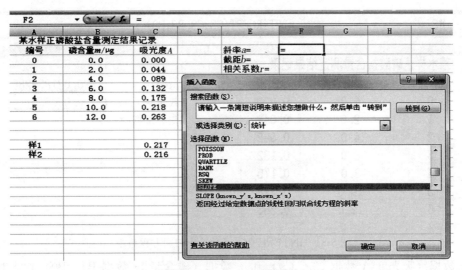

F2
=
A B C D E F G H I
某水样正磷酸盐含量测定结果记录
编号 磷含量m/μg 吸光度A
斜率a=
截距b=
相关系数r=
0 0.0 0.000
1 2.0 0.044
2 4.0 0.089
3 6.0 0.132
4 8.0 0.175
5 10.0 0.218
6 12.0 0.263
样1 0.217
样2 0.216
插入函数
搜索函数(S):
请输入一条简短说明来描述您想做什么，然后单击“转到”
转到(G)
或选择类别(C): 统计
选择函数(N):
POISSON
PROB
QUARTILE
RANK
RSQ
SKEW
SLOPE
SLOPE(known_y's, known_x's)
返回经过给定数据点的线性回归拟合线方程的斜率
有关该函数的帮助
确定
取消

图 5-28 SLPOE 函数调出

SLOPE
=SLOPE(C3:C9,B3:B9)
A B C D E F G H I J K
某水样正磷酸盐含量测定结果记录
编号 磷含量m/μg 吸光度A
斜率a=
B3:B9)
截距b=
相关系数r=
0 0.0 0.000
1 2.0 0.044
2 4.0 0.089
3 6.0 0.132
4 8.0 0.175
5 10.0 0.218
6 12.0 0.263
样1 0.217
样2 0.216
函数参数
SLOPE
Known_y's C3:C9 = {0;0.044;0.089;0.132;0.175;0.2...
Known_x's B3:B9 = {0;2;4;6;8;10;12}
= 0.021839286
返回经过给定数据点的线性回归拟合线方程的斜率
Known_x's 自变量数组或数值区域，可以是数值、名称、数组，或者是数值的引用
计算结果 = 0.021839286
有关该函数的帮助(H)
确定
取消

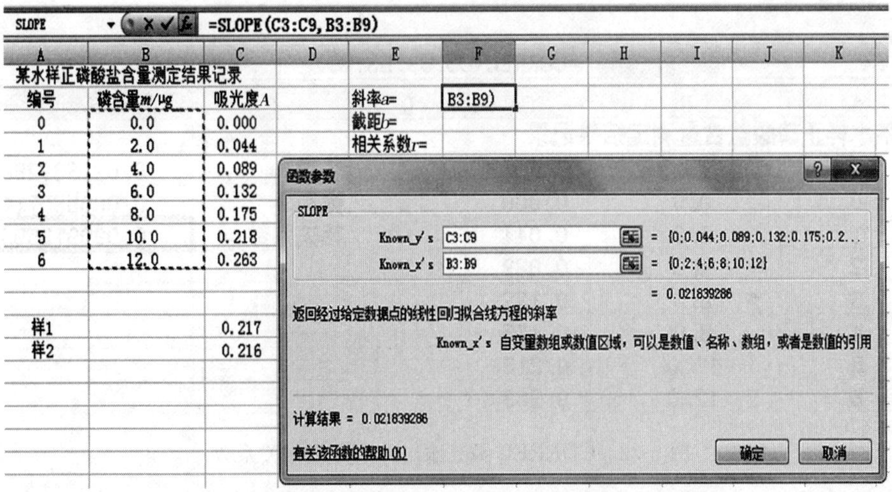

图 5-29 将 y 和 x 数据扫入 SLPOE 函数对应区域

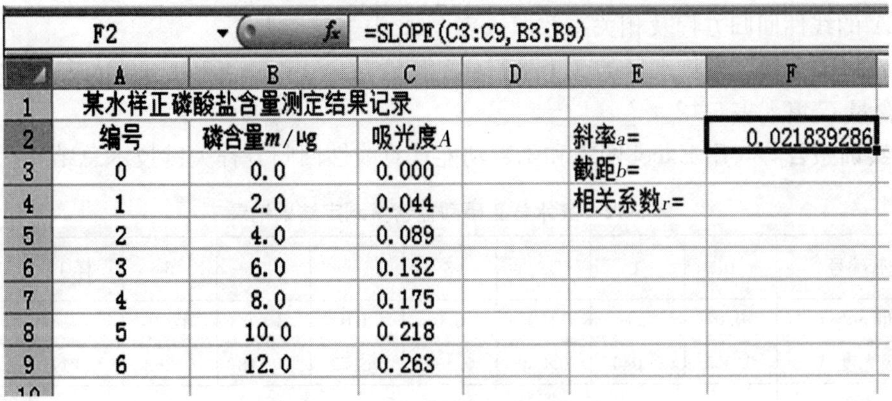

F2
=SLOPE(C3:C9,B3:B9)
A B C D E F
1 某水样正磷酸盐含量测定结果记录
2 编号 磷含量m/μg 吸光度A 斜率a= 0.021839286
3 0 0.0 0.000 截距b=
4 1 2.0 0.044 相关系数r=
5 2 4.0 0.089
6 3 6.0 0.132
7 4 8.0 0.175
8 5 10.0 0.218
9 6 12.0 0.263
10

图 5-30 SLPOE 函数输出归回方程斜率

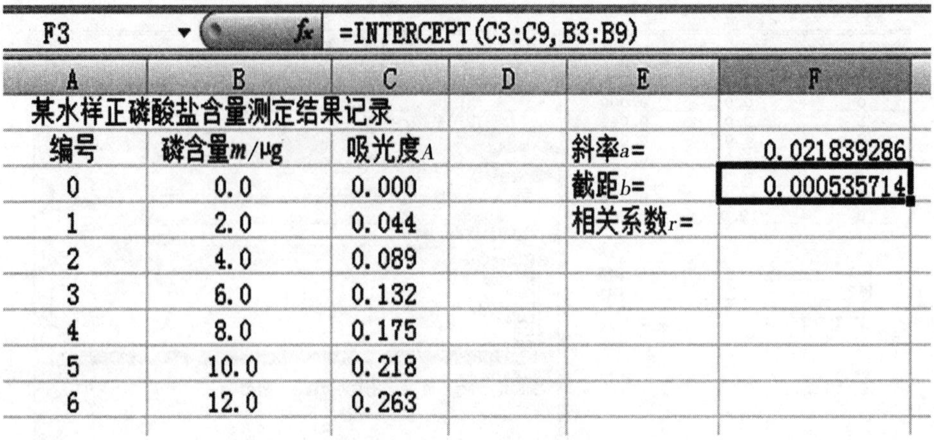

图 5-31　INTERCEPT 函数输出归回方程截距

别将 y 数据（吸光度 A 数据 C3～C9）和 x 数据（磷含量 m 数据 B3～B9）扫入对应区域，然后按确定，即可在设定区域显示 $m-A$ 回归方程的相关系数，见图 5-32。

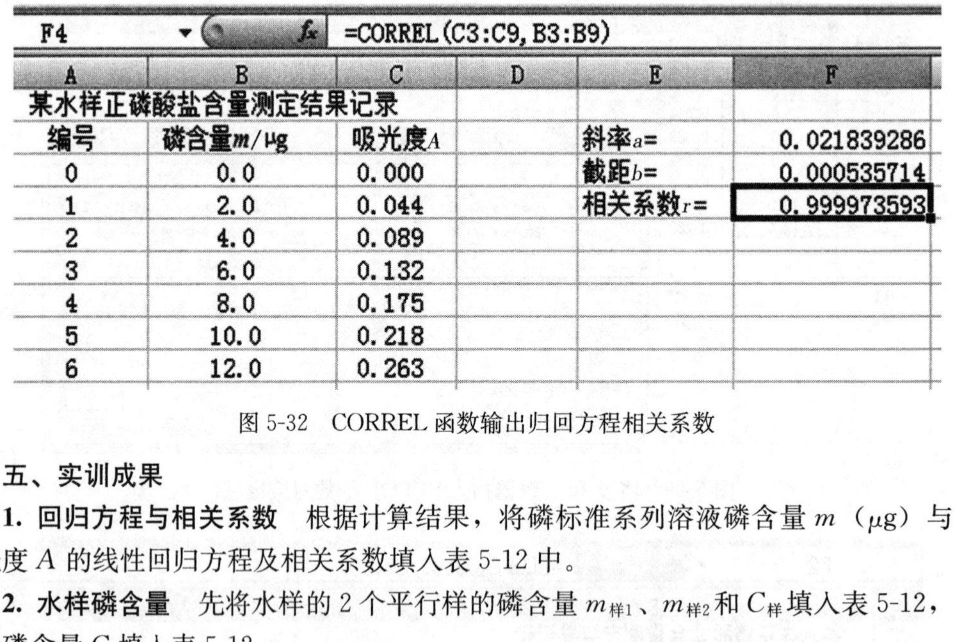

图 5-32　CORREL 函数输出归回方程相关系数

五、实训成果

1. 回归方程与相关系数　根据计算结果，将磷标准系列溶液磷含量 m（μg）与校正吸光度 A 的线性回归方程及相关系数填入表 5-12 中。

2. 水样磷含量　先将水样的 2 个平行样的磷含量 $m_{样1}$、$m_{样2}$ 和 $C_样$ 填入表 5-12，再将水样磷含量 C 填入表 5-12。

3. 实训报告　《用 Excel 图表和函数功能计算线性回归方程关键技术总结》。

表 5-12　某水样正磷酸盐含量测定结果记录

比色管编号	0	1	2	3	4	5	6	样 1	样 2
磷含量 $m/\mu g$	0.0	2.0	4.0	6.0	8.0	10.0	12.0		
校正吸光度 A	0.000	0.044	0.089	0.132	0.175	0.218	0.263	0.217	0.216
回归方程								—	—
相关系数								—	—

（续）

比色管编号	0	1	2	3	4	5	6	样1	样2
试样中水样用量 V/mL								2.00	2.00
水样2个平行样磷含量 $C_{样}/（\text{mg/L}）$									
水样磷含量 $C/（\text{mg/L}）$									

 课程思政

《中华人民共和国农产品质量安全法》（2022 年修订）
关于农产品产地的规定

　　《中华人民共和国农产品质量安全法》（2022 年修订）自 2023 年 1 月 1 日起施行，对我国提升农产品质量安全治理水平，保障"舌尖上的安全"，满足人民对美好生活的需要，助推农业农村高质量发展具有重大而深远的意义。该法包括 8 章（总则、农产品质量安全风险管理和标准制定、农产品产地、农产品生产、农产品销售、监督管理、法律责任、附则），81 条；其中第 3 章对"农产品产地"管理做了 5 条具体规定。

　　（1）国家建立健全农产品产地监测制度。县级以上地方人民政府农业农村主管部门应当会同同级生态环境、自然资源等部门制定农产品产地监测计划，加强农产品产地安全调查、监测和评价工作。

　　（2）县级以上地方人民政府农业农村主管部门应当会同同级生态环境、自然资源等部门按照保障农产品质量安全的要求，根据农产品品种特性和产地安全调查、监测、评价结果，依照土壤污染防治等法律、法规的规定提出划定特定农产品禁止生产区域的建议，报本级人民政府批准后实施。任何单位和个人不得在特定农产品禁止生产区域种植、养殖、捕捞、采集特定农产品和建立特定农产品生产基地。特定农产品禁止生产区域划定和管理的具体办法由国务院农业农村主管部门商国务院生态环境、自然资源等部门制定。

　　（3）任何单位和个人不得违反有关环境保护法律、法规的规定向农产品产地排放或者倾倒废水、废气、固体废物或者其他有毒有害物质。农业生产用水和用作肥料的固体废物，应当符合法律、法规和国家有关强制性标准的要求。

　　（4）农产品生产者应当科学合理使用农药、兽药、肥料、农用薄膜等农业投入品，防止对农产品产地造成污染。农药、肥料、农用薄膜等农业投入品的生产者、经营者、使用者应当按照国家有关规定回收并妥善处置包装物和废弃物。

　　（5）县级以上人民政府应当采取措施，加强农产品基地建设，推进农业标准化示范建设，改善农产品的生产条件。

　　（摘自农办质〔2022〕16 号《农业农村部办公厅关于深入学习贯彻〈中华人民共和国农产品质量安全法〉的通知》）

思与练

一、知识技能

（1）什么是实验室质量控制？简述实验室质量控制的目的和基本要求。

（2）简述实验室间质量控制的程序和主要措施。

（3）什么是双样图？简述双样图法检验实验室间是否存在系统误差的步骤。

（4）简述用 Excel 散点图功能确定一元线性回归方程的步骤。

（5）简述用 Excel 内置函数确定一元线性回归方程的步骤。

二、思政

1. 2013 年中央农村工作会议强调，用"四个最严"要求确保人民群众"舌尖上的安全"；2022 年 9 月 2 日全国人民代表大会常务委员会修订通过《中华人民共和国农产品质量安全法》（2022 年修订）；请结合上述文字简述你对中国共产党"全心全意为人民服务"宗旨的看法。

2. 简述加强农产品生产环境监测工作对贯彻落实《中华人民共和国农产品质量安全法》有哪些现实意义。

任务四　实验室内质量控制方法

学习目标

1. 能力目标　能利用精密度分析、准确度分析和质量控制图进行实验室内质量控制，能用 Excel"分析工具库"计算线性相关与回归方程。

2. 知识目标　能简述准确度、精密度、灵敏度和空白值的含义，能简述环境监测质量控制图的绘制程序和使用方法。

3. 思政目标　了解学习中国共产党在"三农"领域的百年成就及其历史经验，感悟共产党"人民就是江山"和"全心全意为人民服务"的初心使命。

知识学习

实验室内质量控制，一般包括样品接收、样品处理、分析测试、数据处理和报告提交等环节的质量控制，其中分析测试过程质量控制是关键所在。实验室内质量控制常用方法有空白值控制（空白测试）、准确度控制（回收率试验）、精密度控制（平行样分析）、实验室内比对和质量控制图等。

一、空白测试与空白值控制

（一）空白测试与空白值的含义

空白测试是指在不加待测样品的情况下，用与样品测定相同的方法和步骤进行定量分析，获得分析结果的过程。水环境检测中，空白值是指用纯水代替样品，按照与样品相同的方法步骤进行操作，所获得的测试结果。一般情况下，空白值反映了测试系统的本底水平，应从样品分析结果中扣除。空白值是测试仪器噪声、试剂杂质、环境条件和器皿污染等因素对样品测试结果影响的综合表现，通过不同类型空白测试和空白值扣除，可监控测试误差、提高测定结果准确度。空白测试，按照空白溶液是否历经分析测试全过程获得，分为全程序空白和部分程序空白；按照空白来源不同，分为试剂空白、容器空白、环境空白和运输空白等。

（二）空白测试的作用

1. 校正误差　空白测试可以校正由实验用水、试剂、器皿和环境等带入杂质所引起的误差，样品测定结果扣除空白值后，可以将上述干扰因素所造成的系统误差控制在可以接受的范围。

2. 监控空白值　空白值过大，说明实验用水、试剂、器皿、仪器或环境等因素中某个或某几个有问题，须查明原因重做。选用满足测试要求的纯水、试剂和实验器皿，控制好实验室环境空气清洁度，选择灵敏度高、稳定性好的分析仪器等措施，都是降低空白值的较实用措施。样品测定值与空白值差值为负数，说明样品中待测物浓度接近检出限，测定结果不合理、检测工作失败。

3. 测定方法检出限　分析某测试方法的多个全程序空白的测试结果，计算空白值标准偏差，则 2～3 倍标准偏差值即为该测试方法的检出限。

（三）空白监控

1. 空白值未检出　在进行每批样品分析时，可同时进行 1～3 个全程序试剂空白测试，各空白值应都为未检出。否则，应查明原因。

2. 空白值有检出　在进行每批样品分析时，可同时进行 1～3 个全程序试剂空白测试，如果空白值有检出，则各空白值间应无显著性差异，且一定测试条件下空白值应处于相对稳定的范围内。否则，应查明原因，采取相应措施；必要时，可通过质量控制图分析空白值受控情况。

（四）空白控制的局限性

因无法获得理想的零深度样品，故全程序空白试验值也难以完全抵消样品基体干扰。因测试随机误差并非绝对相同，故扣除空白值后的样品测定结果仍可能包含部分实验误差。一般空白试验值越高，掩盖的随机误差波动越大。

二、准确度及其控制

准确度是指测定结果与真值之间的符合程度，反映系统误差和偶然误差的综合指标，决定分析结果的可靠性。准确度高低一般用绝对误差、相对误差和加标回收率等指标评价，其中加标回收率最为常用，其计算见式（5-32）。准确度控制方法主要有标准样品测定、加标回收率控制和与经典方法对照评价等。

$$加标回收率 = \frac{加标试样测定值 - 试样测定值}{加标量} \times 100\% \qquad (5-32)$$

1. 标准样品/有证标准物质测定　将标准样品或标准物质与样品在相同条件下进行测定，如果标准物质的测定结果与证书上的标准值一致，表明样品分析结果准确度满足要求。如果标准物质测试结果超出了规定的允许误差范围，表明分析过程存在系统误差，本批分析结果准确度失控，应找出失控原因并排除后，再分析并重报结果。

2. 加标回收率控制（回收率实验）

（1）方法步骤。准备两份完全一致的样品，向其中一份样品中加入一定量（含量高的加 0.5～1.0 倍，含量低的加 2～3 倍）待测物质（高浓度、小体积，加入量不超过试样体积 1%），用选定的分析方法同时测定两份样品，根据测定结果计算加标回收率。

（2）加标率要求。随机抽取 10%～20%试样进行加标回收率测定，样品数不足 10 个应增加加标率，每批同类型试样至少有 1 个加标样。

（3）合格回收率要求。一般为 85%～110%，10^{-6} 级含量时要＞90%、10^{-9} 级含量要＞80%，烦琐方法的不小于 70%。

3. 与经典方法对照评价　先用待评价方法与经典方法同时测定相同的样品，再进行对照。如果两种方法测定结果无显著性差异，则被评价方法的准确度达标，否则，不达标。

三、精密度及其控制

（一）精密度及其表征指标

精密度是指用一特定的分析程序在受控条件下重复分析均一样品所得测定值之间的一致程度，反映分析方法或测定系统的随机误差大小。精密度一般用平均偏差、相对平均偏差、标准偏差、相对标准偏差等指标表征。

（二）精密度评价相关术语解析

1. 平行性、重复性和再现性　平行性是指在同一实验室中用同一分析方法对同一样品进行双份或多份平行测定所得结果的一致程度。重复性是指在同一实验室内用同一分析方法对同一样品进行两次或多次测定所得结果的一致程度。再现性是指用一分析方法对同一样品在不同条件（如实验室、人员、仪器或时间）下所得测定结果的一致程度。

2. 平行样品测定　平行样品测定是指将同一样品的两份或多份子样在完全相同的条件下进行同步测试分析的过程。一般情况下，平行双样测定较为常用，其分析结果的误差在允许范围内，可判定合格。

（三）精密度控制的方法及要求

1. 精密度控制方法　在测定方法的线性范围内选取低、中、高 3 个不同浓度的待测样品（或加标样品），每类浓度取 6 个平行样；在相同条件下连续重复测定 6d，分别计算各种浓度的日内和日间测定的相对标准偏差；要求测定方法的相对标准偏差≤10%。

2. 精密度要求　单一样品检验必须做平行样，成批相同基体类型样品可取 10%～20% 的样品做平行测定；平行样偏差值应小于允许限，结果以均值报出。

四、检测限控制与校准曲线核查

（一）灵敏度与检测限核查

1. 灵敏度　灵敏度是指分析方法或仪器在被测物质改变单位重量或浓度时所引起的响应量变化程度，反映了分析方法或仪器的分辨能力，具有相对稳定性。检测方法灵敏度一般用校准曲线斜率 k 评价。

2. 检出限　某特定分析方法在给定的置信度（通常为 95%）内可从样品中检出待测物质的最小量（浓度），称为该方法的检出限。不同类型分析方法的检出限不同：分光光度法以 0.010 吸光度相对应的浓度值为检出限，色谱法以检测器恰能产生两倍噪声响应信号时所需进入色谱柱的待测物最小量为检出限，电位法为校准曲线直线部分外延长线与通过空白电位且平行于浓度轴的直线的交点所对应的浓度值为检出限。

3. 测定限　分测定下限和测定上限。测定下限是指在限定误差能满足预定要求的前提下，用特定分析方法能够准确定量测定待测物质的最低浓度或最小量。同一检测方法的测定下限是其检出限的3~5倍。测定上限是指在限定误差能满足预定要求的前提下，用特定分析方法能够准确定量测定待测物质的最高浓度或最大量。某检测方法的测定下限与测定上限之间的范围称作该方法的测定范围。一般情况下，检测方法标准曲线的直线部分所对应的待测物质浓度（或量）的变化范围就是其测定范围。

（二）校准曲线核查

1. 校准曲线　校准曲线分为工作曲线和标准曲线，绘制工作曲线的标准溶液测定步骤与样品测定步骤完全一致，绘制标准曲线的标准溶液测定步骤相对样品测定省略了预处理过程。

2. 校准曲线核查方法及要求　在测定试样的同时绘制校准曲线，其斜率可在一定程度上反映样品测试时环境温度、试剂批号和贮存时间等实验条件的变动。如果校准曲线随实验条件变化不大，可以选取校准曲线中低浓度点和高浓度点各一个标准溶液，平行测定数次后取均值与原校准曲线的相应点核对，其相对差值应在5％以内；其差值若大于5％，或者超出分析方法的检测范围，则应重新绘制校准曲线。在分析过程中，如果部分实验仪器运行超过12h，校准曲线也要再用标准溶液核查；如果分析结果与标准值的相对误差不超过规定范围，可继续使用；如果失控，应重新绘制校准曲线。

五、质量控制图及其应用

（一）质量控制图及其原理

1. 质量控制图　由美国数理统计学家休哈特（W. A. Shewart）提出并应用于生产管理实践中。休哈特指出，每个方法都存在差异，都受到时间、空间等因素影响，因而即使在理想条件下获得的一组检测结果，也存在一定的随机误差。但是，当某一个检测结果超出了随机误差的允许范围时，运用数理统计方法都可以判定该检测结果是异常的、不可信的。

2. 绘制监测质量控制图的基本假设　检测结果在受控条件下具有一定的精密度和准确度，并服从正态分布。一个控制样品用一种方法、由同一检测员在一定时间内进行检测而积累一定量数据。如果这些数据达到规定的精密度和准确度，就可以以其检测结果的统计值与检测次序数绘制质量控制图。而在以后的检测过程中，取一份（或多份）平行的控制样品随机编入环境样品（待检样品）中一起分析，则可根据控制样品检测结果在质控图上的分布情况，推断环境样品检测结果的可信程度。

（二）实验室质量控制图

1. 含义与类型　实验室质量控制图是在受控条件下直观表现实验室不同检测结果间差异变化的图，通常以统计值为纵坐标、测定次数为横坐标绘制得到，是高频项目分析常用的质量控制方法，一般由专职的质控人员绘制。常用的实验室质量控制图有均数质量控制图、均数-极差质量控制图、空白值控制图和加标回收率控制图等。

2. 作用

（1）及时直观地反映分析工作的稳定性和趋向性。

（2）及时发现分析工作中的异常现象和缓慢变异。

（3）是常规监测中决定检测值取舍的重要依据。

（4）及时发现检测过程是否存在新的系统误差，并指出误差的方向和显著性。

（5）为评定实验室检测工作质量提供依据，是检验各实验室间数据一致性的有效方法之一。

（三）质量控制图的基本组成及用法

1. 基本组成 质量控制图的基本组成如图5-33所示，通常包括4个部分：①预期值：图中的中心线；②目标值：图中上、下警告限之间区域；③实测值的可接受范围：图中上、下控制限之间的区域；④辅助线：上、下各一线，在中心线两侧与上、下警告限之间各一半处。

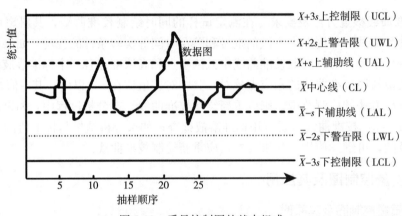

图 5-33 质量控制图的基本组成

2. 用法 检测分析时，将质控样品与待测样品同时检测，将质量控制样品的检测结果标于质量控制图中，判断分析过程是否处于受控状态。

（1）如果质控样品测定值落在中心线附近及上、下警告限之内，表示检测分析过程正常，此批样品检测结果可靠。

（2）如果质控样品的检测值落在上、下控制限之外，表示检测分析过程失控，检测结果不可信，应查明原因，纠正后重新测定。

（3）如果质控样品的检测值落在上、下警告限及上、下控制限之间，虽然样品检测结果可以接受，但检测过程有失控倾向，应予以注意。

六、均数质量控制图的绘制与使用

（一）均数质量控制图绘制方法

均数质量控制图通常用来控制检测分析的精密度，又称为精密度控制图。首先，将一个质量控制样品独立检测分析20次以上，计算其检测值的平均值和标准差，再以检测值为纵坐标、测定顺序的次数为横坐，检测值均值为中心线，计算出上下控制限、上限警告限和上下辅助线，最后根据实测值绘制数据图即可得到均数质量控制图。

1. 选择或制备质控样品 质控样品的组成要与环境样品相近，且性质稳定、均匀。如果购买不到合乎要求的商品质控样品，就只能制备质控样品了。可以模拟环境样品的基本组成和浓度，将同种纯物质加入纯水（以质控水样为例）配制成稳定溶液，制得质控样品；也可在一定量的环境样品中加入定量的与待测物质相同的纯物质后混匀制得质控样品。

2. 测定 对选定的质量控制样品独立测定 20 次以上，（不能同一天测），记录测定数据。

3. 计算 计算这些数据平均值和标准差。

4. 绘制框架 以测定值为纵坐标、测定顺序为横坐标，测定值的平均值为中心线，在其上、下各取 3 倍和 2 倍标准偏差的宽度画控制线和警告线。

5. 绘制数据图 将大于 20 个的测定数据，按测定顺序点到图上相应的位置；弃除超出控制线的数据后，如果合格数据在 20 个以上，则质控图绘制成功。否则，应补充新数据后重新计算各参数，重新绘制质控图，直至落在控制限内的数据数大于等于 20。

6. 注意事项

（1）如果上、下线辅助线之间的测定数据点数少于 50%，则此图不可靠，应重新作图。

（2）如果按测定顺序连续 7 个点位于中心线的同一侧，表示数据失控，此图不适用。

（3）质量控制图绘制后，应标明测定项目、分析方法、溶液浓度、温度、分析人员及绘制日期等绘制该图的有关信息。

（二）均数质量控制图使用方法

1. 使用方法 根据项目的分析频率和分析人员技术水平，每间隔适当时间，取两份平行的质量控制样品与环境样品同时测定。对技术水平较低人员和测定频率较低项目，每次都应同时测定控制样品，并将控制样品的测定结果依次点在控制图上。根据下列"规定"检验和分析测定过程是否处于控制状态。

2. 判定测定过程是否受控的规定

（1）若此点位于上、下警告限之间区域内，则测定过程处于受控状态，环境样品分析结果有效。

（2）若此点落在上、下警告限和上、下控制限之间的区域内，则分析结果有效、但质量开始变劣，应进行初步检查并采取相应校正措施。

（3）若此点落在上、下控制限之外，则测定过程"失控"、分析结果无效，应立即检查原因、予以纠正。

（4）若相邻七点连续上升或连续下降，则测定有失控倾向，应立即检查原因、予以纠正。

（三）均值质控图绘制案例

某铜质控水样累积测定 20 个平行样的结果为 0.251、0.250、0.250、0.263、0.235、0.240、0.260、0.290、0.262、0.234、0.229、0.250、0.263、0.300、0.262、0.270、0.225、0.250、0.256 和 0.250mg/L，请绘制均数质控图。

解：（1）计算总均值和标准偏差。

$$\bar{x} = \frac{\sum \bar{x}_i}{n} = 0.256 \, (\text{mg/L})$$

$$s = \sqrt{\frac{\sum \bar{x}_i^2 - \frac{\sum \bar{x}_i^2}{n}}{n-1}} = 0.020 \, (\text{mg/L})$$

（2）计算上、下辅助线，上、下警告限，上、下控制限。

$\bar{x}+s=0.276$（mg/L）　　　　　$\bar{x}-s=0.236$（mg/L）

$\bar{x}+2s=0.296$（mg/L）　　　　$\bar{x}-2s=0.216$（mg/L）

$\bar{x}+3s=0.316$（mg/L）　　　　$\bar{x}-3s=0.196$（mg/L）

（3）绘制框架图。均数质量控制图之框架图如图 5-34 所示，以测定值为纵坐标、测定顺序为横坐标，以测定值的平均值为控制图的中心线，在其上下各取 3 倍标准偏差（3s）和 2 倍标准偏差（2s）的宽度画出控制限和警告限。

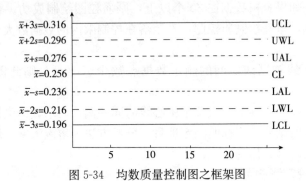

图 5-34　均数质量控制图之框架图

（4）绘制数据图。将测定数据按测定顺序点到图上相应的位置，见图 5-35。

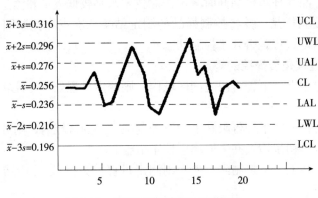

图 5-35　均数质量控制图之数据图

 技能训练

实训　Excel"分析工具库"计算线性相关与回归方程

一、实训目的

1. 能安装并调出 Excel"分析工具库"的"回归"分析工具。

2. 能用 Excel 软件进行检测数据的回归分析。

3. 养成潜心钻研、与时俱进、务实求真、科学严谨的职业习惯。

二、方法原理

通常情况下，简装版 OFFICE Excel 默认界面没有数据分析工具栏，只能进行简单的函数计算。但激活 Excel 分析数据库功能后，就能进行 F 检验、t 检验、方差分析、相关分析和回归分析等复杂的统计分析计算了。本实训以"灌溉水氟离子测定选择性电极法"

的实训测定数据处理为例，训练用 Excel 进行回归方程和相关系数计算技术。将氟离子选择性电极与参比电极浸入含氟溶液中构成原电池，则两电极间电位差值 E 与氟离子浓度的对数 $\lg[C(F^-)]$ 呈极显著的一元线性相关关系，故通过测量水样及氟离子标准系列溶液的 E 值，便可通过回归分析获得水样氟离子浓度。

三、实训准备

（1）计算机。装有 Excel 等软件。

（2）用于回归分析训练的检测数据。用离子选择性电极法测定某蔬菜生产基地灌溉井水氟离子含量，步骤见项目二任务一实训二，检测数据见表 5-13。

表 5-13　某水样氟含量检测数据

项目	容量瓶编号									
	0	1	2	3	4	5	6	7	样 1	样 2
氟含量 $C/$（$\mu g/mL$）	1	50	100	200	400	600	800	1 000	—	—
电位差 E/mV	370.1	277.3	259.2	239.4	226.7	213.3	204.5	199.9	211.6	211.2

四、实训步骤

1. 在 Excel 的工具栏中添加数据分析工具库　可通过 6 步完成。

（1）打开 Excel，点击"文件"，见图 5-36。

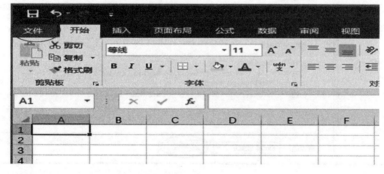

图 5-36　Excel 添加数据分析工具库步骤（1）界面

（2）点击"选项"，计算机屏幕显示见图 5-37。

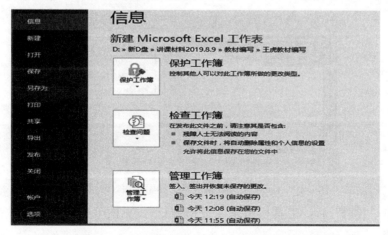

图 5-37　Excel 添加数据分析工具库步骤（2）界面

（3）点击"常规"下的"加载项"，见图 5-38。

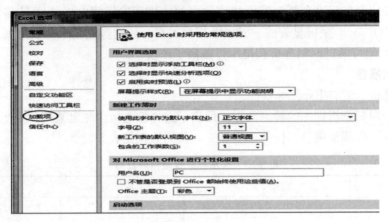

图 5-38　Excel 添加数据分析工具库步骤（3）界面

（4）在"管理"显示"Excel 加载项"的情况下，点击"转到"，见图 5-39。

图 5-39　Excel 添加数据分析工具库步骤（4）界面

（5）在可用加载宏中选择"分析工具库"，然后点击"确定"，见图 5-40。

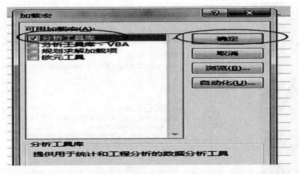

图 5-40　Excel 添加数据分析工具库步骤（5）界面

（6）点击"数据"后，工具栏出现"数据分析"，见图 5-41，说明"数据分析工具库"添加成功。

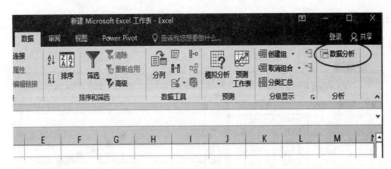

图 5-41　Excel 添加数据分析工具库步骤（6）界面

2. 绘制散点图，计算回归方程　由方法原理可知，氟离子标准系列溶液氟离子浓度的对数 lg［$C(F^-)$］与电位差 E 间存在显著的一元线性相关关系，因而，可以通过以下 6 个步骤计算水样氟离子浓度。

（1）将氟离子标准系列溶液的氟离子浓度 $C(F^-)$ 数值和对应的电位差值 E 输入到 Excel 表中，见图 5-42。

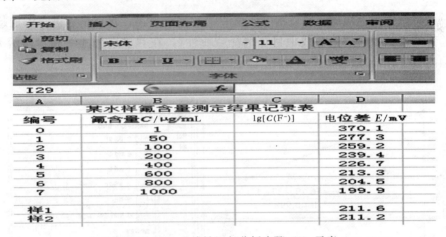

图 5-42　Excel 线性回归分析步骤（1）示意

（2）用 Excel 函数计算氟离子标准系列溶液的氟离子浓度 $C(F^-)$ 的对数 lg［$C(F^-)$］，见图 5-43。

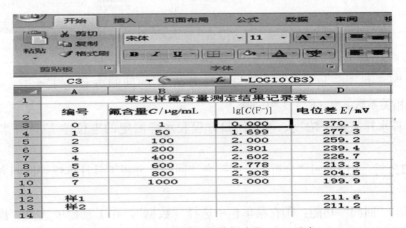

图 5-43　Excel 线性回归分析步骤（2）示意

（3）选中数据，以氟离子浓度对数 lg［$C(F^-)$］为横坐标，电位差值 E 为纵坐标绘制散点图，见图 5-44。

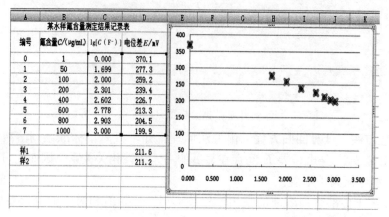

图 5-44　Excel 线性回归分析步骤（3）示意

（4）先将鼠标光标移动至散点图中任意一个数据点点击，再点击右键，添加趋势线，然后在趋势线格式中的"趋势线项目"选择"线性"，在"显示公式"和"显示 R 平方值"选项前打"√"，最后点击"关闭"，见图 5-45。

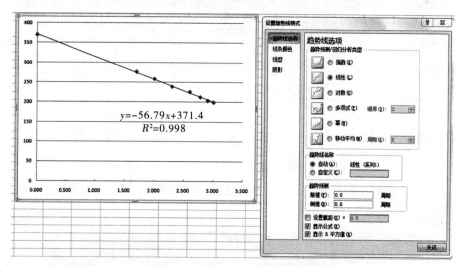

图 5-45　Excel 线性回归分析步骤（4）示意

（5）由图 5-45 知，lg［$C(F^-)$］与电位差值 E 的回归方程为 $E = 371.4 - 56.79$lg［$C(F^-)$］，相关系数 $r = (R^2)^{1/2} = 0.998\ 9$。

（6）计算水样氟离子浓度。根据回归方程和水样测定的电位差 E 计算水样氟离子含量。

3. 回归分析　用 Excel "分析工具库"之"回归"分析工具计算线性回归方程，具体步骤如下。

（1）调出"回归"功能：①在菜单栏中选择"数据"，在工具栏中选择"数据分析"，见图 5-46。②下拉滚动条，找到"回归"，点击确定，见图 5-47。

图 5-46　调出 Excel"分析工具"库

图 5-47　调出 Excel"回归"分析

（2）在回归对话框中填写和选择各选项：①在"Y 值输入区"方框内输入数据区域 D3～D10；②在"X 值输入区"方框内输入数据区域 C3～C10；③在"置信度"选项中给出所需的数值（在置信度前打"√"，可以使用隐含值95%，或改成99%）；④在"输出选项"中选择输出区域（在这里我们选择输出区域：A16），点击确定，显示如图 5-48 所示。

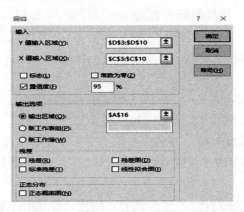

图 5-48　X、Y 值输入区域和分析结果输出区域

（3）显示回归结果。选择确定，得回归统计（表 5-14）、方差分析（表 5-15）和回归参数估计（表 5-16）3 个表格。表 5-14 中给出相关系数（Multiple R）、判定系数（R Square）、调整的判定系数（Adjusted R Square）、标准误差、观测值的个数等回归分析常用统计量。表 5-15 给出回归和残差的自由度（df）、总平方和（SS）、均方（MS）、检验统计量（F）、F 检验的显著性水平（Significance F）；其主要作用是对回归方程的线性关

系进行显著性检验。表 5-16 给出回归方程的截距（Intercept）和斜率（X Variable 1）的系数（Coefficients）、标准误差、用于检验回归系数的 t 统计量（t Stat）和 P 值（P-value），以及截距和斜率的置信区间（Lower 95％和 Upper 95％）等。

表 5-14 回归统计

回归统计参数	数值
Multiple R（相关系数 r）	0.999 4
R Square（判定系数 R^2）	0.998 8
Adjusted R Square（调整系数）	0.998 6
标准误差	2.078 5
观测值	8

表 5-15 方差分析

项目	df	SS	MS	F	Significance F
回归分析	1	21 798.90	21 798.90	5 045.81	5.24×10^{-10}
残差	6	25.92	4.32		
总计	7	21 824.82			

表 5-16 回归参数估计

回归参数估计	Coefficients	标准误差	t Stat	P-value	Lower 95％	Upper 95％	下限 95.0％	上限 95.0％
Intercept	371.49	1.878	197.83	1.13×10^{-12}	366.90	376.08	366.90	376.09
X Variable 1	-56.79	0.80	-71.03	5.25×10^{-10}	-58.75	-54.83	-58.75	-54.83

（4）计算水样氟离子含量。由表 5-15 可知，回归方程的线性相关达到了显著水平；由表 5-14 和表 5-16 可知，线性回归方程为 $y = 371.49 - 56.79x$，相关系数 $r = 0.999\,4$；说明 $\lg[C(\mathrm{F}^-)]$ 每增加 1，电位值 E 减小 56.79mV。将各试样电位值带入回归方程计算 $\lg[C(\mathrm{F}^-)]$；再计算其反对数，得水样氟离子含量 $C(\mathrm{F}^-)$。

五、实训成果

1. 回归方程　根据计算结果，将氟离子标准系列溶液氟浓度的对数 $\lg[C(\mathrm{F}^-)]$ 与其电位差 E 的线性回归方程和相关系数 r 填入表 5-17。

2. 平行试样氟离子浓度对数　分别将水样的 2 个平行样的电位差测定值带入回归方程便可计算出 2 个平行样氟离子浓度对数值 $\lg[C(\mathrm{F}^-)]$，计算结果填入表 5-17。

3. 水样氟离子浓度　先对水样的 2 个平行样的 $\lg[C(\mathrm{F}^-)]$ 值求反对数得其氟离子浓度 $C(\mathrm{F}^-)$，再计算 2 个平行样 $C(\mathrm{F}^-)$ 的算术均值，得到水样氟离子浓度，计算结果填入表 5-17。

表 5-17 某水样氟含量测定结果记录

项目	容量瓶编号								样 1	样 2
	0	1	2	3	4	5	6	7		
氟含量 C/（μg/mL）	1	50	100	200	400	600	800	1 000		

（续）

项目	容量瓶编号								样1	样2
	0	1	2	3	4	5	6	7		
lg [$C(F^-)$]										
电位差 E/mV	370.1	277.3	259.2	239.4	226.7	213.3	204.5	199.9	211.6	211.2
回归方程										
相关系数										
水样氟含量 C/（μg/mL）										

4. 实训报告 Excel "分析工具库" 计算线性相关与回归方程技术总结。

 课程思政

中国共产党在"三农"领域的百年成就及其历史经验

从百年党史看，"三农"问题始终是革命、建设、改革各个时期关乎全局的重大问题。在新民主主义革命时期，工农联盟是革命的主要力量，"三农"为夺取革命胜利提供了重要依靠。在社会主义革命和建设时期，农业是工业化物质积累的主要来源，"三农"为社会主义国家建立发展奠定了重要基础。在改革开放和社会主义现代化建设时期，农村率先发起改革，"三农"为中国经济腾飞发挥了重要助推作用。进入中国特色社会主义新时代，农村是全面小康的主战场，"三农"为实现第一个百年奋斗目标做出了重要贡献。

从大历史观看，只有深刻理解了"三农"问题，才能更好理解我们这个党、这个国家、这个民族。我们党最早就是一个农民成分占比重最大的党，更好理解我们这个党就得在"三农"上找寻答案。我国自古以来就是农业大国，更好理解我们这个国家就得在"三农"上捋清逻辑。中华民族主体是农耕民族，更好理解我们这个民族就得在"三农"上追根溯源。

从百年党史中汲取智慧和力量，不断开创"三农"事业发展新局面。务必执政为民重"三农"，切实加强党对"三农"工作的全面领导。务必以人为本谋"三农"，把实现好、维护好、发展好广大农民根本利益作为农村一切工作的出发点和落脚点。务必统筹城乡兴"三农"，牢固树立跳出"三农"抓"三农"的大局意识全局观念。务必改革开放促"三农"，不断为乡村全面振兴添活力强动力增后劲。务必求真务实抓"三农"，把握规律因地制宜扎实稳妥推进乡村全面振兴。

（摘自《中共党史研究》2021年第5期，唐仁健：百年伟业"三农"华章）

思与练

一、知识技能

（1）在环境监测实验室内部质量控制工作中，测试系统质量控制的控制措施主要有哪些？各控制措施的主要目的是什么？

（2）什么是空白测试？空白测试在实验室测试系统质量控制中有哪些作用？

（3）如何进行标准样品测定？如何进行平行样测定？二者目的有什么不同？

（4）什么是质量控制图？简述均数质量控制图的绘制和使用方法。

二、思政

（1）查阅资料，举例分析中国共产党在"三农"领域的百年成就及启示。

（2）查阅资料，举例说明坚持中国共产党领导是我国乡村振兴事业不断从胜利走向新的胜利的重要法宝。

参 考 文 献

刘焕龙，2010. 农产品生产环境检测 [M]. 北京：中国农业大学出版.

王虎，2011. 水质检验技术 [M]. 北京：科学出版社.

王怀宇，2011. 环境监测 [M]. 北京：科学出版社.

吴邦灿，李国刚，邢冠华，2011. 环境监测质量管理 [M]. 北京：中国环境科学出版社.

奚旦立，2019. 环境监测 [M]. 5 版. 北京：高等教育出版社.

奚旦立，2019. 环境监测实验 [M]. 2 版. 北京：高等教育出版社.

徐建明，2019. 土壤学 [M]. 4 版. 北京：中国农业出版社.

于海涛，2016. 绿色食品生产控制 [M]. 北京：中国轻工业出版社.

中国环境保护产业协会，2018. 社会化环境检测机构从业人员实操技能培训教材 [M]. 北京：中国建筑工业出版社.

中国环境监测总站，2014. 土壤环境监测技术 [M]. 北京：中国环境出版社.

参 考 文 献